本教材第二版曾获首届全国教材建设奖全国优秀教材二等奖

国 家 级 一 流 本 科 课 程 配 套 教 材
国 家 级 精 品 资 源 共 享 课 配 套 教 材
国 家 精 品 课 程 配 套 教 材
科学出版社"十四五"普通高等教育本科规划教材

普通植物病理学

（第三版）

谢联辉　吴祖建　主编

科学出版社

北 京

内 容 简 介

"普通植物病理学"是植物保护专业的一门基础课程。本书比较系统地介绍了这门科学的基本原理和有关植物病害的普遍性、规律性的基础知识与基本技能。全书共14章，包括植物病理学的过去、现在、未来及其与人类的关系；植物病害的病原物及其所致病害；植物病原与寄主互作；植物病害的发生发展、流行预警及其诊断鉴定、防控原理与对策。在内容方面，本书既重视传统植物病理学的经典理论，也重视现代分子植物病理学和相关学科——经济学、生态学的交叉融合；既重视植物病理学某一理论的不同观点，也重视同一观点的不同解读，以期激发读者独立思考、启迪思维。

本书为国家级一流本科课程、国家级精品资源共享课、国家精品课程的配套教材，第二版曾获首届全国教材建设奖全国优秀教材二等奖，是高等农林院校植保专业的基础课程教材；同时，也可作为生物学、微生物学、生物安全和其他农林学科相关课程的教学参考书，或供广大农林科技工作者及管理人员参考。

图书在版编目（CIP）数据

普通植物病理学/ 谢联辉，吴祖建主编．—3 版．—北京：科学出版社，2024.3

国家级一流本科课程配套教材　国家级精品资源共享课配套教材　国家精品课程配套教材　科学出版社"十四五"普通高等教育本科规划教材

ISBN 978-7-03-077812-3

Ⅰ．①普…　Ⅱ．①谢…　②吴…　Ⅲ．①植物病理学-高等学校-教材

Ⅳ．①S432.1

中国国家版本馆 CIP 数据核字（2024）第 013449 号

责任编辑：王玉时　马程迪 / 责任校对：严　娜
责任印制：赵　博 / 封面设计：无极书装

科学出版社 出版
北京东黄城根北街 16 号
邮政编码：100717
http://www.sciencep.com
三河市春园印刷有限公司印刷

科学出版社发行　各地新华书店经销

*

2006 年 8 月第　一　版　开本：787×1092　1/16
2024 年 3 月第　三　版　印张：18
2025 年 1 月第二十二次印刷　字数：484 000

定价：69.80 元

（如有印装质量问题，我社负责调换）

《普通植物病理学》（第三版）
编写委员会

第三版序

《普通植物病理学》第二版自 2013 年出版以来，先后印刷了 12 次，受到了兄弟院校同行的认可和好评，并于 2021 年被评为首届全国教材建设奖全国优秀教材（高等教育类）二等奖。

近 10 年来，不论是植物病原学还是植物病理学，都有许多出色的研究和全新的进展，因此科学出版社提出修订再版是十分适时的，也是完全必要的。两年多来，我们克服新冠疫情期间的种种困难，组建编写团队，历经反复修改审定，终于完成书稿。

本次修订坚持《普通植物病理学》（第二版）的指导思想，遵循五性（科学性、系统性、基础性、前沿性、可读性）原则，力求"去粗取精，守正出新"。与第二版相比，本版更为精练优新，重在反映最新的进展、概念、理论和思路，其中有植物病原分类系统、植物与病原物的互作机制、植物病害流行机制与调控的新理念和新思路等，特别是新农科背景下植物病理学与经济学、生态学等跨学科交叉融合的知识。为提升数字化的阅读体验，书中大部分章均添加了二维码，涵盖的数字资源包括图表、视频及延伸阅读等，从而有效充实了教材内容，有利于学生更好地理解、消化知识点，激发学生学习、思考的热情与动能。

参与本次修订的有：谢联辉（第一、第二、第十一、第十三、第十四章），吴祖建（第一、第二、第五、第十一、第十四章），姜道宏（第二、第三章），康振生（第三章），孙文献、赵丹、南楠（第四、第九章），魏太云、吴建祥（第五章），刘国坤、卓侃（第六章），肖顺（第七章），缪卫国、张修国（第八章），鲁国东（第九章），高智谋、朱书生（第十章），马占鸿（第十二章），何敦春（第十三章）。

此外，福建农林大学的许文耀、吴建国、蔡学清、云英子、高芳銮、陈倩、郑璐平、李亚、郑文辉、祝雯、王宝华、胡红莉、范晓静、卓涛、程曦、赵珊珊等也参与了相关的校对工作。

在本次书稿修订过程中，刘国坤、何敦春两位教授做了大量的协调管理工作，并对书稿做了初步编排和校核；科学出版社王玉时编辑始终予以热情的关注和指导。在此谨致以衷心的感谢！

限于时间和水平，书中不足与疏漏之处仍恐难免，祈请同仁、读者不吝指正。

2024 年 2 月 16 日

《普通植物病理学》（第三版）教学课件申请单

凡使用本书作为授课教材的高校主讲教师，可通过以下两种方式之一获赠教学课件一份。

1. 关注微信公众号"科学 EDU"申请教学课件

扫上方二维码关注公众号 →"教学服务"→"样书&课件申请"

2. 填写以下表格后扫描或拍照发送至联系人邮箱

姓名：		职称：		职务：
手机：		邮箱：		学校及院系：
本门课程名称：			本门课程每年选课人数：	
您对本书的评价及修改建议：				

联系人：王玉时 编辑　　　电话：010-64034871　　　邮箱：wangyushi@mail.sciencep.com

目　录

第一章 绪 论

植物造就了适合人类生存的自然环境，为人类提供生存所必需的生活物质。但植物如动物一样，也会生病；有些病害会对植物造成毁灭性破坏，给人类带来灾难。在长期的实践中，人类认识到为了自己的生存安全，需要保护植物的健康，需要研究植物病害的成因及发生发展规律、植物与病原之间相互作用机制和病害防控方法，于是植物病理学也就应运而生。

第一节 普通植物病理学的性质、任务和内容

植物病理学是一门科学，也是一门艺术；是一门理论科学，也是一门实用科学。植物病理学分为"普通植物病理学"和"农业植物病理学"，前者是专业基础课，后者是专业课，但两者是相互联系、相辅相成的。

"普通植物病理学"是我国高等农业院校植物保护学专业和植物病理学专业的重要学位课程之一，其任务是帮助学生了解植物病理学的基本原理和获得有关植物病害的普遍规律的知识与技能，其主要内容是研究植物病害诊断和病原鉴定的科学方法，揭示植物病害的病因、危害及其发生和流行的基本规律，探明植物病害防控的基本原理和措施。通过本课程的教学互动和实验实习，学生能够感悟到未来植物病理学家的社会责任和光荣使命，从而更好地主动学习和掌握植物病理学的基础理论、基本知识和基本技能。

植物病害诊断对指导病害防控极其重要。植物病害的诊断包括病害症状识别和病原鉴定。常见的植物病害有些可以通过症状识别做出正确诊断；有些新的病害或疑难病需要进一步进行病原鉴定，需要通过科赫法则（Koch's rule）检验来证明病原与症状的一致性。植物病害的发生十分复杂，因此植物病害诊断需要有扎实的植物病理学基础和丰富的实践经验。

在病因与植物的关系中，非生物因素与植物的关系基本上是单向作用，即前者对后者产生影响；生物因素——病原物与寄主植物的关系则要复杂得多，是在环境条件影响下的双向作用或多边关系，病原物、寄主植物和环境条件构成了复杂的病害系统。研究植物侵染性病害发生规律要坚持宏观与微观、个体与群体、地理学与生态学、普通生物学与分子生物学相结合，探明植物抗病基因和病原物致病基因的表达、调控和互作特征，从本质上揭示在外部条件影响下寄主植物与病原物相互作用过程中的生物学、细胞学、生态学、行为学和遗传学等的变化规律。摸清植物病害发生发展规律可为植物病害预测预报、植物病害防控策略和技术的制订提供科学依据。

植物生长、发育和遗传潜能的表达程度取决于供其生长发育的营养和水分状况，取决于光照和温度等环境因素的适合度，也取决于病原物的危害水平。任何对植物健康不利的因素都可能影响植物的正常生长，阻碍其遗传潜能的充分表达，导致植物生病，降低产量和品质。植物自身的不良遗传因素、不适的环境因素和植物病原物都可能对植物单独或协同致病。由遗传因素和环境因素引起的植物病害称为非侵染性病害或生理性病害，由病原物引起的病害称为侵染性病害或传染病。传统的植物病理学偏重研究寄生于植物的生物性致病因子，并按其病原物类型分为菌物病害、原核生物病害、病毒病害、线虫病害和寄生性植物危害等。植物的基因缺陷或嫁接不亲和等可以导致遗传病或生理性病害，这类病因通常由育种学家或园艺学家通过品种选育和改良来克服，很少造成大面积危害。另外，不适的环境因素引起的植物生理性病害，早先主要是由植物生理学家和土壤营养学家研究，但是有关环境污染、药害和肥害，以及全球性的气候变化对植物造成的健康问题在现代农业中日益突出，与侵染性病害的发生往往具有紧密相关性，同样是植物病理学家研究的重要内容。

防控植物病害是研究植物病理学的根本目标。传统植物病害防治的核心是"治"，以有害生物为主要研究对象，把消灭和减少病原物作为主要目标。现代植物病害防治以生态安全和食品安全为前提，以保护对象——植物群体健康为核心，通过调节植物生长环境、充分发挥自然控制因子的作用，加强植物保健和提高免疫能力来达到防控病害的目的。

第二节　植物病理学的诞生与发展

植物病理学为什么诞生，是由于需要（Stakman，1959）。一般认为，植物病理学始于德国的尤利乌斯·库恩（Julius Kühn，1825～1910），他37岁被聘为大学教授，被誉为第一位植物病理学家、植物病理学专业创始人（方中达，1996）。

一、国际植物病理学的诞生与发展

植物病原学　　植物病原学是植物病理学的核心部分，也是植物病理学最先发展的主干学科。主要任务是探明直接作用于植物的病原物；以植物病原物为主要研究对象，对其进行分类、鉴定和生物学特性的研究。病原物包括菌物、原核生物、病毒、线虫、寄生性植物等。各类病原物又可以发展为独立的分支学科，如植物病原菌物学、植物病原细菌学、植物病原病毒学、植物病原线虫学等。

病原菌物和植物菌物病害　　早期观察和研究的植物病害多为植物菌物病害，因此病原菌物的研究与植物病理学的形成有直接关系。1755年，Tillet将小麦腥黑穗病的黑粉与健康的小麦种子混合后栽培，证明了小麦腥黑穗病是一种传染病，但未对传染的本质做出说明；1807年，Provest通过试验证实小麦腥黑穗病是由黑穗病菌孢子所致。由于受"病菌自生论"影响，他的工作当时未被普遍接受。植物学家和真菌学家de Bary先后确定了黑粉菌、锈菌（1853）和马铃薯晚疫病菌（1861）是植物病害的病原物，他描述了许多黑粉菌和锈菌的显微结构、发育及其与发病植物组织的关系，1865年报道了锈菌的转主寄生和多型现象，为创建植物病害的病原物学说做出了巨大贡献（方中达，1959；林传光，1959）。

植物病原菌物学说的建立为植物病害研究起了奠基作用。库恩作为植物病理学工作者，根据病害传染观念设计并实施了作物病害防治的科学方法，由他编写并在1858年出版的《作物病害，其原因和防治》是植物病理学的第一部教科书。因此，人们把库恩的著作作为植物病理学诞生的标志（林传光，1959；方中达，1996）。

病原原核生物和植物原核生物病害　　1850 年，Mistcherlich 通过显微镜观察到一种弧菌（vibrio）能引起马铃薯细胞壁崩解，成为第一个发现细菌能引起植物病害的科学家。1878 年，Burrill 报道梨火疫病是由细菌引起的一种病害。此后，由细菌引起的其他植物病害也得到证实。Smith 对植物细菌病害，特别是葫芦科、茄科和十字花科蔬菜细菌性萎蔫病做了较多的研究，1905 年他与 Fischer 编写的《细菌与植物病害的关系》出版，这是世界上第一本植物细菌病害的专著。1920 年，Smith 完成了第一部植物细菌病害教科书《植物细菌病害导论》，他还最先注意到植物的冠瘿病是由细菌引起的病害。1967 年，Doi 等首次发现桑萎缩病的病原物为菌原体，将其称为类菌原体（mycoplasma like organism，MLO），后来将其归为植原体属（*Phytoplasma*）。1972 年，Davis 等发现玉米矮化病的病原物为螺原体（*Spiroplasma*）。1973 年，Goheen 和 Hopkins 发现葡萄皮尔氏病的病原物为一种类立克次氏体细菌（rickettsia like bacteria，RLB），1987 年建立木质部小菌属（*Xylella*），该菌被命名为难养木质部小菌（*Xylella fastidiosa*）（任欣正，1994）。1977 年，Chilton 等将根癌土壤杆菌（*Agrobacterium tumefaciens*）的质粒引入植物的正常细胞，质粒的一部分会插入植物细胞染色体 DNA 中，使正常细胞转变为肿瘤细胞（Agrios，2005）。

病原病毒和植物病毒病害　　1886 年和 1892 年，Mayer 和 Ivanowski 分别证实烟草花叶病的病株汁液能够传染，后者还证实这种汁液经细菌滤器过滤后仍能保持传染性，但他们都认为其病原可能是一种细菌或是细菌毒素。1898 年，Beijerinck 发现烟草花叶病的致病因子经乙醇沉淀处理后仍不丧失侵染活性，能在琼脂凝胶中扩散，能通过细菌滤器，能在感染细胞内增殖而不能在机体外培养。他将这种致病因子称为"传染活液"（contagium vivum fluidum），或称为"病毒"（virus）。Beijerinck 的研究报告被认为是植物病毒学的起点（谢联辉和林奇英，2011）。1935 年，Stanley 独辟蹊径，从患有花叶病的烟草叶片提取液中成功分离出烟草花叶病毒（tobacco mosaic virus，TMV）蛋白结晶，将其接种烟草可以引起烟草花叶病，因此他认为病毒是可以在细胞内增殖的蛋白质。尽管这一结论后来被证明是不正确的，但因其在病毒蛋白质的分离、纯化与结晶方面贡献突出，Stanley 在 1946 年被授予诺贝尔化学奖，这是病毒研究领域的第一个诺贝尔奖。1936 年，Bawden 等发现 TMV 是由 95%蛋白质和 5%核酸（RNA）组成的核蛋白体。1939 年，Kausche 等获得第一张 TMV 粒体的电镜照片。1941 年，Bawden 出版了《植物病毒和病毒病害》。1956 年，Fraenkel-Conrat 对 TMV 中的核酸和蛋白质进行重组，证明其核酸具有侵染性且是遗传物质的携带者。1963 年，Black 和 Markham 报道伤瘤病毒（wound tumor virus，WTV）的基因组为双链 RNA；1968 年，Shepherd 等发现花椰菜花叶病毒（cauliflower mosaic virus，CaMV）的基因组为双链 DNA；1977 年，Harrison 和 Goodman 发现双生病毒的基因组为单链 DNA。随后的研究发现大多数植物病毒为单链 RNA 病毒。20 世纪中叶以来，植物病毒成为最热门的研究领域之一，各方面都取得很大进展。1970 年，Matthews 编写的《植物病毒学》出版（1981 年出版第二版，1991 年出版第三版）；2002 年，由 Hull 在这一基础上全面修订的第四版问世。2009 年，Hull 编写的《比较病毒学》（第二版）出版。

　　1971 年，Diener 证实马铃薯纺锤块茎病（potato spindle tuber disease）的病原为"类病毒"（viroid）。1978 年，Шелудьк 和 Рейфман 编写的《类病毒——一类新病原》出版。1979 年，Diener 编写的《类病毒和类病毒病》出版。1981 年，Randles 等发现绒毛烟斑驳病毒（velvet tobacco mottle virus，VTMoV）的衣壳内有一种类似类病毒的单链环状 RNA，称为"拟病毒"（virusoid），现归为病毒卫星体（satellite）中的卫星 RNA。1983 年，在意大利召开的"植物和动物的亚病毒病原：类病毒和朊病毒"国际学术讨论会上，植物的类病毒和病毒卫星 RNA 被正式归入亚病毒（subvirus）。1987 年，Diener 编写的《类病毒》专著出版。

病原线虫和植物线虫病害   1743 年，Needham 从小麦病粒上发现粒瘿线虫（*Anguina tritici*），这是第一次从植物上发现寄生线虫。1855 年，Berkeley 在温室的黄瓜根部发现根结线虫（*Meloidogyne* sp.），这是农业上分布最广、危害最大的一类线虫。1865 年，Bastian 编写的第一部关于线虫的专著 *Monograph on the Anguillulidae* 出版，这部专著的问世标志着植物线虫学的开端。1880 年，de Man 编写有关土壤、植物、淡水线虫的专著，并且创立了用于线虫形态测量的 de Man 公式。进入 20 世纪，植物线虫学得到较快发展，美国的 Cobb、加拿大的 Baker、苏联的 Filipjev、英国的 Goodey 各自建立了专门的线虫学实验室，在植物线虫分类学、生物学和致病性等各方面进行了研究并发表了大量论文及著作，1956 年出版了第一本线虫学杂志 *Nematologica*（毕志树和李进，1965）。马铃薯金线虫（*Globodera rostochiensis*）、相似穿孔线虫（*Radopholus similis*）、松材线虫（*Bursaphelenchus xylophilus*）、椰子红环腐线虫（*B. cocophilus*）等重要线虫的发现及其对农林植物造成毁灭性危害，杀线虫剂 D-D 土壤熏蒸剂的推广应用取得的显著增产效果，使人们真正认识到防治植物线虫对农业生产的重要性，极大地推动了植物线虫学的发展。

其他植物病原物和植物病害   报道较早的寄生性种子植物有菟丝子、桑寄生、槲寄生、列当和独脚金等，后来又发现头孢藻等寄生性藻类。1909 年，Lafont 在大戟的产乳细胞内发现植生滴虫（*Phytomonas*）。此后，在咖啡树、椰子树和棕榈树上均发现这种寄生性原生动物（Agrios，2005）。

在发现和鉴定由各类不同病原物引起的植物病害过程中，也逐步开展了对植物病害发生条件、发生发展规律和防治方法的研究，丰富和发展了植物病理学的内容。由于相关学科的交叉渗透和本学科发展的需要，先后产生了各分支学科。

植物病理生理学   植物病理生理学主要是从生理学和生物化学的角度阐明病原物致病因子、寄主植物的抗病因子和寄主-病原物相互作用的生理生化基础，揭示植物病理过程的内在机制。最早受到关注的是病原物致病因子。1886 年，de Bary 在蔬菜菌核软腐病研究中发现胡萝卜腐烂组织的汁液能分解健康的寄主组织，认为引起细胞离析作用的物质是酶。Jones（1905）和 Brown（1915）分别证实了植物病原细菌和真菌的果胶酶能降解植物细胞壁。1933 年，Tanaka发现梨黑斑病菌（*Alternaria kikuchiana*）能产生寄主特异性毒素。1952 年，Woolley 等纯化了烟草野火病菌（*Pseudomonas syringae* pv. *tabaci*）毒素（Agrios，2005）。1955 年，Brian 首次发现水稻恶苗病菌（*Fusarium moniliforme*）产生赤霉素，并证明其能刺激健康植物产生与病菌感染相同的症状。植物的抗病机制中化学抗病性也一直备受重视，1902 年，Ward 发现雀麦草对褐锈病菌（*Puccinia dispersa*）过敏反应现象；1935 年，Walker 发现洋葱对炭疽病菌（*Colletotrichum circinans*）的抗性与鳞片中固有的酚类物质有关；1941 年，Müller 研究马铃薯晚疫病菌（*Phytophthora infestans*）提出植物保卫素的概念，从而促进了对植物的主动抗病性机制的研究。1967 年，Wood 编写的第一本《生理植物病理学》出版，标志植物病理生理学体系的建立（陈捷，1994；方中达，1996）。

分子植物病理学   分子植物病理学主要运用分子生物学的理论和方法，阐明植物发病过程中寄主-病原物相互识别的分子基础、相关基因的结构、表达和调控机制。1935 年，Stanley获得了 TMV 的结晶，并证明其具有侵染性，开创了分子植物病理学的新时代。1942 年，Flor提出亚麻锈菌的致病性是由单一基因控制的，而且亚麻中存在与锈菌中的致病基因相对应的抗病基因（即基因对基因的概念）。1956 年，Gierrer 和 Schramm 证明 TMV 的 RNA（而不是蛋白质）是侵染所必需的，并且证明 RNA 能够产生完整的病毒粒体。自 20 世纪 60 年代中期起，大量对 TMV 的研究揭示了多种病毒基因的功能。在对根癌土壤杆菌的研究中发现了 Ti 质粒，且 Ti 质粒上的 T-DNA 区有引发植物冠瘿瘤的两个生长调节基因；生长调节基因可以被取代，当用外源基因取代生长调节基因时，外源基因可以在植物中表达；改造的 Ti 质粒已广泛用于植物遗传工程操作中。自 20 世纪 80 年代开始，以 DNA 重组技术为主要手段，以探索寄主-病原物互作中基因及其表达为主要特征的病原物致病机理和寄主植物抗病机理的研究迅速发展，克隆和鉴定了一批病原物的致病基因和植物抗病基因，分子植物病理学从传统的植物病理学中脱颖而出（王金生，1999）。1984 年，Albersheim 等发现大雄疫霉（*Phytophthora megasperma*）的细胞壁中存在诱发大豆产生防卫反应的激发子（elicitor），激发子是与植物中的受体互作诱发防卫反应的蛋白质。同年，第一个无毒基因从荧光假单胞菌（*Pseudomonas fluorescens*）中分离出来。激发子和无毒基因的发现加深了人们对病原物致病性及植物抗病性的了解。1986 年，细胞的过敏反应蛋白基因（*hrp*）被发现，现已证明 *hrp* 可以影响病原细胞中蛋白质的运输及从细菌向植物细胞的运输。1986 年，Beachy 首次将 TMV 衣壳蛋白基因导入植物，获得了抗 TMV 的转基因烟草。20 世纪 90 年代，分子植物病理学研究进展迅速，Klessig 和同事发现了系统获得性抗性（SAR）现象，Dewit 从番茄叶霉菌（*Fulvia fulva*）中发现了无毒基因（*avr9*），Briggs 和 Watton 从玉米中分离了首个植物抗病基因（*Hm1*）（Agrios，2005）。分子植物病理学的发展也为病害的诊断提供了新的技术手段，如单克隆抗体检测技术、核酸杂交技术、聚合酶链反应（PCR）技术及 DNA 芯片技术等。

20 世纪 90 年代以来，RNA 沉默（RNA silencing），也称基因沉默（gene silencing）成为研究热点。RNA 沉默是在真核生物（植物、动物、真菌）中保守的由双链 RNA 诱导的鉴定和破坏其细胞质中异常变异或过表达的 RNA 的一种机制。RNA 沉默对于调控发育、维持基因组的稳定性以响应生物和非生物胁迫等具有重要作用。在植物中，已证明 RNA 沉默可以防御病毒侵染，而病毒中编码有抑制 RNA 沉默的蛋白质，即沉默抑制子（Agrios，2005）。

近几年，随着多种病原物及植物全基因组序列的测定，对病原物致病基因及植物抗病基因的定位、鉴定和功能比较，将对分子植物病理学的发展产生深远影响，并促使我们更好地利用抗性基因获得抗病植物。

植物病害流行学 植物病害流行学主要揭示在环境条件影响下寄主-病原物群体水平上相互作用的植物病害发生规律。1946 年，Gäumann 编写的《植物侵染性病害原理》的出版标志着植物病害流行学的诞生，书中表述的"侵染链"为植物病害流行规律研究提供了线索。1963 年，van der Plank 编写的《植物病害：流行和防治》出版，使植物病害流行学研究进入"动态-定量阶段"和"理论-综合阶段"。1979 年，Zadoks 和 Schein 编写的《流行学和植物病害治理》出版。1998 年，Cooke 等编写的《植物病害流行学》出版（2006 年修订再版，已由王海光、马占鸿等译成中文出版），比较全面地反映了植物病害流行学的基本原理和一些研究的新成果。

植物病害防治学 植物病害防治学主要研究植物病害防控的机制、原理、策略和技术。具体方法有生态调控、抗性利用、栽培管理、化学防治和生物防治等。最早发现并用于防控植物病害的主要是耕作栽培的传统方法，后来有化学防治。杀菌剂始于 1882 年，法国人 Millardet 发明波尔多液防治葡萄霜霉病；1885 年后，波尔多液作为保护性无机杀菌剂大规模推广应用。1934 年，Tisdale 等报道了二硫代氨基甲酸衍生物的杀菌作用，开辟了有机化合物杀菌剂的新纪元，开发出福美铁、代森锌、五氯硝基苯等杀菌剂；20 世纪 60 年代末，开发了具有内吸治疗作用的杀菌剂如萎锈灵、苯菌灵；农用抗生素杀菌剂也得到发展，如春雷霉素、多抗霉素和灭瘟素等（侯鼎新，1993）。1982 年，美国 Fry 教授编写的《植物病害治理原理》出版，该书根据植物病害流行学原理，比较全面地介绍了病害治理的原理与技术。

二、中国植物病理学的诞生与发展

中国农业历史悠久，农民在长期生产实践中积累了丰富的植物病害防控经验。早在公元前 239 年，《吕氏春秋·审时篇》就有小麦早播易生灾害的记载，北魏贾思勰《齐民要术》（公元 533～544 年）就有轮作防病的论述，如"稻，无所缘，唯岁易为良""麻欲得良田，不用故墟。故墟亦良，有点叶夭折之患"。我们现在知道水稻实行轮作可以避免或减轻多种稻病的危害；麻忌连作，连作时易受丝核菌（*Rhizoctonia* sp.）侵害导致叶片和植株枯死（裘维蕃，1991）。这说明中国很早就有了植物病害的防控意识，并把病害的发生和耕作、栽培措施联系在一起，这是一个了不起的贡献！只是中国近代植物病理学起步较晚。

植物病理学教育　　中国的植物病理学始于高等教育。1910 年，京师大学堂农科始设"植物病理学"，聘日本学者 Miyake 讲授这一课程；1916 年和 1918 年，金陵大学、东南大学农科先后开设"植物病理学"课程，相继由邹秉文和戴芳澜讲授（裘维蕃，1991）。1931 年后，许多大学如中山大学、浙江大学、四川大学、山东大学等大学的农学院，以及西北农学院、湖北农学院、福建农学院等多所地方院校都开展植物病理学的教学和科研工作。1942 年，金陵大学农学院首次招收植物病理学硕士学位研究生。1949 年后，国家开始有计划地培养人才，系科布点增加、专业设置优化、课程门类齐全，形成了比较完整的植物病理学本科人才培养体系。部分院校有研究生培养工作，但未授予学位。1981 年，《中华人民共和国学位条例》实施，国家根据学科基础、教学质量、科研力量等综合评审，先后批准了十几批植物病理学博士学位授予单位，涵盖近 20 所大学的植物病理学科，这些单位也兼具硕士学位授予权。与此同时，植物病理学的中等教育和成人教育也得到迅速发展。

邹秉文首次发表《植物病理学概要》（刊于《科学》1916 年第 2 期）。1921 年，颜纶泽编写《植物病理学及防治法》，由上海新学会社出版。1933 年，夏诒彬和许心芸编写《植物病理学》，由上海商务印书馆出版。1942 年，魏景超编写《普通植物病理学实验指导》，由金陵大学植物病理组出版。1959 年，林传光和方中达各自编写《普通植物病理学》，分别由高等教育出版社和江苏人民出版社出版。此后，许多农业院校相继编写和出版了一批植物病理学教科书。

植物病理学研究　　中国植物病理学的研究工作始于 1913 年。当时北京农商部中央农业试验场成立植物病虫害科，由章祖纯主事。初创阶段的研究工作，主要是病害种类和病原真菌分布调查。1916 年，章祖纯发表的《北京附近发生最盛之植物病害调查表》为中国植物病害的第一篇调查报告。1939 年，裘维蕃在福建工作期间开展植物病害调研，完成了《福建经济植物病害志》（1941 年刊于《新农季刊》）。1957 年，相望年收集了我国 1914～1955 年发表的真菌学与植物病理学文献 2600 余篇，将其目录及部分摘要编成《中国真菌学与植物病理学文献》，由科学出版社出版。1958 年，戴芳澜等编成《中国经济植物病原目录》，由科学出版社出版，该书收集了我国 2200 多种经济植物上已发现的病原物 2800 余种。之后，我国植物病理学的研究工作有着飞快的发展。

1929 年，中国植物病理学会成立，邹秉文教授为首任会长。1955 年，《植物病理学报》创刊，戴芳澜教授为首任主编。

植物病原菌物学和菌物病害 中国植物病理学学科发展最早的是菌物学。1927 年，戴芳澜发表了《江苏真菌名录》，之后于 1932～1939 年又发表了 9 篇《中国真菌杂录》；1979年，科学出版社出版了由其学生整理的巨著《中国真菌总汇》，书中记录了中国真菌 7000 余种。1963 年，科学出版社出版了邓叔群的《中国的真菌》。1998 年，科学出版社出版了裘维蕃主编的《菌物学大全》。张中义等（1988）与陆家云（2001）分别主编了《植物病原真菌学》，先后由四川科学技术出版社与中国农业出版社出版。中国的植物病理学家针对生产上危害性大的重要病害开展深入研究，禾谷类锈病、黑粉病、白粉病，水稻稻瘟病、纹枯病，棉花枯萎病和黄萎病，多种作物的炭疽病、霜霉病、疫霉病，以及由腐霉属、镰刀菌属引起的病害都是主要研究对象。

植物病原细菌学和细菌病害 在中国，俞大绂最早研究植物细菌病害，1936 年报道了蚕豆细菌性茎腐病。1937 年，黄齐望发表了《1936 年植病界新发现之植物细菌病》。此后，方中达致力于中国植物细菌病害研究，1950 年以来主持鉴定病原细菌 100 多种；1993 年，他与任欣正完成了《中国植物细菌病害志》。2000 年，王金生主编的《植物病原细菌学》由中国农业出版社出版。中国植物细菌病害研究主要集中于水稻白叶枯病、水稻细菌性条斑病，各种作物青枯病、根癌病、柑橘溃疡病，蔬菜作物软腐病和病原属于植原体（*Phytoplasma*）的泡桐丛枝病、枣疯病、桑树黄化型萎缩病等。

植物病毒学和病毒病害 1931 年，吴昌济在《浙江省建设月刊》上发表第一篇介绍病毒概念的文章《植物之视外生物病》。1939 年，俞大绂在 *Phytopathology* 刊物上发表第一篇病毒调查的论文 "A list of plant viruses observed in China"。之后，特别是 1949 年以来，我国的植物病毒病研究，无论是病情调查、病害诊断、预测预报、防控技术，还是病毒生态学、流行学和分子生物学方面，都有广泛的涉足，并发表了许多有价值的学术论文。有关专著和教科书方面，主要有：1958 年，高尚荫编写了《电子显微镜下的病毒》（科学出版社出版）；1964 年，裘维蕃编写了《植物病毒学》（1984 年修订再版，均由农业出版社出版）；1987 年，田波、裴美云编撰了《植物病毒研究方法》（科学出版社出版）；1994 年，梁训生、谢联辉主编了全国高等农业院校教材《植物病毒学》（由谢联辉和林奇英在 2004 年主持修订第二版，在 2011 年主持修订第三版，均由中国农业出版社出版）；1999 年，谢联辉等编著了《植物病毒名称及其归属》（中国农业出版社出版）；1999 年，吴云锋编著了《植物病毒学原理与方法》（西安地图出版社出版）；2001 年，洪健等主编了《植物病毒分类图谱》（科学出版社出版）；2008 年，谢联辉主编了《植物病原病毒学》（2022 年主持修订第二版，均由中国农业出版社出版）；2009 年，季良主编了《植物病毒病防治与检疫》（中国农业出版社出版）；2016 年，谢联辉等著有《水稻病毒》（科学出版社出版）。中国植物病毒病研究主要有稻、麦、杂粮类病毒病、蔬菜病毒病、果树病毒病和花卉病毒病等。

植物线虫学和线虫病害 1916 年，章祖纯首次报告北平附近发生粟线虫（*Aphelenchoides besseyi*）和小麦粒线虫（*Anguina tritici*）。1932 年，涂治报道了我国南方的番茄根结线虫病。1935 年，李来荣在广东报道了柑橘根线虫病。1946 年，周家炽证明小麦蜜穗棒形杆菌（*Clavibacter tritici*）由小麦粒线虫传播。1957 年，刘存信报道了水稻干尖线虫病，章正等报道了大豆孢囊线虫病。1965 年，毕志树和李进编著了我国第一部《植物线虫学》（农业出版社出版）。1999 年，张绍升编著了《植物线虫病害诊断与治理》（福建科学技术出版社出版）。1995 年、2000 年和 2004 年，刘维志先后主编了《植物线虫学研究技术》（辽宁科技出版社出版）、《植物病原线虫学》（中国农业出版社出版）和《植物线虫志》（中国农业出版社出版）。2006 年，赵文霞和杨宝君编写了《中国植物线虫名录》(中国林业出版社出版)。2021年,张绍升等著有《中国作物线虫病害研究与诊控技术》(福建科学技术出版社出版)。

植物病害流行学 20世纪50年代开始,小麦锈病的流行学研究和抗病育种被列为国家攻关项目,科学家查明了小麦三种锈菌(秆锈菌、条锈菌、叶锈菌)在全国春麦区和冬麦区的生理小种类型和分布状况,完成了全国大区的流行区划。1965年,谢联辉和林奇英经过三年的调查,查明福建省莆田的八月麦(每年八月种麦)是中国小麦秆锈菌的大区过渡寄主和桥梁基地(研究表明,在我国该病菌的转主寄主小檗并不重要),经当地农民同意,将全县大面积种植的八月麦改种秋马铃薯和秋地瓜,切断小麦秆锈菌的周年侵染环节,使其在我国南北麦区得以根本控制。20世纪七八十年代,科学家开展全国水稻区间协作,查清了全国稻区的稻瘟病菌生理小种类型和分布,探明了水稻抗性丧失与稻瘟病流行的关系。对水稻病毒病、小麦条锈病、小麦赤霉病、马铃薯晚疫病、玉米小斑病的流行规律也进行了比较深入的研究。1986年,曾士迈和杨演编著了《植物病害流行学》(农业出版社出版)。2010年,马占鸿主编了《植病流行学》(2019年主持修订第二版,均由科学出版社出版)。

分子植物病理学 20世纪70年代后期开始,分子生物学技术被广泛应用于植物病毒、细菌、菌物和线虫的蛋白质及基因分析、鉴定。比较突出的有植物双生病毒、水稻条纹病毒、水稻矮缩病毒、水稻草矮病毒、真菌传麦类病毒、水稻稻瘟病菌、水稻白叶枯病菌等的研究。研究发现中国多数双生病毒伴有卫星DNA。卫星DNA是双生病毒诱导产生典型病害症状所必需的,卫星DNA编码的βC1蛋白是致病相关因子和基因沉默抑制子(Cui et al.,2004;2005)。1979年,王金生编著了我国第一部《分子植物病理学》(中国农业出版社出版)。

植物病害防治学 中国的植物病害防治独具特色和富有创造性。①物理防治:早在1919年,邹秉文就用温汤浸种防治麦类黑穗病;朱凤美采用手摇虫瘿汰除机和泥水选种防治小麦粒线虫病,利用三缸连环灶法进行种子处理防治水稻干尖线虫病等。②栽培防控:最突出的是在总结农民水稻"三黄三黑"和"骨肉相称"经验的基础上,建立的栽培免疫控制稻瘟的理论和实践,取得了很大的成功(林传光等,1961;谢联辉等,2005)。③抗病育种:1950年以来,植物病理学研究者与育种工作者密切合作,在小麦锈病、水稻白叶枯病、稻瘟病、水稻病毒病、甘薯瘟、棉花枯萎病、大豆孢囊线虫病等抗病育种工作中取得了显著成效。④生物防治:裘维蕃等研制的83增抗剂诱导植物对病毒的抗病性,田波等研制的N_{14}病毒疫苗生物制剂推广应用均有显著成效。有关这方面的著作有林传光等(1961)和李振岐等(1995)先后主编的《植物免疫学》,李振岐和商鸿生2005年主编的《中国农作物抗病性及其利用》,石明旺与王清连2008年主编的《现代植物病害防治》(这4本书均由中国农业出版社出版),鲁素芸1993年主编的《植物病害生物防治学》(北京农业大学出版社出版),邱德文2008年主编的《植物免疫与植物疫苗——研究与实践》(科学出版社出版)等。

植物病害经济学 植物病害经济学是运用经济学的基本理论和研究方法来研究植物病害系统运行、发展和变化规律的一门交叉学科。其主要研究内容是以经济学的原理和方法分析植物病害给生产者、消费者和社会及生态造成的损失,建立病害损失估计的科学程序,以提高整体效益(经济效益、生态效益、社会效益、规模效益、持续效益)为目标,以最大限度减少植物病害损失为前提,实现植物病害管理的低成本、高效益。该学科由谢联辉创建;之后福建农业大学(现福建农林大学)于2000年招收了第一位植物病害经济学博士后,2001年开始招收该专业博士学位和硕士学位研究生;围绕该学科已出版相关著作5部,促进了学科的发展。

第三节　植物病害的重要性

植物病害对人类的重要性及其影响主要体现在社会、经济和生态三个方面。

社会重要性　　植物病害减少了人类赖以生存的植物及其产品，对人类生存、社会安定、国家政治和政策都有重大影响。最典型的是麦类锈病和马铃薯晚疫病。由禾柄锈菌（*Puccinia graminis* f. sp. *tritici*）引起的小麦秆锈病自古以来就是小麦的毁灭性病害。早在 1660 年，法国鲁昂地区就颁布法律要求毁灭小檗以防治小麦秆锈病。这是第一次为人所知的用法律措施来对付植物病害的尝试。1845～1846 年，爱尔兰由于马铃薯晚疫病大流行而造成饥荒，使大约 100 万人饿死、150 万人背井离乡（Large，1964）。为了得到外来的粮食解救饥荒，英国政府在 1846 年取消了谷物法令，允许开放港口让谷物自由输入，从而走上了自由贸易的道路（Stakman，1959）。

经济重要性　　植物病害造成经济损失是多方面的。首先，对生产者来说病害引起作物产量减少和产品质量降低，导致收入减少；由于喷洒农药或其他方面的防治费用而增加生产成本；有时不得不种植抗病但产量不高的品种或改种其他经济效益低的作物种类；对于水果和蔬菜产品，由于储藏期病害而不得不在产品大量上市时低价抛售，或为调整销售期而增加保鲜费用。其次，对消费者来说，病害减产导致农产品不断涨价，使他们生活开支增加，或消费量减少，或购买次品或代用品而影响生活质量。最后，对于用农产品来加工生产其他商品的中间消费者，农产品价格上涨会增加生产成本，或影响终端产品质量，作为生产者的中间消费者往往会把增加的费用转嫁到最终消费者身上。

据联合国粮食及农业组织（FAO）估计，植物因受病害损失平均为总产量的 10%～15%。全球因此造成的经济损失平均每年高达 2000 亿美元（Agrios，2005）。1970 年，玉米小斑病毁掉了美国 15%的玉米，损失大约 10 亿美元。植物病害减少了作物产量，危及以农产品为原料的加工业和食品工业。1880 年，法国波尔多地区葡萄种植业因遭受霜霉病的危害而使酿酒业濒临破产。植物病害破坏了粮食和饲料生产、供应，也威胁着畜牧业和养殖业的发展。植物病害还影响国际贸易的开展，各国政府都制定有各自的植物病害检疫对象，并严禁带有这些病原物的产品进境。

植物病害对经济的影响不仅仅是减少了收入，还有其他表现形式。有时由于植物病害造成灾难，政府往往还要给生产者、消费者支付救济金和补助，这样就牵制了国家资财，使社会经济资财不能得到最适当的利用。在经济基础薄弱、农业技术落后的国家，植物病害造成的损失可能抵消其提高生产力所取得的成果。

生态重要性　　植物病害影响生物多样性和生态环境，甚至限制了某些植物的种植。20 世纪 30～70 年代，荷兰榆树疫病毁掉了美洲榆树，使环境严重恶化；栗疫病使得美洲栗在北美消失；咖啡锈病使斯里兰卡不能继续种植咖啡而改种茶叶，改变了当地人的生活习惯；松材线虫引起松树大面积枯萎，极大地破坏了生态环境和自然景观。

植物病害减少了人们的食物来源。农产品由于病菌毒素和化学农药的污染对食品安全构成威胁。有些农产品感染病害，食用后可引起人畜中毒。最突出的是麦角病，公元 857 年和 1089 年其在欧洲莱茵河流域及法国流行，造成几千人中毒死亡。感染了小麦赤霉病的麦粒，由于病菌代谢产物中含有单端孢霉烯类和赤霉烯酮等毒素，人畜食用过量会引起呕吐、腹泻等急性中毒，并造成肝脾肿大。近代采用化学药剂防治植物病害，造成产品污染和环境污染，给人畜生存安全造成很大威胁。

第四节　植物病理学与现代科学技术的关系

一、植物病理学与现代农业技术

植物病理学对现代农业的发展做出了重要贡献。现代农业技术在提高农作物产量、满足国家和世界对粮食及经济的需求上发挥了巨大作用，科学技术对农业生产的贡献率越来越大。然而，以下几个方面的农业措施对植物病害种类、病害发生规律和病害严重性也产生重大而深刻的影响。

作物品种良种化　培育抗病高产品种是一项经济高效的增产措施，也是防控病害的重要途径。20世纪六七十年代，世界范围内以作物品种改良为中心的"绿色革命"取得巨大成就，全世界粮食取得大幅度增产。但是，大面积单一化种植遗传一致性的品种，导致各种病害严重发生。1971年，印度、巴基斯坦、阿富汗和土耳其大力推广种植矮秆高产小麦，替换数百个地方品种，导致小麦锈病严重流行，矮秆小麦品种减产达55%；1970年，美国80%的玉米带有得克萨斯雄性不育（Tms）细胞质，遭受玉米小斑病菌T小种侵染引起玉米小斑病大流行；20世纪60年代以来，我国南方广泛推广国际水稻研究所（IRRI）培育的水稻矮秆品种，造成水稻病毒病和稻瘟病的多次流行。

栽培技术多样化　耕作制度的变化可影响病害发生。在委内瑞拉单季稻改为双季稻，由于新的条件适宜水稻白叶病毒（rice hoja blanca virus，RHBV）的介体昆虫繁殖，水稻白叶病严重发生。在中国单季稻区改种双季稻，由于早稻破口抽穗期恰逢雨季，穗颈瘟严重发生。在双季稻区采用"两段育秧技术"，晚稻秧苗期延长增加了叶蝉、飞虱取食传毒的机会，加剧了双季晚稻病毒病的严重发生。设施农业是一项新兴的栽培技术，由于环境条件控制和施肥技术不当，作物出现各种生理性病害；温室和大棚中通气和温度不适常使植物白粉病、灰霉病严重发生；连续种植使土壤病原物大量积累，导致镰刀菌枯萎病、细菌性青枯病和根结线虫病等土传病害严重发生。

作物管理化学化　长期和大量使用化学肥料和化学农药，导致农田土壤的理化环境恶化、微生物区系结构失衡，从而诱发或加剧病害发生。水稻偏施氮肥往往诱发水稻稻瘟病、纹枯病、白叶枯病和病毒病的严重发生。在许多情况下，除草剂能加重一些植物病害，如甜菜和棉花的立枯病、番茄和棉花的镰刀菌枯萎病、桃流胶病和各种作物茎腐病。植物生长激素施用不当能导致植物生理功能紊乱，出现植物激素病。

农事操作机械化　在采用机械化耕作、种植、收获和运输过程中，农业机械受病原物污染，导致种子或农产品污染，或使病原物通过农业机械在田间扩散传播；或通过跨县、省农事作业工具而远距离传播。

作物布局区域化　作物区域化和集约化种植，在一个地区内大面积种植单一作物，使一些在分散种植时不造成危害的病害流行成灾，造成重大经济损失；也有可能促使田间出现某种危险性病原物，导致毁灭性病害暴发。

农业交流国际化　全世界各种作物的种子和苗木的交流引种、农产品贸易、世界作物博览会等活动都可能将一些毁灭性的病原物传到其他国家或地区，引起新病害的发生。有些种子或繁殖材料引种到新区后，也有可能遭受当地病原物或病原小种的侵染，造成病害的流行。

现代农业技术引发了植物病害的新问题。同时，社会的进步也对植物病理学提出了更高的要求。植物病理学工作者任重道远，有许多新领域、新问题需要我们去探索、去研究。

二、植物病理学与现代科学技术

植物病理学是科学、技术和艺术的统一，为人们提供了认识植物病害和防控植物病害的武器。光学显微镜和电子显微镜的发明、病原微生物的分离和纯培养技术、科赫法则的应用使植物病理学得以形成和发展。到 20 世纪末，植物病理学成为一门较为成熟的科学，同时衍生出许多分支学科。植物病理学是在医学微生物学的基础上发展起来的，与菌物学、原核生物学、病毒学、线虫学、植物学、动物学、昆虫学、生态学、植物生理学、生物化学、遗传学、作物栽培学、土壤学、耕作学、气象学和分子生物学等都有密切联系；生物技术、信息技术、显微镜技术、分子生物学技术、细胞生物学和免疫学技术、人工智能、大数据分析等应用于植物病理学研究，推动了植物病理学的科学技术进步和持续发展。

植物病理学的贡献并不限于对植物病害的认识和防控，它的成就也促进了生命科学各个领域的发展。病毒的滤过性及结晶性、微生物的抗生作用等都是首先在植物病理学的研究中发现的，这些发现及由此引发的研究对医学的发展有极其重大的引领作用，对普通生物学、生物化学、生物物理学乃至整个生命科学的发展也都有重要的推动作用。早在分子生物学提出之前，研究者于 1939 年获得了第一张 TMV 粒体照片；于 1955 年在试管中成功重组 TMV-RNA 和蛋白质，成功提取 TMV-RNA，证明 TMV-RNA 的侵染性，明确 TMV-RNA 是遗传信息的携带者。以上这些研究从分子水平研究了病毒的结构、性质和遗传变异，从而建立和发展了分子病毒学，并且成为分子生物学的前沿科学（林传光，1959；裘维蕃，1991；谢联辉，2008；谢联辉和林奇英，2011）。

第五节 植物病理学展望

社会需要农业，农业需要植物病理学。植物病理学之所以得以发展，是由于适应了人类社会发展，满足人类对物质生活和精神文明的需求。当今世界人口不断增长，截至 2022 年 9 月，美国人口普查局数据显示全球人口超过 79 亿，中国人口已超过 14 亿。这样，在耕地十分有限的情况下，要满足食物和生活物质的需求，就必须继续提高作物的单位面积产量和寻找新的食物来源。同时，人们在生活质量和精神品位方面也提出了更高的要求，不仅要有无污染、安全、优质食品供应，而且要有顺心舒畅的绿色生态环境。植物病理学将为满足人类这两个方面的需求不断做出自己的重要贡献。

追溯历史是为了更好地把握未来。植物病理学有着光明的前途，一方面在病害管理模式上会有新的跨越——从现行的有害生物综合治理（integrated pest management，IPM）向以植物生态系统群体健康为主导的有害生物生态治理（ecological pest management，EPM）的新模式跨越（谢联辉等，2005）；另一方面在病害科学理论上将会有新的突破——应用现代生物学及其相关领域的理论和方法研究植物病害的本质，揭示寄主植物-病原物的互作及其与环境、社会的关系和灾变规律，为建立更加先进、更加科学的病害诊断系统、监测系统、防控系统和信息系统提供理论依据。因此，植物病理学任重而道远，植物病理学家只要重视生产实践，不断总结经验，认真吸纳现代科学（包括自然科学和社会科学）的精髓，积极开展多学科的协作与交融，必然会为人类做出更大的贡献。

小 结

普通植物病理学的主要任务是研究植物病害诊断和病原鉴定的科学方法，揭示植物病害发生和流行的普遍规律，探明植物病害的监测方法及其管理的策略和措施。国际植物病理学有 160 多年的历史，中国植物病理学有 110 多年的历史，植物病理学的发展适应了社会发展需求，植根于农业生产实践中，成为一门成熟的科学。植物病害掠夺了人类赖以生存的食物和其他生活物质，对人类生存环境造成严重破坏。人们在追求农作物产量和经济效益时，对植物病害生态造成极大干扰，加剧了植物病害的危害和引发更多新病害。植物病害发生规律发生了变化，人类社会和自然环境也发生了变化，因此，植物病理学研究要与时俱进。当今世界环境和科学技术为植物病理学的发展提供了最有利的条件，植物病理学要继续探索新领域、揭示新问题，为人类社会发展和生态文明做出新的贡献。

复习思考题

1. 简述普通植物病理学在植物保护学科和生命科学中的地位和作用。
2. 普通植物病理学的任务是什么？它与农业的健康发展及人类生存安全有什么关系？
3. 通过对植物病理学历史的回顾，你在科学的形成和发展方面得到哪些启示？
4. 植物病害对人类社会和人类生存环境有何危害？人类的干扰对植物病害的发生造成哪些重要影响？
5. 如何理解植物病理学是一门科学，也是一门艺术？
6. 如何理解作为未来植物病理学家的社会责任和光荣使命？

第二章　植物病害与植物病害系统

第一节　植物病害

一、病害

植物在生长发育过程中受到生物因子或非生物因子的持续刺激，其正常的新陈代谢过程受到干扰或破坏，导致植株生长发育异常，最终在外部形态上表现各种不正常的状态和结构，这一过程称为植物发生了"病害"（disease）。植物病害的定义包含三个方面的内容：①病因（etiology），即植物病害发生的原因；②病变（lesion），即植物在致病因素作用下发生的生理病变、组织病变和形态病变；③症状（symptom），即植物病害发生后所出现的病变的外在表现，如斑点、坏死、畸形等。

对植物病害的理解通常还包含经济学观点，判断植物发病还要看其经济价值或观赏价值是否受到了损害。植物病害对植物的影响主要包括两个方面，即降低农产品的产量和降低农产品的质量。在质量方面，既要考虑病害对农产品的营养或使用性能的影响，又要考虑病原物寄生时，在农产品上产生的次生代谢产物（如毒素）对人畜健康的危害。但有些植物生病后，可能增加了经济性，如郁金香受到病毒感染产生碎色而显高贵，叶片和花瓣的色素及其分布发生变化，增强了它的观赏价值和经济价值。又如，茭白在生长过程中受到黑粉菌的侵染后，局部增生、膨大，变成可口的食品，从而使茭白获得了经济价值。这些由生物侵染引起的病变反而增加了植物的经济或欣赏价值的现象一般不称为病害。

二、病因

病因，即植物发生病害的原因，有生物因子、非生物因子和遗传因子。

（1）生物因子　　引起植物病害的生物因子称为植物病原物。植物病原物主要有病毒、原核生物、菌物（包括真菌和卵菌）、原生动物、线虫和寄生性植物等。这些病原物在形态上有显著的差异，病毒是没有细胞结构的生物，其大小为纳米级别；原核生物（细菌）为单细胞生物，其大小为微米级别；真菌、卵菌和一些原生动物为真核生物，繁殖体类似于植物种子，称为孢子（spore），孢子很小，为微米级别，只有在显微镜下才能看到；植物病原线虫体积小且透明，需要借助放大镜和显微镜才能看见。图 2-1 显示各类植物病原物相对于植物细胞的大小。植物病原物均有破坏寄主植物的能力（致病力），但致病机理不尽相同；植物病原物引起的病害具侵染性和传染性，因此也称为侵染性病害或传染性病害。

（2）非生物因子　　非生物因子主要是指影响植物生长的各种物理或化学因素。植物的生长需要特定的温度、适宜的水分、充足的氧气、具一定强度和时间的光照和充足的养分等，当

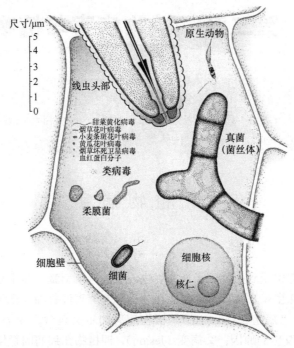

图 2-1　不同类型的植物病原物及其相对大小（Agrios，2005）

生长在适宜的非生物因子范围之外时，植物的新陈代谢将受到显著影响，如温度过低，植物会出现冻害、冻伤；田间湿度过低，影响作物授粉；空气中的污染物、化学肥料、激素及其类似物和化学农药（特别是除草剂）等对植物的生长也有重要影响；空气中的尘埃降落至植物表面对其生长有间接的影响。非生物因子引起的植物病害具有发病植株田间分布均匀的特点，病害没有传染性，因此也称为非侵染性病害或非传染性病害。

（3）遗传因子　　植物本身的遗传缺陷也会造成病害，如白化苗、矮化苗和水稻品种不纯导致抽穗不整齐。患遗传性病害的植株在田间多数呈零星分布，但是，因品种混杂或基因分离导致的生长异常，也可能引起重大的损失。

三、病变

病原物侵入寄主植物后，即在其上生长、繁殖。植物对病原物侵染的反应大致上是类似的，经历生理病变、组织病变到形态病变的病理程序。发病初期植物的生理生化特性出现变化，如呼吸作用加强、光合作用下降、蒸腾作用增强、合成一些拮抗性酶类和化学物质，抵御病原物的侵入。植物在病原物侵染后改变了新陈代谢的过程称为生理病变。植物生理病变可以通过特定的仪器或生理生化实验加以检测。随着病原物与寄主植物相互作用的深入，病原物获得了在寄主体内生长、发育所需要的营养和空间，并适度生长，尽管植物在外表上还没有出现显著的变化，但是寄主组织内的细胞开始变形或溃解死亡，寄主组织也发生特定的变化，如叶绿素及其他色素的减少或增加，细胞数目和体积增减或形成特定的结构抵御病原物的进一步扩展，这就是组织病变。组织病变可以借助光学显微镜或电子显微镜进行观察。病变加剧，最终发展成为形态病变，出现病害症状。

植物病变的过程是区分病害与伤害的重要特征。尽管大型动物和昆虫的啮食及机械伤害等对植物的最终影响也可以导致植物的生长偏离正常轨迹，但它们对植物的影响主要表现为直接的伤害，没有病理程序，一般不把它们的危害称作病害。

四、症状

　　植物的一生及其不同生长部位均有可能遭到病原物和非生物因子的危害，影响相应器官的功能（图2-2）。植物感染病原物或受非生物因子的影响，经过生理病变和组织病变，最后在外部出现有别于正常植株的形态病变，这种病变特征称为症状（symptom）。病害症状包括病状和病征。

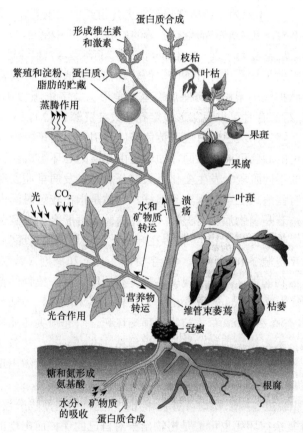

图 2-2　植物器官的功能及可能受到的破坏（Agrios，2005）

（一）病状

　　病状是植物受到病原物或非生物因子影响后局部或整株出现的异常表现。植物病害病状大体上可分为五大类型，即变色、坏死、腐烂、萎蔫和畸形。

　　1. 变色（discoloration）　　发病植株局部或全株色泽异常。若均匀变色，主要表现为褪绿（chlorosis）和黄化（yellowing）（数字资源 2-1）；褪绿由叶片中叶绿素含量下降所致，叶片中若缺乏叶绿素或叶绿素含量很低，则引致黄化；均匀变色也包括整片叶或其一部分变成紫红或红色等。若叶片不是均匀变色（数字资源 2-2），则出现花叶（mosaic）、斑驳（mottle）、条纹（stripe）、条斑（streak）、脉明（vein cleaning）等症状。花叶是形状不规则的深绿、浅绿、黄绿或黄色部位相间形成的不规则杂色，不同颜色的部位轮廓清晰（数字资源 2-3）。若变色部位轮廓不清晰则称

数字资源
2-1～2-6
（含视频）

为斑驳，果实上也可见斑驳（数字资源 2-4）。花叶在单子叶植物上常表现为平行叶脉间细条状变色（条纹）（数字资源 2-5）和梭状长线条（条斑）。若叶脉变色称为脉变色，主脉和次脉呈半透明状，称为脉明。变色也可发生在花瓣上，常称为碎色（color breaking）（数字资源 2-6）。

植物病毒、植原体和非生物因子（尤其是缺素）常可引起植物变色。在实践中要注意植物在正常生长发育过程中出现的变色与发病变色的区别。由植物病毒或植原体引起的变色，反映出病原在基因水平上对寄主植物的干扰和破坏；另外，由病毒感染导致的碎色虽可提高花卉的观赏价值，但承担有传播病毒的风险，因此国内外早已禁止感染病毒的郁金香销售。

数字资源
2-7～2-18
（含视频）

2. 坏死（necrosis）　　坏死为发病植株局部或大片组织的细胞死亡。坏死是常见的病状，因发病部位和病原物的不同，其表现特征也有显著的差异（数字资源 2-7）。

坏死若发生于叶片，常表现为叶斑（leaf spot）（数字资源 2-8）和叶枯（leaf blight）（数字资源 2-9）。叶斑的形状、大小和颜色各有不同，但轮廓都比较清晰；叶斑常见的形状有圆形、椭圆形和梭形等。受叶脉扩展的限制，有些病斑呈多角形（数字资源 2-10）或条形（数字资源 2-11）；病斑上的坏死组织有时可以脱落形成穿孔（数字资源 2-12）。因病原物不同，病斑颜色各异，常见的有黑色、褐色、灰色、白色、黄色等，分别称为黑斑、褐斑、灰斑、白斑、黄斑等；同一病斑不同部位的颜色可能会不同，如环斑由几层同心环组成，各层颜色可能不同。病斑的颜色在病害发生的不同阶段会发生变化，大部分病斑在发病早期表现为褪绿或变色，后颜色逐渐加深并坏死，有些病斑上可以观察到病征。叶枯是指在较短时间内叶片出现大面积枯死，病斑轮廓不太明显，若是菌物病害，湿度大时在病斑上可能会观察到菌丝或其他病征，如马铃薯晚疫病叶部病斑（数字资源 2-13）。很多在叶片上引起坏死的病原物，也可以为害果实，在果实上形成斑点（数字资源 2-14）、炭疽（数字资源 2-15）和疮痂（数字资源 2-16）等。

受病原物的为害，植物的根、茎可表现出各种类型的坏死斑。植物幼苗近土茎基部组织的坏死，引起幼苗倒伏，称为猝倒（damping off）；若幼苗幼茎木质化，虽枯死但不倒伏称为立枯（seedling blight）（数字资源 2-17）。草本植物茎顶端坏死，引起顶尖坏死症状，若坏死发生在穗部或穗轴，引起穗枯。木本植物顶梢的坏死称为梢枯（die back），枝条从顶端向下枯死，之后扩展到主茎或主干，如梨火疫病。若果树及其他树木枝干的皮层组织出现大面积坏死，皮层下陷、破裂等，称为溃疡（canker）（数字资源 2-18）。

真菌、细菌、病毒和线虫等病原物均可引起坏死；坏死常由病原物分泌的毒素和酶类造成，但病毒诱发的坏死机理复杂；坏死也可能是植物出于对自己的保护而出现的部分组织或细胞的自杀性行为（如过敏性坏死）。

数字资源
2-19～2-20
（含视频）

3. 腐烂（rot）　　腐烂是坏死的特殊形式，是指植物病组织较大面积的破坏、死亡和解体。植物的各个器官均可发生腐烂，幼嫩多汁的组织和含水量丰富的果实更容易腐烂（数字资源 2-19）。腐烂可分为干腐（dry rot）、湿腐（wet rot）、软腐（soft rot）。组织腐烂时，果胶层和细胞壁消解，细胞死亡，病组织向外释放水分和其他内含物；若组织解体缓慢，病组织释放的水分及时蒸发，则形成干腐；若病组织解体较快，不能及时失水，则形成湿腐；若病组织中胶层受到破坏和降解，细胞离析，而后发生细胞消解，则称为软腐，如大白菜软腐病、莴苣软腐病（数字资源 2-20）。

引起腐烂的病原物能分泌纤维素酶、果胶酶、半纤维素酶、木质素酶和漆酶，这些酶能降解植物果胶层、细胞壁和木质素等物质。

数字资源
2-21～2-23
（含视频）

4. 萎蔫（wilt）　　萎蔫即植物部分枝叶或全株失水导致的萎凋现象，多由维管束病害和植物根部坏死所致（数字资源 2-21）。发生萎蔫的原因是植物的根系、维管束遭到病原物的破坏、堵塞，水分无法输送到叶面；如果根部或主干的维管束遭到破坏、堵塞，整个植株出现萎蔫；若枝条的维管束遭到破坏，则植株出现局部萎蔫。土壤干旱缺水导致的萎蔫在供水后可以得到恢复，而病原物造成的凋萎一般不能恢复。不同病原物可以引起不同的萎蔫类型，一般来说细菌性萎蔫发展快，植株迅速萎蔫、枯死，但茎叶仍保持绿色，而称为青枯（数字资源 2-22）；而真菌性萎蔫发展相对缓慢，从发病到表现症状需要一定的时间，病植株叶片自下而上呈现萎蔫和枯萎等症状（数字资源 2-23）。

5. 畸形（malformation）　　畸形（数字资源 2-24）即植物受害部位的细胞和组织过度增生或增大或生长分裂抑制所造成的植株全株或局部器官、组织的形态异常，如矮化（stunt）、矮缩（dwarf）、丛枝（witches' broom）、曲叶（leaf curl）或卷叶（leaf roll）、增生（hyperplasia）等。矮化是植物各个器官的生长成比例地受到抑制，矮缩是指不成比例地变小，主要是节间缩短（数字资源 2-25）。在腋芽处，不正常地萌发出多个小枝，呈簇状，称为丛枝，如泡桐丛枝病、荔枝鬼帚病（数字资源 2-26）；在根部也有类似的症状，如大量萌生不定根，称为发根。叶片的畸形种类很多，如叶变小、叶面高低不平的皱缩、叶片下卷或上卷的曲叶或卷叶（数字资源 2-27）等。增生是病部薄壁组织分裂加快、数量迅速增加，使局部出现肿瘤或癌肿，如马铃薯癌肿、果树根癌、白菜根肿病（数字资源 2-28）、扶桑感染病毒病产生耳突（数字资源 2-29）等。根结线虫在根部取食时，头部周围的寄主细胞发生多次细胞核分裂，但细胞自身不分裂，仅体积增大形成含多个细胞核的巨型细胞，外表形成瘤状根结（数字资源 2-30）。细菌、病毒、植原体和菌物等病原物均可造成畸形，它们的共同特征是侵染寄主后，或自身合成植物激素或影响寄主激素的合成，从而破坏植物正常激素调控的时空程序。

数字资源
2-24~2-30
（含视频）

　　畸形是病原物参与寄主植物基因时空调控和新陈代谢的直接证据，研究致畸的机理，不仅有利于这类病害的控制，还可以使这些病原物服务于人类，如根癌农杆菌（*Agrobacterium tumefaciens*）是引起蔷薇科植物根癌肿的病原细菌，该菌及其 Ti 质粒已被改造成为植物和真菌基因工程的重要工具；串珠镰刀菌（*Fusarium moniliforme*）诱发水稻疯长，发生恶苗病，其主要原因是该菌在生长过程中分泌了赤霉素，镰刀菌因此也就成为赤霉素的生产菌。很多病原物的致畸机理还不很清楚，如果深入研究，可望揭示更加普遍的生命规律。

（二）病征

　　条件适宜时，病原物在植物体内外大量生长；或在病害发展后期，病原物进入繁殖阶段或形成休眠结构，在病斑上形成的营养体、繁殖体或休眠结构常因体积较大或数量多堆积在一起，容易被肉眼观察到。这种在植物发病部位形成可视的营养体、繁殖体和休眠结构称为病征。常见的病征有霉状物、粉状物、点状物、颗粒状物、脓状物和胶状物等，随病原物生长、发育的不同阶段，病征也会出现一定的变化，如由粉状物转变成点状物，霉状物逐渐变为颗粒状物。

（1）霉状物　　霉状物是病原菌物的菌丝、各种孢子梗和孢子在植物表面形成的肉眼可见的特征。一般来说，霉状物由菌物的菌丝、分生孢子或孢囊梗及孢子囊等组成。根据霉层的质地可以分为霜霉（downy mildew）、绵霉（white mould）和霉层（mould）等（数字资源 2-31）。霜霉多生于叶背，霉层呈白色至紫灰色霜状，为霜霉菌所致病害的特征，如油菜霜霉病、莴苣霜霉病（数字资源 2-32）和葡萄霜霉病等。绵霉于病部产生大量白色、疏松、棉絮状霉状物，为水霉、腐霉和根霉等病菌引起的病害特征，如瓜果腐烂病、水稻绵霉病等。霉层是指除霜霉和绵霉以外的其他产生于任何部位的霉状物，根据霉层的颜色分为灰霉（grey mould）（数字资源 2-33）、青

数字资源
2-31~2-34
（含视频）

霉（blue mould）（数字资源 2-34）、绿霉（green mould）、黑霉（black mould）和赤霉等。

数字资源
2-35～2-40
（含视频）

（2）粉状物　　病征呈粉状，直接产生于植物发病组织表面或表皮下或组织中，破裂后散出，包括白粉（powdery mildew）、黑粉（smut）、锈粉（rust）和白锈（white blister）等（数字资源 2-35）。粉状物由病原菌物产生，这些菌物往往具有十分发达的无性繁殖能力。白粉是在病株叶片正面表层产生的大量白色粉状物（数字资源 2-36），有些后期在其上着生小黑点（闭囊壳），为白粉菌所致的病害特征（数字资源 2-37），如小麦白粉病、黄瓜白粉病等。黑粉是在病部形成菌瘿，内含大量黑色粉状物，或在茎干或叶的表皮下产生的黑色粉末，撑破表皮后露出，为黑粉菌所致的病害特征，如禾谷类作物的黑粉病和黑穗病（数字资源 2-38）。锈粉初在病部表皮下形成黄色、褐色或棕色孢子堆，后表皮破裂散出锈状粉末，为锈病的特征性表现，如小麦锈病、葡萄锈病（数字资源 2-39）等。白锈是在病部叶片背面或花轴等表皮下形成白色疱状斑，破裂后释放灰白色粉状物，为白锈病的特征性表现，如十字花科植物白锈病（数字资源 2-40）。

数字资源
2-41～2-42
（含视频）

（3）点状物　　在病斑上产生的颜色、大小、色泽各异的点状结构，它们多是病原真菌的繁殖体，如分生孢子器、分生孢子盘、子囊壳、闭囊壳或子囊座等；点状物（数字资源 2-41）一般颜色较深，常见于后期的病斑，如炭疽病（数字资源 2-42）、苹果树腐烂病等。很多病原真菌在早期于病斑上产生霉状物或粉状物，于后期形成点状物，如白粉病。在特定的病斑上，点状物的排列可以是有规则的，或轮纹状（如苹果轮纹病），或随机分布。

数字资源
2-43～2-45
（含视频）

（4）颗粒状物　　主要是病原真菌的菌核（数字资源 2-43，数字资源 2-44），是病菌菌丝体变态形成的一种特殊结构。颗粒状物大小不等，一般比点状物体积要大（数字资源 2-45），着生于病残体上。当病原真菌的生长受到营养的限制后，病原真菌在病残体上形成菌核用于越冬越夏。颗粒状物的颜色、大小和形状主要与病原真菌自身的特性有关，但与环境和寄主等也有一定的关系。

数字资源
2-46～2-47
（含视频）

（5）脓状物和胶状物　　脓状物是细菌性病害在病部溢出的含细菌菌体的脓状黏液（数字资源 2-46），呈露珠状，空气干燥时，脓状物风干后呈胶状，如水稻细菌性条斑病的菌胶（数字资源 2-47）等。

植物病害的病状和病征是症状统一体的两个方面，二者既有区别，又有联系。有些病害只有病状而没有可见的病征，如所有的非侵染性病害、病毒性病害、植原体病害等。有些病害病征非常明显而病状却不明显，如白粉病、霉污病等。多数菌物病害既有显著的病状，又有显著的病征，如水稻纹枯病，病状是云形病斑，病征是颗粒状的菌核。

植物病害的症状不是一成不变的，易受寄主和环境条件的影响而表现为复杂性。病害在寄主的不同部位，症状可能会有一定的区别，如稻瘟病在苗期表现为烂芽，在成株期叶片上表现为梭形病斑，在穗颈部表现为枯死、白穗；寄主的抗病性和生长状况会影响到病斑的大小。温度和湿度等环境因素适宜时，病害发展快，症状显著；不适宜时，病害发展慢，甚至出现症状暂时消失的现象（隐症）。同一种病原物在不同种属的寄主上诱发的症状也可能是不一样的。同一株植物也常同时感染两种或两种以上的病原物，出现多种不同类型的症状，称为并发症，这种现象在植物病毒病中是常见的。另外，非传染性病害与传染性病害有交互促进作用，常导致症状加重。

症状是描述病害、命名病害和识别病害的主要依据。当遇到新的病害时，首先要准确描述病害的症状，并对病害进行命名。很多病害以症状命名，如以病状命名的有花叶病、叶枯病、萎蔫病、腐烂病、丛枝病、癌肿病等；以病征命名的有灰霉病、绿霉病、白腐病、白粉病、锈病、菌核病等。结合病状和病征，可以较准确地识别植物病害，达到初步诊断病害的目的。

第二节　植物病害系统

一、植物病害系统概述

植物病害是病原物和寄主植物在特定环境下相互作用构成的系统,这个系统称为植物病害系统(plant pathosystem)。植物病害系统是从宏观角度考虑植物病害发生、发展和流行成灾的因子及其相互作用。与人类疾病系统不同,植物病害系统关注病害最终对作物产量和品质的影响,是群体病害,一般不会对大田发病单株植物进行治疗。研究和解析植物病害系统可以为植物病害合理防控提供战略性决策。植物病害系统主要有 3 种类型,即自然植物病害系统、农田植物病害系统和设施农业植物病害系统。

二、自然植物病害系统

植物与病原物均属于生物,它们的生长均受到环境的影响,自然植物病害系统即包含有寄主植物、病原物和环境条件三个因素的相互作用,称为"病害三角关系",简称"病三角"(disease triangle)(图 2-3)。

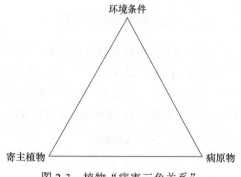

图 2-3　植物"病害三角关系"

在"病三角"中,植物是受保护的对象,同时也是病原物攻击的目标,病原物必须依赖寄主而生存和繁衍。植物的遗传基础和生长状况影响到发病程度,根据植物抵抗病原物的能力一般可分为免疫、高抗、中抗、中感和高感等几种类型。抗感特性是由植物的遗传基础决定的;植物良好的生长状况可以降低病害的为害程度,这是由环境因素决定的。植物可以影响病原物的生长发育和致病等生命活动,同时植物也可以改变局部环境,如降低土表温度、增大土表湿度,过度密植有利于营造发病的小气候。由于人类对作物的产量和品质有较高的要求,优良作物品种的选育是人类要求的体现,某一特定品种的种植及其面积也受到人类的控制,而不是物种自然扩散的结果。

在"病三角"中,病原物是要控制的对象。某特定的病原物群体内部存在种种差异,其中有一种差异在病害系统中非常重要,即致病力的差异。病原物致病力的差异可以人为划分成强致病力、中致病力、弱致病力和无致病力等,致病力的差异是由病原物的遗传物质决定的,而且有时可能还是相对于某特定品种而言的。一般地,病害是不同致病力的病原物群体共同侵染后造成的结果,当某特定病原物中具有强致病力的群体成为优势群体后,病害暴发和流行就具备了病原基础。由于病原物的群体数量大、繁殖快、后代多,病原物自身的变异积累是显著的,加上植物品种和田间使用化学农药对病原物施加的定向选择压力,更加快了病原物的变异速度。

环境因素十分复杂,大体上可以分为生物因素和非生物因素。生物因素包括除寄主植物和病原物以外的生物。生物因素对植物的影响因生物的种类不同而异,如非寄主植物(杂草)对寄主植物的影响包括养分和空间的竞争;有些动物对寄主植物的影响有破坏作用(如害虫),也有一些具有促进作用(如传粉的昆虫);有的微生物,如菌根真菌、根瘤菌、内生菌等对寄主植物的生长有促进作用并提高寄主植物的抗逆能力(如抗干旱、抗冻害和抗病虫害等)。生物因素对病原物的影响也是多种多样的,有些植物可以是病原物的桥梁寄主;有些动物(特别是昆虫)

可以作为介体（vector）帮助病原物扩散、传播和侵染；有些微生物对病原物具有拮抗作用或寄生作用，可以抑制病原物的生长、繁殖或破坏和杀死病原物；也有一些微生物可以作为病原物的介体等。非生物因素包括气象因素（温度、光照、气流、湿度和降雨量等）和土壤因素（土壤质地、通气、pH、矿物质和有机质含量等）等。任何植物的正常生长均需要合适的温、光、水、肥、气等，非生物因素同时也影响到病原物和环境中生物因素的生长、发育和存活等。因此，环境因素对病害的发生发展起着重要作用。充分研究环境因素对寄主植物和病原物的影响是科学管理植物病害的前提条件。

寄主植物、病原物与环境条件的相互作用组成自然植物病害系统，在环境相对稳定的情况下，寄主植物和病原物的相互作用是动态的，即寄主植物和病原物均会出现变异，协同进化。在植物病害防控研究中，既要关注寄主植物的抗病性变异，又要监控病原物群体的致病力结构组成、变异和分布动态。

三、农田植物病害系统

农作物是一类农田栽培的植物，作物的生长发育特别是最终的产品必须符合种植者不断增长的要求（提高产量和品质），因此作物不再按照达尔文"适者生存"的原则进化，而是不断受到人类改造（遗传改良）。作物的种植（农业生产）是个复杂的过程，涉及品种选育（选育新品种、远距离引种等）、种植面积、作物布局、栽培管理（如施肥、灌溉、翻耕和病虫杂草防控等）等，这些行为将形成一个与自然界有显著差异的系统，即农田生态系统，其中的病害系统为农田植物病害系统。因为农田生态系统受到人类的影响（不是完全控制），有人提出病害发生的"四角关系"（图 2-4），简称"病四角"（disease tetrahedron）。

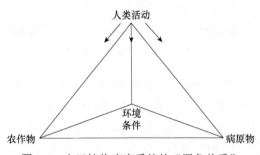

图 2-4   农田植物病害系统的"四角关系"

人类的耕作行为在植物病害系统中直接影响植物病害三角关系中各个方面，实质上影响到病害的发生和流行；而病害的发生、流行影响到作物的最终产量和品质。在农田生态系统中，人不仅可以选择种植作物的种类，而且可以选择作物的品种，决定作物的种植面积、不同作物种类和品种间的布局；由于农业生产的需要，可以改变耕作制度（如轮作、休耕、套种和大面积更换主要农作物种类等）。人可以通过农事活动（翻耕、施肥、灌溉和除草等）影响环境；通过化学、物理等措施防控病害，直接影响病原物的种群数量和病害的传播介体；通过商业、旅游、科技交流、社会经济等活动，帮助病原物实现远距离传播。农作物病害流行成灾，绝大多数都是人为的或与人类活动有密切关系。例如，橡胶树（*Hevea brasiliensis*）和引起橡胶树南美叶疫病的微环菌（*Microcyclus ulei*）均为亚马孙河盆地的土著种，20 世纪之前，橡胶树南美叶疫病为普通病害，未流行成灾，20 世纪初期由于人们在该地大面积单一种植橡胶树，该病变成毁灭性的病害。这是由于遗传背景相似的植物连续单作，病原物的致病性变异便出现单向选择，具有强致病力的优势致病种群逐年积累，最终导致病害大规模流行和暴发。

在农田生态系统中，为了防控病害，往往高频率使用化学农药。长期使用单一类型的化学农药，也将导致抗药性菌株出现和累积，影响化学农药防控病害的效果。

四、设施农业植物病害系统

设施农业（facility agriculture）是在环境相对可控条件下，采用工程技术手段，进行动植物高效生产的一种现代农业方式。农作物的设施栽培目前有塑料连栋温室、日光温室、塑料大棚、小拱棚（遮阳棚）等，在人工设施中种植农作物可以突破传统农业的季节性，实现农产品的反季节上市，满足不同层次消费需求，提高土地利用率和生产效率。然而，植物在这些相对封闭的特定环境下生长，既违反了植物的生长规律，更逃脱不了病原物的侵害。这种人工环境下形成的植物病害系统与农田植物病害系统有显著的区别，如植物的种植密度大、复种指数高，加上反季节栽培，植物和病原物具有一个相对封闭的空间、相对稳定的温度和湿度等外部环境。

病原物在温室中为害主要有两个特点：①病原物的危害不受季节的限制，常年有适宜的寄主和温度、湿度等环境因素；②因为环境相对封闭和狭小，在连作环境下，病原物积累量大，可在短时间内迅速达到流行所需的病原物数量，发病快，毁灭性强。在其他如地膜覆盖和大棚等保护地栽培系统中，病害的发生特点与大田的也会有不同的特征，对比大田同类病害，病害发生时间一般有较显著的提前，病害循环加快。

❀ 小　结

本章介绍植物病害和植物病害系统。

植物病害包括病因、病变和症状。病因是引起植物病害的因子，能引起植物发病的生物称为病原物，病原物的主要类型有菌物、病毒、原核生物、线虫等。植物病害具有病变过程，遵循从生理病变到组织病变到形态病变的病理程序。症状是植物病害的外在表现形式，包括病状和病征。病状是植物得病后在形态和外观上产生的不正常现象，主要有变色、坏死、腐烂、萎蔫和畸形等；病征是病原物在植物病部产生的特殊结构物，主要有霉状物、粉状物、点状物、颗粒状物和胶状物等。症状是诊断病害的主要依据，很多病害以作物名称加症状的方式命名；但症状具有复杂性，需要把握病害症状的典型特征。植物病害还包含经济学概念，在判断某种植物是否属于病害时主要依据是经济价值或观赏价值是否受到了损害。

植物病害是病原物和寄主植物在特定环境条件下相互作用构成的系统；寄主植物、病原物和环境因素共同相互作用决定病害的发生和流行。植物病害系统可分为自然植物病害系统、农田植物病害系统和设施农业植物病害系统。自然植物病害系统关注寄主植物、病原物和环境的相互作用，强调"病害三角关系"；农田植物病害系统和设施农业植物病害系统，除考虑"病害三角关系"外，还强调人类对病害发生和流行的影响；设施农业植物病害系统的病害发生、流行和控制具有其特点。

❀ 复习思考题

1. 结合第一章的学习，进一步从经济学和生物学角度阐述研究植物病害的重要意义。
2. 植物病害症状有哪些？讲述病状和病征的区别及联系。
3. 如何理解自然植物病害系统及其"病害三角关系"？
4. 怎样理解人在农田植物病害系统中的作用？
5. 略述植物病害三大系统（自然、农田、设施农业）在发生、流行和防控原则的异同。
6. 以植物病害的症状为线索，探讨开发植物病原物为我所用的可行性及思路。

第三章　植物病原菌物

第一节　菌物概述

菌物是一类具有细胞核、无叶绿素，不能进行光合作用，以吸收为营养方式的有机体；其营养体通常是丝状分支的菌丝体，细胞壁的主要成分是几丁质（chitin）或纤维素（cellulose），无根、茎叶的分化，通过产生各种类型的孢子进行有性生殖或无性生殖。菌物通常包括真菌（fungi）、隶属于不等鞭毛生物界（Stramenopiles）的卵菌纲（Oomycetes）和丝壶菌纲（Hyphochytriomycetes）、隶属于有孔虫界（Rhizaria）的根肿菌纲（Plasmodiophoromycetes）和隶属于变形虫界（Amoebozoa）的黏菌（slime mould）（http://lifemap-ncbi.univ-lyon1.fr/?tid=4751）。菌物在自然界分布极为广泛，估计全球有150多万种，目前已描述的仅10万余种。菌物的营养方式有腐生、共生和寄生三种。大多数菌物是腐生的，少数可以寄生植物、人和动物体，引起病害。菌物引起植物病害占植物病害的70%~80%。菌物的毒素可以引起人、畜中毒，有的还会致癌，如黄曲霉素。菌物常引起食物和其他农产品腐败变质，使木材腐朽，以及布匹、纸张、皮革等霉烂。

菌物对人类也有有益的一面，菌物参与动植物残体的分解，促进物质循环，维持生态平衡；有些真菌可以和植物根系共生形成菌根，促进植物的生长发育；有些菌物可以以无害的形式寄生于植物体内形成植物内生菌，保护植物免受病害的为害和昆虫的取食；还有些菌物寄生于昆虫或对其他病原物有拮抗作用，可作为生防菌加以开发利用；许多菌物还可以产生抗生素、有机酸、酶制剂等，或用于食品发酵，是重要的工业和医药微生物；菌物中还包括大量的食用菌和药用菌。

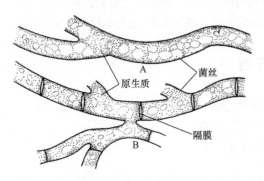

图 3-1　菌物菌丝（邢来君和李明春，1999）

A. 无隔菌丝；B. 有隔菌丝

一、菌物的形态

菌物是多型性生物，在其生长发育过程中，表现出多种形态特征。按其功能一般分为营养体和繁殖体两类。

（一）营养体

营养体是指菌物营养生长阶段所形成的结构，用来吸收水分和养料，进行营养增殖。菌物典型的营养体是细小的丝状体（图3-1），单根丝状体称为菌丝（hypha）；相互交织成的菌丝集合体称为菌丝体（mycelium）。菌丝呈管状，细胞壁无色透明；有些菌物的细胞质中含有各种色素，使菌丝呈现不同的颜色，但这些色素不能进行光合作用。菌丝可以无限生长，其直径因各个种而不同，为 1～30μm，一般为 5～6μm。高等真菌的菌丝有隔膜（septum），为多细胞，横隔膜上有微孔，所以菌丝中的原生质仍是相通的。低等真菌和卵菌的菌丝无隔膜，整个菌丝体为一无隔多核的细胞。因而菌丝可分为无隔菌丝（aseptate hypha）和有隔菌丝（septate hypha）。有的无隔菌丝体在老龄、受伤或进行繁殖时，可形成无孔洞或完全封闭的隔膜。

数字资源 3-1（含视频）

菌物的菌丝体是从菌丝的顶端部分生长和延伸，且不断产生分枝，菌丝生长的长度是无限的。菌丝体的每一部分都潜在有生长的能力，在合适的基质上，单根菌丝片段可以生长发育成一个完整的菌体。菌丝生长是从一点向四周呈辐射状延伸的，所以菌物在培养基上通常形成圆形的菌落（数字资源 3-1）。

除典型的菌丝体外，有些菌物的营养体是一团多核、无细胞壁的原生质团（plasmodium），如黏菌和根肿菌。原生质团的形态多变，有时形状似变形虫，有时还能移动。有些菌物的营养体是具细胞壁的单细胞，如酵母和壶菌，有些壶菌的单细胞营养体上具有假根（rhizoid）或根状菌丝；而有些酵母菌芽殖产生的芽孢子相互连接成链状，与菌丝相似，称为假菌丝（pseudomycelium）。

（二）菌物的细胞结构

菌物的菌丝细胞主要由细胞壁、原生质膜、细胞质和细胞核组成。细胞质中包含有各种细胞器，如线粒体、内质网、液泡、囊泡、核糖体、脂肪体、高尔基体、微体、结晶体等（图 3-2）。此外还有组成细胞骨架的微管和微丝。有些菌物在细胞膜和细胞壁之间还有膜边体，这在其他生物细胞中尚未发现。在子囊菌和半知菌中，还有呈卵形或球形的沃鲁宁体（Woronin body），常与菌丝隔膜结合形成孔塞。

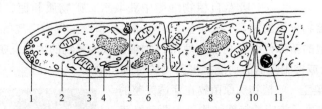

图 3-2　菌物的菌丝细胞结构示意图（陆家云，2001）
1. 囊泡；2. 核蛋白体；3. 线粒体；4. 囊泡产生系统；5. 膜边体；
6. 细胞核；7. 细胞壁；8. 内质网；9. 隔膜体；10. 隔膜；11. 沃鲁宁体

细胞壁是细胞最外层的结构单位，它集中了细胞 30%左右的干物质，作为菌物和周围环境的分界面，起着保护细胞的作用。其中，真菌细胞壁的主要成分是葡聚糖、几丁质，而卵菌细胞壁的主要成分是纤维素，细胞壁中还有蛋白质、类脂、无机盐等。

菌物的原生质膜与其他真核生物的原生质膜结构相似。原生质膜具有多种重要功能，如在物质转运、能量转换、激素合成、核酸复制等方面都具有重大意义。

菌物的细胞核较其他真核生物的细胞核小，直径多为 2～3μm。细胞核具有核膜、核仁、核液和染色质。核膜上有孔，可能是核与细胞质物质交换的通道。不同菌物细胞所含细胞核数目变化很大，有隔菌丝的单个细胞通常含有 1 个细胞核，有的可含有 2 个或多个细胞核。菌物的细胞核也像高等植物一样进行有丝分裂，但真菌的核膜在细胞核分裂过程中不消失，纺锤体在细胞核内形成。菌物的染色体很小，由组蛋白和 DNA 组成，两者比例大致相等，采用常规细胞学分析法不易染色和观察。大多数菌物的营养体细胞是单倍体，有些菌物如卵菌、黏菌和根肿菌等是二倍体。

菌物的线粒体具有双层膜，外膜光滑并与质膜相似，内膜较厚，常向内延伸成不同数量和性状的嵴，嵴的外形是板片状还是管状，与菌物的类群有关。具有几丁质细胞壁的菌物（如壶菌、接合菌、子囊菌和担子菌）有板片状嵴；具有纤维素细胞壁和无壁的菌物（如卵菌、丝壶菌和黏菌）有管状嵴，与高等植物和多种藻类相似。

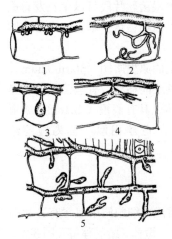

图 3-3　菌物的吸器类型
（陆家云，2001）

1. 白锈菌；2. 霜霉菌；
3，4. 白粉菌；5. 锈菌

数字资源
3-2

（三）菌丝的变态

菌物对外界环境长期的适应过程中，其菌丝产生了不同类型的变态，以利于吸收养分，促进生长发育。它们是具有特殊功能的菌丝营养结构。

1. 吸器　寄生菌物，特别是专性寄生菌物，菌丝在寄主表面或细胞间生存，从菌丝上产生旁支穿过寄主细胞壁伸入寄主细胞内吸取养分，这种吸收养分的菌丝变态结构称为吸器（haustorium）。吸器有各种形状，如球状、丝状、指状、根状、掌状等（图 3-3）。一般专性寄生菌物，如锈菌、霜霉菌、白粉菌等都有吸器。吸器侵入寄主细胞时，并不穿破寄主原生质膜，而是一种简单的凹入，寄主常形成吸器外膜（extrahaustorial membrane），吸器与寄主原生质膜之间的空间称为吸器外基质（extrahaustorial matrix）（数字资源 3-2）。吸器是寄生菌物与植物相互作用的重要场地，菌物一方面通过吸器自植物细胞中获取水、矿物质和糖、氨基酸等养分；另一方面通过吸器向植物分泌酶类、小分子蛋白、小 RNA 和次生代谢产物等，以之抑制寄主的抗病反应、改变细胞的新陈代谢及功能，使得植物细胞成为菌物的生物反应器。植物通过抑制寄生菌物吸器的形成或抑制吸器的功能抵御菌物的寄生和致病。

2. 附着胞和侵染垫　植物病原菌物在穿透完整的植物表面的过程中产生了相应的特殊结构，主要包括附着胞（appressorium）（图 3-4，数字资源 3-3）和侵染垫（infection cushion）。其中附着胞是菌物孢子萌发形成的芽管或菌丝顶端的膨大部分，常分泌黏液而牢固地附着在寄主表面，同时其下方产生侵入钉穿透寄主角质层、细胞壁和细胞膜，然后侵入钉继续生长并膨大成正常粗细的菌丝在寄主细胞间蔓延。细胞自噬（autophagy）与附着胞形成相关，孢子萌发时将细胞内的营养物质和细胞核转移至附着胞内。侵染垫是在寄主的表面由许多菌丝交织形成的一种垫状结构。这一复杂结构是由于菌丝

数字资源
3-3

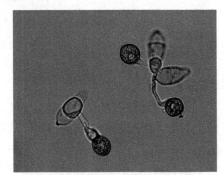

图 3-4　孢子萌发产生芽管与附着胞
（汤尉提供）

顶端受重复阻塞的影响，形成了多分枝，同时分枝菌丝顶端膨大而发育成一种垫状组织结构。在侵染垫内，病原菌物合成植物细胞壁降解酶类和毒素及其他破坏和干扰寄主抗病系统的物质，

为成功侵入寄主提供物质准备。一般情况下，菌物从伤口侵入植物不需要形成附着胞或侵染垫。

3. 附着枝　　有些菌物在菌丝两旁生出耳状结构，即菌丝体上生出一个或两个细胞的短小分枝，以作攀附或吸收养分之用（图3-5）。

4. 假根　　有些菌物菌体的某一点上长出短的细分枝，外表像根的根状菌丝称作假根（rhizoid），可以伸入基质内吸取养分，并支撑上部的菌体，如根霉属（*Rhizopus*）菌物（图3-6）。

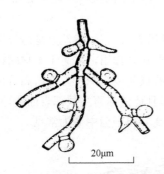

图3-5　小煤炱属（*Meliola* sp.）附着枝
（陆家云，2001）

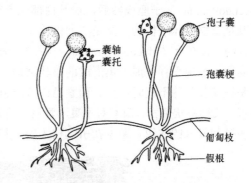

图3-6　根霉属菌物（示假根和匍匐枝）
（邢来君和李明春，1999）

5. 菌环和菌网　　捕食性真菌常由菌丝分枝组成环状或网状组织来捕捉线虫类动物，然后从环上或网上生出菌丝侵入线虫体内吸取营养，如捕虫菌目（Zoopagales）和一些子囊菌。组成菌环的菌丝细胞具有特殊的功能，当线虫进入菌环后，组成菌环的菌丝细胞很快膨胀并分泌麻醉物质把线虫固定在菌环上，然后从菌环上产生菌丝侵入线虫体内吸收营养物质（数字资源3-4）。

数字资源3-4

（四）菌丝的组织

菌物的菌丝体一般是分散的。但许多菌物，尤其是高等菌物，菌丝体生长到一定阶段，菌丝有时可以疏松或密集地交织在一起，形成一种组织化的密丝组织（plectenchyma）（图3-7），密丝组织可以分为两种类型，一类是疏丝组织（prosenchyma），为疏松的交织组织，菌丝体是长形的、互相平行排列的细胞，这些长形的菌丝细胞具有相对的独立性而容易被识别，一般可以用机械的方法使它们分开。另一类是拟薄壁组织（pseudoparenchyma），由紧密排列的等角形或卵圆形的菌丝细胞组成，与高等植物的薄壁组织相似。疏丝组织和拟薄壁组织构成了菌物各种不同类型的

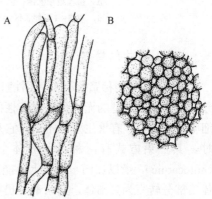

图3-7　菌丝的密丝组织
（邢来君和李明春，1999）

A. 疏丝组织；B. 拟薄壁组织

休眠结构和繁殖结构，如菌核、子座、菌丝束和菌索等，在不适合生长的条件下，它们可以休眠很长一段时间，当环境条件适宜时重新萌发或进行繁殖。

（1）菌核（sclerotium）　　菌核是由菌丝团聚集而成的致密组织（数字资源3-5）。其形状、大小、颜色、质地和结构因不同菌物差异很大。典型的菌核结构分为两层，即皮层和菌髓。皮层是紧密交错的具光泽而又有厚壁的拟薄壁组织，其表层细胞颜色深，呈黑褐色或黑色，质地坚硬；菌髓由疏丝组织组成。菌核具有贮藏养分和度过不良环境的功能，是菌物越冬、越夏的

数字资源3-5

休眠机构。遇适宜环境时，菌核可萌发产生菌丝或其他产孢组织（如子座等），但一般不直接形成孢子。在一些病害中会形成假菌核（pseudosclerotium），由菌丝和寄主组织共同组成。有些真菌的菌核是名贵的食物或药物，而另外一些菌核却有剧毒，如麦角（ergot）。

数字资源
3-6～3-7
（含视频）

（2）子座（stroma）　　　　子座是由拟薄壁组织和疏丝组织形成的具有一定形状的结构，呈垫状、柱状、头状、棍棒状等（数字资源 3-6）。由营养菌丝和寄主组织结合组成的称假子座（pseudostroma）。子座成熟后，在其内部或上部发育形成产生孢子的机构（数字资源 3-7）。子座既是菌物的休眠机构，又是产孢机构。

（3）菌丝束（mycelial strands）和菌索（rhizomorph）（图 3-8）　　　　菌丝束是由长形菌丝细胞向同一方向平行扩展聚集而成的束状结构。菌丝束具营养输导作用，常见于木材腐朽菌，通常是在营养条件不良时形成。菌索是由营养菌丝聚集而成的根状菌组织，外形与高等植物的根相似，又称根状菌索。菌索对不良环境有很强的抵抗力，而且还能沿寄主根部表面或地表延伸，起蔓延和侵入的作用。菌索在引起树木病害和木材腐朽的高等担子菌中最为常见。

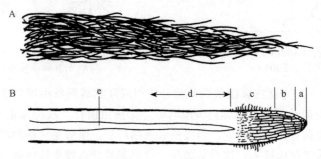

图 3-8　菌物的菌丝束和菌索（邢来君和李明春，1999）

A. 菌丝束示意图；B. 假蜜环菌（*Armillariella mellea*）的菌索示意图。
a. 顶端；b. 伸长区；c. 营养吸收区；d. 成熟变黑的菌丝区；e. 菌髓

（五）菌物的繁殖

菌物一般有两种繁殖形式：无性繁殖（asexual propagation）和有性生殖（sexual reproduction），分别产生不同类型的无性孢子或有性孢子。无性繁殖不包括核配和减数分裂，也没有特化的性细胞或性器官。有性生殖则不同，它是以两个细胞核融合并进行减数分裂为特征的。菌物繁殖时，其产果方式有两种：营养体全部转变为一个或多个繁殖体结构的称为整体产果式（holocarpic），所以在同一个体上不能同时存在营养阶段和繁殖阶段；而在大部分菌物中，营养体仅部分转变为繁殖体，其余部分仍继续行使营养体功能的称为分体产果式（eucarpic）。菌物在繁殖过程中形成的产孢机构，无论是无性繁殖还是有性生殖、结构简单还是复杂，通称为子实体（fruitbody）。子实体的形状和结构多种多样，是菌物分类的重要依据之一。

1. 菌物的无性繁殖　　　　无性繁殖是不经过两个性细胞或性器官的结合而进行繁殖产生新个体。无性繁殖产生的各种孢子统称为无性孢子。无性繁殖过程短，重复次数多，产生的后代数量大，通常在植物生长季节进行，对植物病害的发生、蔓延及病原物传播起重要作用。无性孢子的形态、色泽、细胞数目、产生和排列方式等，是菌物分类与鉴定的重要依据。

不同类型的菌物无性繁殖方式及所产生的无性孢子明显不同，主要有以下 4 种产孢方式。①断裂。菌丝断裂成短小片段或菌丝细胞相互脱离产生孢子。断裂的形式很多，有些菌物的菌丝体生长到一定时期，菌丝的细胞与细胞间互相脱离，形成许多长形、单细胞的小段（图 3-9）；

另一种形式是菌丝体上形成更多的隔膜，将原来长形的菌丝细胞分隔成较短的近方形细胞，这些细胞排列成串或相互脱离，细胞形成后也可以稍微膨大为椭圆形。由上述两种方式产生的孢子通常称为节孢子（arthrospore）。还有一种断裂形式是菌丝体中个别细胞膨大形成厚壁的厚垣孢子（chlamydospore）（图 3-10）。②裂殖。菌物的营养体细胞一分为二，分裂成两个菌体（图 3-11A），主要发生在单细胞菌物中，如裂殖酵母（*Schizosaccharomyces*）。③芽殖。单细胞营养体、孢子或丝状菌物的产孢细胞以芽生的方式产生无性孢子（图 3-11B），如酵母菌营养体、黑粉菌担孢子产生的芽孢子、丝状菌物产生的芽殖型分生孢子等。④原生质割裂。成熟的孢子囊内的原生质分割成若干小块，每小块原生质转变成为一个孢子，如假菌界及壶菌门、接合菌门菌物的无性繁殖大多以此方式产生无性孢子。

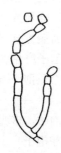

图 3-9　菌物断裂形成节孢子
（陆家云，2001）

图 3-10　菌物的厚垣孢子
（陆家云，2001）

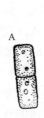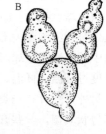

图 3-11　菌物的裂殖与芽殖
（陆家云，2001）
A. 裂殖；B. 芽殖

菌物无性繁殖产生的无性孢子主要包括分生孢子、游动孢子、孢囊孢子、厚垣孢子和芽孢子等（图 3-12）。

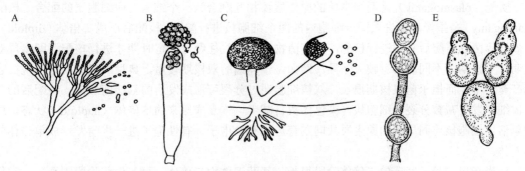

图 3-12　菌物无性繁殖产生的孢子类型
A. 分生孢子；B. 游动孢子；C. 孢囊孢子；D. 厚垣孢子；E. 芽孢子

（1）分生孢子（conidium）　　分生孢子是子囊菌和担子菌的无性孢子。为菌物中最常见的孢子，其形态、大小、结构及着生方式多种多样，大多由芽殖、断裂方式产生。通常产生于由菌丝分化而成有形态差别的分生孢子梗（conidiophore）的顶端或侧面。分生孢子梗可从营养菌丝或聚合成垫状或块状的分生孢子座（sporodochium）上产生，也可聚生在盘状的分生孢子盘（acervulus）或球状、瓶状的分生孢子器（pycnidium）中。分生孢子（数字资源 3-8）的发育主要有芽生式（blastic）和体生式（thallic）两种类型，每一类型又可根据分生孢子细胞壁的形成与产孢细胞之间的关系进一步区分为内生型和外生型（见子囊菌菌物）。

数字资源
3-8（含
视频）

（2）游动孢子（zoospore）　　　游动孢子是卵菌、壶菌和根肿菌等菌物的无性孢子，因为这些菌物的游动孢子都有鞭毛，因此这些菌物先前也统称为鞭毛菌。卵菌和壶菌的游动孢子形成于菌丝或孢囊梗（sporangiophore）顶端膨大的游动孢子囊（zoosporangium）内，孢子囊以液泡割裂的方式将多核的原生质体分割成许多小块，每一小块有一细胞核，小块逐渐变圆，被以薄膜而形成游动孢子；根肿菌的游动孢子由休眠孢子萌发而来。游动孢子一般呈圆形、洋梨形或肾形，无细胞壁，成熟后从游动孢子囊特生的管口或孔口释放，或游动孢子囊破裂释放。游动孢子一般具有1～2根鞭毛，靠鞭毛在水中游动。

（3）孢囊孢子（sporangiospore）　　　孢囊孢子是真菌界接合菌类的无性孢子，以原生质割裂方式形成于孢子囊内，有细胞壁而无鞭毛，不能游动，又称为静止孢子。孢子囊的形状在不同的种属中有所不同，一般为长筒形、圆球形、梨形。孢子囊内孢子的数目也不相同，可由一个到多个。孢囊孢子的形状、大小、特征和颜色多样，在多数种内，它们呈球形或卵圆形。

（4）厚垣孢子（chlamydospore）　　　各类菌物均可形成厚垣孢子，以断裂方式产生。它由菌丝体个别细胞膨大形成，具厚壁和浓缩原生质，是一种休眠孢子。厚垣孢子产生在菌丝的顶端或中间，通常呈球形或近球形，单生或数个连在一起（数字资源3-9）。厚垣孢子寿命长，能借以度过高温、低温、干燥和营养贫乏等不良环境。

数字资源
3-9（含
视频）

另外，还存在一类称为芽孢子（blastospore 或 budding spore）的无性孢子，多见于酵母菌或酵母状真菌，一些真菌的分生孢子或有性孢子也可以进一步芽殖，产生芽孢子。

2. 菌物的有性生殖　　　有性生殖是通过两个性细胞［配子（gamete）］或者两个性器官［配子囊（gametangium）］结合而进行的一种生殖方式，产生的孢子称为有性孢子。有性生殖产生了遗传物质重组的后代，有益于增强菌物的生活力和适应性。菌物的有性生殖一般包括质配、核配和减数分裂三个阶段。根据细胞核倍性变化可以表示为

$$质配（n+n）\longrightarrow［双核期（n+n）］\longrightarrow 核配（2n）\longrightarrow 减数分裂（n）$$

质配（plasmogamy）是两个带核的原生质体相互融合为一个细胞，即细胞质的配合。核配（karyogamy）是指经质配进入同一细胞内的两个细胞核进行配合，核配后形成二倍体（diploid）。多数低等菌物质配后立即进行核配，高等菌物质配后往往经过一定时期才进行核配，即出现双核期。双核期因不同菌物有较大差异。例如，子囊菌的双核期较短，典型的双核期只出现在它的产囊丝中；而担子菌双核期很长，双核细胞通过分裂可形成发达的双核菌丝体。核配后的二倍体细胞发生减数分裂，细胞核内染色体数目减半，恢复成原来的单倍体（haploid）状态。这种单倍体细胞核连同周围的原生质共同发育形成有性孢子，有性孢子进一步萌发形成单倍体的营养体。

应当指出的是，卵菌的二倍体阶段很长，其营养体为二倍体，而单倍体阶段则很短。它们的有性生殖过程与高等植物相似，而与常见的单倍体菌物的顺序上明显不同，依次是减数分裂（n）$\longrightarrow$ 质配（n+n）$\longrightarrow$ 核配（2n）。

菌物的质配过程是具有亲和性的两个性细胞结合在一起，这是有性生殖的第一步。性细胞结合的方式很多，可归纳为5种类型（图3-13）。

1）游动配子配合（planogametic copulation）。游动配子配合是指两个裸露配子的结合，配子一个或两个可以游动，这种能动的配子称为游动配子（planogamete）。游动配子配合又有3种类型：①同形配子配合，两个配子的形态、大小相似。②异形配子配合，两个配子的形态相似、大小不等。③异配生殖，在异形配子配合中，雄性的游动配子（称游动精子）与不动的雌性配子囊（称藏卵器）的结合。游动配子配合多发生在低等水生菌物中。

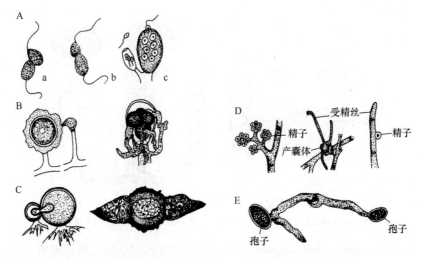

图 3-13　菌物性细胞结合的方式（邢来君和李明春，1999）
A．游动配子配合：a．同形配子配合；b．异形配子配合；c．异配生殖。
B．配子囊接触交配。C．配子囊配合。D．受精作用。E．体细胞结合

2）配子囊接触（gametangial contact）交配。雄配子囊（雄器）与雌配子囊（藏卵器或产囊体）接触时，雄配子的核通过配子囊壁接触点溶解成的小孔进入雌配子囊中，或通过两个配子囊之间形成的受精管进入雌配子囊中。雌、雄配子囊可以是同形的也可以是异形的。

3）配子囊配合（gametangial copulation）。这一方法是以两个相接触的配子囊的全部内容物的融合为特征。主要有两种方式：①雄配子囊的内容物通过配子囊壁上的接触点生成的小孔而转移到雌配子囊中。一些整体产果式的菌物如根生壶菌属的整个菌体如同一个配子囊，雄性菌体依附并把全部内容物转入雌性菌体中。②两个配子囊壁接触部分溶解而成为一个公共细胞，这在接合菌常见。

4）受精作用（spermatization）。受精作用是指单核精子（性孢子）与受精丝或营养菌丝的配合。有些菌物在精子器（性孢子器）或性孢子梗上产生大量、小型的单核孢子，借昆虫、风或水等传带到受精丝或营养菌丝上，在接触点处形成一个孔口将孢子的内容物输入而完成质配过程。多发生于子囊菌和担子菌中。

5）体细胞结合（somatogamy）。体细胞结合是指直接通过营养体细胞相互融合完成质配。许多高等菌物不产生任何有性器官（或性器官退化），以营养细胞代替了性器官的功能，如大多数担子菌和有些酵母的生殖方式。

在菌物的有性生殖过程中，存在性分化现象。少数低等菌物是雌雄异株的（dioecious），而多数菌物是雌雄同株的（hermaphroditic）。只有部分雌雄同株的菌物可以自交可育或称同宗配合（homothallism），多数菌物为异宗配合（heterothallism）。

单个菌株就可以完成有性生殖，称为同宗配合。在根肿菌、卵菌和真菌界的子囊菌中同宗配合占优势，少数存在于担子菌中。单个菌株不能完成有性生殖，需要两个性亲和菌株共同生长在一起才能完成其有性生殖，称为异宗配合。异宗配合菌物的有性生殖需要不同交配型菌株间的配合，因此它们的有性后代比同宗配合菌物具有更大的变异性和遗传多样性，有益于菌物快速适应新的环境。异宗配合也是某些菌物不常发生有性生殖的原因之一。

菌物有性生殖产生的有性孢子有 5 种类型：休眠孢子囊、卵孢子、接合孢子、子囊孢子和担孢子（图 3-14）。

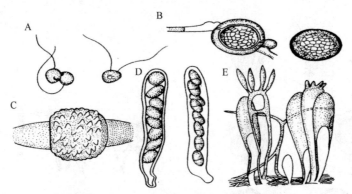

图 3-14　菌物有性生殖产生的有性孢子类型（方中达，1996）

A. 合子，形成休眠孢子囊；B. 卵孢子；C. 接合孢子；D. 子囊孢子；E. 担孢子

1）休眠孢子囊（resting sporangium）。这是由两个游动配子配合所形成的合子发育而成，具厚壁，萌发时发生减数分裂释放出单倍体的游动孢子，如壶菌、根肿菌。根肿菌纲菌物产生的休眠孢子囊萌发时通常只释放出一个游动孢子，故休眠孢子囊有时也称为休眠孢子（resting spore）。

2）卵孢子（oospore）。这是卵菌门的有性孢子，由雄器（antheridium）和藏卵器（oogonium）交配形成的二倍体孢子。卵孢子大多球形，具厚壁，通常经过一定的休眠期才能萌发。萌发产生的芽管（germ tube）可直接形成菌丝或在芽管顶端形成游动孢子囊，释放游动孢子。每个藏卵器内有一个或多个卵球，每个卵球受精后形成一个卵孢子。

3）接合孢子（zygospore）。这是接合菌类群真菌的有性孢子。两个形态相似的配子囊相结合，接触处配子囊之间的细胞壁溶解，融合成一个细胞，发育为厚壁、二倍体的孢子。萌发时经减数分裂，接合孢子长出芽管，通常在顶端产生孢子囊，释放孢囊孢子，也可以直接伸长形成菌丝。

4）子囊孢子（ascospore）。这是子囊菌的有性孢子，通过配子囊接触交配、受精作用和体细胞结合等方式进行质配。质配后母体产生双核菌丝称为产囊丝（ascogenous hypha）。由产囊丝形成一个子囊母细胞，核配在子囊母细胞中发生，随即进行一次减数分裂和一次有丝分裂，形成 8 个单倍体核，通常形成 8 个单倍体的子囊孢子。

5）担孢子（basidiospore）。这是担子菌的有性孢子。在担子菌中，两性器官多退化，以菌丝结合的方式产生双核菌丝。双核菌丝的顶端细胞膨大为担子，担子内两性细胞核配合后形成一个二倍体的细胞核，经过减数分裂后形成 4 个单倍体的核。同时在担子的顶端或侧方生出 4 个小梗，细胞核进入其中，发育成 4 个担孢子。

3. 菌物的准性生殖　某些菌物的遗传重组不是建立在有性生殖（减数分裂），而是建立在有丝分裂的基础上，既有有性生殖的内容，又与有性生殖有一定差异。准性生殖（parasexuality）是指异核体菌丝细胞中两个遗传物质不同的细胞核可以结合成杂合二倍体的细胞核。这种杂合二倍体的细胞核在有丝分裂过程中可以发生染色体交换和单倍体化，最后形成遗传物质重组的单倍体。准性生殖与有性生殖的主要区别在于：有性生殖是通过减数分裂进行遗传物质重组和产生单倍体，而准性生殖是通过二倍体细胞核的有丝分裂交换进行遗传物质的重新组合，并通过非整倍体分裂不断丢失染色体来实现单倍体化。准性生殖提供了除有性生殖外的遗传灵活性，起着类似一般有性生殖的作用，这对于一些以无性繁殖为主的子囊菌而言，是产生遗传变异的有效方式。除了子囊菌外，少数担子菌中已发现准性生殖现象。

二、菌物的生活史

菌物的孢子经过萌发、生长发育，最后又产生同一种孢子的过程，称为生活史（life cycle）。菌物的典型生活史包括无性阶段（imperfect state）[又称无性态（anamorph）]和有性阶段（perfect state）[又称有性态（teleomorph）]。菌物的营养菌丝体产生无性孢子，无性孢子萌发形成芽管，芽管继续生长成新的菌丝体，这是无性阶段，在生长季节中通常多次循环。生长后期从单倍体的菌丝体上形成配子囊，经质配形成双核阶段，再经核配形成二倍体的细胞核，最后经减数分裂形成单倍体核，这种细胞发育成单倍体的菌丝体，即有性阶段。

大多数菌物的无性繁殖能力很强，在适宜的条件下，一个生长季节内可以进行多次，产生大量的无性孢子。除厚垣孢子外，无性孢子一般无休眠期，细胞壁较薄，对低温、高温、干燥等抵抗力弱，但无性孢子繁殖快、数量大，对植物病害的传播、蔓延作用很大，往往对一种病害在生长季节中的传播和再侵染起重要作用。例如，马铃薯晚疫病菌在温度偏低（15～18℃）、高湿条件下，游动孢子侵入感病的马铃薯叶片后 3～4d，就可以在病斑表面产生大量的游动孢子囊并释放出游动孢子，即完成一个这样的无性循环只需 3～4d。新产生的游动孢子经传播可以继续侵染马铃薯，并产生新的游动孢子。在马铃薯的一个生长季节，这种无性循环可以重复进行多次，使病害迅速传播、蔓延。植物病原菌物的有性生殖多出现在发病后期或经过休眠后，有性孢子一般一年产生一代，细胞壁较厚或有休眠期，以度过不良环境，是许多植物病害的主要初侵染源。

不是所有菌物的生活史都有有性阶段和无性阶段。有些真菌的生活史中只有无性阶段（或没有发现有性阶段），而一些子囊菌和担子菌则只有有性阶段。此外，不是所有菌物的有性阶段都是在营养生长的后期才出现，有些同宗配合的菌物，它们的无性阶段和有性阶段可以在整个生长过程中同时并存，在营养生长的同时产生无性孢子和有性孢子，如某些水霉目和霜霉目菌物。

有些真菌生活史中有多型现象（polymorphism），可以产生2种或2种以上的孢子，如禾柄锈菌可以产生性孢子、锈孢子、夏孢子、冬孢子和担孢子共5种不同类型的孢子。多数植物病原菌物在一种寄主植物上就可以完成生活史，称为单主寄生（autoecism），有些真菌则需在两种不同的寄主植物上才能完成生活史，称为转主寄生（heteroecism），如梨胶锈病菌的冬孢子和担孢子产生在桧柏上，性孢子和锈孢子则产生在梨树上。

菌物完整的生活史由单倍体（haploid）和二倍体（diploid）两个阶段组成。菌物的二倍体阶段（2n）始于核配，终于减数分裂。大多数真菌的营养体是单倍体（n），通常核配后立即进行减数分裂，故营养体细胞的二倍体阶段仅占生活史的很短时间。卵菌的营养体是二倍体，它的二倍体阶段在生活史中占有很长的时期。菌物的生活史除了有单倍体和二倍体阶段外，有些真菌，如担子菌，还有明显的双核期（n+n，dikaryotic phase）。这类真菌在质配后不立即进行核配，而是形成双核单倍体细胞，这种双核细胞有的可以通过分裂形成双核菌丝体并单独生活，在生活史中出现相当长的双核阶段，如许多锈菌、黑粉菌和蘑菇等。因此在菌物的生活史中可以出现单核或多核单倍体、双核单倍体和二倍体三种不同阶段。在不同类群菌物的生活史中，上述三种不同阶段的有、无及所占时期的长短都不一样，构成了菌物生活史的多样性。归纳起来，菌物有5种基本的生活史类型（图3-15）。

（1）无性型（asexual） 只有单倍体的无性阶段，缺乏有性阶段，如半知菌类群的生活史。

（2）单倍体型（haploid） 营养体和无性繁殖体均为单倍体，有性生殖过程中，质配后立即进行核配和减数分裂，二倍体阶段很短，如许多壶菌、毛霉和一些低等子囊菌。

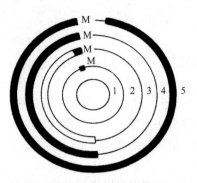

图 3-15 菌物 5 种基本的生活史
（方中达，1996）

每一圈代表一种生活史；M 示减数分裂；
——— 示单倍期；□ 示双核期；
■ 示二倍期。
1. 无性型；2. 单倍体型；3. 单倍体-双核型；
4. 单倍体-二倍体型；5. 二倍体型

（3）单倍体-双核型（haploid-dikaryotic） 生活史中出现单核单倍体和双核单倍体菌丝，如高等子囊菌和多数担子菌。一些子囊菌有性生殖过程中形成的产囊丝是双核单倍体，但它存在的时间较短，且不能脱离单核菌丝体而独立存在，一旦子囊形成就开始核配。而许多担子菌则完全不同，由性孢子与受精丝或初生菌丝之间进行质配形成的双核细胞可以发育成发达的双核单倍菌丝体，并可以独立生活，双核体阶段占据了整个生活史的相当长时期，如锈菌，直至冬孢子萌发才进行核配和减数分裂。

（4）单倍体-二倍体型（haploid-diploid） 生活史中单倍体的营养体和二倍体的营养体有规律交替出现，表现出两性世代交替的现象，只有少数低等卵菌如异水霉属属于这种类型。

（5）二倍体型（diploid） 营养体是二倍体，二倍体阶段占据生活史的大部分时期，单倍体阶段仅限于配子体或配子囊阶段。例如，多数卵菌中，只有在部分菌丝细胞分化为藏卵器和雄器时，细胞核在藏卵器和雄器内发生减数分裂形成单倍体，随后藏卵器和雄器很快进行交配又恢复为二倍体。

三、菌物的遗传学

菌物是一类容易发生变异的生物，具有多样性。已证实菌物是一类理想的用于遗传分析的材料，已报道对 20 多属的 30 多种菌物进行了较全面的遗传学研究。这些研究为遗传学的发展奠定了基础。同时，现代分子遗传学的许多突破也是首先从菌物的研究中取得。例如，著名的"一个基因一种酶"的学说，就是 Beadle 和 Tatum（1945）通过研究粗糙脉孢菌（*Neurospora crassa*）的人工突变体提出的。为此，他们与 Lederberg 一起获得 1958 年诺贝尔生理学或医学奖。而作为重要模式生物，酵母菌和粗糙脉孢霉分子遗传学研究的每一进步，都极大地推动了其他高等真核生物，包括人类的遗传学和分子生物学研究的发展。

菌物的遗传学研究广泛受重视，原因是它具有下列其他生物无可比拟的优点：①菌物是真核生物，但其世代周期短，便于研究和利用，且在实验室条件下便于培养和保存。②多数菌物的营养体是单倍体，比较容易进行遗传突变和突变体筛选，且其基因在单倍体下没有显隐性之分，易于进行遗传分析。③菌物既能进行无性繁殖又能进行有性生殖，便于分析基因的分离和重组规律，且易得到大量遗传上均一的无性孢子群体。④菌物的菌丝之间可以相互融合，彼此交换细胞核而形成异核体。异核体可以通过分离孢子或菌丝片段的方法被检测出来，用于遗传学的互补实验。菌丝融合现象也可以导致细胞质交换，形成异质体，这对于细胞质遗传的研究更有利用价值。⑤同其他真核生物相比，菌物的基因组很小，如酿酒酵母菌的基因组为 1.3×10^7bp，只比原核生物大肠杆菌的大 2 倍，只有果蝇的 7.22% 或人类的 0.41%。同时菌物基因组中基因小、内含子少、重复序列和冗余基因数少，这些都有利于开展基因组学的研究。因为菌物在遗传学研究上的众多优点，加上菌物本身的经济重要性，科研人员完成了越来越多菌物的全基因组序列测定，并深入开展了基因组学及多组学研究。

同其他生物一样，菌物的变异来源于 DNA 突变、染色体的交换和重组等。因为多数菌物的营养体是单倍体，任何基因的突变都容易反映在表型上，而且菌丝片段甚至单个细胞均具有再生能力，因此，同二倍体生物相比，菌物更容易因为环境条件的影响而发生变异并稳定遗传下来。这有利于菌物适应外界环境的胁迫，如容易对杀菌剂产生抗性、克服植物的抗病能力。

第二节 菌物的分类

一、菌物分类系统

菌物分类系统是菌物学家根据相关类群菌物在形态、生理、生化、遗传、生态、超微结构及分子生物学等多方面的共同和不同的特征进行归类而建立起来的。但由于对菌物分类的观点存在较大的分歧，不同的学者提出了很多不同的分类系统。同时，随着人们对菌物认识的不断深入，菌物分类系统也不断得以修改、完善和补充。目前世界上最广泛使用的分类系统有两个，即以英国出版的《菌物词典》为代表的 Ainsworth 系统和以美国出版的《菌物学概论》为代表的 Alexopoulos 系统。这两个系统都在不同时期推出过不同的版本。我国早期，使用最广的系统为依据 Ainsworth 在第六版《真菌词典》（1971）和《真菌进展论文集》（1973）中阐述的分类系统。该系统采用 Whittaker（1969）的生物五界系统，将所有菌物归于真菌界，并将真菌界分为黏菌门（Myxomycota）和真菌门（Eumycota）。真菌门分为鞭毛菌亚门（Mastigomycotina）、接合菌亚门（Zygomycotina）、子囊菌亚门（Ascomycotina）、担子菌亚门（Basidiomycotina）和半知菌亚门（Deuteromycotina）5 个亚门。之后 Ainsworth 体系于 1995年、2001 年和 2008 年分别推出《菌物词典》的第八版、第九版和第十版，科学地揭示出菌物之间的系统发育关系。

近年来，随着物种的基因组序列测定工作普及，数据库中积累了丰富的基因组序列，对物种间共有的基因（保守基因）进行比对和聚类分析可以直接从遗传物质上寻找菌物之间的联系。本书结合《菌物词典》（第十版）及 NCBI 分类系统和《生命大百科全书》（*Encyclopedia of Life*）的分类系统，对菌物高层次的分类地位进行了梳理。菌物包括不等鞭毛生物界的卵菌和丝壶菌、有孔虫界的根肿菌、变形虫界的黏菌和真菌界的所有真菌等。表 3-1 为对 Ainsworth（1971、1973）和 Alexopoulos（1979），以及采用 Ainsworth 体系的《菌物词典》（第八版）（1995）、《菌物词典》（第十版）（2008）分类系统及本书采用的分类系统进行的比较。

表 3-1 几个现代菌物分类系统比较

Ainsworth（1971、1973）	Alexopoulos（1979）	《菌物词典》（第八版）（1995）	《菌物词典》（第十版）（2008）	本书采用的分类系统
真菌界	真菌界	原生动物界	原生动物界	变形虫界
黏菌门	裸菌门	集胞黏菌门	Ramicristates 系群	Evosea 门
集胞黏菌纲	集胞裸菌亚门	网柱黏菌门	原柱黏菌纲	Variosea 纲原柱黏菌目
黏菌纲	集胞菌纲	黏菌门	网柱黏菌纲	Eumycetozoa 纲网柱黏菌目
根肿菌纲	原质体裸菌亚门	黏菌纲	黏菌纲	Eumycetozoa 纲黏菌目
	原柄菌纲	原柱黏菌纲	异叶足纲系群	变形虫门

Ainsworth（1971、1973）	Alexopoulos（1979）	《菌物词典》（第八版）（1995）	《菌物词典》（第十版）（2008）	本书采用的分类系统
	黏菌纲	根肿菌门	集胞菌目	Elardia 纲真变形目
			粪黏菌系群	**SAR 超群**[*]
			涌泉菌系群	**有孔虫界**
			根肿菌系群	**内黏菌门**
			根肿菌纲	植物内黏菌纲
真菌门	**鞭毛菌门**	**假菌界**	**假菌界**	**不等鞭毛生物界**
鞭毛菌亚门	单鞭毛菌亚门	丝壶菌门	丝壶菌门	丝壶菌门
	根肿菌纲	网黏菌门	网黏菌门	丝壶菌纲
丝壶菌纲	丝壶菌纲	卵菌门	卵菌门	卵菌门
卵菌纲	壶菌纲	卵菌纲	卵菌纲	卵菌纲
壶菌纲	双鞭毛菌亚门			双环菌门
	卵菌纲			网黏菌纲
		真菌界	**真菌界**	**真菌界**
	无鞭毛菌门	壶菌门	壶菌门	壶菌门
		球囊菌门		芽枝霉门
			微孢子虫类	油壶菌门
				Sanchytriomycota 门
				隐真菌门
				微孢菌门
接合菌亚门	接合菌亚门	接合菌门	接合菌门	
接合菌纲	接合菌纲	接合菌纲	虫霉菌亚门	毛霉菌门
毛菌纲	毛菌纲	毛菌纲	梳霉菌亚门	捕虫菌门
			毛霉菌亚门	球囊菌门
			捕虫霉菌亚门	新丽鞭毛菌门
子囊菌亚门	子囊菌亚门	子囊菌门	子囊菌门	子囊菌门
半子囊菌纲	子囊菌纲	子囊菌纲	酵母菌亚门	酵母菌亚门
不整囊菌纲	半子囊菌亚纲	不分纲，直接分为46目	酵母纲	酵母纲
核菌纲	不整囊菌亚纲		外囊菌亚门	外囊菌亚门
盘菌纲	层囊菌亚纲		粒毛盘菌纲	粒毛盘菌纲
虫囊菌纲	核菌群		肺孢子菌纲	肺孢子菌纲
腔囊菌纲	盘菌群		裂殖酵母纲	裂殖酵母纲

续表

Ainsworth (1971、1973)	Alexopoulos (1979)	《菌物词典》(第八版)(1995)	《菌物词典》(第十版)(2008)	本书采用的分类系统
	虫囊菌亚纲		外囊菌纲	外囊菌纲
	腔囊菌亚纲		盘菌亚门	盘菌亚门
			散囊菌纲	散囊菌纲
			锤舌菌纲	锤舌菌纲
			粪壳菌纲	粪壳菌纲
			座囊菌纲	座囊菌纲
			星裂菌纲	星裂菌纲
			圆盘菌纲	圆盘菌纲
			盘菌纲	盘菌纲
			虫囊菌纲	虫囊菌纲
			茶渍菌纲	茶渍菌纲
			地衣真菌纲	李基那地衣纲
担子菌亚门	担子菌亚门	担子菌门	担子菌门	担子菌门
冬孢菌纲	担子菌纲	冬孢菌纲	柄锈菌亚门	柄锈菌亚门
层菌纲	冬孢菌亚纲	黑粉菌纲	柄锈菌纲	柄锈菌纲
无隔担子菌亚纲	无隔担子菌亚纲	担子菌纲	微球黑粉菌纲	伞型束梗孢菌纲
隔担子菌亚纲	层菌群	无隔担子菌亚纲	隐球寄生菌纲	小纺锤菌纲
腹菌纲	腹菌群	有隔担子菌亚纲	囊担子菌纲	经典菌纲
			小帚束霉菌纲	隐团寄生菌纲
			米氏菌纲	囊担子菌纲
			伞型束梗孢菌纲	小葡萄菌纲
			经典菌纲	混合菌纲
				麦轴梗霉纲
			黑粉菌亚门	黑粉菌亚门
			外担菌纲	外担菌纲
			黑粉菌纲	黑粉菌纲
			根内黑粉菌纲	马拉色菌纲
				Moniliellomycetes 纲
			伞菌亚门	伞菌亚门
			伞菌纲	伞菌纲

续表

Ainsworth（1971、1973）	Alexopoulos（1979）	《菌物词典》（第八版）（1995）	《菌物词典》（第十版）（2008）	本书采用的分类系统
			花耳纲	花耳纲
			银耳纲	银耳纲
			节担菌纲	节担菌亚门
				节担菌纲
				双担菌纲
半知菌亚门	半知菌亚门	有丝分裂孢子菌物	无性态菌物	
芽孢纲	半知菌纲			
丝孢纲	芽孢亚纲			
腔孢纲	丝孢亚纲			
	腔孢亚纲			

　　* SAR 超群包括不等鞭毛生物（Heterokonts，又名 Stramenopiles）、囊泡虫（Alveolates）、有孔虫（Rhizaria），SAR 一词由这三类生物的拉丁名首字母结合而来

二、菌物分类方法

　　菌物的分类一般根据形态学、细胞学和生物学特性及个体和系统发育资料进行。一般来说形态特征，特别是有性生殖和有性孢子的性状是菌物分类的重要依据，DNA 碱基组成的测定、核酸杂交、氨基酸序列测定、氨基酸合成途径的研究、血清学反应、数值分类、光谱和色谱技术测定菌物代谢产物、细胞细微结构等也曾作为菌物分类的性状。但是，正如鲸不是鱼一样，特定的情况下，形态学和生态学特性不一定能够客观反映菌物的真实分类地位，最精准的分类越来越依赖菌物的基因序列，甚至菌物的全基因组序列，比较菌物间保守基因的同源性可以推定它们的亲缘关系。寻找菌物在种层面上特有的 DNA 序列（种内保守，种间不同的 DNA 序列），可以设计 DNA 条形码（DNA barcode），根据条形码就有可能快速鉴定特定的菌物，理论上每种物种都可以有自身的 DNA 条形码。

（一）分类单元

　　菌物的主要分类单元和其他生物的一样，包括界（kingdom）、门（phylum）、纲（class）、目（order）、科（family）、属（genus）、种（species），必要时在两个分类单元之间还可增加一级如亚门（subphylum）、亚纲（subclass）、亚目（suborder）、亚科（subfamily）、亚种（subspecies）等。属以上的分类单元都有一定的词尾，如门（-mycota）、亚门（-mycotina）、纲（-mycetes）、亚纲（-mycetidae）、目（-ales）、亚目（-ineae）、科（-aceae）、亚科（-oideae）。

　　菌物的最基本分类单元是种，许多亲缘关系相近的种归在一起组成属。菌物的种与其他高等真核生物种的含义一样，是生物学意义的种。菌物种的建立主要以形态特征为基础，种与种之间在主要形态上应该有显著而稳定的差异。但有些菌物种的建立，除形态学的依据外，有时还辅以生态、生理、生化及遗传等方面的差异。对于某些寄生性菌物，有时也根据寄主范围的不同而分为不同的种。例如，许多锈菌和黑粉菌的种，如果不知道它们的寄主植物是很难鉴定

的。近年来，分子生物学技术应用于菌物分类，出现了根据 DNA 序列同源性来划分的系统发育种（phylogenetic species）的概念。

菌物种的下面可以根据一定的形态差别分为亚种（subspecies，缩写为 subsp.）或变种（variety，缩写为 var.）。亚种和变种以上的各类分类单元是命名法规正式承认的。

同一个菌物的种的形态相似，但种内不同个体（菌株）之间的生理性状可能有所不同，对植物病原菌物，特别表现在对不同寄主植物的寄生专化性或致病能力有差异。因此，有些植物病原菌物的种，可以根据对不同科、属的寄主植物的寄生专化性，在种的下面分为专化型（forma specialis，缩写为 f. sp.）。例如，禾柄锈菌（*Puccinia graminis*）为害多种禾谷类作物，至少可分为 6 个专化型，为害小麦的是其中的一个专化型（*P. graminis* f. sp. *tritici*）。专化型的下面有的可以根据对不同种或品种（一般是一套鉴别寄主品种）的致病能力差异，即病原与寄主抗病或感病的互作表型，分为不同的小种（race），也称生理小种（physiological race）。小种一般用编号表示，如禾柄锈菌为害小麦的专化型，已鉴定的小种数目有 300 多个。小种其实也是一个群体，其中个体的遗传性并不完全相同。由遗传性状一致的个体所组成的群体，则称为生物型（biotype）。有些病原菌物的种下面没有明显分化为专化型，但是可以分为许多小种，如为害麦类的许多黑粉菌，大都是在种以下直接分小种。有些植物病原菌物还可以根据营养体亲和性，在种下或专化型下面划分出营养体亲和群（vegetative compatibility group，VCG）或菌丝融合群（anastomosis group，AG）。营养体亲和群或菌丝融合群与小种的关系较复杂，有的营养体亲和群内包含多个小种，而有的同一个小种的菌株可以划分为不同的营养体亲和群。

（二）菌物的命名

菌物采用林奈（Linnaeus）的"双名制命名法"命名。双名制的名称即生物物种的学名（scientific name），用拉丁文书写。第一个词是属名，属名的第一个字母必须大写，第二个词是种加词，一律小写。属名和种加词构成了物种的名称。拉丁学名要求斜体印刷，命名人的姓名加在种加词之后。如果命名人是两个，则用"et"或"&"连接，如隐匿柄锈菌的书写是 *Puccinia recondita* Rob. et. Desm.。菌物的学名如需重新命名时，原命名人应置于括号中，如玉米赤霉菌书写为 *Gibberella zeae*（Schw.）Petch。

国际命名法规中还规定了一个物种只能有一个名称。过去由于信息交流不便，会出现不同的学者对同一菌物进行不同的命名，或有些菌物在生活史中包括有性和无性两个阶段，根据不同阶段进行命名，造成了一种菌物具有多于一个的名称。例如，半知菌类因为只知道其无性阶段，因而都是根据无性阶段的特征来命名的，称为无性态（anamorph）名称；如果发现其有性阶段，就对其有性阶段进行定名，称为有性态（telemorph）名称。现在都必须根据最新通过的命名法规（2011 年 7 月在澳大利亚墨尔本通过）的有关规定进行统一，实现一个菌物一个名称。

现以禾柄锈菌小麦变种（*Puccinia graminis* Pers. var. *tritici* Erikss. et. Henn.）为例，说明它的分类地位［依据《菌物词典》（2008）］。

界（kingdon）　　　真菌界 Fungi
　门（phylum）　　　担子菌门 Basidiomycota
　　纲（class）　　　柄锈菌纲 Pucciniomycetes
　　　目（order）　　　柄锈菌目 Pucciniales
　　　　科（family）　　　柄锈菌科 Pucciniaceae
　　　　　属（genus）　　　柄锈菌属 *Puccinia*

种（species）　　禾谷种 *graminis*

变种（variety）　小麦变种 var. *tritici*

（三）本书采用的分类系统

考虑到国际菌物分类系统的发展趋势，本书基本上按《菌物词典》（第十版）（2008）的方法进行分类，主要依据是 NCBI 的分类系统（taxonomy）和《生命百科全书》（*Encyclopedia of Life*）对分类系统做了一些修订，将菌物归于变形虫界、有孔虫界、不等鞭毛生物界和真菌界。在真菌界中取消了半知菌这一分类单元，归并到子囊菌门或担子菌门中介绍。其分类方式如下（只列出部分相关的类别）。

菌物通常包括隶属于变形虫界（Amoebozoa）的黏菌（slime mould）、不等鞭毛生物界（Stramenopiles）的卵菌门和丝壶菌门、有孔虫界（Rhizaria）的根肿菌纲（Plasmodiophoromycetes）和真菌界的所有真菌，它们在生命系统发育上互不隶属。其中，真菌界共有 805 科 10 790 属 136 244 种。

变形虫界（Amoebozoa）

　Evosea 门

　　Variosea 纲

　　　原柱黏菌目（Protosteliida）

　　Eumycetozoa 纲

　　　网柱黏菌目（Dictyostelia）

　　　黏菌目（Myxogastria）

　变形虫门（Tubulinea）

　　Elardia 纲

　　　真变形目（Euamoebida）

有孔虫界（Rhizaria）

　内黏菌门（Endomyxa）

　　植物内黏菌纲（Phytomyxea）

　　　根肿菌目（Plasmodiophorales）

不等鞭毛生物界（Stramenopiles）

　卵菌门（Oomycota）

　　卵菌纲（Oomycetes）

　丝壶菌门（Hyphochytriomycota）

　　丝壶菌纲（Hyphochytriomycetes）

真菌界（Fungi）

　壶菌门（Chytridiomycota）

　　壶菌纲（Chytridiomycetes）

　芽枝霉门（Blastocladiomycota）

　油壶菌门（Olpidiomycota）

　Sanchytriomycota 门

　隐真菌门（Cryptomycota）

　微孢菌门（Microsporidia）

毛霉菌门（Mucoromycota）

捕虫菌门（Zoopagomycota）

球囊霉门（Glomeromycota）

新丽鞭毛菌门（Neocallimastigomycota）

子囊菌门（Ascomycota）

　酵母菌亚门（Pezizomycotina）

　外囊菌亚门（Taphrinomycotina）

　盘菌亚门（Saccharomycotina）

担子菌门（Basidiomycota）

　柄锈菌亚门（Pucciniomycotina）

　黑粉菌亚门（Ustilaginomycotina）

　伞菌亚门（Agaricomycotina）

　节担菌亚门（Wallemiomycotina）

第三节　植物病原菌物的主要类群

能够侵染植物的菌物众多，在国际真菌分类委员会（International Commission on the Taxonomy of Fungi）的官方网站上列出了主要植物病原菌物的种类及其引起的病害，共 618 种菌物。

一、根肿菌

（一）概述

根肿菌为寄主细胞内专性寄生菌，寄生于高等植物根或茎细胞内，有的寄生于藻类和其他水生菌物上，往往引起寄主细胞膨大和组织增生，受害根部肿大，故称根肿菌。营养体为原质团，以整体产果的方式繁殖，营养体以原生质割裂的方式形成大量散生或堆积在一起的孢子囊。形成的孢子囊有两种，一种是薄壁的游动孢子囊，由无性繁殖产生；另一种是厚壁的休眠孢子囊（resting sporangium），一般认为是有性生殖产生的。形成游动孢子囊的原质团和形成休眠孢子囊的原质团在性质上有所不同：前者是单倍体的，由游动孢子发育而成；后者是二倍体的，一般认为由两个游动孢子配合形成的合子发育而成。萌发时通常释放出 1 个游动孢子，故这类休眠孢子囊习惯上称为休眠孢子。休眠孢子分散或聚集成堆及休眠孢子堆的形态是根肿菌分类的重要依据。

（二）主要根肿菌

根肿菌目隶属有孔虫界内黏菌门植物内黏菌纲，有 2 科，其中，根肿菌科（Plasmodiophoraceae）有 8 属 46 种。

根肿菌属（*Plasmodiophora*）　　休眠孢子游离分散在寄主细胞内，不联合形成休眠孢子堆，外观呈鱼卵块状，成熟时相互分离（数字资源 3-10）。该属共有 5 种，其中植物病原菌是芸薹根肿菌（*P. brassicae*），引致十字花科植物根肿病，根肿病是十字花科作物的重要病害。该菌在根部皮层细胞内专性寄生，侵入根部皮层细胞后改变皮层细胞生长素和细胞分裂素等激素水平，诱发细胞去分化，分裂，引起根部手指状或人参块状的畸形膨大，称为根肿病（数字资源 3-11，数字资源 3-12）。有些种，如 *P. diplantherae* 和 *P. halophilae* 寄生海草，在其上形成菌瘿。

数字资源
3-10～3-12
（含视频）

芸薹根肿菌的休眠孢子萌发时释放出 1 个游动孢子，游动孢子与寄主的根毛或根表皮细胞接触后，鞭毛收缩并休止形成休止孢。休止孢萌发时形成一管状结构穿透寄主细胞壁，将原生质注入寄主细胞内，发育成原质团。原质团成熟后分割形成薄壁的游动孢子囊，每个孢子囊可释放出 4～8 个游动孢子。这种游动孢子具有配子的功能，质配是由两个游动孢子配合形成合子。合子侵入寄主细胞内发育成产休眠孢子囊的原质团。在休眠孢子形成之前，原质团内的细胞核发生核配，紧接着进行减数分裂，随后原质团分割成许多具厚壁的单核休眠孢子。休眠孢子抵抗不良环境的能力很强，可以在酸性土壤中存活多年，是十字花科植物根肿病的初侵染来源。

数字资源
3-13～3-14

粉痂菌属（*Spongospora*）　　休眠孢子聚集成休眠孢子堆。休眠孢子堆球状，中有空隙，形如海绵（数字资源 3-13）；休眠孢子球形或多角形，黄色至黄绿色，壁光滑。该属有 5 种，其中马铃薯粉痂菌（*S. subterranea*），为害马铃薯块茎引起马铃薯粉痂病（数字资源 3-14）。病菌侵害马铃薯块茎的皮层，形成疮痂症状，后期表皮破裂，散出深褐色粉末（休眠孢子囊）。病菌以休眠孢子囊随病残体在土壤中越冬，能存活 5 年之久。除为害马铃薯外，还可以侵染番茄、龙葵等植物。

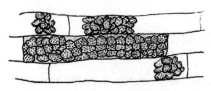

图 3-16　禾谷多黏霉
（陆家云，2001）

多黏霉属（*Polymyxa*）　　休眠孢子聚集成休眠孢子堆。休眠孢子堆长条形、近球形或不规则形，产生在草本植物根表皮细胞内；但不引起寄主细胞肿大。该属有 2 种，其中，禾谷多黏霉（*P. graminis*）（图 3-16）寄生在禾本科植物根表皮细胞内，不引起明显症状；但它的游动孢子是传播小麦土传花叶病毒和小麦梭条花叶病毒的介体；甜菜多黏菌（*P. betae*）传播甜菜坏死黄脉病毒（beet necrotic yellow vein virus）。

二、卵菌门

（一）概述

1. 生活习性及重要性　　卵菌门卵菌曾归属于色藻界（Chromista），现归属于 SAR 超群中的不等鞭毛生物界（Stramenopiles），其共同特征是有性生殖以雄器和藏卵器交配产生卵孢子，因此这类菌通常称作卵菌。卵菌的另一个特征是产生具鞭毛的游动孢子。卵菌大多水生，少数是两栖的或接近陆生的。卵菌有的是腐生的，有的寄生在水生植物、菌物或昆虫上，有的寄生于高等植物，引起严重的植物病害。由于卵菌具有水生的习性，只有在高湿的条件下才能产生游动孢子囊和释放游动孢子，而且大多数卵菌主要以游动孢子萌发产生的芽管侵入寄主植物，因此由卵菌引起的植物病害在潮湿、多雨、低洼积水、通风透光条件差的条件下发生普遍，危害较严重。

2. 营养体　　卵菌的营养体为二倍体，多数是很发达的无隔菌丝体，少数低等的是有细胞壁的单细胞。细胞含有多个细胞核，细胞壁主要成分为纤维素，不同于真菌界（Fungi）。专性寄生的卵菌往往在寄主细胞内产生球形或丝状吸器，吸取寄主营养。卵菌进行繁殖时，多数是分体产果（eucarpic），少数为整体产果（holocarpic）。

3. 无性繁殖　　卵菌无性繁殖产生游动孢子囊（zoosporangium）并释放游动孢子。游动孢子囊形态变化很大，呈丝状、圆筒状、球形、卵形、梨形等多种形状，成熟时脱落或不脱落。游动孢子囊在萌发时产生游动孢子。游动孢子梨形或肾形，具有等长双鞭毛，一为茸鞭（tinsel flagellum），一为尾鞭（whiplash）；在水中游动时茸鞭向前，尾鞭向后。

4. 有性生殖　　卵菌有性生殖产生卵孢子（oospore），卵菌因此而得名。进行有性生殖时，部分菌丝细胞分化为雄器（antheridium）和藏卵器（oogonium），二倍体细胞核在发育的雄器和藏卵器中进行减数分裂，产生单倍体细胞核；雄器和藏卵器接触进行质配，两个单倍体细胞核在藏卵器中进行核配，形成 1 个或多个二倍体的卵孢子。此外，有些卵菌可行孤雌生殖（parthenogenesis）。

（二）主要病原卵菌

卵菌由于无性繁殖产生具鞭毛的游动孢子，在 Ainsworth 分类系统（1973）中属于真菌界鞭毛菌亚门。卵菌与其他菌物有如下不同：①卵菌的营养体为二倍体，其他菌物为单倍体；②卵菌的细胞壁成分主要为β-葡聚糖和纤维素，其他菌物大多为几丁质；③卵菌的有性生殖为雄器和藏卵器进行接触交配的卵配生殖，其他菌物中少见；④卵菌的赖氨酸合成途径与植物一样为二氨基庚二酸途径，其他菌物为氨基己二酸途径；⑤卵菌的线粒体、高尔基体、细胞核膜、细胞壁的超微结构与其他菌物也有明显差异，而与藻类更为相似；⑥卵菌的 25S rRNA 序列及分子量与其他菌物的具有显著区别。因此，从《菌物词典》（第八版）（1995）开始，卵菌归属于假菌界的卵菌门（Oomycota）。

根据 NCBI 分类系统，卵菌门只有卵菌纲（Oomycetes）1 纲，包括 11 目及 2 个分类地位未确定的卵菌，共 25 科 139 属 1918 种。其中寄生高等植物并引起严重病害的有腐霉目（Pythiales）、霜霉目（Peronosporales）和白锈目（Albuginales）卵菌；水霉目（Saprolegniales）卵菌也可寄生高等植物，但寄生能力较弱。

1. 水霉目　　水霉目卵菌一般称作水霉，仅有 1 科 30 属 291 种。营养体大多为发达的无隔菌丝体，少数为单细胞。无性繁殖产生丝状、圆筒状或梨形的游动孢子囊。孢子囊有层出现象（proliferation），即新孢子囊从释放过游动孢子的空孢子囊里面或从成熟孢子囊基部的孢囊梗侧面长出。游动孢子具有两游现象（diplanetism），即从孢子囊中释放出来的游动孢子经休止、再萌发释放游动孢子继续游动。藏卵器内含一至多个卵孢子。水霉大多是海水或淡水中的腐生菌，有些生活在土壤中，少数寄生植物、藻类、鱼类和其他水生生物。

水霉属（*Saprolegnia*）　　营养体是发达的无隔菌丝体；游动孢子囊圆筒形，产生在菌丝顶端；孢子囊有内层出现象（inside proliferation），即新的孢子囊从老的孢子囊内长出；游动孢子可排列成多列，有明显的两游现象（图 3-17）；该属有 48 种，多腐生，少数寄生植物和鱼类。例如，串囊水霉（*S. monilifera*）可引致水稻烂秧；寄生水霉（*S. parasitica*）可以引致鱼水霉病。

绵霉属（*Achlya*）　　游动孢子囊棍棒形，产生在菌丝的顶端；孢子囊具有外层出现象（outside proliferation），即新的孢子囊从老的孢子囊基部的孢囊梗侧面长出；游动孢子在孢子囊内呈多行排列，具有两游现象，但第一次游动时间很短，休止孢在孢子囊顶部孔口外形成并聚集成团；藏卵器内产生多个卵孢子，雄器侧生（paragynous）。该属有 67 种，大多腐生，少数弱寄生，广泛存在于池塘、水田和土壤中。

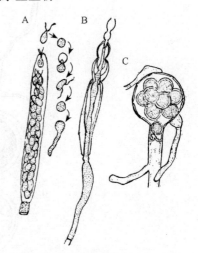

图 3-17　水霉属（陆家云，2001）

A. 孢子囊及游动孢子；B. 孢子囊形成方式（内层出现象）；C. 雄器、藏卵器与卵孢子

稻绵霉（*A. oryzae*）是绵霉属最主要的植物病原菌，它侵害稻苗引起稻苗绵腐病（图 3-18）。

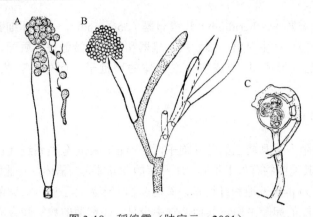

图 3-18　稻绵霉（陆家云，2001）

A. 孢子囊及游动孢子；B. 孢子囊外层出现象；C. 藏卵器、卵孢子与雄器

2. 腐霉目　　腐霉目卵菌营养体大多为发达的无隔菌丝体，少数为单细胞。孢囊梗具无限伸长习性，孢子囊丝状、圆筒状、梨形或柠檬形，顶生、间生或切生。游动孢子无两游现象。藏卵器内只含有 1 个卵孢子。本目含腐霉科（Pythiaceae）和类腐霉科（Pythiogetonaceae）2 科 17 属 367 种。其中，比较重要的有腐霉属（*Pythium*）和霜疫霉属（*Peronophythora*）。

腐霉属（*Pythium*）　　　　其特征是孢囊梗与菌丝无明显区别，孢子囊丝状、瓣状或球状，顶生或间生；孢子囊成熟后一般不脱落，萌发时形成泡囊，游动孢子在泡囊内形成，没有两游现象；雄器侧生，藏卵器中只形成 1 个卵孢子。腐霉属卵菌较低等，以腐生方式长期存活于土壤中。有些种类可寄生高等植物，危害根部和茎基部引起腐烂。幼苗受害后主要表现猝倒、根腐和茎腐，种子和幼苗在出土前就可腐烂和死亡。此外，还能引起果蔬的软腐。该属有 222 种，其中瓜果腐霉（*P. aphanidermatum*）（图 3-19）为腐霉属常见种，它的寄主范围很广，引起多种植物猝倒病和瓜果腐烂病。

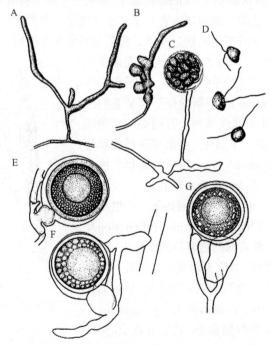

图 3-19　瓜果腐霉（余永年，1998）

A，B. 孢子囊；C. 泡囊；D. 游动孢子；E~G. 分别为藏卵器、雄器和卵孢子

霜疫霉属（*Peronophythora*）　为非专性寄生菌，易于在人工培养基上生长，并产生游动孢子囊。孢囊梗为多级有限生长（multideterminate），梗端双分叉 1 至数次，或在主轴两侧形成近双分叉的小分枝，每个小分枝顶端同步形成 1 个孢子囊，成熟后脱落，在小分枝上不再形成孢子囊。但有时在同一孢囊梗上的小分枝可继续生长，形成 2 级乃至多级孢囊梗，并再次同步形成孢囊梗。孢子囊柠檬形，具乳突和短柄，萌发时产生游动孢子（数字资源 3-15）。藏卵器球形，平滑，卵周质不明显或缺；雄器侧生或围生；卵孢子球形，平滑。霜疫霉属孢囊梗有限生长和孢子囊同步形成的特征类似于霜霉属（*Peronospora*），有性阶段和能在培养基上生长的能力又很像疫霉属（*Phytophthora*），该属因此而得名。该属仅有 1 种，即荔枝霜疫霉（*P. litchi*），危害荔枝果实引起霜霉病，造成果腐（数字资源 3-16）。

数字资源 3-15～3-16

　　3. 霜霉目　霜霉目卵菌的营养体为发达的无隔菌丝体，多在寄主植物细胞间隙扩展，产生吸器进入寄主细胞内吸取养分。游动孢子囊球形、卵形、梨形或柠檬形，产生在形态上有特殊分化的孢囊梗上。游动孢子囊成熟时释放出多个肾形游动孢子，游动孢子没有两游现象。藏卵器多呈球形，每个藏卵器中只形成一个卵孢子。卵孢子壁较厚，表面光滑或有纹饰。

　　霜霉目卵菌多数是植物地上部分的专性寄生菌。孢子囊容易从孢囊梗上脱落，因而可以通过气流传播。在有液态水的高湿条件下，孢子囊可以通过释放游动孢子萌发；在湿度较低条件下孢子囊往往直接萌发产生芽管，此时孢子囊的功能与分生孢子相似。在受害部位的共同特征是形成灰白色霉层，引致霜霉病、疫病等。

　　霜霉目有霜霉科（Peronosporaceae）和 Salisapiliaceae 2 科，共 28 属 915 种。霜霉科分类的主要根据是孢囊梗的特征，孢子囊长在有特殊分化的孢囊梗上，孢囊梗有限生长。除了疫霉属外多为高等植物专性寄生菌，仅危害地上部分。侵染植物在病斑表面形成典型的白色霜状霉层（危害叶片，霉层一般产生在叶背面），所引起的植物病害通常称为霜霉病（数字资源 3-17），因而这些卵菌被称作霜霉菌。

数字资源 3-17（含视频）

　　疫霉属（*Phytophthora*）　由于形态和生活习性与腐霉属相似，一直以来都放在腐霉科。但《菌物词典》（第十版）（2008）根据最新的分子系统学研究结果，将该属归到霜霉科。疫霉属卵菌的孢囊梗从与菌丝差别不大至分化明显，不规则分枝、合轴分枝，或从空孢子囊内长出；孢子囊呈卵形、倒梨形或近球形；顶部具乳突、半乳突或无乳突，一般单独顶生于孢囊梗上，偶尔间生；成熟后脱落或不脱落；萌发产生游动孢子，或直接萌发产生芽管。游动孢子卵形或肾形，侧生双鞭毛，休眠后形成细胞壁，球形，称为休止孢。厚垣孢子如形成多为球形，无色至褐色，顶生或间生。藏卵器球形或近球形，内有 1 个卵孢子，卵孢子球形；雄器围生（amphigynous，包裹在藏卵器的柄上）或侧生（着生在藏卵器的侧面）。疫霉属与腐霉属的最主要区别是，前者的游动孢子在孢子囊内形成（图 3-20），而后者的游动孢子在泡囊内形成。

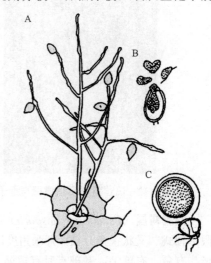

图 3-20　致病疫霉（陆家云，2001）
A. 孢囊梗和孢子囊；B. 孢子囊释放游动孢子；
C. 藏卵器、雄器和卵孢子

数字资源 3-18（含视频）

　　疫霉属是一大属，有 214 种，其中致病疫霉（*P. infestans*）是疫霉属的模式种，为害马铃薯，引起晚疫病（图 3-20，数字资源 3-18）。1845～1846 年爱尔兰就因为该病暴发成灾使主要粮食作物马铃薯绝产，引起了历史上著名的爱尔兰饥馑（Irish famine）。

疫霉属卵菌大多数是两栖类型，少数为水生；较高等种类具有部分陆生的习性，可以侵害植物的地上部分，疫霉菌几乎都是植物病原菌，大多是兼性寄生的，寄生性从较弱到接近专性寄生。其寄主范围很广，所引起的植物病害常具有流行性和毁灭性，故称为疫病。

霜霉属（*Peronospora*）

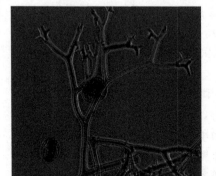

图 3-21　寄生霜霉孢囊梗与孢子囊

典型特征是孢囊梗主轴较粗壮，顶部有多次左右对称的二叉状分枝，末端分枝的顶端尖锐。霜霉属是专性寄生菌，菌丝体为发达、无色的无隔菌丝体，在寄主组织的细胞间隙扩展，产生丝状、囊状或裂瓣状吸器进入寄主细胞内吸收养分。无性繁殖时，菌丝体分化出孢囊梗。孢囊梗单根或成丛自气孔伸出、主轴粗，基部稍膨大，上部二叉状分枝 3～10 次，小枝末端尖锐。孢子囊在末枝顶端同步形成，卵形或椭圆形，无色或有色，无乳突，易脱落，萌发产生芽管。卵孢子球形，壁平滑或具纹饰（数字资源 3-19）。引起许多经济植物的霜霉病。该属有 426 种，其中寄生霜霉（*P. parasitica*）是最常见的种（图 3-21），可以为害许多十字花科植物和大豆等。

盘梗霉属（*Bremia*）　　孢囊梗单根或成丛自气孔伸出，二叉状锐角分枝，末枝顶端膨大呈盘状，边缘生 3～6 个小梗，小梗上单生 1 个孢子囊。孢子囊近球形或卵形，具乳突或不明显，易脱落。该属有 20 种，其中，莴苣盘梗霉（*B. lactucae*）（图 3-22）寄生于莴苣和菊科植物上引起霜霉病（数字资源 3-20）。

单轴霉属（*Plasmopara*）　　孢囊梗单根或成丛自气孔伸出，细长、直角或近直角单轴分枝，末枝比较刚直，顶端钝圆或平截。孢子囊较小，球形或卵形，有乳突和短柄，易脱落。该属有 110 种，其中葡萄生单轴霉（*P. viticola*）（图 3-23）引起葡萄霜霉病（数字资源 3-21）。

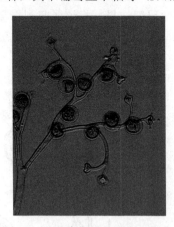

图 3-22　莴苣盘梗霉孢囊梗与孢子囊

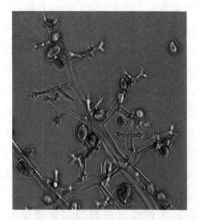

图 3-23　葡萄生单轴霉孢囊梗与孢子囊

假霜霉属（*Pseudoperonospora*）　　孢囊梗单根或成丛自气孔伸出，基部稍膨大，上部呈假单轴式二叉状锐角分枝（开张角度比霜霉属略大），末枝略弯曲，顶端尖细。孢子囊球形或卵形，有色，有乳突，基部有时有短柄，萌发时产生游动孢子。卵孢子球形，黄褐色。该属与霜霉属（*Peronospora*）的孢囊梗形态近似，但孢子囊萌发产生游动孢子与其区别。该属有 10 种，其中古巴假霜霉（*P. cubensis*）（图 3-24）引起黄瓜霜霉病（数字资源 3-22）。

指梗霉属（*Sclerospora*）　　孢囊梗单根或 2～3 根从气孔伸出，主轴粗壮，顶端不规则二叉状分枝，分枝粗短紧密。孢子囊椭圆形，倒卵形，有乳突，萌发时产生游动孢子。卵孢子圆形，黄色或黄红色，卵孢子壁大部与藏卵器壁融合。该属有 5 种，其中禾生指梗霉（*S. graminicola*）（图 3-25）引起粟白发病。

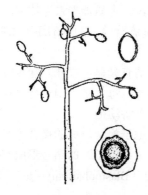

图 3-24　古巴假霜霉孢囊梗、孢子囊及卵孢子　　　　图 3-25　禾生指梗霉（陆家云，2001）
（陆家云，2001）

　　霜指霉属（*Peronosclerospora*）　　孢囊梗自气孔伸出，常 2～4 枝丛生，二叉状分枝 2～5 次，上部分枝粗短，小梗圆锥形或钻形。孢子囊椭圆形、卵圆形或圆柱形，萌发时产生芽管。该属有 14 种，其中玉米霜指霉（*P. maydis*）（图 3-26）引起玉米霜霉病。

　　4. 白锈目　　在《菌物词典》（第十版）中将白锈菌从霜霉目的白锈科分出来独立为目，仅白锈科（Albuginaceae）1 科。孢囊梗短棍棒形，顶生一串孢子囊，无限生长。含 3 属 75 种。

　　白锈菌属（*Albugo*）　　全部是高等植物专性寄生菌，在寄主上产生白色疱状或粉状孢子堆，故名白锈菌，引起的病害称为白锈病。菌丝在寄主细胞间生长发育，产生小圆形吸器伸入细胞内吸收养料。孢囊梗粗短，棍棒形，不分枝，成排生于寄主表皮下。孢子囊在孢囊梗顶端串生形成链状，圆形或椭圆形，两个孢子囊间有"间细胞"（intercalary cell）相连接。孢子囊萌发时产生游动孢子或芽管。有性阶段的性器官在寄主细胞间形成，藏卵器球形，内部分化成卵球和卵周质。雄器棒形，侧生。卵孢子球形，壁厚，表面有网状、疣状或脊状突起等纹饰。该属有 58 种，其中十字花科白锈菌（*A. candida*）（图 3-27）引起油菜、白菜、萝卜等植物白锈病（数字资源 3-23，数字资源 3-24）。

数字资源 3-23～3-24（含视频）

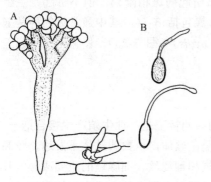

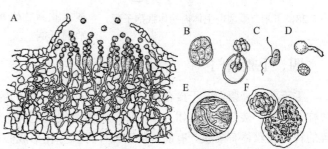

图 3-26　玉米霜指霉　　　　　　　图 3-27　十字花科白锈菌
（余永年，1998）

A. 孢囊梗和孢子囊；B. 孢子囊萌发　　　A. 孢子囊堆；B. 孢子囊及其萌发；C. 游动孢子；
D. 休止孢及其萌发；E. 卵孢子；F. 卵孢子的萌发

三、壶菌门

壶菌门真菌通称壶菌，多数为水生，腐生在水中的动植物残体上或寄生于水生植物、动物和其他菌物上，少数寄生高等植物。其营养体形态变化很大，从球形或近球形的单细胞至发达的无隔菌丝体。比较低等的壶菌是多核的单细胞，具细胞壁，大多呈球形或近球形，寄生在寄主细胞内，其营养体在发育的早期没有细胞壁，有的壶菌单细胞营养体的基部还可以形成假根；较高等的壶菌可以形成发达或不发达的无隔菌丝体。

壶菌门真菌无性繁殖时产生游动孢子囊，游动孢子囊有的有囊盖，成熟时囊盖打开释放游动孢子；有的无囊盖，通过孢子囊孔或形成出管释放游动孢子。每个游动孢子囊可释放多个游动孢子。有性生殖大多产生休眠孢子囊，萌发时释放 1 至多个游动孢子。

壶菌门真菌有性生殖方式有多种，大多是通过两个游动孢子配合形成的接合子经发育形成休眠孢子囊；少数通过不动的雌配子囊（藏卵器）与游动配子（精子）的结合形成卵孢子。最近壶菌门真菌拆分为 4 门，保留壶菌门，另建立芽枝霉门（Blastocladiomycota）、油壶菌门（Olpidiomycota）和 Sanchytriomycota 等。

壶菌门有 2 纲和一个未分类的纲，含 32 科 147 属 920 种。绝大多数种类属于壶菌纲（Chytridiomycetes），该纲共 7 目和一个未分类的目，有 28 科 139 属 883 种。

壶菌目真菌的营养体为单细胞，球形或近球形，有的有假根，或在膨大细胞间有细丝相连接，但不形成典型的无隔菌丝体。多数壶菌目真菌在基质内或寄主细胞内生活，有些为外生的。内寄生的壶菌目真菌营养体发育早期不具细胞壁，为裸露的原质团，后期形成几丁质的细胞壁。我国较常见的是玉米节壶菌。该目有 7 科 85 属 607 种，其中壶菌科有 30 属。只有少数壶菌目的真菌可寄生高等植物，如引起马铃薯癌肿病的内生集壶菌（*Synchytrium endobioticum*）和引起车轴草冠瘿病的车轴草尾囊壶菌（*Urophlyctis trifolii*）。

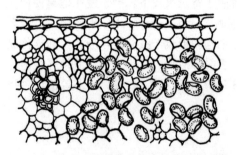

此外，隶属于油壶菌门的芸薹油壶菌（*Olpidium brassicae*）是许多高等植物根部的专性寄生菌，对植物生长的直接影响不大，但它的游动孢子是传播一些病毒的介体。先前属于壶菌门的节壶菌（*Physoderma*）已经划归于芽枝霉门，其特征是休眠孢子囊扁球形，黄褐色，具有囊盖，萌发时释放出多个游动孢子。它们都是高等植物的专性寄生菌，侵染寄主常引起病斑稍隆起，但不引起寄主组织过度生长。该属包括 3 种，其中最常见的种是玉

图 3-28　玉米节壶菌寄主体内的休眠孢子囊

米节壶菌（*P. maydis*）（图 3-28），侵害玉米引起玉米褐斑病。

四、毛霉菌门

毛霉菌门真菌曾归于接合菌门（Zygomycota），它们的共同特征是有性生殖产生接合孢子，故称接合菌。接合菌营养体为单倍体，大多是很发达的无隔菌丝体，少数菌丝体不发达，较高等的种类菌丝体有隔膜。有的种类菌丝体可以分化形成假根和匍匐丝。细胞壁的主要成分为几丁质。无性繁殖是在孢子囊中形成孢囊孢子。有性生殖是以配子囊配合的方式产生接合孢子。

接合菌是陆生的，大多为腐生物，其中有的种类可以用于食品发酵及酶和有机酸生产；有的是昆虫的寄生物或共生物，有些接合菌与高等植物共生形成菌根；还有少数接合菌可以寄生

植物、人和动物引起病害。最近接合菌门拆分为 4 门，即毛霉菌门（Mucoromycota）、捕虫菌门（Zoopagomycota）、球囊霉门（Glomeromycota）和新丽鞭毛菌门（Neocallimastigomycota）。其中毛霉菌门真菌与植物病害有关，主要是毛霉菌亚门中的毛霉目真菌；捕虫菌门真菌多数为虫寄生真菌；球囊霉门真菌为高等植物的内生丛枝菌根真菌，在植物根部皮层细胞内生长，与植物互惠共生，地球上有 80%以上的植物能与之形成丛枝菌根；新丽鞭毛菌门真菌生活于食草动物的消化道，为厌氧真菌。

毛霉菌门包括被孢霉亚门（Mortierellomycotina）和毛霉菌亚门（Mucoromycotina），共有 28 科 101 属 744 种，有较重要的经济地位。它们广泛分布在土壤、动物粪便及其他腐败的有机质上营腐生生活，有许多种在发酵和食品工业中有重要作用；少数是寄生的，可寄生于人、动物、植物和其他真菌上，极少数种类可引起植物病害，其中较重要的是引致薯类和水果腐烂的根霉属（*Rhizopus*）真菌。

根霉属（*Rhizopus*）　　其特征是菌丝分化出假根（rhizoid）和匍匐丝（stolon）；孢囊梗单生或丛生，与假根对生，顶端着生孢子囊；孢子囊球形或近球形，囊轴明显，基部有囊托，内有大量孢囊孢子。孢囊孢子球形、卵形或不规则形，无色或淡褐色。接合孢子由两个同型配子囊配合形成，表面有瘤状突起，配囊柄不弯曲，无附属物。除有性根霉（*R. sexualis*）为同宗配合（homothallism）外，其余已知种均为异宗配合。该属有 12 种，大多腐生，分布很广，有的种可用于制曲酿酒；少数对植物有一定的弱寄生性，如引起甘薯软腐病（数字资源 3-25）的匍枝根霉（*R. stolonifer*）（图 3-29）。

毛霉属（*Mucor*）　　菌丝发达，多分枝，一般无隔，无假根和匍匐丝，有时产生厚垣孢子。孢囊梗直立，单生，不分枝或假单轴分枝，顶端着生球状的孢子囊；有囊轴，无囊托。孢囊孢子球形或椭圆形，无色或有色，表面光滑。接合孢子表面有瘤状突起，由两个同型配子囊配合形成，配囊柄无附属物（图 3-30）。该属有 88 种，大多为异宗配合，腐生，少数引起采后病害，如大毛霉（*M. mucedo*），可引起果实、蔬菜、蘑菇等的腐烂。

数字资源
3-25

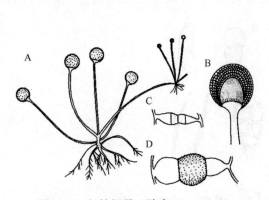

图 3-29　匍枝根霉（陆家云，2001）

A. 孢囊梗、假根和匍匐丝；B. 孢子囊、孢囊梗放大，
示囊轴；C. 配囊柄及原配囊；D. 接合孢子

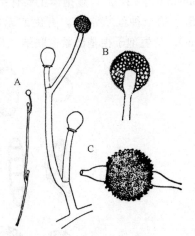

图 3-30　毛霉属（陆家云，2001）

A. 孢囊梗；B. 孢子囊，示囊轴；C. 接合孢子

此外，重要属还有犁头霉属（*Absidia*）、笄霉属（*Choanephora*），前者可引起贮藏物的腐烂，后者易引起花腐病。

五、子囊菌门

（一）概述

1. 生活习性及重要性　　因其有性阶段形成子囊和子囊孢子，故称子囊菌，是一群高等真菌。各类群在形态、生活史和生活习性上差异很大。子囊菌大多陆生，营养方式有腐生、寄生和共生。腐生的子囊菌可以引起木材、食品、布匹和皮革的霉烂，以及动植物残体的分解。寄生的子囊菌除引起植物病害外，少数可寄生于人、禽畜和昆虫体上。为害植物的子囊菌多引起根腐、茎腐、果（穗）腐、枝枯和叶斑等症状。子囊菌也可与绿藻或蓝藻共生形成地衣，称为地衣型子囊菌。有的可用于抗生素、有机酸、激素、维生素的生产和酿造工业中，还有的是名贵药用、食用菌，如冬虫夏草、羊肚菌、块菌等。

2. 营养体　　子囊菌的营养体大多是发达的有隔菌丝体，少数（如酵母菌）为单细胞。子囊菌的营养体为单倍体，丝状子囊菌的细胞壁主要成分是几丁质。许多子囊菌的菌丝体可以集合形成菌组织，即疏丝组织和拟薄壁组织，进一步形成子座和菌核等结构。

3. 无性繁殖　　子囊菌的无性繁殖依种类与环境不同而进行，或形成休眠孢子或产生分生孢子。不少子囊菌的无性繁殖能力很强，在自然界经常看到的是它们的分生孢子阶段。分生孢子在物种繁衍和病害传播方面占很重要的位置，通常在一个生长季节可连续繁殖多代。

子囊菌无性繁殖的基本方式是从营养菌丝上分化出分生孢子梗，在分生孢子梗上形成分生孢子，分生孢子成熟后脱落，随风或雨水飞散，或由昆虫等传播，在适宜的条件下萌发再形成菌丝体。此类真菌大多数无性繁殖十分发达，一个生长季节可繁殖若干代。

分生孢子的形状、颜色、大小、分隔等差异都很大，通常可分为单胞、双胞、多胞、砖隔、线形、螺旋状和星状 7 种类型（图 3-31）。分生孢子梗着生的方式也各不相同，可单独着生，也可以生长在一起，形成特殊的结构。这种由菌丝特化而用于承载分生孢子的结构称为载孢体（conidiomata）（图 3-32）。载孢体主要有：①分生孢子梗（conidiophore），由菌丝特化，其上着生分生孢子的一种丝状结构。有色或无色，单生或丛生，分枝或不分枝。②分生孢子梗束（synnema），分生孢子梗基部紧密联结（几乎不能看见单个孢子梗），顶部分散的一束孢子梗，

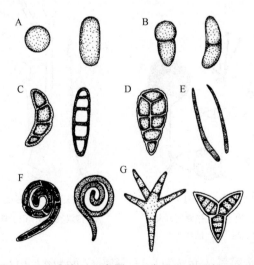

图 3-31　分生孢子形态图（邢来君和李明春，1999）

A. 单胞孢子；B. 双胞孢子；C. 多胞孢子；D. 砖隔孢子；E. 线形孢子；F. 螺旋状孢子；G. 星状孢子

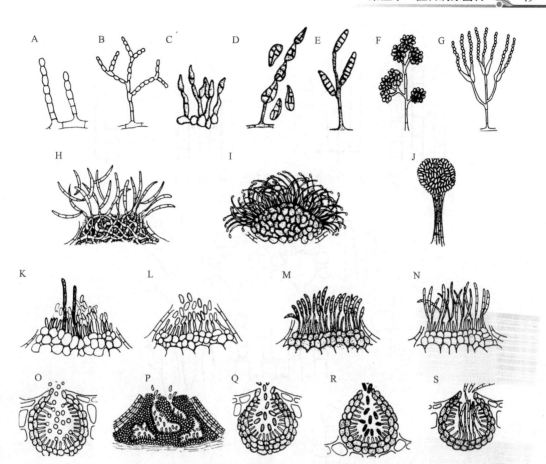

图 3-32　载孢体的类型（Agrios，1995）

A. 粉孢属；B. 丛梗孢属；C. 黑星孢属；D. 链格孢属；E. 长蠕孢属；F. 葡萄孢属；G. 青霉属；
H. 镰刀菌属；I. 瘤座孢属；J. 黏束孢属；K. 炭疽菌属；L. 盘长孢属；M. 棒盘孢属；N. 柱孢菌属；
O. 叶点霉属；P. 壳囊孢属；Q. 壳针孢属；R. 色二孢属；S. 壳针孢属。
A～G. 各种分生孢子梗；H，I. 分生孢子座；J. 分生孢子梗束；K～N. 分生孢子盘；O～S. 分生孢子器

顶端或侧面产生分生孢子。③分生孢子座（sporodochium），由许多聚集成垫状的、很短的分生孢子梗组成，顶端产生分生孢子。④分生孢子盘（acervulus），垫状或浅盘状的产孢结构，上面有成排的短分生孢子梗，顶端产生分生孢子。分生孢子盘的四周或中央有时还有深褐色的刚毛（seta）。寄生性真菌的分生孢子盘多半产生在寄主的角质层或表皮下，成熟后露出表面。⑤分生孢子器（pycnidium），为球状、拟球状、瓶状或形状不规则的产孢结构，一般有固定的孔口和拟薄壁组织的器壁。内壁形成分生孢子梗，顶端着生分生孢子，也有的分生孢子直接从内壁细胞上产生。分生孢子器生在基质的表面或者部分或整个埋在基质或子座内。

　　按照分生孢子个体发育的基本形式，将分生孢子的形成方式分为体生式（thallic）和芽生式（blastic）两大类型（图 3-33 和图 3-34）。前者是菌丝细胞以断裂的方式形成分生孢子，通常称节孢子（arthrospore）。这类分生孢子的产孢细胞（conidiogenous cell）就是原来已存在的菌丝细胞。后者是产孢细胞以芽生的方式产生分生孢子。产孢细胞只是某个部位向外突起并生长，膨大发育而形成分生孢子。体生式和芽生式分生孢子的发育方式根据产孢细胞各层壁是否都参与孢子形成分为全壁式和内壁式两种类型。各层壁都参与孢子形成的为全壁式，仅内壁参与孢子形成的为内壁式。因此分生孢子的发育方式共有 4 种。

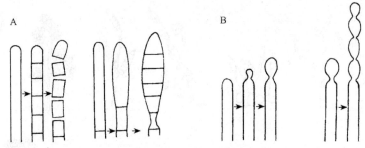

图 3-33 分生孢子的形成方式（陆家云，1997）

A. 体生式；B. 芽生式

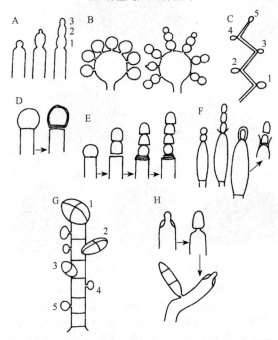

图 3-34 芽生式产孢的分生孢子发育类型（邢来君和李明春，1999）

A. 芽孢子；B. 簇生芽孢子；C. 合轴孢子；D. 粉孢子；

E. 环痕孢子；F. 瓶梗孢子；G. 分生芽孢子；H. 孔出孢子。数字表示孢子产生的顺序

4．有性生殖　有性生殖开始时，部分菌丝体的分枝先分别分化形成较小的雄器（antheridium）和较大的产囊体（ascogonium）。当雄器与产囊体上的受精丝（trichogyne）接触后，在接触点形成一个孔口，产囊体接受雄器的原生质，发生质配，形成成对的双核。随后从产囊体上形成产囊丝（ascogenous hypha），成对的核（雌核和雄核）移入产囊丝，顶端的双核细胞伸长，并弯曲成钩状的产囊丝钩（crozier）。产囊丝钩中的双核裂成四核。随之形成两个隔膜，将产囊丝钩分隔为 3 个细胞，顶端和基部细胞都是单核，中间双核的细胞称作子囊母细胞。子囊母细胞中的双核进行核配，成为一个二倍体的细胞核，很快进行减数分裂形成 4 个单倍体细胞核，每个单倍体细胞核又各自进行一次有丝分裂，最后形成 8 个单倍体细胞核。这些细胞核和它们周围的细胞质形成 8 个子囊孢子（ascospore）（图 3-35）。与此同时，子囊母细胞不断膨大伸长，发育形成子囊。子囊母细胞发育过程中，产囊丝钩顶部的单核细胞可以向下弯曲与基部的单胞融合形成双核细胞，并继续生长形成一个新的产囊丝钩，再次形成子囊母细胞并发育成子囊和子囊孢子。这一过程可以重复多次，结果形成成丛的子囊。

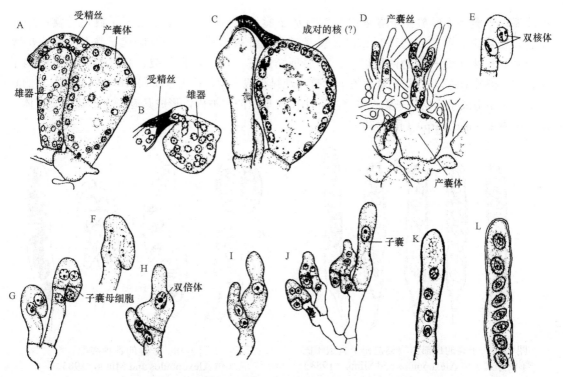

图 3-35　烧土火丝菌（*Pyronema omphalodes*）的
子囊菌有性生殖与子囊形成过程（Alexopoulos et al., 2002）

A. 配子囊；B. 质配；C. 核配对（？）；D. 产囊丝的形成；E. 产囊丝钩；F. 双核分裂（有丝分裂）；
G. 子囊母细胞；H. 合子；I. 幼小的子囊；J. 产囊丝的层出增生；K. 减数分裂后的子囊；L. 发育中的子囊孢子

　　子囊孢子的形状多种多样，有近球形、椭圆形、腊肠形或线形等。单细胞、双细胞或多细胞，无色至黑色，细胞壁表面光滑或具条纹、瘤状突起、小刺等（图 3-36）。呈单行、双行，或平行排列，或者不规则地聚集在子囊内。

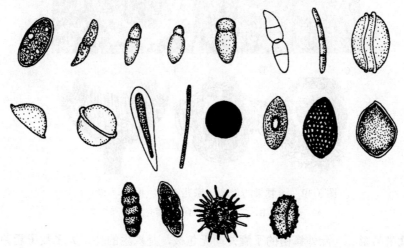

图 3-36　子囊孢子的类型（仿 Alexopoulos and Mims, 1983）

　　子囊（ascus）呈囊状结构，大多呈圆筒形或棍棒形，少数为卵形或近球形，有的子囊具柄。一个典型的子囊内含有 8 个子囊孢子。子囊主要有三种类型：①原始壁子囊，壁薄，易破裂，子囊孢子释放在子囊果内，然后从子囊果孔口排出；②单层壁子囊，子囊内层和外层紧密结合，孢子通过顶端孔口、裂缝或囊盖开裂而释放；③双层壁子囊，子囊内层吸水膨胀到原来子囊长度的两倍以上，外层顶端崩解，内层以孔开裂，自孔口释放子囊孢子（图 3-37 和图 3-38）。有些子囊菌的子囊整齐地排列成一层，称为子实层（hymenium），有的高低不齐，不形成子实层。子囊大多产生在由菌丝形成的包被内，形成具有一定形状的子实体，称作子囊果（ascocarp）（图 3-39）。

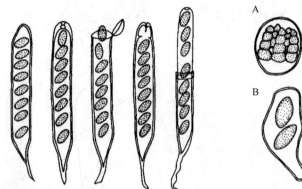

图 3-37　子囊的顶部结构类型和子囊孢子的
释放方式（仿 Alexopoulos and Mims，1983）

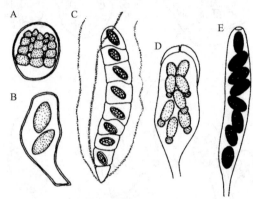

图 3-38　子囊的各种类型
（仿 Alexopoulos and Mims，1983）
A. 球形；B. 广卵形；C. 有分隔的；
D. 棍棒形；E. 圆柱形

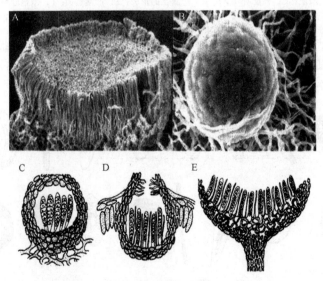

图 3-39　子囊果的类型（宗兆锋和康振生，2002）
A. 子囊盘；B，C. 闭囊壳；D. 子囊壳；E. 子囊座

数字资源
3-26（含
视频）

（1）子囊果类型　　除外囊菌的子囊外面无包被，是裸生的外，大多数子囊菌的子囊是包裹在子囊果内的。寄生植物的子囊菌形成子囊果后，往往在病组织表面形成小黑粒或小黑点状的病征。子囊果主要有以下 4 种类型（数字资源 3-26）。

1）子囊盘（apothecium）。子囊果呈开口的盘状、杯状，顶部平行排列子囊和侧丝形成子实层，有柄或无。

2）闭囊壳（cleistothecium）。子囊果包被是完全封闭的，无固定的孔口。

3）子囊壳（perithecium）。子囊果的包被有固定的孔口，容器状，子囊为单层壁。

4）子囊座（ascostroma）。在子座内溶出有孔口的空腔，即子囊腔，腔内发育成具有双层壁的子囊，含有子囊的子座称为子囊座。有的真菌子囊座内只有一个子囊腔，子囊腔周围菌组织被压缩得很像壳壁，表面看起来与子囊壳差不多，有人称之为假囊壳（pseudoperithecium）。

（2）子囊果内的不孕丝状体　在子囊果内除了子囊外，许多子囊菌的子囊果内还包含有一至几种不孕丝状体。这些丝状体有的在子囊形成后消解，有的仍然保存，主要有以下5种类型。

1）侧丝（paraphysis）。一种从子囊果基部向上生长，顶端游离的丝状体，生于子囊之间，通常无隔，有时有分枝，吸水膨胀，有助于子囊孢子释放。

2）顶侧丝（apical paraphysis）。一种从子囊壳中心的顶部向下生长，顶端游离的丝状体，在子囊间形成栅栏状，穿插在子囊之间。

3）拟侧丝（paraphysoid）。形成在子囊座性质的子囊果中，自子囊座内高出子囊层的上端长出，在发育的子囊间向下生长，与基部细胞融合，顶端不游离。

4）缘丝（periphysis）。指子囊壳孔口或子囊腔溶口内侧周围的毛发状丝状体。

5）拟缘丝（periphysoid）。沿着子囊果内壁生长的侧生缘丝，它们向上弯曲，都朝向子囊果的孔口。

5. 分类　本书按照《菌物词典》（第十版）（2008）的分类体系将子囊菌分为三个亚门，即外囊菌亚门（Taphrinomycotina）、盘菌亚门（Pezizomycotina）和酵母菌亚门（Saccharomycotina），植物病原菌主要集中在前两个亚门。全部15纲68目327科6355属64163种。

本书根据国际菌物分类的发展趋势，取消了半知菌这一分类单元，将部分已经明确其有性态的半知菌，归入相应的子囊菌属中介绍；对于一些虽明确有性态，但有性阶段不常用，或有性态属与无性态属无法一一对应，导致难以归并的半知菌，以无性态子囊菌为题专门介绍。无性态子囊菌中淡化原半知菌的分类体系，按形成载孢体的类型介绍。

（二）外囊菌亚门

外囊菌亚门是子囊菌门中比较原始的真菌，不少种类是寄生的，以菌丝或酵母方式寄生在植物的叶、枝或花蕾上，但不寄生根部，有许多植物病原菌。

外囊菌亚门（Taphrinomycotina）分4纲，即粒毛盘菌纲（Neolectomycetes）、肺孢子菌纲（Pneumocystidomycetes）、裂殖酵母纲（Schizosaccharomycetes）和外囊菌纲（Taphrinomycetes）及分类未定的种类。其中与植物病害关系最密切的是外囊菌纲中的外囊菌目（Taphrinales），该目目前包括2科8属150种。

外囊菌属（*Taphrina*）　外囊菌目（Taphrinales）中最为重要的属（图3-40），在Ainsworth（1973）的分类系统中属半子囊菌纲（Hemiascomycetes）。外囊菌属是低等子囊菌，子囊裸生，无子囊果，子囊外露，呈栅栏状排列于寄主表面，子囊长圆筒形，成熟后一般有8个子囊孢子，单细胞，圆形或椭圆形。子囊孢子芽殖形成芽孢子。该属包括105种，为害多种

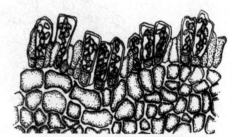

图3-40　外囊菌属（宗兆锋和康振生，2002）

示意栅栏状排列的子囊，内含子囊孢子

数字资源
3-27

核果，引起叶片、枝梢和果实的畸形，如畸形外囊菌（*T. deformans*）致桃缩叶病（数字资源3-27），李外囊菌（*T. pruni*）致李囊果病、樱外囊菌（*T. cerasi*）致樱桃丛枝病、梅外囊菌（*T. mume*）致梅、杏缩叶病。其中畸形外囊菌最有代表性，分布最广。

（三）盘菌亚门

盘菌亚门也称子囊菌亚门，属于大型子囊菌类，包含了几乎所有裸眼可见的子囊菌，原Ainsworth（1973）系统中的核菌、腔菌和盘菌都在其中。大多数腐生，少数寄生，有不少重要的植物病原菌，多数以分生孢子阶段侵染引起植物病害。

该亚门包含10纲，星裂菌纲（Arthoniomycetes）、座囊菌纲（Dothideomycetes）、散囊菌纲（Eurotiomycetes）、虫囊菌纲（Laboulbeniomycetes）、茶渍菌纲（Lecanoromycetes）、锤舌菌纲（Leotiomycetes）、李基那地衣纲（Lichinomycetes）、圆盘菌纲（Orbiliomycetes）、盘菌纲（Pezizomycetes）、粪壳菌纲（Sordariomycetes）及一些分类地位未确定的盘菌亚门真菌。其中与植物病害关系密切的是座囊菌纲中的多腔菌目（Myriangiales）、煤炱目（Capnodiales）、球腔菌目（Mycosphaerellales）、葡萄座腔菌目（Botryosphaeriales）、黑星菌目（Venturiales）和格孢腔菌目（Pleosporales）；散囊菌纲中的散囊菌目（Eurotiales）；锤舌菌纲中的白粉菌目（Erysiphales）和柔膜菌目（Helotiales）；粪壳菌纲中的小煤炱目（Meliolales）、肉座菌目（Hypocreales）、间座壳目（Diaporthales）、小囊菌目（Microascales）、大角间座壳目（Magnaporthales）和黑痣菌目（Phyllachorales）、小丛壳目（Glomerellales）等。

1. 多腔菌目（Myriangiales）　多腔菌目属于座囊菌纲真菌，该目真菌的特征是每个子囊腔中只有1个子囊，而每个子座中有许多子囊腔，不规则地分布在子囊座内。子囊圆形、厚壁，含8个子囊孢子，子囊孢子多隔或砖隔。子囊腔无孔口，双层壁，子囊内膜膨胀将外膜胀裂，从而弹射子囊孢子。本目真菌大都是热带和亚热带高等植物茎叶上的寄生菌。该目包括痂囊腔菌科（Elsinoaceae）和多腔菌科（Myriangiaceae），共28属369种。

痂囊腔菌属（*Elsinoe*）　属于痂囊腔菌科（Elsinoaceae），每个子囊腔中只有1个球形的子囊。子囊孢子多长圆形，无色，有三个横隔。有性阶段不常见，危害植物的主要是它的无性态，为痂圆孢属（*Sphaceloma*），分生孢子梗极短，不分枝，紧密排列在子座组织上形成分生孢子盘。分生孢子单细胞，卵圆形或椭圆形（图3-41）。此类真菌大都侵染寄主的表皮组织，往往引起细胞增生和形成木栓化组织，使病斑表面粗糙或突起，因此由它引起的病害一般称为疮痂病。痂囊腔菌属种类多，其中藤蔓痂囊腔菌（*E. ampelina*）引起葡萄黑豆病，柑橘痂囊腔菌（*E. fawcettii*）引起柑橘疮痂病（数字资源3-28）。

数字资源
3-28

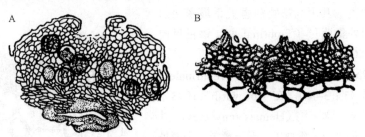

图3-41　痂囊腔菌属（许志刚，2003）

A. 子囊座剖面；B. 分生孢子盘

2. 煤炱目（Capnodiales）　属于座囊菌纲真菌，菌丝表生，子囊果产生于由暗色菌丝构成的菌丝层上，小，球形，薄壁，有时外有一胶质层，有的有刚毛或附属丝。子囊卵形，在基部形成成束的子实层，囊壁淀粉质。子囊孢子无色至暗色，一至多个隔膜。该目有 12 科和一个分类地位未确定的科（unclassified Capnodiales），106 属 749 种，其中有不少植物病原菌。

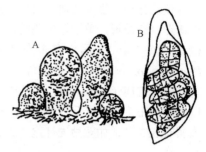

图 3-42　煤炱属（张中义等，1988）

A. 子囊座；B. 子囊及子囊孢子

数字资源 3-29

煤炱属（*Capnodium*）　　属于煤炱菌科（Capnodiaceae），子囊座无刚毛，表面光滑，或有菌丝状附属丝。子囊孢子砖隔状，多胞、褐色（图 3-42）。该属有 168 种，柑橘煤炱（*C. citri*）和茶叶上的富特煤炱（*C. footii*）等，靠蚜虫、蚧壳虫的蜜露生存，在植物表面形成暗色菌丝膜，阻碍光合作用，影响观赏价值（数字资源 3-29）。

3. 球腔菌目（Mycosphaerellales）　　属于座囊菌纲，只有球腔菌科（Mycosphaerellaceae）1 科，曾隶属煤炱目，假囊壳小，分散地埋藏于寄主组织，如已枯死的叶片组织中，子囊孢子无色或浅棕色，在中间有一个隔膜。分生孢子形成于分生孢子器或者分生孢子盘内或不产生分生孢子。有 120 属 6397 种，包括内生真菌、腐生真菌、附生真菌和植物病原真菌等。有些种可在作物、花卉、经济林等植物上引起重要的病害。

球腔菌属（*Mycosphaerella*）　　子囊座着生在寄主叶片表皮层下，形成假囊壳。假囊壳埋生，球形或扁圆形，孔口扁平或呈乳头状突起。子囊孢子椭圆形，无色，双细胞，大小相等（图 3-43）。无性世代很发达。该属中落花生球腔菌（*M. arachidicola*）引起花生叶斑病（数字资源 3-30），其无性态为尾孢属（*Cercospora*）（图 3-44）的落花生尾孢（*C. arachidicola*）。

数字资源 3-30

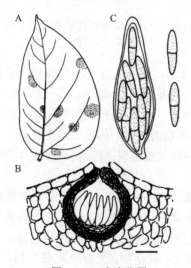

图 3-43　球腔菌属

A. 叶片上的假囊壳；B. 假囊壳与子囊；C. 子囊与子囊孢子

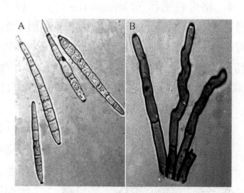

图 3-44　尾孢属

A. 分生孢子；B. 分生孢子梗

尾孢属（*Cercospora*）　　菌丝体表生。分生孢子梗褐色至橄榄褐色，全壁芽生合轴式产孢，呈屈膝状，孢痕明显。分生孢子线形、针形、倒棒形、鞭形或蠕虫形，直或弯，无色或淡色，多个隔膜基部脐点黑色，加厚明显。该属有 746 种，玉米尾孢（*C. zeae-maydis*）引起玉米灰斑病。

假尾孢属（*Pseudocercospora*）　　分生孢子梗丛生或形成孢梗束，淡褐色、褐色或橄榄色，

数字资源
3-31

不分枝或分枝，直或弯曲，表面光滑。产孢细胞合轴式多芽生，无疤痕而具细齿。分生孢子倒棍棒形至圆筒形，单生，顶侧生，倒棍棒形至圆柱形，基部平截，有多个隔膜，表面光滑或具微刺（图3-45）。属内有多个种可引起重要病害，引起叶斑，如葡萄假尾孢（*P. vitis* ＝ *Phaeoisariopsis vitis*）导致葡萄褐斑病（数字资源3-31）。

壳针孢属（*Septoria*）　　　分生孢子器黑色，半埋生于寄主表皮下，散生或集生，球形，孔口圆形，乳突状有或否。分生孢子多细胞，细长筒形、针形或线形，直或微弯，无色（图3-46）。该属有573种，如颖枯壳针孢（*S. nodorum* ＝ *Parastagonospora nodorum*）引起小麦颖枯病。

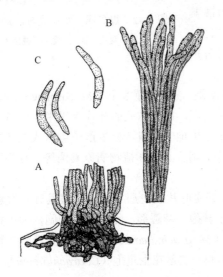

图3-45　假尾孢属（陆家云，1997）

A. 子座与孢梗束；B. 孢囊束；C. 分生孢子

图3-46　壳针孢属分生孢子器及分生孢子
（陆家云，1997）

4. 格孢腔菌目（Pleosporales）　　　属于座囊菌纲真菌，该目真菌有一个或多个子囊腔。子囊之间有拟侧丝，子囊圆柱状，子囊孢子形状多样，一般是多隔的或砖隔的。假囊壳多单生，也有聚生的。腐生和寄生均有。寄生菌主要为害植物的叶片（有的还能为害枝条和果实），一般在枯死的组织上才能发现它们的有性阶段。生长期为害植物的是它们的分生孢子阶段。本目共56科及一些分类地位未确定的科，500属9410种，其中隔孢腔菌科（Pleosporaceae），包括37属，有多种重要的植物病原真菌。

格孢腔菌属（*Pleospora*）　　　属于隔孢腔菌科，子囊座内单个子囊腔（假囊壳）。子座后期突破基物，黑色、圆形、光滑。子囊棍棒状，拟侧丝明显。子囊孢子卵圆形或长圆形，砖格状，无色或黄褐色（图3-47）。该属有387种，如枯叶格孢腔菌（*P. herbarum*）为害葱、蒜、辣椒等，引起黑斑病、叶枯病等。

链格孢属（*Alternaria*）　　　也称为交链孢属，属于隔孢腔菌科，分生孢子梗单生或成簇，淡褐色至褐色，合轴式延伸或不延伸。顶端产生倒棍棒形、椭圆形或卵圆形的分生孢子，褐色，具横、纵或斜隔膜，顶端无喙或有喙，常数个成链（图3-48）。该属有537种，如芸

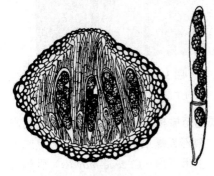

图3-47　格孢腔菌属子囊腔（左）和
子囊（右）（陆家云，1997）

数字资源
3-32

臺链格孢（*A. brassicae*）引起白菜类黑斑病（数字资源 3-32）。

茎点霉属（*Phoma*）　　　属于座囊菌科（Dothidotthiaceae），分生孢子器球形，褐色，分散或集中，埋生或半埋生，由近炭质的薄壁细胞组成，具孔口，在发病部位呈现小黑点。分生孢子梗极短；分生孢子单细胞，无色，很小，卵形至椭圆形，常有 2 个油球（图 3-49）。该属有 898 种，包括多种重要的植物病原菌，常引起叶斑、茎枯或根腐等常见症状，如甜菜茎点霉（*P. betae*）引起甜菜蛇眼病。

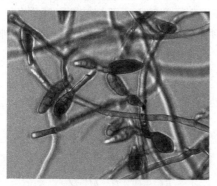

图 3-48　链格孢属分生孢子梗及分生孢子

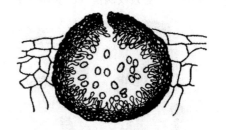

图 3-49　茎点霉属分生孢子器及分生孢子
（陆家云，1997）

壳二孢属（*Ascochyta*）　　　属于小双腔菌科（Didymellaceae），分生孢子器黑色，散生，球形至烧瓶形，具孔口。分生孢子卵圆形至圆筒形，双细胞，中部分隔处略缢缩，无色或淡色，内含 1 油球（图 3-50）。有性态属于球腔菌属或隔孢壳属。多数种是农作物、林木、药材、牧草、观赏植物等的病原菌，引起叶斑、茎枯和果腐等。该属有 726 种，如棉壳二孢（*A. gossypiicola＝A. gossypii*）引起棉花茎枯病。

旋孢腔菌属（*Cochliobolus*）　　　子囊孢子多细胞，线形，无色或淡黄色，互相扭成纹丝状排列。自然状态下常见无性态，为平脐蠕孢属（*Bipolaris*），分生孢子梗粗壮，褐色，顶部合轴式延伸。分生孢子内壁芽生孔生式，分生孢子通常呈长梭形，正直或弯曲，具假隔膜，多细胞，深褐色，脐点位于基细胞内。旋孢腔菌属中许多种为重要病原菌，如玉米旋孢腔菌（*C. heterostrophus*）（图 3-51）引起玉米小斑病（数字资源 3-33）。

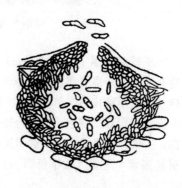

图 3-50　壳二孢属分生孢子器及分生孢子

数字资源
3-33

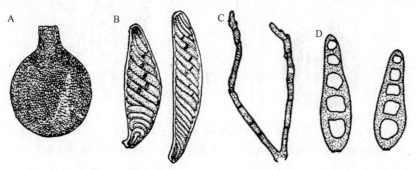

图 3-51　玉米旋孢腔菌

A. 假囊壳；B. 子囊及子囊孢子；C. 分生孢子梗；D. 分生孢子

　　弯孢霉属（*Curvularia*）　　属于隔孢腔菌科，分生孢子梗褐色，直或弯曲，产孢细胞多芽生，合轴式延伸。有些形成子座，黑色，短柱状，分枝或不分枝。分生孢子淡褐色至深褐色，常弯曲，棍棒形至倒卵形，少数星形，一般 3 隔或 3 隔以上，中部 1～2 个细胞不等膨大，向一侧弯曲，两端细胞一般比中部细胞色浅（图 3-52）。该属有 113 种，新月弯孢菌（*C. lunata*）引起玉米弯孢菌叶斑病。

　　内脐蠕孢属（*Drechslera*）　　也称德氏霉属（图 3-53），属于格孢腔菌科。分生孢子梗单生或簇生，褐色具隔，上部呈屈膝状，孢痕明显。分生孢子圆筒形，两端钝圆，淡褐色，多细胞，脐点腔孔状，凹陷于基细胞内。分生孢子萌发时每个细胞均可伸出芽管。该属有 36 种，如禾内脐蠕孢［大麦条纹病菌（*D. graminea*）］。

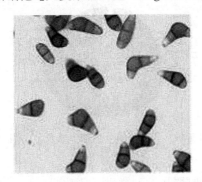
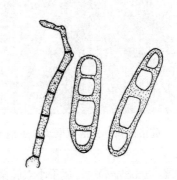

图 3-52　弯孢霉属　　　　　　图 3-53　内脐蠕孢属分生孢子梗及分生孢子
（许志刚，2003）

　　毛球腔菌属（*Setosphaeria*）　　自然状态下有性阶段罕见，但人工培养可产生子囊壳。子囊座具刚毛。子囊壳黑色，近球形或椭圆形。子囊棍棒形或圆筒形，大多内生 2～4 个子囊孢子，孢子无色至淡褐色，纺锤形，3 个隔膜，且隔膜处缢缩。无性态为突脐蠕孢属（*Exserohilum*），分生孢子梗粗壮，褐色，顶部合轴式延伸。分生孢子内壁芽生孔生式，长梭形或倒棍棒形，直或弯曲，多细胞，深褐色，脐点明显突出。玉米毛腔菌（*S. turcica＝Exserohilum turcicum*）（图 3-54）引起玉米大斑病（数字资源 3-34）。

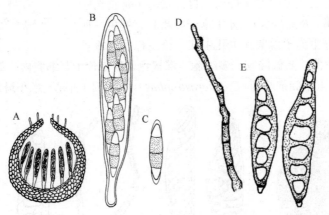

图 3-54　玉米毛腔菌（陆家云，1997）
A. 假囊壳；B. 子囊及子囊孢子；C. 子囊孢子；D. 分生孢子梗；E. 分生孢子

　　5. 葡萄座腔菌目（Botryosphaeriales）　　属于座囊菌纲，该目中真菌的子座中有 1 至多个子囊腔，腔壁多层且深棕色，子囊腔成串生长于子座内，有或无黏液或黏液鞘。子囊具双层

壁，内壁厚，子囊有柄或无柄，棍棒状，具强弹射子囊孢子的能力；子囊孢子透明或有色，有或无隔，椭圆形至卵球形；分生孢子器由单腔到多腔组成，通常嵌在子座中；有或无黏液附属物或黏液。分生孢子母细胞透明、瓶状的或环状。分生孢子透明或着色，有无隔膜，壁薄或厚。该目有 5 科和一个分类地位未确定的科，共 82 属 4239 种，是世界范围内分布最广、最重要的树木溃疡病和枯死病病原菌之一，但有些也是植物的内生真菌，对植物有保护作用。其中，葡萄座腔菌科（Botryosphaeriaceae）有 53 属。

葡萄座腔菌属（*Botryosphaeria*）　　属于葡萄座腔菌科，子囊座埋生或半埋生突破表皮，多腔或单腔。子囊腔球形，多个聚集呈一串葡萄状。子囊孢子无色，后期呈淡褐色。分生孢子形成于分生孢子器内，薄壁无隔，透明，有时呈橄榄色，成熟后，偶尔形成 1～2 个隔，分生孢子器通常缺乏黏液和顶端附属物。该属至少有 104 种，其中葡萄座腔菌（*B. dothidea*＝*Fusicoccum aesculi*）是代表性种，引起苹果轮纹病及多种树木的枝干溃疡病等。

大茎点霉属（*Macrophoma*）　　属于葡萄座腔菌科，分生孢子器形态与茎点霉属的相似。分生孢子较大，一般超过 15μm（图 3-55）。该属有 278 种，如轮纹大茎点菌（*M. kawatsukai*＝*Botryosphaeria berengeriana*）引起苹果、梨的轮纹病，造成枝枯、叶斑和果腐（数字资源 3-35）等。

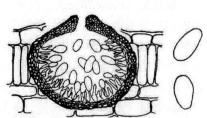

数字资源 3-35

色二孢属（*Diplodia*）　　属于葡萄座腔菌科，分生孢子器散生或集生，球形，暗褐色至黑色，往往有疣状孔口；分生孢子初是单细胞，无色，椭圆形或卵圆形，成熟后转变为双细胞，顶端钝圆，基部平截，深褐色至黑色（图 3-56）。该属有 397 种，寄生植物茎、果穗和枝条，引起茎枯和穗腐，如棉花色二孢（*D. gossypina*＝*Lasiodiplodia theobromae*）引起棉铃黑果病。

图 3-55　大茎点霉属分生孢子器及分生孢子（陆家云，1997）

6. 黑星菌目（Venturiales）　　属于座囊菌纲，有 2 科 60 属 545 种。其中黑星菌科（Venturiaceae）有 57 属。黑星菌属（*Venturia*）＝黑星孢属（*Fusicladium*），假囊壳大多在病残余组织的表皮层下形成，周围有黑色、多隔的刚毛，长圆形的子囊平行排列，成熟时伸长，拟侧丝不常见；子囊孢子椭圆形，双细胞，大小相等或不等（图 3-57）。分生孢子梗黑褐色，顶部产孢部位合轴式延伸，顶端着生分生孢子，分生孢子脱落后有明显的疤痕，分生孢子梗的生长尖上又可形成新的分生孢子。分生孢子广梭形，基部平截，1～2 个细胞，褐色。黑星菌属有 121 种，黑星孢属有 82 种，主要危害果树和树木的叶片、枝条、果实和枝干。苹果黑星菌（*V. inaequalis*）及梨黑星菌（*V. pirina*）分别引起苹果及梨的黑星病（数字资源 3-36）。

数字资源 3-36

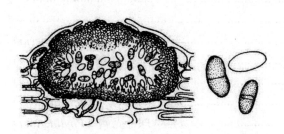

图 3-56　色二孢属分生孢子器及分生孢子（许志刚，2003）

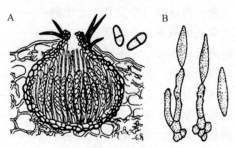

图 3-57　黑星菌属（A 引自陆家云，2001；B 引自许志刚，2003）

A. 假囊壳和子囊孢子；B. 分生孢子梗及分生孢子

7. 散囊菌目（Eurotiales）　　属于散囊菌纲（Eurotiomycetes），又称曲霉目（Aspergillales），有曲霉科（Aspergillaceae）、大团囊菌科（Elaphomycetaceae）、红曲科（Monascaceae）和发菌科（Trichocomaceae）4 科及分类地位未定的散囊菌目真菌，共 45 属 1364 种。其中发菌科有35 属，它们大都是土壤中动、植物残余组织上的腐生菌，其中有些是重要的工业和医药微生物，有些引起种子、谷物和贮藏期果实的腐烂。它们的无性阶段一般很发达，产生大量的分生孢子，在自然界经常看到的是它们的分生孢子阶段，如青霉属（*Penicillium*）和曲霉属（*Aspergillus*）在自然界中极为广泛。人类发现的第一种抗生素——青霉素分离鉴定自产黄青霉（*P. chrysogenum*），而真菌合成的最致癌毒素之一——黄曲霉素则由黄曲霉（*A. flavus*）合成。

散囊菌属（*Eurotium*）　　属于发菌科，子囊果为闭囊壳型，黄色，球形或近球形，壳壁薄，光滑；子囊球形或近球形，散生在闭囊壳的中央，子囊之间无侧丝，内含 8 个子囊孢子，囊壁早期消解；子囊孢子呈双凸镜形，光滑或具不同纹饰。该属有 4 种。

青霉属（*Penicillium*）　　属于发菌科，分生孢子梗直立，顶端一至多次扫帚状分枝，分枝顶端产生瓶状小梗，其上着生成串的内壁芽生式分生孢子（数字资源 3-37）。分生孢子无色，单胞，圆形或卵圆形，表面光滑或有小刺，聚集时多呈青色或绿色。该属有 456 种，有些是抗生素产生菌，而有些是植物病原菌，如意大利青霉［柑橘青霉病菌（*P. italicum*）］引起柑橘青霉病（数字资源 3-38）；指状青霉（*P. digitatum*）引起柑橘绿霉病。

曲霉属（*Aspergillus*）　　属于发菌科，分生孢子梗直立，顶端膨大成圆形或椭圆形，上面着生 1～2 层放射状分布的瓶状小梗，内壁芽生式分生孢子聚集在分生孢子梗顶端呈头状（数字资源 3-39）。分生孢子无色或淡色，单胞，圆形。该属有 490 种，大多腐生，有些种可以用于食品加工，有些产生毒素污染食品，有些是重要的工业微生物，有些是人和动物的病原菌。主要种类有黑曲霉（*A. niger*）、烟曲霉（*A. fumigatus*）、黄曲霉（*A. flavus*）等。

8. 白粉菌目（Erysiphales）　　属于锤舌菌纲，白粉菌目真菌一般称作白粉菌，都是高等植物上的专性寄生菌，大都以无色透明的菌丝体生长在寄主的表面，靠菌丝特化的吸器伸入寄主细胞内吸收营养，在寄主表面形成由菌丝体、分生孢子梗及分生孢子组成的白色粉状物，故称这类病害为白粉病（数字资源 3-40）。后期有性生殖时产生黑色的闭囊壳，在病部可见呈小黑粒或小黑点状，成熟的闭囊壳球形或近球形，四周或顶端有各种形状的附属丝（appendage），闭囊壳中有一个或多个子囊。闭囊壳表面附属丝的形状和内含子囊的数目是白粉菌分属的重要特征。本目仅白粉菌科（Erysiphaceae）1 科，有 30 属约 991 种。

数字资源
3-37～3-40
（含视频）

白粉菌科常见属检索表

1. 闭囊壳内含有几个至几十个子囊 ·· 2
1. 闭囊壳内只有一个子囊 ·· 3
2. 附属丝极不发达，很短菌丝状 ··· 布氏白粉属（*Blumeria*）
2. 附属丝柔软，菌丝状 ·· 白粉菌属（*Erysiphe*）
2. 附属丝坚硬，顶端卷曲成钩状 ··· 钩丝壳属（*Uncinula*）
2. 附属丝坚硬，顶端双分叉 ··· 叉丝壳属（*Microsphaera*）
2. 附属丝坚硬，基部膨大，顶端尖锐 ··································· 球针壳属（*Phyllactinia*）
3. 附属丝柔软，菌丝状 ··· 单丝壳属（*Sphaerotheca*）
3. 附属丝似叉丝壳属 ·· 叉丝单囊壳属（*Podosphaera*）

白粉菌属（*Erysiphe*）　　闭囊壳内有多个子囊，子囊内含 2～8 个子囊孢子，附属丝菌丝状。分生孢子串生或单生（图 3-58）。该属有 408 种，如蓼白粉菌（*E. polygoni*）、二孢白粉菌（*E. cichoracearum*）为害烟草、芝麻、向日葵及瓜类植物等，葡萄白粉菌（*E. necator*）为害葡萄，桑白粉菌（*E. mori*）为害桑树。

布氏白粉属（*Blumeria*）　　闭囊壳上的附属丝不发达，呈短菌丝状，闭囊壳内含多个子囊。分生孢子梗基部膨大为近球形，分生孢子串生。该属只有 1 种，即禾布氏白粉菌（*B. graminis*），引起禾本科植物白粉病（图 3-59）。此菌分为不同的专化型，如为害小麦的禾布氏白粉菌小麦专化型（*B. graminis* f. sp. *tritici*）和为害大麦的大麦专化型（*B. graminis* f. sp. *Hordei*）等。

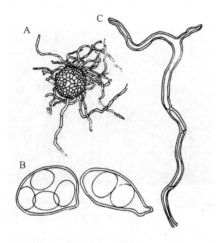

图 3-58　白粉菌属（陆家云，1997）

A. 闭囊壳；B. 子囊和子囊孢子；C. 附属丝

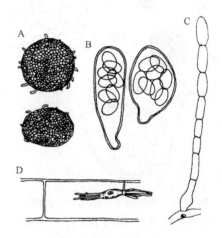

图 3-59　布氏白粉属

A. 闭囊壳；B. 子囊和子囊孢子；
C. 分生孢子梗和分生孢子；D. 吸器

单丝壳属（*Sphaerotheca*）　　分生孢子串生，椭圆形或圆筒形。闭囊壳内仅 1 个子囊，内含 8 个子囊孢子。附属丝菌丝状，常与菌丝纠集（图 3-60）。该属有 21 种，单丝壳（*S. fuliginea*）引起瓜类、豆类等多种植物白粉病。还有蔷薇单丝壳（*S. pannosa＝Podosphaera pannosa*）引起桃、蔷薇科植物白粉病。

叉丝单囊壳属（*Podosphaera*）　　闭囊壳内仅 1 个子囊，附属丝刚直，顶端二叉状分支（数字资源 3-41，数字资源 3-42）。分生孢子椭圆形，串生。该属主要寄生木本植物，有 100 种。白叉丝单囊壳[苹果白粉病菌（*P. leucotricha*）]为害苹果、花红、山荆子和海棠；蔷薇科叉丝单囊壳（*P. clandestina*）主要为害酸樱桃。

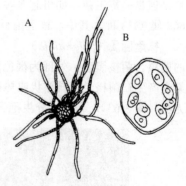

数字资源
3-41～3-46

图 3-60　单丝壳属（许志刚，2003）

A. 闭囊壳；B. 子囊

钩丝壳属（*Uncinula*）　　闭囊壳内有多个子囊（数字资源 3-43），附属丝顶端卷曲成钩状或螺旋状（数字资源 3-44）。分生孢子串生。共 29 种。葡萄钩丝壳（*U. necator＝Erysiphe necator*）为害葡萄，柳钩丝壳（*U. salicis*）为害柳树，桑钩丝壳（*U. mori＝Erysiphe mori*）为害桑。

球针壳属（*Phyllactinia*）　　闭囊壳内含多个子囊，附属丝刚直如长针，基部膨大呈半球形（数字资源 3-45，数字资源 3-46）。分生孢子棍棒形，单生。该属主要为害各种木本植物，有 115 种，榛球针壳（*P. corylea*＝*P. guttata*）为害桑、梨、柿、核桃等。

叉丝壳属（*Microsphaera*）　闭囊壳内多个子囊，附属丝刚直，顶端有多轮二叉状分枝，末端常卷曲（图 3-61）。分生孢子单生。该属主要寄生木本植物，有 40 种，山田叉丝壳（*M. yamadai*）为害核桃，榿叉丝壳（*M. alni*）为害桤树、榛、板栗、胡桃等，粉状叉丝壳（*M. alphitoides*＝*Erysiphe alphitoides*）为害桤属植物。

粉孢属（*Oidium*）　菌丝体表生，分生孢子梗直立，顶部产生菌丝型的分生节孢子（粉孢子）。分生孢子串生，单孢，无色（图 3-62）。该属有 63 种，引起白粉病（数字资源 3-47）。

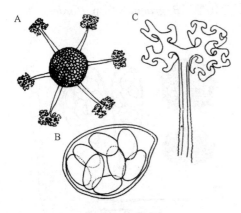

图 3-61　叉丝壳属（陆家云，2001）

A. 闭囊壳；B. 子囊与子囊孢子；C. 附属丝

图 3-62　粉孢属分生孢子梗及分生孢子
（陈玉森提供）

9. 柔膜菌目（Helotiales）　属于锤舌菌纲，子囊盘形状多样，肉质、滑骨质或革质，有柄或无柄，着生在基质表面或半埋生于基质内，有的产生于菌核上。子囊棍棒形或圆筒形，无囊盖，子囊间有侧丝。本目真菌大都是植物组织上的腐生菌，很少在土壤或粪堆上发现，少数是植物的寄生菌，如引起多种作物菌核病的核盘菌（*Sclerotinia sclerotiorum*）。本目共 18 科 668 属 7333 种。其中，核盘菌科（Sclerotiniaceae）有 63 属。

核盘菌属（*Sclerotinia*）　属于核盘菌科，在寄主表面形成圆形、圆柱形、扁平形等形状的菌核。菌核黑色，外部为褐色的拟薄壁组织，内部为淡黄色至白色的疏丝组织。具长柄的子囊盘产生在菌核上，漏斗状或杯盘状。子囊圆柱形，具侧丝。子囊孢子单胞、椭圆形或纺锤形、无色（图 3-63），不产生分生孢子。该属有 84 种，其中核盘菌（*S. sclerotiorum*）的寄主范围很

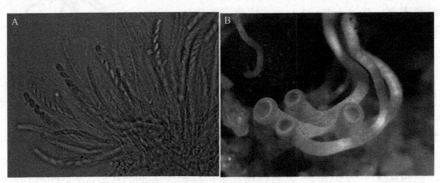

图 3-63　核盘菌属（陈玉森提供）

A. 子囊、子囊孢子与侧丝；B. 菌核与子囊盘

广，可侵染 75 科 700 多种植物，能引起多种植物的菌核病（数字资源 3-48，数字资源 3-49）是其中最为重要的病害之一；也可在禾本科植物，如小麦、水稻上互惠性生长。

核盘菌的菌核由菌丝体形成，初期白色，老熟时黑色，鼠粪状。主要以菌核在土壤中或混杂在种子中度过不良环境，可存活 2 年左右。菌核萌发一般形成长柄的子囊盘，开口呈盘状，直径 2～8mm，黄褐色，内由子囊和侧丝组成子实层，子囊棍棒形，8 个排列成 1 行，子囊孢子椭圆形，无色，单胞。子囊孢子一般不能侵染健康的茎叶组织，只能在衰老的叶片或花瓣上萌发侵入。感病的花瓣落到叶片上引起叶片发病，病叶腐烂后黏附到茎上导致茎秆腐烂，表面产生一层白色的菌丝体，病部以上部分凋萎变黄，茎秆髓部腐烂而中空，仅残存纤维状维管束，里面产生大量菌核（数字资源 3-50）。

链核盘菌属（*Monilinia*）**=丛梗孢属**（*Monilia*） 属于核盘菌科，子囊盘从越冬的僵果（假菌核）上产生，具柄，盘状或杯状，淡紫褐色；子囊棍棒形，含 8 个子囊孢子，孔口在碘液中呈蓝色；子囊孢子椭圆形，无色，单胞；侧丝线形，无色。分生孢子梗二叉状或不规则分枝，无色；芽生串孢型的分生孢子，椭圆形至长卵圆形，单细胞，孢子链成念珠状（数字资源 3-51）。链核盘菌有 39 种，丛梗孢属含 69 种，如果生链核盘菌（*M. fructigena*）引起苹果、梨等仁果类的果实褐腐病（数字资源 3-52）。

葡萄孢核盘菌属（*Botryotinia*）**=葡萄孢属**（*Botrytis*） 菌核生于寄主角质层或表皮下，表面隆起，由薄壁组织形成，周围有胶质物（图 3-64）。常见种为富氏葡萄核盘菌（*B. fuckeliana*），但有性阶段极少见，常见其无性态，为灰葡萄孢（*Botrytis cinerea*）。分生孢子梗褐色，顶端下部膨大成球体，上面有许多小梗，分生孢子着生小梗上聚集成葡萄穗状，单胞，无色，椭圆形（图 3-64）。葡萄孢核盘菌属有 15 种，葡萄孢属至少有 32 种，引起多种植物幼苗、果实及储藏器官的猝倒、落叶、花腐、烂果及烂窖。潮湿时病部表面产生大量的灰色霉层（分生孢子梗和分生孢子），称为灰霉病（数字资源 3-53）。

盘二孢属（*Marssonina*） 属于皮盘菌科（Dermateaceae），有 113 种，分生孢子盘生于表皮下，成熟后突破表皮外露，暗褐色到黑色，极小；分生孢子梗栅栏状排列，棍棒形，无色。分生孢子椭圆形或卵圆形，无色，含 1～2 个油球，双细胞，上大而圆，下狭而尖，分隔处缢缩（图 3-65）。该属有 113 种，为害果树或林木叶部，如苹果盘二孢（*M. mali*=*Diplocarpon mali*）引起苹果褐斑病。

图 3-64 葡萄孢属分生孢子梗与分生孢子

图 3-65 盘二孢属分生孢子盘及分生孢子
（陆家云，1997）

10. 斑痣盘菌目（Rhytismatales） 属于锤舌菌纲，是植物的致病菌，在植株组织内形成子座，呈盘状至球形，子囊具顶环，子囊孢子细长。包括 4 科 92 属 769 种。其中，斑痣盘菌科（Rhytismataceae）有 61 属，冬齿裂菌（*Coccomyces hiemalis*）引起核果叶斑病，槭斑痣盘菌（*Rhytisma acerinum*）引起槭树叶斑病，松针散斑壳（*Lophodermium pinastri*）引起松落针病。

11. 小煤炱目（Meliolales） 属于粪壳菌纲真菌，为高等植物的外部寄生菌。多生于温暖地区的树木上，暗褐色、厚壁的菌丝体以附着枝固定在寄主的表面，呈辐射状扩展，形成一层黑色的"烟霉"或"煤烟"，主要由于遮光而影响植物的光合作用和观赏价值。该目有 2 科 35 属 2509 种，其中小煤炱科（Meliolaceae）有 33 属。

小煤炱属（*Meliola*） 菌落黑色，在寄主植物表面形成薄至稠密的菌膜。菌丝表生，黑色，有隔膜，规则或不规则分枝，有头状附着枝，互生，有时对生，有菌丝刚毛。闭囊壳黑色，球形，表面粗糙，着生在菌丝体上。子囊孢子棕色，有 3～4 个隔膜，在隔膜处缢缩，纺锤形，矩圆形至椭圆形等（图 3-66）。该属有 1712 种，多寄生于温暖地区的乔木和灌木上，引起"烟霉"。例如，巴特勒小煤炱（*M. butleri=Amazonia butleri*）引起柑橘煤烟病（数字资源 3-54），茶生小煤炱（*M. camellicola*）引起山茶科植物烟霉病。

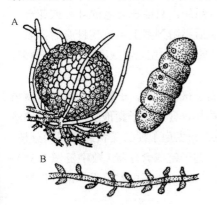

图 3-66 小煤炱属
（许志刚，2003）
A. 闭囊壳和子囊孢子；B. 附着枝

数字资源 3-54

12. 肉座菌目（Hypocreales） 属于粪壳菌纲真菌，子座淡色至鲜色，肉质。子囊果多数为子囊壳，子囊卵圆至圆筒形，顶端略加厚并具一顶生孔。子囊孢子球形至针状，一至多个细胞。该目共 11 科 419 属 4779 种。

赤霉属（*Gibberella*） 属于赤丛壳菌科（Nectriaceae），子囊壳表生，洋葱状。单生或群生于子座上，壳壁蓝色或紫色。子囊棍棒形，有规则排列于子囊壳基部。子囊孢子梭形，无色，有 2～3 个隔膜（图 3-67）。该属有 20 种，其中，玉米赤霉（*G. zeae=Fusarium graminearum*）引起大麦、小麦及玉米等多种禾本科植物赤霉病，并产生真菌毒素，威胁人畜健康；藤仓赤霉（*G. fujikuroi=Fusarium fujikuroi*）寄生水稻，在水稻上合成赤霉素，引起恶苗病，为害玉米引起秆腐和穗腐。

镰孢属（*Fusarium*） 又称镰刀菌属，属于丛赤壳科（Nectriaceae），分生孢子梗无色，有或无隔，在自然情况下常结合成分生孢子座，在人工培养条件下分生孢子梗单生，极少形成分生孢子座。分生孢子有两种：①大型分生孢子，多细胞，镰刀形，无色，基部常有一显著突起的足胞；②小型分生孢子，单细胞，少数双细胞，卵圆形至椭圆形，无色，单生或串生（图 3-68）。

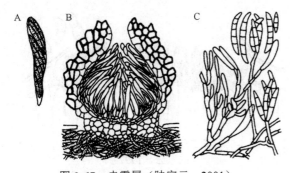

图 3-67 赤霉属（陆家云，2001）
A. 子囊；B. 孢子囊上壳；C. 分生孢子及分生孢子梗

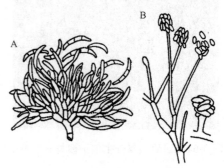

图 3-68 镰刀菌属（陆家云，1997）
A. 分生孢子梗及大型分生孢子；
B. 小型分生孢子及分生孢子梗

两种分生孢子常聚集成黏孢子团;有的种类在菌丝上或大型分生孢子上产生近球形的厚垣孢子,厚垣孢子无色或有色,表面光滑或有小疣。在人工培养基上形成茂密的菌丝体,产生玫瑰红、黄、紫等色素,有些种后期可形成圆形的菌核。该属有 213 种,其中一些种是重要的病原菌,引起根腐病、茎基腐病和维管束萎蔫病(数字资源 3-55),如尖孢镰刀菌(*F. oxysporium*)等。

数字资源 3-55～3-57

麦角菌属(*Claviceps*) 属于麦角菌科(Clavicipitaceae),在寄主的花器内形成球形至香蕉形菌核。菌核休眠后产生数十个子座,子座由不孕的长柄和可孕的头状部分组成。子囊壳烧瓶形,埋生于子座头部的外层组织中,孔口外露。子囊细长,内含 8 个子囊孢子,孢子线形,无色,单胞。该属有 64 种,麦角菌(*C. purpurea*)侵染禾本科植物引起麦角病(数字资源 3-56),在菌核中产生致命的真菌毒素麦角碱(ergot),污染面粉。与麦角菌属相近的蛇形虫草菌属(*Ophiocordyceps*)真菌寄生昆虫,其中,中华蛇形虫草菌(*Ophiocordyceps sinensis*=*Cordyceps sinensis*)寄生蝙蝠蛾幼虫,在其内形成菌核(僵虫),并在菌核上发育形成子座(草),即冬虫夏草(数字资源 3-57)。与麦角菌属相近的香柱菌属(*Epichloë*)真菌是禾草内生真菌,对禾草植物具有保护作用。

绿核菌属(*Ustilaginoidea*) 属于麦角菌科(Clavicipitaceae),分生孢子座形成于禾本科植物子房内,颖片破裂后外露,子座外部橄榄色,内部色浅,表面密生分生孢子。分生孢子梗细,无色。分生孢子球形,单生,单胞,表面有疣状突起,橄榄绿色(图 3-69)。或在罹病谷粒上形成菌核,菌核萌发后在子囊柄顶端形成子座,于子座中形成子囊壳,呈球形排列,子囊细长,内含 8 个子囊孢子,孢子线形,无色,单胞。该属有 15 种,如稻曲绿核菌(*U. oryzae*)引起稻曲病(数字资源 3-58)。

数字资源 3-58～3-59

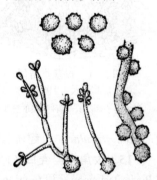

图 3-69 绿核菌属分生孢子及其萌发(魏景超,1979)

聚端孢属(*Trichothecium*) 属于分类地位未定的肉座菌目(unclassified Hypocreales),分生孢子梗无色,细长,顶端屈膝状,束生分生孢子。分生孢子卵圆形至椭圆形,双细胞,大小不等(数字资源 3-59)。该属有 27 种,如粉红聚端孢(*T. roseum*)引起棉铃及苹果、梨、瓜果等果实腐烂,产生粉红色霉层。

13. 间座壳目(Diaporthales) 属于粪壳菌纲,子囊果为子囊壳,埋生于由真菌与基物组成的子座内,或直接从基物表面的营养菌丝生出。子囊存留,棍棒状或圆筒状,具顶孔和顶生的折光环。子囊孢子无色至褐色,一至多隔。侧丝成熟时易消解,子囊壳孔口具缘丝。该目有 11 科 238 属 3372 种。其中,黑腐皮科(Valsaceae)有 33 属,隐球壳科(Cryphonectriaceae)有 21 属。

黑腐皮壳属(*Valsa*)=**壳囊孢属**(*Cytospora*) 属于黑腐皮科,子囊壳群生,埋生在假子座内,具长颈,向外露出孔口。子囊无色,棍棒形,呈圆筒状,内含 8 个子囊孢子。子囊孢子单胞,无色,弯曲呈腊肠形(图 3-70)。分生孢子器着生于瘤状或球状子座组织内,分生孢子器腔不规则地分为数室,具一个共同的中心孔口。分生孢子腊肠形,单胞,薄壁,无色。黑腐皮壳属有 352 种,壳囊孢属有 421 种,如苹果黑腐皮壳(*V. mali*)引起苹果树腐烂病。

拟茎点霉属(*Phomopsis*) 属于间座壳菌科(Diaporthaceae),寄生叶、果引起叶斑和果腐,不生子座,在茎干或人工培养基上产生子座,分生孢子器生于子座内,球形、烧瓶形,具孔口或长颈。器内常产生两种分生孢子:A 型分生孢子椭圆形至纺锤形,含 2 个油球,单细胞,能萌发;B 型分生孢子线形,一端弯曲有时呈钩状,不能萌发(图 3-71)。该属有 745 种,常见种茄褐纹拟茎点霉(*P. vexans*)引起茄褐纹病,苹果拟茎点霉(*P. mali*=*P. prunorum*)引起苹果、梨、李、樱桃等果腐和干腐。

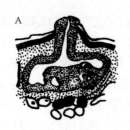

图 3-70　黑腐皮壳属（陆家云，1997）

A. 分生孢子器；B. 分生孢子梗及分生孢子；C. 子囊壳；D. 子囊及子囊孢子

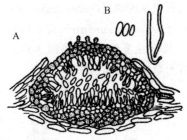

图 3-71　拟茎点霉属
（陆家云，1997）

A. 分生孢子器；B. 两种类型的分生孢子

14. 小囊菌目（Microascales）　属于粪壳菌纲真菌，无子座，子囊果多数为子囊壳，有些为闭囊壳。子囊球形至卵圆形，易消解，子囊孢子单细胞，被动释放。本目共 4 科 114 属 813 种。其中长喙壳科（Ceratocystidaceae）有 12 属。

长喙壳属（*Ceratocystis*）　属于长喙壳科，子囊壳长颈烧瓶形，基部球形，有一细长的颈部，顶端裂为须状（数字资源 3-60）。子囊壁早期溶解，难见到完整的子囊，无侧丝。子囊孢子小，单胞，无色，形状多样。该属有 103 种，甘薯长喙壳（*C. fimbriata*）引起甘薯黑斑病（数字资源 3-61）。与长喙壳属真菌相近的榆蛇口壳菌（*Ophiostoma ulmi* ＝ *Ceratocystis ulmi*）引起荷兰榆病（榆树枯萎），肆虐榆树，与其传播昆虫存在协同进化。

15. 大角间座壳目（Magnaporthales）　包括巨座壳菌科（Magnaporthaceae）、梨孢科（Pyriculariaceae）和 Ophioceraceae 3 科，有 38 属 277 种。其中巨座壳菌科含 27 属，梨孢科有 9 属。

顶囊壳属（*Gaeumannomyces*）　属于巨座壳菌科，菌丝初期无色、后转变成褐色，呈锐角分枝，菌丝主枝与侧枝呈倒"V"形，在植物组织表面形成菌索；子囊壳呈梨形或烧瓶形，黑色，基部埋于寄主组织内，有颈和空口。子囊圆柱形至棍棒形，有顶环；子囊孢子线形稍弯曲、多胞、无色透明。该属有 27 种，侵染禾本科植物的根部，其中禾谷顶囊壳（*G. graminis*）引起小麦全蚀病（take-all），在田间，全蚀病在连年单作的条件下会出现衰退（take-all decline）。

大角间座壳属（*Magnaporthe*）　又称巨座壳属，属于巨座壳菌科，自然状态下有性阶段罕见。子囊壳单生或群生，暗褐色或黑色，深埋于基质中。子囊棍棒形至圆柱形，内生 8 个子囊孢子，孢子无色，略弯，1～3 隔。该属有 3 种。

梨孢属（*Pyricularia*）　有性阶段为大角间座壳属。分生孢子梗淡褐色，细长，直或弯，不分枝，顶端全壁芽生式产孢，合轴式延伸，呈屈膝状。分生孢子梨形至椭圆形，无色至橄榄色，2～3 个细胞（图 3-72）。该属有 49 种，主要侵染禾本科植物地上部分；其中，稻梨孢（*P. oryzae*）引起稻瘟病（数字资源 3-62），严重威胁粮食安全。稻梨孢小麦致病型（*Pyricularia oryzae* pathotype *triticum*）于 20 世纪 80 年代在巴西发现感染小麦，引起麦瘟病，现已扩散到南亚，现威胁小麦生产。

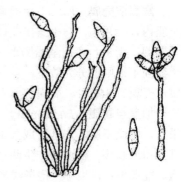

图 3-72　梨孢属分生孢子梗与分生孢子（陆家云，1997）

16.　黑痣菌目（Phyllachorales）　　属于粪壳菌纲真菌，子囊座缺乏至发育很好，埋生于植物组织内。有时具盾状子座。子囊长形至圆筒形，排列于子囊壳基部或基部四周，子囊顶端具一窄环包围的孔；子囊孢子无色或暗色，无芽孔或芽缝，形态各异。本目共 4 科 92 属 1226 种。其中黑痣菌科有 86 属。

黑痣菌属（*Phyllachora*）　　属于黑痣菌科（Phyllachoraceae），靠近寄主表皮的子座组织盾状隆起，呈黑痣状；子囊壳群生于子座内（数字资源 3-63）；子囊孢子单细胞，无色。该属有 883 种，如引起多种禾本科牧草、杂草及竹子叶片黑痣病的禾黑痣病菌（*P. graminis* ＝ *Sphaeria graminis*）。

数字资源
3-63～3-64

17.　小丛壳目（Glomerellales）　　属于粪壳菌纲真菌，有 2 科 18 属 496 种。

小丛壳属（*Glomerella*）＝**刺盘孢属**（*Colletotrichum*）　　属于小球壳科（Glomerellaceae），子囊壳小，丛生，大多埋生于寄主组织内，密集，深褐色，球形至烧瓶形；子囊棍棒形，内含 8 个子囊孢子。子囊孢子无色，单胞，长圆形（图 3-73）。分生孢子盘生在寄主表皮下，盘上有时产生有黑褐色、有分隔的刚毛。分生孢子梗无色至褐色，产生内壁芽生式分生孢子，分生孢子无色，单胞，长椭圆形或新月形，有时含 1～2 个油球。小丛壳属有 23 种，刺盘孢属 345 种，如围小丛壳（*G. cingulata*），引起苹果、梨、棉花、葡萄、冬瓜、黄瓜、辣椒、茄子等 10 多种果树和蔬菜的炭疽病（数字资源 3-64）；有些刺盘孢菌是植物的内生真菌。

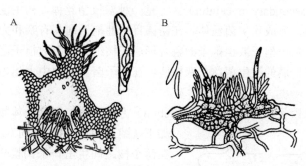

图 3-73　小丛壳属（A 引自陆家云，1997；B 引自许志刚，2003）
A. 子囊壳、子囊及子囊孢子；B. 分生孢子盘及分生孢子

轮枝孢属（*Verticillium*）　　属于不整小球囊菌科（Plectosphaerellaceae），分生孢子梗轮状分枝，产孢细胞基部略膨大。分生孢子为内壁芽生式，单细胞，卵圆形至椭圆形，单生或聚生（数字资源 3-65）。该属有 81 种，如引起棉花黄萎病、苜蓿黄萎病的大丽轮枝孢（*V. dahliae*）。

数字资源
3-65～3-68

18.　圆孔壳目（Amphisphaeriales）　　其中与植物病原相关的主要有拟盘多毛孢菌科（Pestalotiopsidaceae）中的拟盘多毛孢属（*Pestalotiopsis*），分生孢子 5 个细胞，孢子间以真隔膜分隔，两端细胞无色，中间 3 细胞橄榄褐色，顶生附属丝 2 根以上（数字资源 3-66，数字资源 3-67）。该属有 247 种，如枯斑拟盘多毛孢（*P. funerea*）引起松针赤枯病及枇杷、茶灰斑病（数字资源 3-68）等。

六、担子菌门

（一）概述

担子菌门真菌通称担子菌，是真菌中最高等的类群，其基本特征是具有担子的产孢结构，以及外生的称为担孢子的有性孢子。担子菌的分布极为广泛，包括有害和有益的种类。有害的如引起很多作物病害的黑粉菌和锈菌，每年给农业生产造成巨大的经济损失，如小麦腥黑穗病和小麦锈病等。有些担子菌能引起森林和园林植物的病害，有的还能毁坏各种木质产品，如木材、枕木、工程材料和电线杆等。有益的一类，如分解枯死的木质植物的担子菌在分解纤维质和木质素中发挥着重要的作用，因而是森林生态系统中不可缺少的组成成分。多数担子菌营腐生生活，如伞菌、鬼笔、腹菌、灰包菌、马勃、鸟巢菌等均生活在富含腐殖质的土壤上，能分解枯枝落叶，成为有机物的分解者。银耳目、木耳目、非褶菌目和部分伞菌生活在树木的木质部、枯死枝干及木材上，引起树木腐朽，少数引起植物根腐。有的担子菌可与植物共生形成菌根（mycorrhiza），有利于作物的栽培和造林。还有许多担子菌是味美和营养丰富的食用菌，如蘑菇、香菇、竹荪、猴头、木耳和平菇等，它们除有食用价值外，还具有药用价值。另有些担子菌是重要的中药材，如灵芝、茯苓和猴头等。

1. 营养体　绝大多数担子菌的营养体是发达的有隔菌丝体，其菌丝隔膜多为桶孔隔膜（dolipore septum）。菌丝体通常为白色、淡黄色或橘黄色。有些担子菌的菌丝体可形成菌核或菌索。在担子菌的生活史中可以产生三种类型的菌丝，即初生菌丝、次生菌丝和三生菌丝。

（1）初生菌丝（primary mycelium）　由担孢子萌发产生，菌丝初期无隔多核，以后很快形成隔膜，每个细胞内有一个细胞核。大多数担子菌的初生菌丝体的生活力不强，初生菌丝体阶段较短。初生菌丝通常很快通过体细胞配合的方式质配形成双核菌丝体。

（2）次生菌丝（secondary mycelium）　是一种双核菌丝体。初生菌丝体通过受精作用或体细胞融合而双核化，形成次生菌丝体。在锈菌目中性孢子同具有亲和力的受精丝融合而发生双核化；黑粉菌目则由小孢子或担孢子的融合形成双核细胞；多数担子菌则由体细胞菌丝的结合发生双核化，形成扩展的次生菌丝。双核菌丝在担子菌生活史中占相当长的时期，主要起营养作用。

次生菌丝通常以锁状联合（clamp connection）方式来增加细胞个体数目。锁状联合的过程如下（图3-74）：①菌丝的双核细胞开始分裂之前，在两个核之间生出一个钩状分枝。②细胞中的一个核移入钩中，并与另一个核同时分裂，形成4个核。③新分裂的两个核移动到细胞的一端，一个核仍留在钩中。④钩向下弯曲与原来的细胞壁接触，继而在接触处细胞壁溶化，彼此沟通，同时在钩的基部产生一个隔膜。⑤最后，钩中的核向下移，在钩的垂直方向产生一个隔膜，一个细胞分成两个细胞。每一个细胞都具有双核，锁状联合完成。

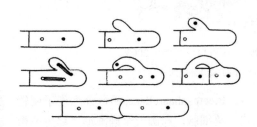

图3-74　锁状联合的形成过程示意图
（宗兆锋和康振生，2002）

锁状联合有助于将双核细胞中来源不同的两个核均匀地分配到子细胞中。但是有些担子菌的菌丝体无锁状联合，细胞核通过双核并裂后形成隔膜，把核分配到子细胞中。

（3）三生菌丝（tertiary mycelium）　三生菌丝是次生菌丝特化形成的，并由它构成许多复杂种类的担子果。构成担子果的三生菌丝可以分化成不同的类型，主要有三种类型，即生殖菌丝（generative hyphae）、骨架菌丝（skeletal hyphae）和联络菌丝（binding hyphae）。生殖菌丝起执行生殖功能的作用，由它形成担子、担孢子及子实体内的结构；骨架菌丝构成子实体的骨架，而联络菌丝则起联络作用，将骨架菌丝联络起来。

2. 无性繁殖　担子菌除少数种类有无性繁殖外，大多数的担子菌在自然条件下没有无性繁殖，这与子囊菌完全不同。担子菌的无性繁殖是通过芽殖、菌丝断裂产生分生孢子、节孢子或粉孢子进行。例如，黑粉菌的担孢子和菌丝都能以芽殖方式产生分生孢子。锈菌的夏孢子在起源和功能上就是一种分子孢子。担子菌的菌丝时常断裂成单细胞的片段，但并不变圆或者壁变厚，而是直接萌发成芽管，并发育形成菌丝体。这些菌丝片段就是节孢子。它们可以是单核或双核的，取决于是来源于次生菌丝还是初生菌丝。粉孢子则是由特殊的、短的菌丝分枝，即粉孢子梗从顶端逐个割裂而产生。有些担子菌能产生真正的分生孢子，如异担子菌（*Heterobasidion annosum*）能产生珠头霉属（*Oedocephalum*）的分生孢子。

3．有性生殖　担子菌中除锈菌产生特殊的生殖结构——性孢子器外，一般没有明显的性器官分化。多数高等担子菌都是通过两个不同性质的初生菌丝联合，产生双核菌丝。在营养阶段后期，双核菌丝顶端直接形成担子。担子初期细胞双核，以后双核发生核配，核配后的双倍体核立即进行减数分裂，形成四个单倍体的子核，然后在担子上外生四个担孢子，每一个担孢子内分配到一个子核（图3-75）。

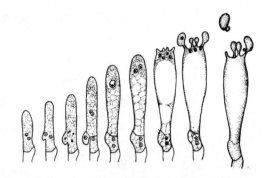

图3-75　典型担子和担孢子的形成过程
（许志刚，2003）

4．担子果（basidiocarp）　高等担子菌的担子着生在高度组织化的各种类型的子实体内，这种子实体称为担子果。担子果形状多种多样，如贝壳状、珊瑚状、漏斗状、马蹄状、伞状和鸟巢状等。大小差异很大，大的直径可达1m左右，小的只有几毫米。在质地上也有不同，如胶质、革质、炭质、肉质、海绵质、木栓质和木质等。大多数担子菌的担子都着生在担子果内，但锈菌和黑粉菌通常不形成担子果。

在担子果中，担子整齐地排列成层状，称为子实层，类似于子囊菌的子囊层。子实层由担子、担孢子和一些不育成分，如囊状体（cystidium）、刚毛（seta）、侧丝组成。

担子果的发育类型有三种：①裸果型，子实层自始至终暴露在外，如非褶菌目（Aphyllophorales）；②半被果型，子实层最初是封闭的，在担子成熟之前子实体开裂露出子实层，如伞菌目（Agaricales）；③被果型，子实层包被在子实体内，担子成熟时也不开裂，只有担子果分解或遭受外力而破裂时担孢子才释放出来，如马勃目（Lycoperdales）。过去有人根据这种发育类型将无隔担子菌分为三大类，即多孔菌类、伞菌类和腹菌类。

5．担子和担孢子　担子（basidium）是一种产孢结构，担子菌在其中完成核配和减数分裂后，从其顶端外生一定数量的担孢子，一般是4个。担子的类型多种多样，可以根据担子隔膜的有无，分为无隔担子（holobasidium）和有隔担子（phragmobasidium）（图3-76）。无隔担子是单细胞的，一般为棍棒状，也有的为二叉状，如花耳。有隔担子则有纵隔或横隔，典型的为纵向分隔成4个细胞，如银耳；或横向分隔成4个细胞，如木耳、锈菌。

不同担子菌形成担子的过程各不相同：①典型的担子（高等担子菌）是由双核菌丝的一个顶端细胞形成的。这个顶端细胞与菌丝的其他部分由隔膜分开，如果该种担子菌有锁状联合的话，隔膜处常有锁状联合。典型担子的形成过程：双核菌丝的顶端细胞膨大，其中的双核进行核配，经减数分裂产生4个单倍体的细胞核。同时，在担子上外生4个小梗，小梗顶端膨大形成担孢子原，4个核通过小梗进入担孢子原，最后形成单细胞、单核、单倍的担孢子。②锈菌和黑粉菌的担子是由次生菌丝形成的厚壁休眠孢子，又称冬孢子，冬孢子萌发时进行核配，减数分裂是在冬孢子萌发后形成的先菌丝中进行的。减数分裂后在担子的侧面或顶端形成担孢子。

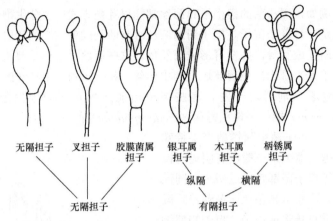

无隔担子　叉担子　胶膜菌属担子　银耳属担子　木耳属担子　柄锈属担子

纵隔　横隔

无隔担子　有隔担子

图 3-76　担子的不同类型（邢来君和李明春，1999）

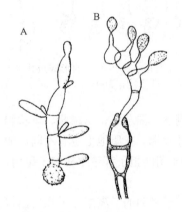

图 3-77　黑粉菌和锈菌冬孢子萌发
（方中达，1996）

A. 黑粉菌冬孢子萌发示意图；
B. 锈菌冬孢子萌发示意图

一般将担子进行核配的部位称作原担子（probasidium），又称下担子（hypobasidium），进行减数分裂的部位称作后担子（metabasidium），又称上担子（epibasidium）。因此，锈菌的冬孢子实质上是原担子，先菌丝则是后担子。黑粉菌的情况也是如此（图 3-77）。

担孢子（basidiospore）外生于担子上，通常 4 个。典型的担孢子是单胞、单核、单倍体的结构。担孢子圆形、椭圆形、长圆形、腊肠形或多角形等，无色或有色。裸果型担子果的担孢子一般都能强力放射。担孢子一般以芽管萌发，萌发后形成单核菌丝。

6. 分类　不同真菌学家对担子菌的起源、演化及各种性状在进化上的意义看法不一，因此对担子菌类群的划分各不相同（表 3-1）。在最新出版的《菌物词典》（第十版）（2008）中，将担子菌门分为柄锈菌亚门（Pucciniomycotina）、黑粉菌亚门（Ustilaginomycotina）和伞菌亚门（Agaricomycotina），以及 1 个单独纲，即节担菌纲（Wallemiomycetes）。

（二）柄锈菌亚门

柄锈菌亚门包含 8 纲 18 目 40 科 301 属 11 163 种，其中最重要的是属于柄锈菌纲（Pucciniomycetes）的柄锈菌目（Pucciniales）、小葡萄菌目（Microbotryomycetes）、隔担菌目（Septobasidiales）和卷担菌目（Helicobasidiales）。

1. 柄锈菌目（Pucciniales）　等同于原来的锈菌目，通称锈菌，是担子菌门真菌中最重要的类群，全部是植物寄生菌，引起许多植物病害，造成巨大经济损失。主要为害植物的茎、叶，大多引起局部侵染。在发病部位形成铁锈色的锈状物，这是多数锈病最常见的症状。柄锈菌目的主要特征是：冬孢子萌发形成的先菌丝产生横隔，特化为担子；担子有 4 个细胞，每个细胞上产生 1 个小梗，小梗上着生单胞、无色的担孢子；担孢子释放时可以强力弹射。通常认为锈菌是专性寄生菌，难以人工培养，但近几年来研究证明，有的锈菌可以在人工培养基上成功完成其生活史。例如，小麦禾柄锈菌（*Puccinia graminis* f. sp. *tritici*）等 10 多种锈菌可以在人工培养基上培养。

（1）锈菌的营养体　　锈菌的菌丝体发达，有分隔和分枝，锁状联合少见。有两种营养菌丝体，即单核的初生菌丝体和双核的次生菌丝体。锈菌菌丝一般生于寄主细胞间，并以各种形状的吸器伸入寄主细胞内吸取营养。

（2）锈菌的生活史　　锈菌的生活史很复杂，除不完全锈菌外，所有锈菌都产生冬孢子，核配和减数分裂发生在冬孢子中，之后再产生担子和担孢子。一般认为冬孢子是锈菌的有性阶段。许多锈菌具有明显的多型或多态现象，即在它的生活史中能出现多种类型的孢子。典型的锈菌有 5 种孢子类型，按照孢子类型分为 5 个阶段，构成了典型锈菌的生活循环（图 3-78）。

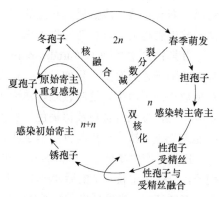

图 3-78　典型锈菌的生活循环
（宗兆锋和康振生，2002）

锈菌的 5 种孢子为性孢子、锈孢子、夏孢子、冬孢子和担孢子。各种锈菌产生孢子的种类不同，构成了锈菌生活史的多样性。锈菌的基本生活史型分为三类：①全型锈菌（eu-form rust），具有典型的 5 种孢子的繁殖阶段，如禾柄锈菌（图 3-79）；②半型锈菌（hemi-form rust），无夏孢子阶段，如梨胶锈菌；③短型锈菌（short-form rust），冬孢子为唯一产生的双核孢子，即无锈孢子和夏孢子。性孢子器通常在上述三种生活史中都可出现，但也可能偶尔不产生。另外，还有一类锈菌未发现或无冬孢子阶段，一般称为"不完全"锈菌。事实上，许多为害作物的锈菌很少发现有性阶段或有性阶段在病害的发生过程中并不重要，如禾本科、豆科等作物上的锈菌，它们主要以夏孢子反复侵染为害，到后期才形成冬孢子，而且冬孢子对病害循环也不起什么作用，所以生活史很简单。典型的全型锈菌的 5 个阶段如下。

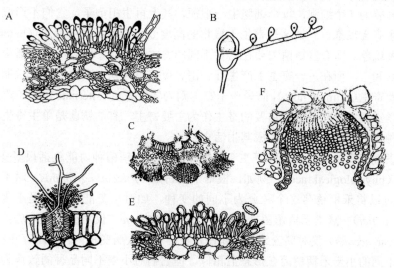

图 3-79　禾柄锈菌（许志刚，2003）

A. 冬孢子堆和冬孢子；B. 冬孢子萌发产生担子和担孢子；C. 性孢子器和锈孢子器；
D. 放大的性孢子器；E. 放大的锈孢子器；F. 夏孢子堆和夏孢子

0 期：产生性孢子（pycniospore）和性孢子器（pycnium）。担孢子萌发侵入寄主后，由单核的初生菌丝集结形成性孢子器。性孢子器着生在寄主表层组织下。性孢子器从器壁长出密集的性孢子梗，每根性孢子梗以向基性方式产生很多单胞、单核、无色、椭圆形或纺锤形的性孢子。

Ⅰ期：产生锈孢子（aeciospore）和锈子器（aecium）。锈子器是由性孢子器发生受精作用后所产生的双核菌丝（次生菌丝）发育而来，因此锈子器和锈孢子一般是与性孢子器和性孢子伴随产生。锈孢子单胞、双核，黄色或橙黄色，球形或卵形，串生，表面有小刺或小疣。典型的锈子器有包被，成熟后按一定的方式开裂，所以锈子器有杯状、角状、管状等类型。另一类锈子器没有包被，直接在寄生组织中形成锈孢子堆。

Ⅱ期：产生夏孢子（urediospore）和夏孢子堆（uredium）。夏孢子堆发生于双核菌丝，通常继锈孢子之后发生。夏孢子堆一般着生在寄主表皮下。夏孢子通常单独生于孢梗顶端，但也有少数夏孢子串生，这时较难与锈孢子区分开来。夏孢子单胞、双核、球形或卵形，表面有细刺或小疣，多为鲜黄色或棕褐色。夏孢子萌发形成双核菌丝可以继续侵染寄主，在生长季节中可连续产生多次，作用与分生孢子相似，但两者性质不同。

Ⅲ期：产生冬孢子（teliospore）和冬孢子堆（telium）。冬孢子是双核菌丝体产生的厚壁双核孢子，一般在生长季节的后期产生，是锈菌的休眠孢子。冬孢子堆的形态和夏孢子堆形态相似，在许多锈菌中，老的夏孢子堆就被转化为冬孢子堆。各种锈菌的冬孢子形态多种多样。单胞或多胞，有柄或无柄，无色到深红棕色，胞壁光滑，有刺或有不同的花纹，故成为锈菌分科、属的依据。有的冬孢子散生，冬孢子间完全游离，有的排列紧密而使冬孢子堆形成壳状、圆柱状、垫状等。冬孢子成熟时其细胞中的两个核进行结合，所以冬孢子是锈菌中唯一的典型二倍体，是锈菌的有性阶段。冬孢子一般在越冬休眠后萌发，但也有些锈菌冬孢子不经过休眠直接萌发。

Ⅳ期：产生担孢子（basidiospore）和担子（basidium）。冬孢子萌发后一般形成先菌丝，然后二倍体的核转移到先菌丝中并进行减数分裂，产生4个单倍体的核，同时先菌丝横裂为4个细胞，变为有隔的担子，每个细胞上生一小柄，其上着生担孢子。担孢子单胞、无色或淡黄色。锈菌的冬孢子有时被称为原担子或下担子，先菌丝被称为后担子或上担子。有的锈菌冬孢子在萌发时本身分裂为4个细胞，每个细胞生一小梗，其上再生担孢子，它们不形成先菌丝。

（3）转主寄生现象　　锈菌是寄生于植物的高度专化真菌，转主寄生（heteroecism）是锈菌特有的一种现象。即有些锈菌需要在两种不同的寄主上生活才能完成其生活史。它们在一种寄主上产生0和Ⅰ，而在另一寄主上产生Ⅱ、Ⅲ、Ⅳ三个时期。产生冬孢子时期的寄主称为主要寄主或原始寄主（primary host），而另一个寄主则为转主寄主（alternate host）（数字资源3-69）。但植物病理学家经常把经济上最重要的寄主作为主要寄主。有的锈菌是单主寄生（autoecism）的，即在一种寄主植物上就可以完成其生活史。

数字资源3-69（含视频）

锈菌还表现出高度的变异性和寄主专化性。在同一个锈菌种内能包括很多变种（variety）和生理小种（physiological race）。例如，根据禾柄锈菌（*Puccinia graminis*）对不同属植物的致病力不同，可以将禾柄锈菌这个种分为不同的变种，如对小麦能致病的是小麦禾柄锈菌（*P. graminis* var. *tritici*）；燕麦禾柄锈菌（*P. graminis* var. *avenae*）仅对燕麦能致病；黑麦禾柄锈菌（*P. graminis* var. *secalis*）仅对黑麦致病。即使是在同一个致病变种内，也还存在致病力的分化。例如，来源不同的小麦禾柄锈菌在形态上相似，但它们对小麦不同品种的致病力可能不同。因此，在小麦禾柄锈菌这一变种内，还存在致病力不同的类型，称为生理小种。

（4）锈菌的分类　　柄锈菌目包括15科205属8014种，分类主要依据冬孢子的形态、排列和萌发的方式等。以往根据冬孢子柄的有无和着生情况等性状，将锈菌分为3科，即柄锈菌科（Pucciniaceae）（38属）、栅锈菌科（Melampsoraceae）（2属）和鞘锈菌科（Coleosporaceae）（6属）。其他缺乏有性阶段的锈菌，即未见冬孢子的锈菌则简单地归为一类，半知锈菌类（Uredianales imperfecti）。在《菌物词典》（第十版）中则采用Cummis和Hiratsuka（1983）的方法将柄锈菌目分为 14 科。重要的属和代表种简述如下。

　　柄锈菌属（*Puccinia*）　　冬孢子有柄，双细胞，深褐色（图 3-80），单主或转主寄生；性孢子器球形；锈孢子器杯状或筒状；锈孢子单细胞，球形或椭圆形；夏孢子黄褐色，单胞，近球形，壁上有小刺，单生，有柄（图 3-80）。该属是一个很大的属，包含 3000 多种，其中有长生活史型和短生活史型，有单主寄生或转主寄生的。该属有 3192 种，为害许多不同科的高等植物，许多重要的禾谷类锈病是由该属锈菌引起的，如麦类秆锈病 [病原为禾柄锈菌（*P. graminis*）]（数字资源 3-70）、小麦条锈病 [病原为条形柄锈菌（*P. striiformis*）] 和小麦叶锈病 [病原为小麦隐匿柄锈菌（*P. recondite* f. sp. *tritici*）] 等，严重威胁粮食安全。现以引起麦类秆锈病的禾柄锈菌为例，说明锈菌的各种孢子形态和生活史中的转主寄生现象（图 3-81），在转主寄主上完成质配，产生双核孢子（锈孢子）。

数字资源 3-70

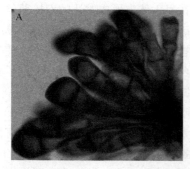

图 3-80　柄锈菌属

A. 冬孢子；B. 夏孢子

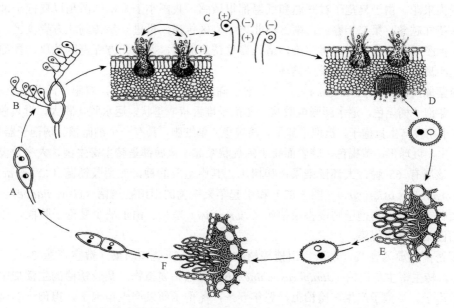

图 3-81　禾柄锈菌的生活史（Alexopoulos et al.，1996）

A. 成熟的二倍体冬孢子；B. 长有担孢子的担子；C. 小檗上的性孢子器阶段；
D. 小檗上的锈孢子器阶段；E. 小麦上的夏孢子堆阶段；F. 小麦上的冬孢子堆阶段

　　禾柄锈菌属于长生活史型，可产生 5 种类型的孢子，转主寄生，其在麦类作物和小檗属（*Berberis*）或十大功劳属（*Mahonia*）植物之间循环转主寄生。在麦类作物上形成夏孢子和冬孢子阶段，在小檗属或十大功劳属上形成性孢子和锈孢子阶段。

禾柄锈菌的冬孢子双细胞，每个细胞内有两个核。冬孢子于仲夏在感病麦类作物的叶片和茎秆上产生，并一直休眠到下一年春季，在田间的残茬上越冬。早春，冬孢子的每个细胞萌发产生先菌丝，先菌丝分隔为 4 个细胞，每个细胞产生一个小梗，上面着生一个担孢子。担孢子单核、单细胞。担孢子只能侵染小檗，不能侵染麦类作物。担孢子随风雨传播到小檗上，侵入后产生初生菌丝，在小檗叶片上表皮下形成性孢子器。性孢子器瓶状，器壁内长有许多性孢子梗，不断产生大量的性孢子。性孢子很小，单细胞，呈蜜滴状从性孢子器孔口挤出，同时性孢子器内壁产生受精丝从孔口伸出。不同交配型的性孢子和受精丝以异宗配合方式结合形成双核菌丝体，扩展到小檗叶片背面，并在叶片背面表皮下形成锈孢子器和呈链状排列的锈孢子。锈孢子球形，单细胞，双核，呈黄色，壁表面光滑。锈孢子不能侵染小檗，只能侵染麦类作物。

锈孢子随风雨传播到小麦上，萌发侵入小麦后，在寄主体内形成发达的双核菌丝体，不久在麦类作物表皮下形成夏孢子堆，夏孢子堆成熟后顶破表皮外露。夏孢子椭圆形，单细胞，双核，橙黄色，壁表面有刺。夏孢子经气流传播继续为害麦类作物，可多次再侵染，使病害迅速蔓延。在麦类生长后期，双核菌丝顶端形成冬孢子，冬孢子聚集成冬孢子堆。冬孢子具有极强的抵抗不良环境条件的能力，越冬后萌发，经核配，减数分裂，产生担孢子。

禾柄锈菌的生活史中产生的夏孢子是 5 种孢子中唯一可以侵染原寄生植物的孢子。转主寄主小檗对禾柄锈菌完成它的包括有性阶段在内的整个生活史并不都是必要的，但是有性繁殖有利于促进锈菌变异，产生新的致病基因型，快速突破寄主的抗性。

禾柄锈菌的初次侵染来源于转主寄主小檗上产生的锈孢子或病菌在禾谷类作物上越冬或越夏后产生的夏孢子。转主寄主小檗在我国分布不广，因此禾柄锈菌在我国是以夏孢子为主要的初次侵染来源。由于夏孢子对高温和低温都很敏感，我国小麦禾柄锈菌是以夏孢子世代在南方为害秋苗并越冬，第二年春天自南方向北方冬麦区传播，再进一步传到北方春麦区。在生长季节，夏孢子重复产生，引起再感染，造成春夏锈病流行，并在北方春麦区越夏。夏孢子通过气流的远距离传播，构成周年侵染循环。

胶锈菌属（*Gymnosporangium*）　　冬孢子椭圆形，少数纺锤形，双胞，浅黄色至暗褐色，有长柄；冬孢子柄无色，遇水膨胀成胶状。冬孢子堆舌状或垫状，遇水胶化膨大，近黄色至深褐色。冬孢子萌发产生担孢子，担孢子卵形，淡黄色，单细胞，具有一个细胞核。锈孢子器长管状，锈孢子串生，近球形，黄褐色，壁表面有小的疣状突起。该属都是转主寄生菌，大多数没有夏孢子阶段。该属有 65 种，大都侵染果树和树木。其中重要的种，如梨胶锈菌（*G. haraeanum = Gymnosporangium asiaticum*）（图 3-82）和引起苹果锈菌的山田胶锈菌（*G. yamadae*）。担孢子侵染蔷薇科植物，而锈孢子则侵害桧柏属（*Juniperus*）植物。由于缺少夏孢子阶段，所引起病害只有初侵染而无再侵染。

梨胶锈菌主要为害梨、木瓜、山楂等植物的叶片、新梢和幼果（数字资源 3-71，数字资源 3-72）。转主寄主是桧柏（*Juniperus chinensis*）等桧柏属植物。梨胶锈菌的生活史中形成 4 种不同的孢子。冬孢子产生在桧柏上，翌年春季，冬孢子萌发产生担孢子，担孢子随风雨传播到梨树上，侵染梨树的嫩叶、嫩枝和幼果。担孢子不耐干旱，传播距离一般只有 2.5～5km。担孢子侵入后形成的单核菌丝体在梨树叶片正面表皮下形成瓶状的性孢子器。性孢子器产生性孢子和受精丝。性孢子单细胞，成熟后溢出，由昆虫传播，与不同交配型的受精丝以异宗配合的方式结合，产生双核菌丝体，以后在叶片背面形成锈孢子器。锈孢子器有包被，长管状，从叶片背面长出，多个锈孢子器生在一起，肉眼看上去似一丛灰色的毛状物。

数字资源
3-71～3-72
（含视频）

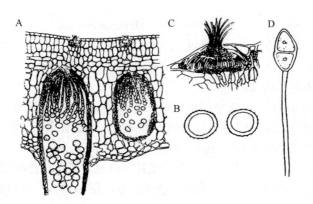

图 3-82　胶锈菌属（陆家云，1997）

A. 锈孢子器；B. 锈孢子；C. 性孢子器；D. 冬孢子

锈孢子不再为害梨树，而是经气流传播到转主寄主桧柏，从桧柏的叶、嫩梢和小枝上侵入，并以菌丝体在桧柏上越冬。翌年春季，在桧柏的叶上或枝条上出现稍微隆起的黄色斑点，以后表皮开裂，有棕褐色米粒状的角状物向外突出，即冬孢子聚集而成的冬孢子角。冬孢子角如遇雨水，则吸水膨胀成橙黄色花瓣状的胶状物。

单胞锈菌属（*Uromyces*）　　冬孢子堆暗褐色至黑色。冬孢子单细胞，有柄，深褐色，顶壁较厚，顶端有一发芽孔。夏孢子堆生于寄主表皮下，后突破表皮，呈红褐色粉状。夏孢子单细胞，黄褐色，单生于柄上，近圆形或椭圆形，表面有刺或瘤状突起（图 3-83）。单胞锈菌属是锈菌中第二大属，有 969 种，寄主广泛，包括豆科、禾本科、百合科和菊科等植物，如引起豇豆锈病（数字资源 3-73）的瘤顶单胞锈菌（*U. appendiculatus*）和引起甜菜锈病（检疫对象）的甜菜单胞锈菌（*U. betae*）。

数字资源 3-73

多胞锈菌属（*Phragmidium*）　　属多胞锈菌科（Phragmidiaceae），冬孢子有 3 至多个细胞，壁厚，表面光滑或有瘤状突起，柄的基部膨大（图 3-84）。夏孢子堆通常有侧丝，夏孢子球形至椭圆形，有刺或瘤，单生于柄上。单主寄生。该属有 100 种，大多具长生活史型，全部寄生于蔷薇科植物，如引起玫瑰锈病的玫瑰多胞锈菌（*P. rosae-multiflorae*）。

疣双胞锈菌属（*Tranzschelia*）　　属于肥柄锈菌科（Uropyxidaceae），冬孢子由两个圆形易分离、表面有疣状突起的细胞构成。夏孢子堆粉末状。夏孢子有柄，单细胞，椭圆形或倒卵形，淡褐色，表面有刺（图 3-85）。该属有 19 个种，如刺李疣双胞锈菌（*T. pruni-spinosae*）引起桃褐锈病（数字资源 3-74）。

数字资源 3-74

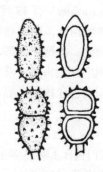

图 3-83　单胞锈菌属冬孢子和夏孢子（许志刚，2003）　　图 3-84　多胞锈菌属冬孢子（许志刚，2003）　　图 3-85　疣双胞锈菌属夏孢子和冬孢子（陆家云，1997）

栅锈菌属（*Melampsora*）　　属于栅锈菌科（Melampsoraceae），冬孢子单细胞，无柄，棱柱形或椭圆形，排列成整齐的一层，壁光滑，淡褐色，着生于寄主表皮细胞下或角质层下。夏孢子堆橙黄色，粉末状。夏孢子单生，有柄，表面有疣或刺（图 3-86）。该属有 110 种，如引起亚麻锈病的亚麻栅锈菌（*M. lini*）。

层锈菌属（*Phakopsora*）　　属于层锈菌科（Phakopsoraceae），冬孢子单细胞，无柄，椭圆形或长椭圆形，不整齐地排列成数层。夏孢子黄褐色，表面有小刺（图 3-87）。该属有 109 种，如引起枣树锈病的枣层锈菌（*P. ziziphi-vulgaris*）。

柱锈菌属（*Cronartium*）　　冬孢子堆常自夏孢子堆处产生，成熟时突破表皮外露。冬孢子单细胞，无柄，长椭圆形或纺锤形，紧密连接成柱状（图 3-88），如引起松、栗、栎锈病的栎柱锈菌（*C. quercuum*）。

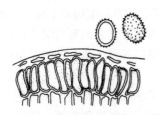 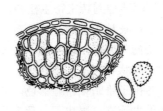 

图 3-86　栅锈菌属冬孢子堆和　　　　图 3-87　层锈菌属冬孢子堆和　　　图 3-88　柱锈菌属冬孢子堆
　　夏孢子（陆家云，1997）　　　　　　夏孢子（陆家云，1997）　　　　　（陆家云，2001）

2. 隔担菌目　　隔担菌目是一类很特殊的真菌，大多与介壳虫形成专性共生的关系。担子果不发达，担子分为原担子和后担子（异担子）。原担子的壁很厚，类似于锈菌的冬孢子，后担子则与锈菌的先菌丝一样横隔为 4 个细胞，每个细胞上有一小梗，上着生担孢子。在以前的分类系统中，隔担菌目被放在层菌纲的有隔担子菌亚纲，但越来越多的证据表明该目与锈菌目的亲缘关系更为密切。该目仅 1 科 9 属 244 种。

隔担菌属（*Septobasidium*）　　担子果平伏，蜡质至壳质。原担子卵形、梨形或圆筒形，厚壁，基部有柄。因担子果平伏在树皮上很像膏药，所致病害称为膏药病。该属有 225 种，如引起桑膏药病的柄隔担菌（*S. pedicellatum*）（图 3-89）。

3. 卷担菌目　　卷担菌原属于木耳目（Auriculariales）木耳科（Auriculariaceae），但《菌物词典》（第十版）中，将它们独立成目，置于柄锈菌纲中，包含 1 科 3 属。其中的卷担菌属（*Helicobasidium*）有 13 种，与植物病害关系密切。该属菌丝体疏松地生于植物地下部或基部，结成网络状菌索，菌核扁球形。担子果平伏，松软而平滑；担子圆筒形，常卷曲，有隔膜，小梗单面侧生。担孢子卵形，无色，表面光滑（图 3-90）。常见种为紫卷担菌（*H. purpureum*），寄生范围广，为害桑、苹果、梨、花生、甘薯等作物，引起紫纹羽病（数字资源 3-75）。其菌核阶段为紫色丝核菌（*Rhizoctonia violacea*），菌丝体生于寄主体内，紫红色。

数字资源
3-75

（三）黑粉菌亚门

该亚门包含 3 纲 35 科 134 属 2622 种。其中与作物病害关系密切的是黑粉菌纲（Ustilaginomycetes）中的黑粉菌目（Ustilaginales）和条黑粉菌目（Urocystidiales），外担菌纲（Exobasidiomycetes）中的腥黑粉菌目（Tilletiales）、叶黑粉菌目（Entylomatales）、实球黑粉菌目（Doassansiales）和

图 3-89　隔担菌属担子及
担孢子（陆家云，2001）

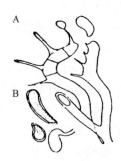

图 3-90　卷担菌属
A. 担子；B. 担孢子

外担菌目（Exobasidiales）。其中，黑粉菌目有 12 科 57 属 1088 种；条黑粉菌目有 6 科 17 属 313 种；腥黑粉菌目有 2 科 7 属 236 种；叶黑粉菌目仅有 1 科 2 属 273 种；实球黑粉菌目有 3 科 13 属 55 种。外担菌目有 4 科 19 属 166 种。

1. 黑粉菌目、条黑粉菌目、腥黑粉菌目、叶黑粉菌目和实球黑粉菌目　　上述真菌一般称为黑粉菌，在之前的分类系统中它们都归属于黑粉菌目，其特征是产生大量黑色粉状的冬孢子，习惯称厚垣孢子。绝大多数为高等植物寄生菌，多寄生于禾本科和莎草科植物上。黑粉菌大多引起全株性侵染，也有局部性侵染的。在寄主的花期、苗期和生长期均可侵入。与锈菌的主要区别是，黑粉菌的冬孢子从双核菌丝体的中间细胞形成，担孢子直接着生在先菌丝的侧面或顶部，没有小梗，担孢子成熟后也不能弹出。此外，黑粉菌不是专性寄生菌，多为兼性寄生菌。黑粉菌的寄生性很强，在自然界中，它们只能在一定的植物上完成其生活史，但它们多数也可以在人工培养基上生长，有些还能在人工培养基上完成全部生活史。

（1）黑粉菌的营养体　　黑粉菌菌丝细长，有分隔及分枝，主要以双核的菌丝体在寄主细胞间生长，常以形态各异的吸器伸入寄主细胞内吸取营养。也有的菌丝体生于寄主细胞内靠菌丝的渗透作用获得营养。系统侵染的黑粉菌的菌丝体布满寄主植物全株，而局部侵染的黑粉菌其菌丝体只限于侵染点附近。有时菌丝上有锁状联合。

（2）黑粉菌的无性繁殖　　黑粉菌的无性繁殖不发达，通常由菌丝体上长出小孢子梗，上面生出分生孢子。分生孢子以芽殖方式产生次生分生孢子，或由担孢子以芽殖方式产生大量的芽孢子，这些都相当于无性孢子。这些孢子都为单核、单倍体细胞。有的黑粉菌担孢子的芽殖能力很强，可以维持很长的腐生阶段，在人工培养基上发展成巨大的酵母菌落。

（3）黑粉菌的有性生殖　　黑粉菌的有性生殖过程很简单，没有性器官的分化，任何两个具有亲和性的细胞或菌丝都可以结合。例如，两个担孢子、两条初生菌丝，或者担孢子与初生菌丝等都可以进行质配而形成双核次生菌丝。次生菌丝生长到后期，菌丝中间细胞的原生质收缩，体积增大，每一团原生质分泌一厚壁形成厚垣孢子，即冬孢子。冬孢子初期双核，成熟后核配，多在萌发时才进行减数分裂，产生担子。担子无隔或有隔，但担子上无小梗，担孢子直接产生在担子上，担孢子不能弹射。冬孢子多为圆球形，黄褐色到黑色，孢子壁常有刺或网纹，单生或聚生形成孢子球。聚生的孢子球分为可孕与不可孕两部分，只有可孕部分才能萌发形成担子和担孢子。

（4）黑粉菌的分类　　黑粉菌的分类主要根据冬孢子的性状，如孢子的大小、形状、纹饰，是否有不孕细胞、萌发的方式及孢子堆的形态等。对于一些很难从冬孢子的性状进行区别的种，寄主范围也作为鉴别特征。

（5）黑粉病　　由黑粉菌引起的病害称为黑粉病，多数随种子传播，或黏附在种子表面或在种子内部。

黑粉菌属（*Ustilago*）　　冬孢子堆产生于寄主各个部位，常在花器，成熟时呈粉末状，多数黑褐色至黑色。冬孢子散生，单细胞，球形或近球形，直径大多 4～8μm，壁光滑或有各种纹饰，萌发产生有隔担子（先菌丝），由 2～4 细胞组成，每细胞侧生或顶生一个担孢子（图 3-91）。有些种的冬孢子萌发直接产生芽管，进而变为侵染丝，而不形成担孢子。该属有 240 种，多数寄生在禾本科植物上，其中不少是重要的植物病原物，如引起小麦散黑粉病的小麦散黑粉菌（*U. tritici*）、引起大麦散黑粉病的裸黑粉菌（*U. nuda*）、引起玉米瘤黑粉病（数字资源 3-76）的玉米黑粉菌（*U. maydis*）和引起大麦坚黑粉病的大麦坚黑粉菌（*U. hordei*）等。各种黑粉菌的生活史虽然相似，但侵染方式不同。小麦、大麦散黑粉菌是从花器侵入的，侵入后菌丝潜伏在麦粒的胚部，种子萌发时侵入生长点而引起全株性（系统性）的感染。玉米黑粉菌的侵染方式在黑粉菌中比较特别，它是以担孢子在植物生长期侵入，引起局部性（非系统性）的感染形成瘤肿。

孢堆黑粉菌属（*Sporisorium*）　　冬孢子堆周围有膜（不孕菌丝），中央有寄主组织，担子分隔，担孢子生在担子每一细胞的侧面。该属有 228 种，高粱坚孢堆黑粉菌（*S. sorghi*）寄生于高粱属植物上，引起高粱坚黑穗病，高粱散堆黑粉菌（*S. cruentum*）引起高粱散黑穗病。

腥黑粉菌属（*Tilletia*）　　冬孢子堆通常生在寄主子房内，少数生在寄主营养器官上，成熟后呈粉状或带有胶性，淡褐色至深褐色，常与不孕细胞混生在一起，大都具鱼腥臭味。冬孢子单生，外围有无色或淡色的胶质鞘，表面有网状或刺状突起，少数光滑。不孕细胞单生，无色或稍带颜色。冬孢子萌发产生无隔的先菌丝，顶端着生担孢子。可亲和的担孢子成对交配，担孢子之间生长接合管，出现"H"形结构（图 3-92）。这些初生的担孢子萌发形成次生担孢子，次生担孢子萌发产生双核菌丝体侵入植物，菌丝体在植株内系统扩展后，再次形成冬孢子。该属有 221 种，比较重要的种有小麦光腥黑粉菌（*T. foetida*＝*Tilletia laevis*）、小麦网腥黑粉菌（*T. caries*）和小麦矮腥黑粉菌（*T. controversa*）等。其中小麦矮腥黑粉菌是我国重要的对外检疫对象。

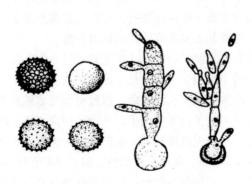

图 3-91　黑粉菌属冬孢子和
冬孢子萌发（陆家云，1997）

图 3-92　小麦光腥黑粉菌
冬孢子和冬孢子萌发

小麦光腥黑粉菌和小麦网腥黑粉菌引起普通腥黑穗病，小麦矮腥黑粉菌引起矮腥黑穗病。

小麦上的这三种腥黑粉菌，主要根据冬孢子的形态不同来区分（图 3-93）。小麦光腥黑粉菌冬孢子的表面光滑；小麦网腥黑粉菌冬孢子的表面有许多网纹，网眼宽 2～4μm，网纹高 0.5～1.2μm；小麦矮腥黑粉菌冬孢子的表面也有网纹，但网纹较大且为多边形，网眼宽 3.5～6μm，网纹高 1.5～3μm，有厚的胶鞘，高 1.5～5.5μm。

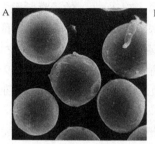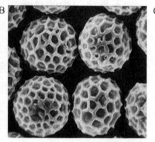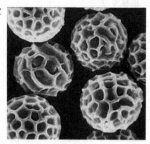

图 3-93　三种腥黑粉菌的冬孢子扫描电镜图（康振生等，1997）

A．小麦光腥黑粉菌；B．小麦网腥黑粉菌；C．小麦矮腥黑粉菌

稻粒黑粉菌　　引起的稻粒黑粉病（数字资源3-77），其冬孢子堆通常产生于子房内，半胶状或粉状，冬孢子单生于产孢菌丝末端细胞内。产孢菌丝在孢子形成后残留在孢子表面，并形成一柄状附属丝。冬孢子大型，表面布满齿状突起（图3-94）。

条黑粉菌属（*Urocystis*）　　冬孢子堆着生于寄主的各部位，以叶、叶鞘和茎上为多，深褐色至黑色，粉末状或颗粒状。由一至数个冬孢子紧密结合成外有不孕细胞的孢子球，冬孢子褐色，不孕细胞无色（图 3-95）。该属有 185 种，常见种为引起小麦秆黑粉病的小麦条黑粉菌（*U. tritici*）。

叶黑粉菌属（*Entyloma*）　　冬孢子堆埋生在叶片、叶柄或茎组织内，不呈粉状；在为害部位形成各种形状的变色斑。冬孢子圆形光滑单生，常数个孢子集结在一起（图 3-96）。该属有 252 种，常见种有引起水稻叶黑粉病（数字资源 3-78）的稻叶黑粉菌（*E. oryzea*）。

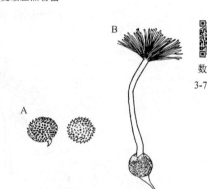

数字资源
3-77～3-78

图 3-94　稻粒黑粉菌
（陆家云，1997）

A．冬孢子；B．冬孢子萌发

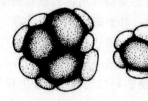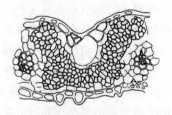

图 3-95　条黑粉菌属冬孢子与
不孕细胞结合的孢子球（陆家云，1997）

图 3-96　叶黑粉菌属埋生在组织内的冬孢子堆
（陆家云，1997）

轴黑粉菌属（*Sphacelotheca*）　　特征和黑粉菌属相似，但孢子堆外有菌丝细胞组成的假膜包被，孢子堆中有寄主残余组织构成的中轴（图 3-97）。有趣的是该属实质上属于柄锈菌亚门小葡萄菌纲（Microbotryomycetes）小葡萄菌目（Microbotryales）小葡萄菌科（Microbotryaceae）。该属有 42 种，如丝轴黑粉菌（*S. reiliana*）引起高粱和玉米丝黑穗病。

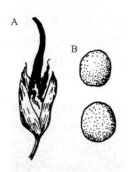

图 3-97　轴黑粉菌属（陆家云，1997）
A. 子房受害后形成的
冬孢子堆和中轴；B. 冬孢子

2. 外担菌目　寄生在高等植物上，为害叶、茎、果实，使被害部分肿大。菌丝生于寄主细胞间，在寄主细胞产生吸器，从菌丝上单独或簇生出担子，突破寄主植物的角质层，在寄主植物表面形成白色的子实层，但不形成担子果。与子囊菌门中的外囊菌属（*Taphrina*）的子囊所形成的子实层相似。担子棍棒状，每个担子上形成4～8个担孢子。

外担菌目只有外担菌科（Exobasidiaceae）1科，有5属约15种。其中外担菌属（*Exobasidium*）（图3-98）较为重要，有115种，如坏损外担菌（*E. vexans*）为害茶树引起茶饼病（数字资源3-79）。受害叶片正面褪色凹陷，背面膨肿，上生白色粉末，新梢受害生肿瘤，上有白色粉末。

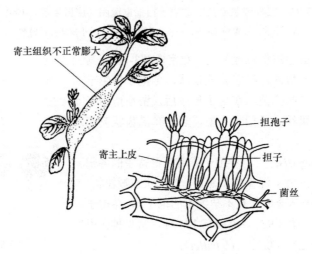

图 3-98　外担菌属（陆家云，2001）

寄主组织不正常膨大　担孢子　寄主上皮　担子　菌丝

（四）伞菌亚门

伞菌亚门真菌一般形成比较发达的大型担子果，担子果裸果型、半裸果型或被果型，大多为腐生的，有许多可以引起木材腐朽，少数可以为害植物，有的是森林植物的重要病原菌，也有一些与植物共生形成菌根。许多种类有食用价值和药用价值，如蘑菇、木耳、竹荪、灵芝、马勃等。伞菌亚门真菌菌丝为典型的桶孔隔膜菌丝，有桶孔覆垫。可以根据担子果的开裂与否分为层菌类和腹菌类，前者担子果裸果型或半裸果型；后者担子果被果型。以前的分类系统据此将它分为层菌纲和腹菌纲。现代的真菌分类方法则更重视真菌的超微结构和分子生物学证据，为此，淡化了担子果的类型在高阶分类中的作用。

《菌物词典》（第十版）中，将伞菌亚门分为伞菌纲（Agaricomycetes）、花耳纲（Dacrymycetes）和银耳纲（Tremellomycetes），有150科1730属50 286种。伞菌纲有23目112科1606属36 413种。

伞菌纲中比较重要的目有伞菌目（Agaricales）、木耳目（Auriculariales）、鸡油菌目（Cantharellales）、多孔菌目（Polyporales）、银耳目（Tremellales）和鬼笔目（Phallales）等。

1. 伞菌目　伞菌目又称蘑菇目，有33科及一个分类地位未确定的科，586属23 225种。

大多腐生于土壤、木材、枯死树叶和粪堆等，少数寄生于其他大型真菌，也有的与植物共生形成菌根，另有少数可引起树木和果树的根腐病，其中最重要的是密环菌（*Armillaria mellea*）。奥氏蜜环菌（*A. ostoyae*）在美国俄勒冈发育成为世界上最大的生物。伞菌目中包括许多美味、营养价值很高的食用菌和药用菌，如蘑菇（*Agaricus campestris*）、双孢蘑菇（*Agaricus bisporus*）、香菇（*Lentinula edodes*）、草菇（*Volvariella volvacea*）等。多种伞菌具有抗癌物质，而菌根菌可用于造林。少数伞菌有毒，通常称为毒伞菌或毒蘑菇。

伞菌目的主要特征是担子果肉质，为半被果型，典型的为伞状（图3-99），由菌盖和菌柄两部分组成。子实层着生在菌盖下面的菌褶上。担孢子有色或无色，每种伞菌的担孢子落下成堆时都有特定的颜色，称为孢子印，常作为分类的依据。

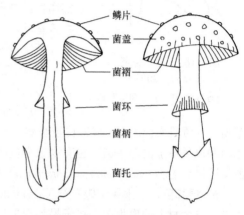

图3-99 伞菌子实体结构
（邢来君和李明春，1999）

小核菌属（*Sclerotium*） 属于核瑚菌科（Typhulaceae），菌核圆球形或不规则形，表面光滑或粗糙，外表褐色或黑色，内部浅色，组织紧密。菌丝大多无色或浅色（图3-100）。主要为害植物地下部，引起猝倒、腐烂等，该属有37种。一些曾命名为小核菌属的真菌归属于伞菌纲的阿太菌目（Atheliales）阿太菌科（Atheliaceae）的阿太菌属（*Athelia*），如引起作物白绢病（数字资源3-80）的齐整小核菌（*S. rolfsii*=*Athelia rolfsii*）；另外一些小核属真菌，如白腐小核菌（*Sclerotium cepivorum*）归属于子囊菌门锤舌菌纲柔膜菌目核盘菌科的座盘菌属（*Stromatinia*），引起洋葱白腐病。

数字资源
3-80

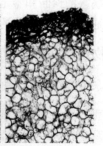

图3-100 小核菌属
A. 菌核；B. 菌核剖面

2. 木耳目 该目有2科41属288种。大都为木材上的腐生菌，少数可寄生于高等植物或其他真菌上。担子果裸果型，胶质，干后呈坚硬的壳状或垫状。子实层分布于整个担子果的表面，或大部分埋没于担子果内。担子圆柱形，具隔膜，分为2~4个细胞，每个细胞有1个小梗，担孢子产于小梗顶端。常见的有木耳（*Auricularia auricula*），是我国重要的食用菌。

3. 鸡油菌目 该目有7科55属750种。真菌的担子果漏斗状或管状，有菌柄和菌盖，菌丝结构为单系菌丝，子实层平滑或有皱褶，或折叠成像菌褶一样的结构。其中的鸡油菌属（*Cantharellus*）中有许多食用菌。

亡革菌属（*Thanatephorus*）**或丝核菌属**（*Rhizoctonia*） 属于角担菌科（Ceratobasidiaceae），

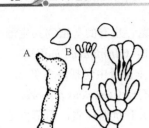

图 3-101　亡革菌属
（陆家云，2001）

A. 菌丝细胞；B. 担子和担孢子

分别有 9 种和 46 种；担子果为平伏薄膜状，担子粗壮，近圆柱形、桶形或倒卵形，具明显膨大的小梗。小梗与担子间有一横隔膜，成熟时小梗脱落。担孢子椭圆形，一侧扁，无色至淡色，萌发可产生次生担孢子（图 3-101）。其中，瓜亡革菌（*T. cucumeris*）是寄主范围很广的病原菌，为立枯丝核菌（*R. solani*）的有性阶段。它为害棉、麻、大豆、花生、烟草和蔬菜等多种植物的茎基部和根，导致苗枯、茎枯和根腐等，引起立枯病。为害禾本科植物茎基部，在叶鞘上产生颜色深浅不一的褐色云纹斑，引起纹枯病（数字资源 3-81）。

4. 多孔菌目　该目包括 13 科 311 属 3553 种。分布广，种类多，已知有 1801 种。一般形成较大的裸果型担子果，担子果有柄或无柄，平伏或直立，盘状、棍棒状、珊瑚状和贝壳状等，革质、木质或木栓质，一般都比较坚实。子实层体平滑、管状、齿状或菌褶状。该目多为枯树、木材和腐殖质上的腐生菌，也有少数是植物病原菌，如引起茶树、咖啡、可可、橡胶等根腐病的橡胶树灵芝（*Ganoderma pseudoferreum*）等。该目中的灵芝（*Ganoderma* spp.）是重要药用菌。

5. 银耳目　隶属于银耳纲（Tremellomycetes），包括 13 科 51 属 435 种，除少数寄生外，大部分是木材上的腐生菌。担子果为裸果型，有柄或无柄，大多数为胶质，子实层生于担子果的一侧。典型的担子以十字形纵向隔成 4 个细胞。每个细胞有 1 个小梗，其上着生 1 个担孢子。银耳（*Tremella fuciformis*）是本目中很典型的种，为我国重要药材之一，可以人工栽培。

第四节　菌物所致病害的特点及其鉴定

植物菌物病害的诊断和鉴定主要包括：利用所学知识和实践经验，在掌握各类菌物致病特点的基础上，通过对病原菌物的分离培养、形态观察与鉴定等步骤进行。

一、菌物所致植物病害的特点

（一）根肿菌和卵菌所致植物病害的主要特点

根肿菌常引起组织增生，使根茎部膨大或形成肿瘤，病部外表往往看不到病征，只能从病组织的切片中观察到病原菌。卵菌病害的主要病征为在受害部位出现棉絮状物、霜霉状物、白锈状物等，而引起的主要症状类型包括：①膨肿、徒长和畸形等促生性病变，这在霜霉、白锈菌所致的病害中常见；②根部、茎基和果实等的腐烂，这是水霉菌、腐霉菌和疫霉菌等所致病害的特点；③坏死性和褪色性的叶斑，这是卵菌门所致病害的常见病状。其叶斑边缘多无明显界限，受病部位有由菌丝体及其繁殖体所构成的显著病征。绵腐病、霜霉病、白锈病等都以其显著的病征而得名。由于病原卵菌的喜湿习性，所以叶部病征一般呈现在其底面。

卵菌病害潜育期短，侵染次数多。在适宜的环境条件下，发展很快，短期内造成毁灭性损失，如著名的马铃薯晚疫病。

（二）毛霉菌所致植物病害的主要特点

毛霉菌引起的植物病害不多，只有根霉和笄霉等少数几属引起植物病害，主要造成植物花器、果实、块根和块茎等器官的腐烂，也可以引起幼苗烂根。主要病征是在病部产生霉状物，初期为白色，后期转为灰白色，霉层上可见黑色小点。引起的病害常称为软腐病、褐腐病、根霉病和黑霉病等。

（三）子囊菌所致植物病害的主要特点

子囊菌大多数引起局部坏死性病害，少数引起系统性的维管束病害，即萎蔫病。子囊菌病害，一般在叶、茎、果上形成明显的病斑，其上产生各种颜色的霉状物或小黑点。它们大多是死体营养生物，既能寄生，又能腐生。但是，白粉菌则是活体营养生物，常在植物表面形成粉状的白色或灰白色霉层，后期霉层中夹有小黑点即闭囊壳。多数子囊菌的无性繁殖比较发达，在生长季节产生一到多次的分生孢子，进行重复侵染和传播。子囊菌常常在生长后期进行有性生殖，形成有性孢子，以度过不良环境，成为下一生长季节的初侵染来源。

子囊菌引起植物病害的主要病状为叶斑、炭疽、疮痂、溃疡、枝枯、腐烂、肿胀、萎蔫和发霉等。主要病征为白粉、烟霉、各种颜色的点状物（以黑色为主）、黑色刺毛状物、霉状物、颗粒状的菌核和根状菌索等。有时也产生白色棉絮状的菌丝体。因此，这两类病菌造成的病害主要有叶斑病、炭疽病、白粉病、煤烟病、霉病、萎蔫病、干腐枝枯病、腐烂病和过度生长性病害九大类。

（四）担子菌所致植物病害的主要特点

担子菌门引起的植物病害主要集中在黑粉菌、锈菌及少数层菌类。在农业生产上，主要是黑粉病、锈病、根腐病及过度生长性病害。其中黑粉病和锈病以其显著的病征而易于识别。担子菌所致植物病害的主要病状是斑点、斑块、立枯、纹枯、根腐、肿胀和瘿瘤等。除了锈菌、黑粉菌、丝核菌和外担菌外，担子菌很少引起叶斑。担子菌引起的主要病征是锈状物、黑粉状物、霉状物、颗粒状菌核或索状菌索。

黑粉菌主要为害禾本科植物，多数导致穗部不同程度的损坏，有些则引起茎叶的斑点、条纹或瘤肿。同时，在这些为害部位形成大量黑粉状的冬孢子，成为明显的病征。一些种类还能引起花器或营养器官的变形。由于其孢子的形成往往局限在寄主的一定器官部位，因此有所谓秆黑粉、叶黑粉、花器黑粉、粒黑粉等的区别。

锈菌所有种都是专性寄生菌。它们的不同类群与其所寄生的寄主植物的发展是密切相关的。锈菌的多型性显示其营养生理的复杂性。锈菌为害各种栽培植物，在寄主的叶片上，通常引起黄化叶斑；而在茎、果等肥厚器官上，则可使寄主发生瘤肿、丛枝、歪曲及其他畸形的病状。病菌的锈子器、夏孢子堆及冬孢子堆，都构成显著的病征。

在层菌类中，除外担菌寄生于叶片引起促进性的畸形病变及膏药病菌对植物的为害比较特殊外，其余一般是弱寄生菌，引起立枯、根腐或木朽。它们通常只产生担孢子这一个类型的孢子，甚至于不经常产生孢子，依靠菌核或在土中蔓延的菌丝来传播。有少数种类如纹枯病菌和立枯病菌等能以菌丝蔓延不断重复侵染。

二、植物菌物病害的诊断和鉴定

菌物的分类、鉴定基本是以形态特征为主，辅之以生理、生化、遗传、生态、超微结构及分子生物学等多方面的特征。

菌物病害诊断时，如果在为害部位能看到明显的病征，通常用湿润的挑针或刀片将寄主病部表面生出的各种霉状物、粉状物和粒状物挑出或刮下来，或进行切片，置于玻片上，在光学显微镜下观察，进行鉴定；如果病部没有子实体，则可以先进行保湿培养促使子实体形成。有些无性态子囊菌，其分生孢子在孢子梗上着生方式是分类鉴定的重要依据。如果挑取不当，往往不易观察到这一特征。这时，可用透明胶带，剪取小片，使有胶质一面轻贴孢子和孢子梗，取出将带有孢子的胶质面向下，滴加浮载剂，加盖玻片进行观察。但是，有时病部观察到的菌物并不是真正的病原菌，而是与病害无关的腐生菌。因此，要确定真正的病因，必须按照科赫法则进行人工分离、培养、纯化和接种等一系列工作。尤其是新病害和疑难病害的诊断，科赫法则显得十分重要。

菌物的分类和鉴定工作，早期完全依赖于形态性状。菌物的有性和无性孢子大小、形状、颜色很固定，所以主要以孢子产生方式和孢子本身的特征和培养形状来进行分类。但是，利用形态性状来作为分类鉴定的依据，一定要注意性状的稳定性，不然就会将同一种（属）的菌物误认为是不同的种（属）。因为有些菌物在不同的基质上生长时，其形态性状会有差异。

菌物的鉴定除形态观察外，生理生化和生态性状也有较为广泛的应用。常用的方法有可溶性蛋白和同工酶的凝胶电泳、血清学反应、脂肪酸组分分析和胞壁碳水化合物的组成分析等。另外，有些菌物的生活习性和地理分布等生态性状，也是分类鉴定的参考依据。

现代分子生物学技术的不断发展也为菌物的分类和鉴定提供了许多新的方法，极大地推动了菌物学的发展。其中用核酸和蛋白质等分子生物学性状来探索菌物的种、属、科、目、纲、门等各级分类阶元的进化和亲缘关系的应用日趋广泛，弥补了传统分类的不足，特别是对于形态特征难以区分的种类的鉴定具有重要意义，也使人们对菌物系统发育的认识更接近于客观。这些技术主要包括 DNA 中（G+C）摩尔百分含量（mol%含量）的比较、核酸分子杂交技术、rDNA 序列分析技术、核糖体基因转录间隔区（ITS）分析技术、脉冲场电泳技术、限制性片段长度多态性（RFLP）分析技术、随机扩增多态性 DNA（RAPD）技术、简单重复序列分析技术、扩增片段长度多态性（AFLP）技术和 DNA 条形码（DNA barcoding）技术等。例如，正是由于 rDNA 的序列分析应用于菌物系统发育的研究，菌物的分类系统才发生了根本的变化。从原来认为菌物是单系类群（monophyletic group），到现在确定菌物是一个由不同祖先的后裔组成的若干生物界的混合体，即多元的复系类群（polyphyletic group）。

人类对物种的鉴定经历了从仅仅依赖形态学特性，扩充到将形态学特性与生理、生化和生态特性相结合，再到将形态学与现代分子生物学技术相结合的过程，使得物种鉴定和分类更加科学，但是鉴定过程也趋于烦琐。考虑到菌物的基因组相对较小，数据库中已经积累大量的基因组数据，为菌物的鉴定，特别是为建立菌物的 DNA 条形码提供了方便。现在菌物的鉴定主要采用菌物的保守基因与形态相结合的方法进行，该方法快速、高效、精准，从遗传基础上反映了菌物的特性。

❀ 小　结

菌物是真核生物，过去统称真菌，是一类具有细胞核、无叶绿素，不能进行光合作用，以吸收为营养方式的有机体；其营养体通常是丝状分枝的菌丝体，通过产生各种类型的孢子进行有性生殖或无性生殖。菌物的营养方式有腐生、共生和寄生三种。菌物无性繁殖产生的无性孢子主要有游动孢子、孢囊孢子、分生孢子、芽孢子和厚垣孢子等。许多菌物的无性繁殖能力很强，可以在短时间内循环多次，对植物病害的传播、蔓延与流行起重要作用。多数菌物可以进行有性生殖，有性生殖往往在菌物营养生长的后期或环境不适宜时进行，有利于菌物越冬或越夏以度过不良环境。菌物有性生殖后产生有性孢子，常见的有性孢子有卵孢子、休眠孢子囊、接合孢子、子囊孢子和担孢子。某些菌物还可以进行准性生殖。菌物典型的生活史通常包括无性繁殖和有性生殖两个阶段。菌物生活史大致可归纳为 5 种类型。菌物是一类容易发生变异的生物，具有多样性，其变异主要来源于有性生殖中染色体的交换和重组。

　　菌物包括黏菌、卵菌和真菌，在新的分类系统中，它们分别被归入变形虫界、有孔虫界、不等鞭毛生物界和真菌界中。菌物分类系统是根据菌物在形态、生理、生化、遗传、生态、超微结构及分子生物学等多方面的特征建立起来的。但由于对菌物分类的观点存在较大的分歧，不同的学者提出了不同的分类系统。本书基本采用《菌物词典》（第十版）结合 NCBI 分类系统和《生命百科全书》（*Encyclopedia of Life*）进行分类，将植物病原菌物分为根肿菌、卵菌门、壶菌门、毛霉菌门、子囊菌门和担子菌门。

　　根肿菌的营养体为原质团，以整体产果的方式繁殖。形成的孢子囊有两种，一种是无性繁殖产生的游动孢子囊；另一种是有性生殖产生的休眠孢子囊。根肿菌属于有孔虫界，其中根肿菌引起的十字花科植物根肿病和粉痂菌引起的马铃薯粉痂病都是重要的植物菌物病害，而一些多黏霉菌是植物病毒的传播介体。

　　卵菌的共同特征是有性生殖以雄器和藏卵器交配产生卵孢子。卵菌的另一个特征是产生具鞭毛的游动孢子。卵菌大多为水生，少数两栖或接近陆生，也有腐生和寄生的。卵菌的营养体为二倍体，是发达、无隔膜的菌丝体。少数低等的是有细胞壁的单细胞；细胞含有多个细胞核，细胞壁主要成分为纤维素。卵菌无性繁殖产生游动孢子囊并释放游动孢子。有性生殖时，部分菌丝细胞分化为雄器和藏卵器，雄器和藏卵器以配子囊接触交配的方式进行质配、核配，形成 1 个或多个二倍体的卵孢子。卵菌门只有一个卵菌纲，分 11 目，其中寄生高等植物并引起严重病害的有腐霉、霜霉和白锈 3 目。少数水霉目菌物也可以寄生高等植物，但寄生能力较弱。

　　原壶菌门真菌拆分为 4 门，保留了壶菌门，另建立芽枝霉门、油壶菌门和 Sanchytriomycota 等，壶菌多为水生的，腐生在水中的动、植物残体上或寄生于水生植物、动物和其他菌物上，少数可以寄生高等植物。壶菌的营养体形态变化很大，从球形或近球形的单细胞至发达的无隔菌丝体，有的壶菌单细胞营养体的基部还可以形成假根。壶菌无性繁殖时产生游动孢子囊，可释放多个游动孢子。有性生殖方式有多种，大多是通过两个游动孢子配合形成的接合子经发育而成休眠孢子囊；少数通过不动的雌配子囊（藏卵器）与游动配子（精子）的结合形成卵孢子。壶菌门、芽枝霉门和油壶菌门等真菌中只有少数是高等植物上的寄生物。

　　原接合菌门拆分为毛霉菌门、捕虫菌门、新丽鞭毛菌门和球囊霉门 4 门，毛霉菌门真菌的共同特征是有性生殖产生接合孢子。毛霉菌营养体为单倍体，大多是发达的无隔菌丝体，少数菌丝体不发达，细胞壁的主要成分为几丁质。无性繁殖是在孢子囊中形成孢囊孢子。有性生殖是以配子囊配合的方式产生接合孢子。毛霉菌是陆生的，大多为腐生物，只有少数毛霉菌可以寄生植物引起病害。球囊霉门真菌与高等植物共生形成菌根。

　　子囊菌门菌物的共同特征是有性生殖产生子囊和子囊孢子，无性繁殖产生分生孢子。子囊菌门分为 3 亚门，即外囊菌亚门、盘菌亚门和酵母菌亚门。为害植物的主要集中在前两亚门。外囊菌亚门有 4 纲，其中与植物病害关系最密切的是外囊菌纲中的外囊菌目。盘菌亚门也称子囊菌亚门，有 10 纲及 1 个分类地位未确定的纲，其中与作物病害关系密切的是座囊菌纲中的多腔菌目、煤炱目、格孢腔菌目、葡萄座腔菌目、球腔菌目和黑星菌目；散囊菌纲中的散囊菌目；锤舌菌纲中的白粉菌目和柔膜菌目；粪壳菌纲中的小煤炱目、肉座菌目、间座壳目、小囊菌目、大角间座壳目、小丛壳目和黑痣菌目等。此外，还有未确定目地位的小丛壳属菌物。子囊菌中还有许多种类不产生有性阶段，或有性阶段不常见，这类菌物在以前的分类系统中属于半知菌。

担子菌门的菌物通称担子菌，其基本特征是具有担子的产孢结构和外生担孢子。在其生活史中可以产生三种类型的菌丝，即初生菌丝、次生菌丝和三生菌丝。担子菌除少数种类有无性繁殖外，大多数在自然条件下没有无性繁殖。担子菌中除锈菌产生特殊的生殖结构即性孢子器外，一般没有明显的性器官分化。多数高等担子菌都是通过两个不同性质的初生菌丝联合，产生双核菌丝。在营养阶段后期，双核菌丝顶端直接形成担子。担子初期细胞双核，以后双核发生核配，核配后的双倍体核立即进行减数分裂，形成4个单倍体的子核，然后在担子上外生4个担孢子。高等担子菌的担子着生在称为担子果的子实体内。担子菌门分3亚门：伞菌亚门、柄锈菌亚门和黑粉菌亚门。柄锈菌亚门中柄锈菌目、隔担菌目和卷担菌目较为重要。柄锈菌目菌物通常称锈菌，是高等植物的专性寄生菌，为害植物茎、叶，偶尔侵染花和果实，在病斑表面产生锈状物。锈菌的分类主要依据冬孢子的形态、排列和萌发的方式。比较重要的有柄锈菌属、胶锈菌属、单胞锈菌属、多胞锈菌属、栅锈菌属、层锈菌属和轴黑粉菌属等。隔担菌目担子果不发达，担子分为原担子和后担子。原担子的壁很厚，类似于锈菌的冬孢子，后担子则与锈菌的先菌丝一样横隔为4个细胞，每个细胞上有一小梗，上着生担孢子。隔担菌目中与植物病害有关的为隔担菌属，引起植物的膏药病。卷担菌目中的卷担菌属与植物病害关系较为密切，引起多种植物的紫纹羽病。黑粉菌纲的菌丝分隔较为简单。黑粉菌亚门中黑粉菌目、条黑粉菌目、腥黑粉菌目、叶黑粉菌目和实球黑粉菌目菌物一般称为黑粉菌，特征是产生大量黑色粉状的冬孢子，习惯称厚垣孢子。绝大多数为高等植物寄生菌。黑粉菌的分类主要根据冬孢子的性状。比较重要的有黑粉菌属、腥黑粉菌属、条黑粉菌属、叶黑粉菌属和尾孢黑粉菌属等。黑粉菌大多引起系统侵染，也有局部性侵染的。系统侵染的黑粉菌，典型症状是引起禾本科植物的黑穗病。外担菌目菌物寄生在高等植物上，为害叶、茎、果实，使被害部分肿大。伞菌亚门菌物一般形成比较发达的大型担子果，大多为腐生的，有许多可以引起木材腐朽，少数可以为害植物，有的是森林植物的重要病原菌。许多有食用价值和药用价值的菌物属于此亚门。伞菌亚门分为伞菌纲、花耳纲和银耳纲。伞菌纲包含17目，其中比较重要的有伞菌目、木耳目、鸡油菌目、多孔菌目、阿太菌目、鬼笔目等。

植物菌物病害的鉴定可通过对病原菌物的分离培养、形态观察与鉴定等步骤进行。菌物病害的诊断则通过病状类型与病征特点的观察、病原菌物鉴定等。

❀ 复习思考题

1. 什么是菌物？菌物有哪些类群？如何解析菌物的系统发育？
2. 如何鉴定菌物？鉴定菌物的主要依据是什么？怎样理解菌物的DNA条形码？
3. 为何会出现"同种多名"现象？怎样实现"one fungus，one name"？
4. 试述植物病原菌物的无性繁殖和有性生殖的特点及其在植物病害发生流行中的作用。
5. 什么是准性生殖？准性生殖的过程和意义，以及与有性生殖的主要区别是什么？
6. 子囊菌典型的有性生殖的过程如何？与担子菌的有性生殖有何异同？
7. 担子菌门菌物的分类依据是什么？锈菌目菌物与黑粉菌目菌物有哪些异同？
8. 菌物引起的植物病害主要有哪些特点？植物菌物病害如何进行诊断和鉴定？

第四章　植物病原原核生物

第一节　原核生物概述

原核生物（prokaryotes）是指无真正的细胞核，遗传物质分散在细胞质中，无核膜包被，仅形成一个圆形或椭圆形核区的低等生物。原核生物分为两域（domain）：细菌域（Bacteria）和古生菌域（Archaea）。其中细菌域种类较多，包括细菌、放线菌、蓝细菌和支原体等。目前已知的植物病原原核生物都属于细菌域，所以本节主要以细菌为代表介绍植物病原原核生物的结构和功能。

一、细菌的形态和结构

细菌与其他原核生物一样是单细胞体，有 3 种基本形态：球状、杆状和螺旋状，分别称为球菌、杆菌和螺旋菌。此外，有些细菌具有其他形态，如梨状、盘碟状、叶球状、方形及三角形等。植物病原细菌以杆状为主，球状次之，螺旋状较为少见。各种细菌的大小差异很大，球菌的直径一般为 0.6~1.0μm，杆菌的大小一般为（1~3）μm×（0.5~0.8）μm，螺旋菌菌体较大，一般为（14~60）μm×（1.4~1.7）μm。实际上细菌形态和大小会受到环境条件的影响，同一细菌在不同的培养基上或在不同的培养温度、培养时间等条件下，形态和大小会发生改变。必须指出，在不同的文献中，即使对同一种细菌大小的描述也有差异，这主要与细菌的固定染色方法有关，因此在报道细菌大小时应该写明所用方法。

细菌细胞的基本结构，包括细胞壁、细胞膜、细胞质、核区和核糖体等，有些细菌除了这些基本结构外，还有一些特殊结构，如芽孢、气泡、鞭毛、纤毛、性纤毛及荚膜等（图 4-1）。细菌的这些结构都具有特定的功能。

细菌的细胞壁（cell wall）是紧贴细胞膜外的一层坚韧、略具弹性的结构，能维持细胞的外形，对细胞具有保护作用。细菌细胞壁由肽聚糖、磷壁酸、类脂质和蛋白质等组成，其中肽聚糖起着重要的生

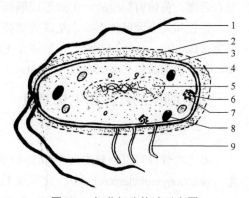

图 4-1　细菌细胞构造示意图

1. 鞭毛；2. 荚膜；3. 细胞壁；4. 细胞膜；5. 核区；
6. 中心体；7. 核糖体；8. 液泡；9. 纤毛

理作用，但有少数种类的细菌细胞壁不含有肽聚糖。肽聚糖是一种大分子聚合物，包含聚糖链和肽链组分。用革兰氏染色，可以将细菌分为革兰氏阳性（G^+）菌和革兰氏阴性（G^-）菌两大类。在革兰氏阳性菌中，肽聚糖位于细胞质膜外侧，含量较高，而在革兰氏阴性菌中，肽聚糖位于细胞质膜和外膜形成的周质空间内，含量较低。此外，革兰氏阳性菌和革兰氏阴性菌细胞壁的其他成分也存在明显的差异（表 4-1）。

表 4-1　革兰氏阳性菌和革兰氏阴性菌细胞壁成分的主要区别

成分	占细胞壁干重的质量分数/%	
	革兰氏阳性菌	革兰氏阴性菌
肽聚糖	含量高（50~90）	含量低（5~45）
磷壁酸	含量较高（<50）	无
类脂质	一般无	含量较高（约 20）
蛋白质	无	含量较高

数字资源 4-1

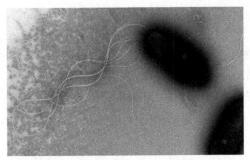

图 4-2　细菌的鞭毛（蔡学清提供）

细菌鞭毛（flagellum）（图 4-2）是着生在细胞表面的细长、波曲的丝状结构（数字资源 4-1），是细菌的"运动器官"。不同的细菌，其鞭毛着生的位置和数目不同，着生在菌体的一端或两端的称作极生鞭毛，着生在菌体四周的称作周生鞭毛，鞭毛数有一根、数根或多根。除鞭毛外，有些细菌的细胞表面还着生一些比鞭毛更细、更短、数量更多的蛋白质微丝，叫菌毛（fimbria 或 pilus），菌毛不是细菌的"运动器官"，可使某些细菌结合在一起时形成菌膜以获得充分的氧气，菌膜有助于细菌附着在寄主上，也是许多革兰氏阴性菌的抗原——菌毛抗原。另外，细菌还具有性菌毛（sex-pilus），比菌毛更粗更长，一般数目较少，在细菌结合过程中具有转移遗传物质的作用，有的还是 RNA 噬菌体的特异性吸附受体。

芽孢和伴孢晶体也是细菌的特殊构造。芽孢（endospore）是为数不多的产芽孢细菌，生长发育后期，菌体内形成的一个圆形或椭圆形、厚壁、折光性强、具有抗逆性的休眠体。芽孢形状、位置和大小因菌种而异，是该类细菌分类的形态特征之一。一些芽孢杆菌，如苏云金芽孢杆菌（*Bacillus thuringiensis*）在形成芽孢的同时，会在芽孢旁边形成一个菱形的碱溶性蛋白晶体，称为伴孢晶体（parasporal crystal）。

二、细菌的营养和生长繁殖

（一）细菌的营养

微生物营养可以划分成 4 种营养类型：光能无机自养型（photoautotroph）、光能有机异养型（photoorganoheterotrophy）、化能无机自养型（chemolithoautotrophy）和化能有机异养型（chemoorganoheterotrophy）。植物病原细菌属于化能有机异养型，不仅可以寄生，而且大多数可以人工培养。细菌的生长需要碳源、氮源、无机盐类和生长因子等。

（二）细菌的代谢

生物细胞内发生的各种化学反应统称为代谢。细菌的代谢过程需要有酶的参与，许多细菌能分泌胞外酶，如胡萝卜果胶杆菌（*Pectobacterium carotovorum*）就能分泌溶果胶酶，可以使寄主细胞解体，从中吸取养分。细菌代谢过程中需要能量，能量可以通过发酵途径获得，即无氧发酵。另外，还可通过有氧呼吸来产生能量，大部分细菌用这种方式获得能量。最常见的是糖酵解途径（Embden-Meyerhof pathway，EMP）和三羧酸循环（tricarboxylic acid cycle，TCA）相结合。

细菌的代谢产物很多，在细菌的分类鉴定中可以加以利用，如利用糖发酵试验，可以区分厌氧和需氧细菌；通过吲哚试验得知一些细菌可以分解色氨酸生成吲哚；硫化氢试验可以得知一些细菌可分解含硫氨基酸（胱氨酸及半胱氨酸）产生硫化氢；再如 VP 试验，有些细菌可以分解葡萄糖产生丙酮酸，丙酮酸进一步脱羧形成乙酰甲基甲醇，乙酰甲基甲醇在碱性条件下会被空气中的氧氧化为二乙酰，这样可以与培养基蛋白胨中的精氨酸等所含的胍基结合，形成红色的化合物，即 VP 试验阳性。在有关产酸的试验中，加入指示剂，pH 一改变就可显示出，这在细菌的生理生化的测试中具有应用价值。

（三）细菌的生长繁殖及人工培养

细菌的生长是指在适宜的环境条件下，细胞不断地吸收营养物质进行代谢活动，导致有机体细胞组分与结构量的增加。细菌是单细胞体，在生长成熟后，通过细胞二分裂方式来完成繁殖，即形成 2 个基本相似的子细胞，子细胞又重复相同的过程。细菌的繁殖速度很快，有些细菌在适宜的条件下，每 20min 就可以分裂一次。

植物病原细菌大部分可以人工培养，在进行人工培养时需选择合适的培养基和 pH，植物病原细菌一般在中性和微碱性之间生长较好，即 pH 为 7～7.2。一般的植物病原细菌最适生长温度为 25～28℃，但也有例外，如马铃薯细菌性环腐病菌（*Clavibacter michiganensis* subsp. *sepedonicum*）的最适生长温度为 20～23℃，而菊果胶杆菌（*Pectobacterium chrysanthemi*）则以39℃为最适生长温度。

细菌在固体培养基上生长会形成群体，肉眼可见，称为菌落（colony）（数字资源 4-2）。不同细菌菌落大小、形态、颜色存在差异。细菌菌落一般是圆的，中央有点凸起，光滑，湿润；边缘一般为全缘（无凹凸不平）（数字资源 4-3），少数边缘不规则（数字资源 4-4）。菌落一般为乳白色或黄色，也有褐色或蓝色，但比较少见。菌落的颜色与菌体产生的色素有关，一类色素不溶于水，只存在于菌体中，如黄色素；另一类色素可溶于水，并分泌到细胞外，使培养基都变色，如荧光色素。

数字资源
4-2～4-5
（含视频）

三、细菌的遗传和变异

（一）遗传物质

细菌的遗传物质由细胞质内的染色体 DNA 和染色体外 DNA 组成（数字资源 4-5）。染色体 DNA 大多数以双链、共价闭合环状的形式存在，主要分布在核区内，染色体还含有核蛋白，不含组蛋白，基因是连续的，无内含子。细菌一般只有一条染色体，即一个核酸分子，基因组（genome）为单个染色体上所含的全部基因。细菌的染色体控制细菌的各种遗传特性。细菌 DNA

组成决定细菌的基因型（genotype），在特定的条件下，全基因组表达出的生物学性状，称为表型（phenotype）。原核细胞中染色体外 DNA 主要是指质粒（plasmid），是染色体以外的遗传因子，为能自主复制的双链环状 DNA，携带遗传信息，控制非细菌存活所必需的某些特定性状。质粒能自我复制并传给子代，也可自然丢失，还可通过结合或转化转移至其他细菌中，几个质粒可共存于一个菌体中。质粒可决定细菌的一些生物学特性，如决定性纤毛的 F 因子、决定耐药性的 R 因子及决定产大肠杆菌素的 Col 因子。根癌土壤杆菌（*Agrobacterium tumefaciens*）的致癌因子（Ti 因子）也由质粒决定。

（二）遗传变异现象及概念

细菌和其他生物一样，具有遗传性和变异性。细菌在一定的培养条件下生长繁殖，通过 DNA 的自我复制，将各种性状相对稳定地传给子代，这些性状在亲代与子代间表现相同，称为遗传性。有的细菌经培养基培养好多代都不改变性状，这种现象称为遗传的保守性。细菌的遗传物质决定其形态、结构、新陈代谢、抗原性、致病性、对药物的敏感性及其他特性。遗传使细菌保持种属的相对稳定性，是各种细菌存在的根据。然而在细菌繁殖过程中，当外界环境条件发生变化或细菌遗传物质结构发生某些改变时，细菌原有的性状也随之发生相应的改变，称为细菌的变异性，使细菌得以发展进化。细菌在形态方面的变异表现为菌体的大小发生变异，有的细菌可失去荚膜、芽孢或鞭毛，有的细菌出现了细胞壁缺陷的 L 型细菌。细菌的毒力变异可表现为毒力增强或减弱。有些细菌的酶活性发生变异，以致出现异常的生化反应，如大肠杆菌可以发酵乳糖，但发生酶变异后可失去发酵糖的能力。细菌还可以发生抗原性和耐药性变异。

（三）细菌变异的类型与机理

1. 变异的类型　　细菌变异可分为表现型变异和基因型变异。表现型变异只发生某一性状的改变，不涉及基因变化，变异的性状不会遗传给后代。这种变异是细菌受到外界环境的诱导作用，某些固有基因的功能在一段时间内无法表达的结果，这种变异是可逆的。基因型变异是由细菌 DNA 的结构发生改变而引起的，改变了的性状能相对稳定地遗传给子代。基因型变异使细菌产生变种与新种，有利于细菌的生存及进化。本节仅讨论真正意义的变异，即基因型变异。

2. 变异的机理

（1）**基因突变**（gene mutation）　　细菌在进行复制时，DNA 链中核苷酸碱基配对发生偶然的差错，从而引起细菌染色体基因中个别核苷酸发生置换、增减或排列顺序的改变，这种现象称为突变。突变分为自发突变和诱发突变，前者突变频率低，只有 $10^{-9} \sim 10^{-8}$，后者突变频率要比前者高，为 $10^{-4} \sim 10^{-1}$。自发突变是指 DNA 分子未经过处理而自然发生的突变。细菌在代谢过程中会产生一些具有致突变作用的物质，如过氧化氢，这些物质对自发突变的细菌来讲是自发因素。DNA 分子的瞬时可逆性构型变化可能是一种真正的自发突变，如胸腺嘧啶和鸟嘌呤酮式和烯醇式构型的互变、胞嘧啶与腺嘌呤氨基式和亚胺式构型的互变，均可能导致相对位置上核苷酸的错配，发生 $AT \rightarrow GC$ 或 $GC \rightarrow AT$ 的置换。诱发突变是人工应用各种诱变剂引起的基因突变。诱变剂是指能显著提高突变频率的各种理化因素。常用的物理因素有高温、紫外线及辐射等；常用的化学诱变剂包括各种碱基类似物、亚硝酸盐及各种烷化剂等。

（2）**基因转移**（gene translation）和**基因重组**（gene recombination）

转化（transformation）　　转化是指受体细胞从外界直接吸收来自供体细胞的 DNA 片段，

并与其染色体同源片段进行遗传物质交换，从而使受体细胞获得新的遗传特性。根据感受态建立方式，又分为自然转化和人工转化，自然转化感受态的出现是细菌在一定生长阶段的生理特征，即能从周围环境中吸收 DNA 的一种生理状态；而人工转化是通过人为诱导的方法，如 CaCl₂ 处理细胞和电穿孔法等，使许多不具有自然转化能力的细菌能够摄取外源 DNA 或人为地将外源 DNA 导入细菌体内。

转导（transduction）　　转导是以噬菌体为媒介，将外源遗传物质转到受体菌的过程。因为大多数细菌都有噬菌体，所以转导作用比较普遍。其具体含义是指一个细菌菌体的 DNA 或 RNA 通过噬菌体感染另一细菌时转移到此菌体中。转导可分为普遍性转导和特异性转导，在普遍性转导中，供体菌 DNA 的任何片段都能以同等的机会被装入噬菌体外壳内，继而进入受体菌；而在特异性转导中，噬菌体转移特定的核酸片段到受体菌中。

接合（conjugation）　　两个细菌细胞相互接触，供体菌将 DNA 直接输入受体菌并与受体菌 DNA 整合引起的基因转移。接合时，供体菌借助性菌毛与受体菌形成接合对，两个菌体间出现暂时的沟通，接合产生的受体菌称为接合子（conjugant）。

转座因子（transposable element）　　转座因子是指细菌内能改变自身位置的一段 DNA 序列，广泛存在于原核和真核生物细胞中，它可以在染色体或质粒中随机转移。细菌的转座因子有三种类型，即插入序列（insertion sequence，IS）、转座子（transposon，Tn）和某些特殊病毒（如 Mu 噬菌体）。转座因子的转座可引发某一基因发生插入突变或产生染色体畸变及基因的移动和重排等多种遗传变化，这在生物进化上有重要的意义，也是遗传学研究中的一种重要的工具。

遗传基因在细菌中转移是一个很复杂的过程，它可以通过多种不同的形式从一个细菌转移到另一个细菌中。以耐药性基因为例，耐药性基因可通过转化、转导或接合等途径转移到受体菌内，再通过重组、插入或转座等方式整合到受体菌的染色体 DNA 链上或核外基因上。

第二节　植物病原细菌的寄生性、致病性和侵染性

一、寄生性和致病性

植物病原细菌大多数是兼性寄生菌，既能寄生植物，又可以人工培养。这类细菌的寄生性强弱不同，寄生能力较强的细菌可以为害植物健全的绿色部位；寄生能力较弱的，则主要为害植物的贮藏器官及抵抗力弱的部位，或只有一定条件下才能侵入寄主体内。另一类细菌属专性寄生菌，不能进行人工培养。另外，腐生能力较强的植物病原细菌，虽然在植物体外可以长期生存，但不能大量繁殖，可能很快丧失致病性而保持生活力，如青枯病细菌和冠瘿细菌等。

植物病原细菌绝大多数都不是专性寄生菌，寄生性并不严格，可以人工培养，但是有些难培养细菌，则对营养要求十分苛刻，至今还不能人工培养，所以这些细菌被认为是专性寄生菌。不同的细菌，其寄生性是有差别的，如大豆细菌性疫病菌（*Pseudomonas syringae* pv. *phaseolicola*）寄生性较强，在培养基上生长不好，在土壤中也不能存活；棉花细菌性角斑病菌（*Xanthomonas axonopodis* pv. *malvacearum*）在培养基上生长得很好，在土壤中的寄主残余组织内可存活，但寄主组织分解后也跟着死亡；植物细菌性青枯病菌腐生性却很强，在土壤中可长期存活，在人工培养基上培养后，致病性易丧失。有些芽孢杆菌（*Bacillus* sp.）可以在植物表面附生，也可营腐生，有的还可以在植物组织内内生，在有利其生长的条件下，如果植物器官

生活力很低，对植物会造成一定的危害。另外，不同病原细菌的寄生专化性也有差别，如桑疫病假单胞菌（*P. syringae* pv. *mori*）只为害桑树，棉角斑病菌只为害棉属植物，而青枯病菌、果胶杆菌和根癌土壤杆菌可为害不同科的植物，寄主范围很广。同种细菌，对相同植物的不同品种致病性也有分化，可以根据鉴别寄主的发病情况把同一种细菌划分为不同的致病型。例如，陈功友等（2019）将我国的水稻白叶枯病菌（*X. oryzae* pv. *oryzae*）划分成 24 个致病型。植物病原细菌自然寄主和人工接种的寄主有时很不一致，有的细菌在自然状态下不会为害某一植物，但在人工接种情况下却会致病产生症状。不过，要注意区别人工接种产生的过敏性坏死反应和病害产生的症状。一般而言，植物病原细菌的寄生性与致病性二者之间并不存在正相关性。例如，有些荧光假单胞菌（*P. fluorescens*），在植物上寄生性很强，可以在植物体内内生，但却很少对植物造成危害；根癌土壤杆菌是土壤习居菌，一旦侵入植物组织后发生为害，其致病性很强，会造成寄主组织细胞增生，形成癌肿。

实际上细菌能否在寄主上寄生和致病，与寄主品种、生育期、环境条件和细菌本身致病基因的表达是密切相关的，只有在条件有利于病原细菌，不利于寄主时，才会造成病害的发生。

目前还发现细菌的致病性与细菌的群体感应系统有关。群体感应（quorum sensing, QS）是细菌通过信号分子来调节细菌的群体行为。细菌利用信号分子感知周围环境中自身或其他细菌的细胞群体密度的变化，并且信号分子随着群体密度的增加而增加，当群体密度达到一定阈值时，信号分子将启动菌体中特定基因的表达，改变和协调细胞之间的行为，呈现某种生理特性，如 *N*-乙酰基高丝氨酸内酯（*N*-acetyl homoserine lactone, AHL）信号分子介导的群体感应是一种普遍的革兰氏阴性菌信息交流方式（Schuhegger et al., 2006）。

此外，细菌的致病性与细菌分泌到胞外的功能蛋白密切相关，目前已报道细菌分泌系统 I～VI 型存在于革兰氏阴性菌中，其中 IV 型也存在于革兰氏阳性菌中；VII 型则存在于革兰氏阳性菌中。植物病原细菌主要以 III 型分泌系统在致病过程中起作用，III 型分泌系统装置的纤毛横跨细胞外膜和内膜，形成一个注射器状的结构与胞外相连，将一系列效应蛋白注入宿主细胞内，从而逃避宿主细胞的免疫防御，干扰植物的抗病性（Paul et al., 2011）（数字资源 4-6）。

数字资源
4-6

二、侵染及传播

当一定数量的细菌菌体接触到特定的植物侵染点时，即可造成侵染。在大多数的病例中，侵染点没有很严格的限制，但植物病原细菌只有在侵染点大量繁殖后才能进一步向四周侵染蔓延。

（一）侵染来源

种子和其他繁殖材料是病原细菌远距离传播的最重要途径，也是一个地区新病原传入的主要来源，如水稻白叶枯病菌、西瓜果斑病菌（*Acidovorax avenae* subsp. *citrulli*）可由种子携菌传播；马铃薯环腐病菌、柑橘黄龙病菌可通过种薯和苗木传播。病株残余是细菌病害重要的侵染来源，但其生存期限与带菌残余组织所处的环境状况紧密相关，如在高温高湿环境，植株组织容易腐烂，细菌则存活不长；如果环境干燥低温，植株组织不易腐烂，细菌则活得较长。带菌的土壤和肥料是细菌传播的另一途径，大部分的植物病原细菌不能在土壤中长期存活，但有的细菌可以长期存活，如根癌土壤杆菌和青枯菌。由于病原细菌可以在病植株残体上存活，含有这些病株残体的土壤则自然带菌。肥料带菌是指有机肥料带菌，如果有机肥料中混有病株残体，并把这些肥料施用到大田，就可把病原细菌带到田间作为侵染来源。田间的野生寄主和其他作物、杂草如果被病原细菌感染，也是细菌病害的侵染来源，尽管有的并不表现症状，但它们是中间寄主，会起到侵染源的作用。昆虫也可携带病原细菌从而传播病害，少数种类的细菌还可以在昆虫体内越冬，成为初侵染来源，如玉米细菌性枯萎病菌（*Pantoea stewartii*）可由齿叶甲带菌并传播，细菌还可在齿叶甲虫体内繁殖。此外，田间发病的病株是再侵染的重要来源。

（二）侵入途径

细菌不像真菌那样可以直接从寄主表面侵入，它只能从自然孔口和伤口侵入，但有少部分细菌可从没有角质化的表层侵入，如花粉囊及花柱。植物的自然孔口有气孔、水孔、皮孔及蜜腺等，伤口可由多种自然因素造成，如风、雨、冰雹、冻害或昆虫等，也可由人为因素造成，如耕作、嫁接、收获或运输等。此外，根的分生也会造成伤口，这些伤口可以成为细菌侵入的途径。

不同细菌的侵入途径是不相同的，一般来讲，假单胞杆菌和黄单胞杆菌以自然孔口侵入为主，寄生性比较强，如水稻白叶枯病菌既可从水孔侵入危害，也可以从伤口侵入；而水稻细菌性条斑病菌则以气孔侵入为主；根癌土壤杆菌、棒形杆菌、果胶杆菌则以伤口侵入为主。伤口侵入的细菌与传播方式有关，虫传或土传的细菌，一般从伤口侵入。

（三）细菌侵入后的蔓延

细菌侵入寄主组织后，不能直接侵入寄主细胞，先在组织的细胞间隙或导管中繁殖，当寄主细胞受到损伤或死亡后，再进入细胞。有的细菌在寄主组织中蔓延不大，仅局限于小范围的薄壁组织，产生斑点症状，如引起棉角斑病、瓜类的细菌性角斑病的病菌（*P. syringae* pv. *lachrymans*）其蔓延会受到叶脉的限制。有的细菌则蔓延很广，如软腐果胶杆菌，感染大白菜后导致整株腐烂。而有的细菌则限制在植物维管束的导管里，引起萎蔫症状。有的细菌会分泌激素类物质，促使植物组织增大或癌肿，如根癌土壤杆菌、杨梅癌肿病菌（*P. syringiae* pv. *myricae*）等。还有的细菌从薄壁组织或水孔侵入植物维管束，在维管束组织的木质部或韧皮部中蔓延，引起系统侵染，如青枯病菌在番茄的木质部中蔓延，而番茄溃疡棒形杆菌（*C. michiganensis* subsp. *michiganensis*）则在番茄的韧皮部中蔓延。

（四）传播途径

植物病原细菌的传播途径主要是雨水，当下雨时，雨滴就会把细菌在发病植株上产生的菌脓溅飞并传到周围健康的植株上，如遇暴雨，加之伴有狂风，则细菌会传得更远。有些病原细菌，特别是土传病害病原细菌，很容易被水带走，有时会被流水传至很远的地方。在农事操作过程中，一些农具也会传播细菌病原，若切刀切到有马铃薯环腐病的种薯后没有消毒处理，直接再切健康的薯块，则完成传播，导致薯种带菌。迁飞的昆虫和一些动物也可以传播植物病原细菌，如玉米齿叶甲可携带玉米枯萎病菌、小麦粒线虫可携带小麦蜜穗病菌（*Clavibacter tritici*）、蜜蜂和鸟类可携带梨火疫病菌（*Erwinia amylovora*）等。人类的迁移和商业活动是植物病原细菌传播广泛的最重要因素，如最早在美国发生的梨火疫病，目前已传播到世界许多国家和地区。

三、病原细菌对植物的影响

植物病原细菌侵染植物后，一旦与植物建立寄生关系，就会对植物产生影响，使植物在生理上、组织上产生病变，最后在形态上表现出各种症状（数字资源4-7），植物病原细菌对植物产生的影响主要如下。

数字资源
4-7（含
视频）

1. 引致坏死　细菌侵入植物组织后，致使薄壁组织的细胞坏死，造成枯斑。症状在初期时往往呈水渍状，有的斑点周围还有褪绿晕圈，这是细菌分泌的毒素造成的，如菜豆的细菌性疫病。有的在病斑周围呈油渍状，如柑橘溃疡病（数字资源4-8）。

2. 引致腐烂　细菌侵入植物组织后，先在薄壁组织的细胞间繁殖，分泌果胶酶，溶解细胞壁中的中胶层，使细胞的透性发生改变，造成细胞内物质外渗，产生腐烂症状，如果胶杆菌导致的十字花科蔬菜软腐病（数字资源4-9）。

3. 引致萎蔫　细菌侵入植物组织后，在维管束的导管内繁殖，并上下蔓延，使导管堵塞，造成水分运输受阻，同时也可以破坏导管或邻近薄壁细胞组织，使整个运输系统失灵，造成萎蔫，如植物青枯病（数字资源4-10）。

4. 引起组织变形或增生　细菌侵入组织后，会引起促进性病变，如土壤杆菌含有 Ti 和 Ri 质粒，一旦侵入植物组织细胞后，细菌中质粒上的 DNA 会整合到寄主的染色体 DNA 上，从而改变植物细胞的代谢途径，分泌激素，造成植物细胞增生，形成癌肿，如核果类果树根癌病（数字资源4-11）。发根根瘤菌（*Rhizobium rhizogenes*）也引起类似的促进性病变程，引起发根，如苹果发根病。

5. 引起变色　细菌侵入植物组织后，使植物产生黄化症状，如柑橘黄龙病菌寄生在柑橘韧皮部，造成柑橘叶肉和叶脉黄化（数字资源4-12）。

第三节　植物病原细菌的分类、命名和主要类群

原核生物形态简单、差异较小，内部的分类系统还不完善。目前比较公认的是伯杰氏分类系统。

一、细菌的分类和命名

（一）分类学

原核生物的分类学（taxonomy）包括三方面内容：分类（classification）、命名（nomenclature）和鉴定（identification）。分类是根据生物的相似性和相关性水平，把它们划分成不同分类群。命名是根据国际细菌命名法则，为这些分类群命名。而鉴定则是依据现有的原核生物分类系统，通过对新分离到的纯培养物的形状特征确定其相应类群的过程。

（二）分类等级

原核生物的分类等级与其他生物的分类等级大致一样，设为域（domain）、界（kindom）、门（phylum）、纲（class）、目（order）、科（family）、属（genus）及种（species）。"种"是最重要、最基本的分类单元，在实际的分类应用中，对种下分类级别包括亚种（subspecies）、生物型（biotype）、生理型（biovar）、致病型（或致病变种）（pathovar）、血清型（serovar）及基因型（genotype）等。

（三）分类方法

1. 传统分类法　该方法已沿用 100 多年，目前仍然是一种常规的分类鉴定手段。其常用的分类特征主要是表型（phenotype）特征，如细菌的个体和群体形态、生理生化特性、生态

特征和抗原特征等。

2. 数值分类法　这是借助计算机用数理统计的方法，根据分类单位的性状状态将细菌归类成同型种（phenon），并从基本数据得出种系发生或系统发育的推论。在进行数值分类时所用的菌株及性状越多，得出的结果越可靠，而分类时所用的每个性状都是等权的，另外，菌株间的相似性取决于性状相似性，因此可用数学的方法从性状的相似性计算得出菌株之间的相似性。

3. 分子生物学分类法　分子生物学和分子遗传学的技术不断完善和发展，为细菌的分类提供了新的理论依据和研究方法。利用这些新技术，可以在分子的水平上判断细菌的亲缘关系。核酸分子生物学的分类方法包括 DNA 碱基成分和 DNA 同源性。一般认为同一细菌种内菌系间 G＋C 含量在 2～5mol%，若超过 5mol%的差异范围则认为是属于不同种的细菌，若超过 10mol%时，则认为是属于不同属的细菌。生物的遗传信息线性排列在 DNA 分子中，亲缘关系越近的生物 DNA 分子碱基排列越相似。核酸杂交可以比较不同微生物 DNA 碱基排列顺序的相似性，从而对细菌进行分类，包括 DNA-DNA 杂交和 DNA-rRNA 杂交。DNA-DNA 同源值是整个基因组之间相似性的平均值，它能反映细菌全部遗传物质的相似程度，由于庞大的基因组发生变异的概率较大，因而 DNA-DNA 同源性能够区别差异较小的种群，所以一般用于亲缘关系较近的细菌之间的比较。Johnson（1973）曾提出 DNA-DNA 同源性在 60%以上可认为属于同一种，其中同源性在 60%～70%和 70%以上的属于同一种内不同亚种之间的关系，同源性在 20%～60%的被认为属于同一个属中不同的种，而同源性在 20%以下的则认为属于不同属。rRNA 是 DNA 转录的产物，在生物进化过程中，其碱基序列更保守，故 DNA-DNA 杂交率很低或不能杂交时，DNA-rRNA 杂交仍会出现较高的杂交率，因而可以进行属或更高层次分类单元的分类。通过分析细菌 16S rRNA 的基因序列，也可以判断细菌属、种间的亲缘关系，因为生物的 16S rRNA 的序列非常保守，其功能同源性高而且古老，不仅含有保守序列也含有可变序列，其序列变化与进化距离相适应，分子大小适合操作，是细菌分类中的"分子尺"，细菌间 16S rRNA 的序列同源性在 97%以上的菌株可定为是一种，同源性只有 95%则可判定为不同属。

4. 化学分类法　化学分类法是采用先进的自动化化学分析仪器获得精确值高、重复性好的数据，从而对不同的细菌进行归类分析。其分类依据有细菌细胞壁成分（如细胞壁的氨基酸和糖类组成）、脂质物质（如脂肪酸、极性脂类、霉菌酸和异戊二烯醌等）和细胞蛋白质。

5. 多相分类法　多相分类法是分类学上的一种合意形式（consensus type），其目标是应用所有的有用的数据去划分合意种群（consensus group），从而得出最终的结论。多相分类法的应用是分类学上的一个里程碑，它集合不同的分类方法得出的分类类型，包括表型、基因型和系统发育类型等数据和资料，得出的研究结果是可靠和稳定的。由于多相分类法需要分析大量的菌株和数据资料，需要相关的自动化操作和分析的仪器，因此在实际应用中有一定的局限性。

（四）分类系统

国际上大多数细菌学家采用的细菌分类系统是来自美国微生物学会组织编写的《伯杰氏细菌鉴定手册》（*Bergey's Manual of Determinative Bacteriology*）。这个分类系统最早出现在 1923 年，以美国细菌学家 David H. Bergey 为首，组织一批细菌分类学家编写，之后进行了 8 次修订，到 1994 年出版第九版。1984～1989 年，分 4 卷出版了《伯杰氏细菌分类手册》（*Bergey's Manual of Systematic Bacteriology*）（第一版），其是在《伯杰氏细菌鉴定手册》（第八版）的基础上修订的，该版本增加了核酸杂交、16S rRNA 基因序列分析等系统发育方面的内容，但未按照界、门、纲、目、科、属、种系统分类体系进行排版，而是根据表型特征将整个原核生物分为 33 组，然后进一步分类描述各组原核生物。《伯杰氏细菌分类手册》（第二版）共 5 卷，根据 16S rRNA 基因序列的系统发育资料对原核生物的分类进行调整，把原核生物分成两域：古细菌域（Archaea）和细菌域（Bacteria）。各卷内容安排如下。

第 1 卷（2001 年出版）：古生菌、光能营养细菌和系统发育最早分支的细菌。

第 2 卷（2004 年出版）：变形菌门（Proteobacteria），包括形态学和生理学特征极为多样的革兰氏阴性菌，描述了约 6250 种。

第 3 卷（2009 年出版）：厚壁菌门（Firmicutes），又称低（G＋C）mol%的革兰氏阳性菌，描述了超过 1346 种。

第 4 卷（2011 年出版）：描述了拟杆菌门（Bacteroidetes）、螺旋体门（Spirochaetes）、无壁菌门（Tenericutes）、酸杆菌门（Acidobacteria）、丝状杆菌门（Fibrobacteres）、梭菌门（Fusobacteria）、网团菌门（Dictyoglomi）、芽单胞菌门（Gemmatimonadetes）、衣原体门（Chlamydiae）、疣微菌门（Verrucomicrbia）、黏胶球形菌门（Lentisphaerae）等 12 门。

第 5 卷（2012 年出版）：放线菌门（Actinobactcria），又称高（G＋C）mol%的革兰氏阳性菌，描述了 49 科 200 多属。

植物病原细菌主要分布在第 2～4 卷。

（五）命名

细菌和其他生物一样，采用国际上通用的双名法，属名和种名都以拉丁文的形式表示，其中属名在前，规定用拉丁文名词，且其首字母要大写；种名在后，常用拉丁文形容词表示，其首字母不要大写。植物病原细菌的属名通常为描述这个属细菌的主要特征，或者用著名的植物病理学家的名字；而种名则多用寄主植物或病害症状名称或名人的名字，如丁香假单胞菌为 *Pseudomonas syringae*；若是亚种，则需在种名后写上亚种名称，并在亚种名前加上 subsp.，如胡萝卜果胶杆菌胡萝卜亚种为 *Pectobacterium carotovorum* subsp. *carotovorum*；而致病变种则在种名后写上致病变种的名称，并在其前面加上 pathovar 的缩写 pv.，如水稻黄单胞菌条斑变种（水稻细菌性条斑病菌）为 *Xanthomonas oryzae* pv. *oryzicola*。在印刷体中属名、种名、亚种名及致病变种名应用斜体字。另外，由于研究的不断深入，人们不可避免地要对一些细菌进行重新分类和命名，这时该细菌的学名后将最先命名的命名人名字用括号标在新命名人的名字前，如马铃薯环腐病菌为 *Clavibacter sepedonicus*（Spieckermann and Kotthoff, 1914; Davis et al., 1984）Li et al., 2018。

二、植物病原细菌的主要类群

（一）有细胞壁的革兰氏阴性菌

菌体的细胞壁由外膜层、相对薄而疏松的肽聚糖层组成，革兰氏染色通常为阴性，但如果菌体外层的胞外多糖层很厚，革兰氏染色有可能会呈阳性。菌体有球形、卵圆形、直或弯杆状、螺旋形和线形，有的会形成鞘或荚膜；通常是二分裂繁殖，但有的种类会芽殖，极个别种类会多分裂繁殖，黏细菌会产生子实体和孢子；菌体会游动、滑动，但也有不运动的种类。有光能自养型和非光能自养型菌，有的好氧，有的厌氧或兼性厌氧，也有微好氧种类，有些种类是细胞内专性寄生物。

主要种类：革兰氏阴性菌中引起植物细菌病害的主要有十几属，它们分别是假单胞杆菌属（*Pseudomonas*）、嗜木质菌属（*Xylophilus*）、伯克氏菌属（*Burkholderia*）、劳尔氏菌属（*Ralstonia*）、噬酸菌属（*Acidovorax*）、黄单胞杆菌属（*Xanthomonas*）、木杆菌属（*Xyllela*）、土壤杆菌属（*Agrobacterium*）、欧文氏菌属（*Erwinia*）、泛菌属（*Pantoea*）、果胶杆菌属（*Pectobacterium*）、韧皮部杆菌属（*Candidatus* Liberobacter）。

假单胞杆菌属（*Pseudomonas*）（数字资源 4-13） 菌体为单细胞杆状、直或弯，大小为（0.5～1.0）μm×（1.5～4.0）μm，以端生鞭毛运动，鞭毛一至多根，无鞘，不产生孢子，革兰氏染色阴性，营养琼脂上的菌落圆形、隆起、灰白色，在低铁培养基上会产生水溶性荧光色素，严格好氧，化能异养型，代谢为呼吸型，不是发酵型，接触酶阴性，菌体中会积累一种含碳化合物——聚 β-羟基丁酸酯（PHB），它是该属很好的分类特征。主要引起叶斑、腐烂、溃疡和萎蔫等症状，如丁香假单胞菌丁香致病变种（*P. syringae* pv. *syringae*）。

数字资源 4-13

嗜木质菌属（*Xylophilus*） 菌体杆状，直或微弯，以单根极生鞭毛运动，革兰氏染色阴性。细菌生长很慢，最高生长温度为 30℃，产生脲酶，利用酒石酸盐，不利用葡萄糖、果糖、蔗糖产酸，不水解凝胶，氧化酶阴性，过氧化氢酶阳性，严格好氧。葡萄嗜木质菌（*Xylophilus ampelinus*）是该属的唯一种，主要寄生在木质部，引起葡萄组织坏死和溃疡。

伯克氏菌属（*Burkholderia*） 其由原假单胞菌属中的 rRNA 第二组独立出来，以洋葱伯克氏菌（*B. cepacia*）为模式种。该菌引起洋葱鳞茎外层鳞片腐烂，并逐渐变干变硬，后呈褐色，DNA 中 G+C 的含量为 64～68mol%。

劳尔氏菌属（*Ralstonia*） 其由原假单胞菌属中的 rRNA 第二组独立出来。菌体短杆状，极生鞭毛 1～4 根，革兰氏染色阴性，好氧菌。在组合培养基上形成光滑、湿润、隆起和灰白色的菌落。茄青枯菌（*R. solanacearum*）能引起多种作物，特别是茄科植物的青枯病。病菌的寄主范围很广，可为害 30 余科 100 多种植物。病害的典型症状是植物全株呈现急性凋萎，病茎维管束变褐，横切后用手挤压可见有白色菌脓溢出（数字资源 4-14，数字资源 4-15）。病菌可以在土中长期存活，是土壤习居菌。病菌可随土壤、灌溉水和种薯、种苗传染与传播。侵染的主要途径是伤口，高温多湿有利发病。

数字资源 4-14～4-15（含视频）

噬酸菌属（*Acidovorax*） 菌体杆状，直或微弯，大小为（0.2～0.8）μm×（1.0～5.0）μm，通常以单根极生鞭毛运动，2 和 3 根极生鞭毛少见，革兰氏染色阴性，在营养培养基上菌落圆形、突起、光滑、边缘平展或微皱，呈暗淡黄色，菌落周围有透明边缘，有些植物病原细菌种会产生黄到淡褐色的扩散性色素，在 30℃下培养 3d，菌落大小达 0.5～3mm，7d 可达 4mm。最适生长温度为 30～35℃。嗜酸菌属的种可生活在土壤、水和植物上，植物病原菌会造成植物组织坏死和腐烂，如燕麦噬酸菌燕麦亚种（*A. avenae* subsp. *avenae*）和燕麦噬酸菌西瓜亚种（*A. avenae* subsp. *citrulli*）（引起西瓜细菌性果斑病）（数字资源 4-16）。

数字资源 4-16～4-18（含视频）

黄单胞杆菌属（*Xanthomonas*）（数字资源 4-17） 菌体杆状，大小为（0.4～0.7）μm×（0.7～1.8）μm，并可以靠单根极生鞭毛运动，菌体不产生鞘，也不产生孢子，细菌产生大量的胞外黏液是该属的特征，在琼脂培养基上菌落为黄色。代谢呼吸型而不是发酵型，氧化酶阴性或弱，接触酶阳性，极端好氧。该属的不同种和致病变种会引起许多植物产生各种类型症状，常见的有叶、茎部坏死斑（叶斑、条斑和溃疡等），还有腐烂和系统性萎蔫等。有油菜黄单胞菌油菜变种（甘蓝黑腐病菌）（*X. campestris* pv. *campestris*）、水稻白叶枯病菌（数字资源 4-18）、水稻细菌性条斑病菌和柑橘溃疡病菌等。

木杆菌属（*Xylella*） 菌体短杆形，比其他植物病原细菌小，大小为 0.3μm×（1～4）μm，无鞭毛，在某些情况下，细胞会连成线状，革兰氏染色阴性。该属细菌都不能在植物病原细菌常用的培养基上生长，但能在特殊培养基上生长，细菌菌落很小，边沿平滑或有微波纹。细菌只寄生在植物木质部，严格好氧，没有色素产生。该属目前只有 1 种，即葡萄皮尔氏菌（*X. fastidiosa*），会使植株叶片枯焦坏死、叶片脱落、枝条枯死、生长缓慢、结果少而小、植株矮缩和萎蔫，最后整株死亡。

土壤杆菌属（*Agrobacterium*）　　菌体杆状，不产生芽孢，大小为（0.6～1.0）μm×（1.5～3.0）μm，单生或成双，以 1～4 根周生鞭毛运动，如果是 1 根则多为侧生。革兰氏染色阴性。在含碳水化合物的培养基上，会产生丰富、黏稠的胞外多糖。菌落通常为圆形、隆起、光滑，无色素，白色至灰白色、半透明。过氧化氢酶阳性，氧化酶和脲酶通常也是阳性。该属细菌有的种含有侵染寄主引起肿瘤症状的质粒称为"致瘤质粒"（tumor-inducing plasmid，Ti 质粒）。这个细菌是土壤习居菌，会引起植物的根癌病。例如，根癌土壤杆菌（*A. tumefaciens*）寄主范围很广，引起许多双子叶植物和裸子植物冠瘿病。

欧文氏菌属（*Erwinia*）　　菌体直杆状，大小为（0.5～1.0）μm×（1.0～3.0）μm，以单生为主，有时成双或呈短链状，以周生鞭毛运动，革兰氏染色阴性。在植物病原细菌中，它是唯一兼性厌氧的细菌。从果糖、D-葡萄糖、半乳糖、β-甲基葡萄糖苷和蔗糖产酸。一般也从甘露醇、甘露糖、核糖和山梨醇产酸。很少从核糖醇、糊精、卫矛醇和松三糖产酸。氧化酶阴性，过氧化氢酶阳性，最适生长温度为27～30℃。该属以解淀粉欧文氏菌（*Erwinia amylovora*）为模式种，可引起梨火疫病。

泛菌属（*Pantoea*）　　原来欧文氏菌属中的草生欧氏杆菌群移到该属，除具有欧文氏菌属的一些基本特征外，该属细菌不产生果胶，不需要生长因子，大多数菌落产生黄色素。

果胶杆菌属（*Pectobacterium*）　　原来欧文氏菌属中的胡萝卜软腐组群移到该属，除具有欧文氏菌属的一些基本特征外，该属细菌会产生大量的果胶酶，使植物组织的薄壁细胞浸离降解，引起许多植物软腐病。

韧皮部杆菌属（*Candidatus* Librobacter）　　该属的细菌寄生在植物的韧皮部组织中，在电镜下形态为梭形或短杆状的细菌，革兰氏染色阴性。该属含有 3 种，都是在柑橘上危害，在亚洲发生、引起柑橘黄龙病的定名为韧皮部杆菌亚洲种（*Candidatus* Liberibacter *asiaticus*，Las）；在非洲和美洲发生、引起柑橘青果病的定名为韧皮部杆菌非洲种（*Ca. L. africanus*，Laf）和美洲种（*Candidatus* L. *americanus*，Lam）。柑橘黄龙病发病的温度高，最适温度为 27～32℃，而柑橘青果病发病温度低，最适温度为 20～24℃，二者都由介体昆虫传播，前者由亚洲橘虱传播，后者由非洲和美洲木虱传播。

（二）有细胞壁的革兰氏阳性菌

这类细菌具有革兰氏阳性菌典型的细胞壁，没有外膜层，细胞壁的肽聚糖层相对致密，它们当中有些种类的细胞壁含有磷壁酸或含有中性的多糖，有少量种类的细胞壁含有霉菌酸。除了少数种类由于细胞壁特别薄，革兰氏染色有可能呈阴性外，这类细菌革兰氏染色通常为阳性。菌体有球形、杆状或线状，杆状和线状的菌体通常不会产生分枝，但有的种类看起来类似分枝。细菌二分裂繁殖，有的种类会产生休眠孢子（内生孢子或菌丝体上长出的孢子）；这类细菌包含有产孢和不产孢的种类，以及放线菌和相关种类。革兰氏阳性菌通常是化能异养型，包括好氧、厌氧、兼性厌氧和微好氧种。

主要种类：主要有 6 属可引起植物细菌病害，它们分别是棒形杆菌属（*Clavibacter*）、短小杆菌属（*Curtobacterium*）、节杆菌属（*Arthrobacter*）、红球菌属（*Rhodococcus*）、芽孢杆菌属（*Bacillus*）和链霉菌属（*Streptomyces*）。

数字资源 4-19

棒形杆菌属（*Clavibacter*）　　菌体多态，直或微弯杆状，大小为（0.4～0.75）μm×（0.8～2.5）μm，革兰氏染色阳性，不抗酸，不形成内生孢子，不运动，严格好氧。细胞壁肽聚糖含有大量的 2,4-二氨基丁酸作为氨基二羧酸，引起植物系统性病害，表现萎蔫、花叶、蜜穗等症状，如番茄溃疡病菌（*C. michiganense* subsp. *michiganense*）和马铃薯环腐病菌（数字资源 4-19）。

短小杆菌属（*Curtobacterium*）　　菌体小呈不规则杆状，大小为（0.4～0.6）μm×（0.6～3.0）μm，不产生内生孢子，一般以侧生鞭毛运动，不抗酸，无异染粒。革兰氏染色阳性，但老龄菌往往会丧失革兰氏染色阳性的特征。细胞壁肽聚糖，严格好氧，接触酶阳性。该属的大多数成员是从植物上分离获得，但萎蔫短小杆菌（*C. flaccumfaciens*）是唯一的植物致病细菌种，造成罹病植物矮化萎蔫致死。

节杆菌属（*Arthrobacter*）　　菌体在培养生长过程中有明显的球状与杆状两种的交替，在新培养物中，菌体多为不规则的杆状，有的呈"V"形，老培养物中，菌体多变为球形，大小为 0.6～1.0μm，革兰氏染色均为阳性，无芽孢，偶尔可运动，细胞壁肽聚糖中含有赖氨酸，严格好氧，不水解纤维二糖，接触酶阳性，明胶液化，DNA 中 G+C 含量为 59～70mol%。该属仅有一种是植物病原菌，即美国冬青节杆菌（*A. ilicis*），引起美国冬青茎和叶斑，严重的会引起落叶。

红球菌属（*Rhodococcus*）　　菌体为球形，但可出芽分裂变成短杆状或分枝丝状，细胞断裂后也成为球形。革兰氏染色阳性，无鞭毛、不运动、好氧性、接触酶阳性，菌落呈奶白、黄橙或红色，圆形，不透明隆起，DNA 中 G+C 含量为 60～69mol%。该属也仅有一种是植物病原菌，即豌豆带化红球菌（*R. facians*），可引起豌豆幼茎和幼芽丛生，茎叶扭曲，叶部常形成瘿瘤。

芽孢杆菌属（*Bacillus*）　　菌体直杆状或近直杆状，单生或不同长度的链状排列，菌体的两端是圆形或近方形，大小为（0.5～2.5）μm×（1.2～10）μm，大多数芽孢杆菌过氧化氢酶阳性，菌体会产生芽孢，芽孢圆形、卵圆形或圆柱形，可位于细胞的中心、侧面、近一端或末端处。芽孢可抵御外界的不良环境。大多数芽孢杆菌不是植物病原菌，只有少数几种会引起植物病害，如巨大芽孢杆菌禾谷致病变种（*B. megaterium* pv. *cerealis*）会引起小麦的白色斑点病。

链霉菌属（*Streptomyces*）　　是放线菌中唯一能引起植物病害的属，菌体丝状体，菌落呈放射状而得名。菌丝直径为 0.4～1.0μm，一般无隔膜，细胞结构与典型细菌基本相同，无细胞核，细胞壁由肽聚糖组成。菌丝体可根据其功能分为内菌丝（又称营养菌丝）、气生菌丝和孢子丝，菌丝可产生不同颜色的色素，是鉴定该菌种的重要依据。孢子丝的形状有直形、波曲形或螺旋形，孢子丝可以形成孢子，孢子呈圆形、椭圆形、杆状及瓜子状等。孢子的形状、颜色和表面结构等也都是该菌种鉴定特征的依据。该属中能引起病害的只有疮痂链霉菌（胡萝卜疮痂病菌）（*S. scabies*）和近似的酸疮痂链霉菌（马铃薯疮痂病菌）（*S. acidiscabies*）（数字资源 4-20），会侵染甘薯和马铃薯薯块，以及萝卜、胡萝卜、甜菜、芸薹等作物的块根，也能侵染马铃薯等植物的须根。

数字资源 4-20

（三）无细胞壁细菌

这类细菌通常叫菌原体或支原体（mycoplasma），不会合成肽聚糖，对 β-内酰胺类抗生素（β-lactam）或抑制细胞壁合成的抗生素不敏感。菌体由单位膜（原生质膜）包围着，细胞常呈多态性，大小差异很大，大的有大变形球体，小的很小（0.2μm），呈线状体。如果是线形种类，通常可见分枝状突出，繁殖有可能是芽殖、裂殖或二分裂，有些种类由于寄主体内不同的组织结构而表现不同的形态。菌原体通常不运动，但有些种类表现出滑行状态，没有休眠孢子产生。细胞的革兰氏染色呈阴性。大多数种需要复合培养基才能生长（还需高渗透压的环境），菌体会渗入固体培养基表面形成"煎蛋"状菌落，这些菌体很像许多革兰氏阳性菌的L-型细胞壁菌，但不同之处是菌原体不能像此类细菌可恢复生成细胞壁。菌原体的生长需要胆固醇和长链脂肪酸，在固体培养基上非酯性胆固醇是需醇和不需醇的细菌种类细胞膜唯一的组成成分。rRNA G+C 含量为 43～48mol%，低于革兰氏阴性菌和革兰氏阳性菌（50～64mol%），DNA G+C 含量也低，为 23～46mol%。菌原体基因组相对分子质量为（0.5～1.0）×10⁹，也比其他原核生物小。菌原体有腐生、寄生种类，有的还具有致病性，引起动植物病害。植物菌原体侵染植物后，多数会使植物表现黄化或矮缩、丛生畸形等症状，有的植物还会反季节开花，果实变小。由于菌原体没有细胞壁，对四环素类药物敏感，得病植物用四环素处理后症状会暂时消失或减退。植物菌原体是由介体昆虫传播，主要介体是刺吸式口器昆虫，如叶蝉、飞虱等。昆虫吸食后，要经过10～15d 的循回期，菌原体由消化道经血液进入唾液腺后才能传病，带菌介体可终生传病，但病原不经卵传播。能在植物上危害的菌原体有 2 属——植原体属和螺原体属。

植原体属（*Phytoplasma*） 1967 年，日本学者土居养二在桑树萎缩病的病树韧皮部组织中发现了与动物病原支原体相似的细菌，最初被称为类菌原体（mycoplasma-like organism，MLO）。植原体菌体不具有细胞壁，也不会合成细胞壁肽聚糖、胞壁酸和二氨基庚二酸，是一类无细胞壁的细菌。菌体由单位膜组成的原生质膜包围，有 7～8μm 厚，革兰氏染色阴性。菌体的基本形态是球形或椭圆形，但由于没有细胞壁，菌体容易变形，可以穿过比菌体直径小的空隙，至今还不能在离体状态下人工培养，也无法用科赫法则来证实它的病原性。到目前为止，已报道 300 多种植物能由植原体引起病害，如梨衰退病、葡萄黄叶病、枣疯病、泡桐丛枝病及水稻黄萎病等，主要症状表现为黄化、丛生矮缩及叶片变小等（数字资源 4-21）。

数字资源
4-21

螺原体属（*Spiroplasma*） 菌体主要阶段呈螺旋形，培养生长需要甾醇，基因组分子质量为 1×10⁹u，DNA 的 G+C 含量为 26～31mol%，主要寄生在植物韧皮部和昆虫体内，会使患病植物产生矮化、丛生及畸形等症状，如柑橘僵化病和玉米矮化病由螺原体引起，由叶蝉传播。

三、植物病原细菌的分类位置 ［引自《伯杰氏细菌分类手册》（第二版）］

细菌域（domain Bacteria）
  普罗特斯细菌门（phylum XII. Proteobacteria）（第二卷）
    α 普罗特斯细菌纲（class Ⅰ. Alphaproteobacteria）
      根瘤菌目（order Ⅵ. Rhizobiales）
        根瘤菌科（family Ⅰ. Rhizobiaceae）
          土壤杆菌属（genus Ⅱ. *Agrobacterium*）
    β 普罗特斯细菌纲（class Ⅱ. Betaproteobacteria）
      伯克氏菌目（order Ⅰ. Burkholderiales）
        伯克氏菌科（family Ⅰ. Burkholderiaceae）
          伯克氏菌属（genus Ⅰ. *Burkholderia*）
        丛毛单胞菌科（family Ⅳ. Comamonadaceae）
          噬酸菌属（genus Ⅱ. *Acidovorax*）
    γ 普罗特斯细菌纲（class Ⅲ. Gammaproteobacteria）
      黄单胞杆菌目（order Ⅲ. Xanthomonadales）
        黄单胞杆菌科（family Ⅰ. Xanthomonadaceae）

黄单胞杆菌属（genus　Ⅰ. *Xanthomonas*）

木杆菌属（genus　Ⅺ. *Xylella*）

假单胞杆菌目（order　Ⅸ. Pseudomonadales）

假单胞杆菌科（family　Ⅰ. Pseudomonaceae）

假单胞杆菌属（genus　Ⅰ. *Pseudomonas*）

固氮菌属（genus　Ⅲ. *Azotobacter*）

肠杆菌目（order　ⅩⅢ. Enterobacteriales）

肠杆菌科（family　Ⅰ. Enterobacteriaceae）

欧文氏杆菌属（genus　ⅩⅢ. *Erwinia*）

泛菌属（genus　ⅩⅩⅢ. *Pantoea*）

果胶杆菌属（genus　ⅩⅩⅣ. *Pectobacterium*）

厚壁菌门（phylum　ⅩⅢ. Firmicutes）（第三卷）

芽孢杆菌纲（class　Ⅰ. Bacilli）

芽孢杆菌目（order　Ⅰ. Bacillales）

芽孢杆菌科（family　Ⅰ. Bacillaceae）

芽孢杆菌属（genus　Ⅰ. *Bacillus*）

软壁菌门（phylum　ⅩⅥ. Tenericutes）（第四卷）

软菌纲（class　Ⅰ. Mollicutes）

支原体目（order　Ⅰ. Mycoplasmatales）

支原体科（family　Ⅰ. Mycoplasmataceae）

支原体属（genus　Ⅰ. *Mycoplasma*）

昆虫原体目（order　Ⅱ. Entomoplasmatales）

螺原体科（family　Ⅱ. Spiroplasmataceae）

螺原体属（genus　Ⅰ. *Spiroplasma*）

放线菌门（phylum　ⅩⅩⅥ. Actinobacteria）（第五卷）

放线菌纲（class　Ⅰ. Actinobacteria）

放线菌目（order　Ⅰ. Actinomycetales）

放线菌科（family　Ⅰ. Actinomycetaceae）

放线菌属（genus　Ⅰ. *Actinomyces*）

微球菌目（order　Ⅹ. Micrococcales）

微球菌科（family　Ⅺ. Microbacteriaceae）

棒形杆菌属（genus　Ⅴ. *Clavibacter*）

短小杆菌属（genus　Ⅶ. *Curtobacterium*）

鸭舌草杆菌属（genus　ⅩⅫ. *Rathayibacter*）

诺卡氏菌科（family　Ⅳ. Nocardiaceae）

诺卡氏菌属（genus　Ⅰ. *Nocardia*）

红球菌属（genus　Ⅳ. *Rhodococcus*）

链霉菌目（order　ⅩⅣ. Streptomycetales）

链霉菌科（family　Ⅰ. Streptomycetaceae）

链霉菌属（genus　Ⅰ. *Streptomyces*）

第四节　植物病原原核生物病害的诊断和病原鉴定

一、病害诊断

原核生物侵染寄主植物后，植物外表会表现出许多特征性症状，因此根据症状可以做出初步诊断，但有的需要根据显微镜的检查或经过分离培养接种等一系列试验才能做出正确的判断，从而制订正确的防治策略。

（一）症状识别

1. 一般细菌病害的症状特点　　坏死、腐烂、萎蔫、畸形和变色。其中以前 4 类症状较常见，变色的症状较少，同时在温湿度适宜的情况下多数细菌病害在发病部位有菌脓出现。

2. 菌原体病害的症状特点　　叶片褪绿黄化、矮化，丛枝，花器叶片化和果实畸形。植物菌原体局限于侵染的寄主植物韧皮部筛管细胞内，需与病毒病害相区别。

（二）显微镜检查

除菌原体病害外，由一般细菌导致的植物病害，在维管束系统或薄壁组织受害，均可在显微镜下看到从病部喷出大量细菌，这种现象称为喷菌现象（bacterial exudation，BE）。喷菌现象是细菌病害所特有的，是区别细菌病害和真菌病害、病毒病害最为简便的方法。

（三）分离培养实验与侵染性实验

绝大多数的原核生物是非专性寄生菌，可以在人工培养基上分离培养，然后用其纯培养物接种分离到病原的相同植物，以证明其是否具有侵染性，并完成柯赫法则的诊断程序。

此外，有些病害还可借助电子显微镜法、血清学方法、分子生物学法等进行诊断。

二、病原鉴定

（一）鉴定的要求

Krieg 在《伯杰氏细菌分类手册》（第二版）对 Gowan 和 Liston 在《伯杰氏细菌鉴定手册》（第八版）中提出的细菌鉴定要求进行了修改，提出以下 6 点鉴定要求：①供试的菌株一定是纯培养物；②试验范围从大到小，再到该菌的特定范围；③要用你所有的可利用知识背景来判断分析，并缩小鉴定范围；④试验的每一步都要用标准和公正的态度对待；⑤用尽量少的测试来完成鉴定工作；⑥供试菌株要与模式菌株或参考菌株进行比较，并肯定在进行鉴定的实验室所完成的测定工作是有效的。

所以在做鉴定试验时，供试菌株须是纯培养物，同时有模式菌株或参考菌株作为对照试验，实验室的试验条件一定要标准化。如果鉴定工作失败，就必须检查供试菌株是否纯、选定的试验是否正确、测定方法是否可靠、资料的选用是否得当。最容易出错的是细菌的形态、运动性和革兰氏染色反应，这与培养基、菌龄和染色过程中用乙醇脱色时间的长短有关。鞭毛染色也容易出现截然相反的结果，因它与菌龄、培养温度和培养时间都有密切的关系。

（二）鉴定方法

对于一个未知的供试菌株，要准确地鉴定分类地位是一件很复杂和细致的工作，这需要鉴定者具备丰富的细菌学知识和熟练的操作技术，并要有完整的实验室设备和精密的分析仪器。细菌的鉴定可按传统的方法进行，这比较费时和费工，也可用现代的一些方法进行，现代的方法准确和快速，但需要一些先进的设备和精密的仪器。

1. 传统方法 传统方法包括细菌形态特征和生理生化特征的观察和测定，以及选择性营养培养基的利用。形态特征观察包括菌体形态和大小、芽孢有无，鞭毛染色、细菌活动性、平板和斜面培养菌落的形态等。生理生化特征测定有革兰氏染色，好氧性或厌氧性测定，生长温度和培养基 pH 测定，碳水化合物的利用与分解（各种糖、醇、酸的利用，产酸、产碱等），氮素化合物的利用与分解（硝酸盐、亚硝酸盐的还原，蛋白胨的分解等），大分子化合物的分解（明胶、淀粉、脂肪），石蕊牛乳的利用，酶活性，对抗生素的敏感性，耐盐性等。同时，还需测定供试菌株的致病性。选择性营养培养基的利用不仅对病原细菌的常规分离很有帮助，有时对细菌的属、有些种，甚至是致病型的鉴定也很有帮助（Agrios，2005）。

2. 现代方法 现代方法往往是单一的鉴定方法，这种方法对供试细菌的某一特性是有特别的鉴别作用，所以这种方法准确和快速，主要有：①血清学试验，是利用细菌间抗原与抗体反应的试验来鉴定细菌，除测定细菌间抗原和抗体的凝集反应外，还有沉淀反应、补体结合、免疫荧光抗体技术、酶联免疫及免疫组织化学等。②细胞化学方法，如细菌细胞膜脂肪酸类型图谱分析可用于快速鉴定细菌种类；也可通过分析和比较细菌同源蛋白质氨基酸序列来鉴定细菌。此外，也可把蛋白质通过电泳构建"指纹"图谱，亲缘关系相近的菌株，它们的"指纹"也相似。③核酸分子杂交，通过菌株核酸的分子杂交结果来比较核酸碱基排列顺序的相似性，亲缘关系越近，碱基排列顺序差异越小。核酸分子杂交在细菌鉴定中的应用包括 DNA-DNA 杂交、DNA-rRNA 杂交及特异性核酸探针的制备。④聚合酶链反应（polymerase chain reaction，PCR）技术，通过体外快速扩增特定 DNA 序列，可以得到特定的指纹图谱，比较分析不同菌株间的 DNA 指纹图谱，可以判定亲缘关系。在细菌的鉴定中，PCR 技术还常用于扩增细菌的16S rDNA，比较细菌间的 16S rDNA 的序列同源性，快速鉴定未知细菌。⑤细菌快速鉴定和自动化分析技术，近 20 年来，快速、准确、灵敏、简易、自动化的细菌鉴定方法和技术发展很快，并在细菌的鉴定中广泛应用，这些方法很多，有各种微量多项试验鉴定系统，不同的快速、自动化细菌检测仪器和设备等。例如，采用 Biolog 细菌自动鉴定系统，菌株的鉴别反应在加有 95 种碳源的微孔板上进行，碳源的利用与否由指示剂四唑紫显示，如能利用就显示紫色反应，结果用计算机判读，并与数据库中对照菌株比较，进而做出相似值和树状图或阴影图，结果可由打印机输出，这个方法也可以说是传统与现代方法的结合。

❀ 小 结

原核生物是单细胞体，不具备真正的细胞核。细菌的基本形态有球状、杆状和螺旋状，植物病原细菌以杆状为主。大多数细菌都有细胞壁，但植原体、螺原体却无。细菌除有细胞壁、细胞膜、细胞核和核糖体结构外，有的还有芽孢、气泡、鞭毛、纤毛、性纤毛及荚膜等。大多数细菌可以人工培养，最适生长温度为 25～28℃。细菌与其他生物一样存在遗传性和变异性，其变异的机制主要有基因突变、基因的转移和重组。

植物病原细菌主要从植物的自然孔口和伤口侵入，寄生关系建立后，会使植物发生生理和组织病变，产生各种症状。细菌的侵染来源主要有种子和其他繁殖材料、病株残体、带菌土壤和肥料、野生寄主和田间病株。病原细菌传播的主要途径是雨水传播，农事活动、介体传播和商业活动。

细菌可以根据细胞壁的有无和革兰氏染色分成有细胞壁的革兰氏阴性菌、有细胞壁的革兰氏阳性菌和无细胞壁细菌。植物病原细菌主要有 20 多属，重要的有假单胞杆菌属、伯克氏菌属、噬酸菌属、劳尔氏菌属、土壤杆菌属、黄单胞杆菌属、假单胞杆菌属、欧文氏杆菌属、果胶杆菌属、棒形杆菌属及植原体属。

植物细菌病害的诊断可根据症状特点、显微镜镜检和致病性试验等方法来确定。病原可通过传统的细菌鉴定方法和现代的细菌鉴定方法来鉴定。

❀ 复习思考题

1. 原核生物的细胞与真核生物细胞有何不同？
2. 细菌的遗传变异机制有哪些？
3. 植物病原细菌的侵染来源和侵入途径与真菌有何不同？
4. 植物细菌病害在症状上有何特点？
5. 细菌的分类和鉴定方法有哪些？如何鉴定植物病原细菌？

第五章　植物病原病毒

第一节　病　毒　概　述

直到 20 世纪初，现代病毒（virus）的概念及研究病毒的学科——病毒学才出现。自从 1935～1937 年烟草花叶病毒（tobacco mosaic virus，TMV）的蛋白质结晶被分离，随后病毒中含有核酸被发现以后（Stanley 1935；Bawden and Pirie，1937），科学家才开始对病毒本质进行研究，所以病毒学是一门年轻的学科。

植物病毒学的发展经历了症状描述、病原认识、病理学及流行病学研究和生物化学及生物物理研究等阶段（裘维蕃，1984）。近 20 年来，随着分子生物学技术的发展，对病毒分子结构及功能、病毒侵染及致病机制等也逐步有了认识，因而我们对植物病毒和病毒病害有了从宏观到微观、从现象到本质的进一步了解。病毒是指一组包含一条或一条以上的病毒核酸分子，通常包裹在由蛋白质或脂蛋白组成的保护性衣壳内，能在合适的寄主细胞中进行自我复制。所有植物病毒都是寄生在活体细胞内，能引起植物产生多种病害，而且病毒一般可以在寄主植物之间相互传播。在自然情况下，一种病毒可侵染一种或多种植物，一种植物可同时遭受多种不同病毒的侵染。

一、基本特性

（一）形态、结构与化学组成

1. 病毒的形态　　植物病毒的基本单位是病毒粒体（virion），它是指完整成熟的、具有侵染力的病毒。病毒粒体形态比较简单，可分为球状（spherical）［也称等轴体（isometric）、二十面体（icosahedral）］、杆状（rod-shaped）、杆菌状（bacilliform）、弹状（bullet-shaped）、线状（filamentous）、双生（geminate）和细丝状（thin filamentous）等几种类型。球状病毒直径为 17～120nm，大多数直径为 25～30nm；杆状病毒长度一般在 300nm 以下，宽度为 15～20nm；线状病毒长度为 480～2000nm，宽度为 10～13nm。绝大多数病毒只有一种大小的粒体，仅极少数有多种大小的粒体，如烟草脆裂病毒（tobacco rattle virus，TRV）有两种大小的杆状粒体，长粒体长约 190nm，短粒体长为 50～115nm，苜蓿花叶病毒（alfalfa mosaic virus，AMV）有 4 种不同的杆菌粒状体，大小分别为 58nm×18nm、48nm×18nm、36nm×18nm 和 28nm×18nm。

2. 病毒的结构　病毒的基本结构均为核蛋白，内部是作为遗传物质的核酸，外面是起保护作用的蛋白衣壳。具有侵染性的核酸称为基因组（genome），核酸携带有病毒复制、移动所必需的遗传信息，并被包裹在蛋白衣壳内（图 5-1）。起保护作用的蛋白衣壳称为衣壳（capsid），衣壳由许多单个蛋白亚基或多肽链组成。不同病毒的蛋白亚基排列方式是不同的，有的病毒中几个亚基可组成在电子显微镜下能看到的形态学单位（morphologic unit）或称为壳粒（capsomer）。有些病毒的壳粒由一个蛋白亚基组成，即形态学单位等于结构单位；有些病毒的壳粒则由 2～6 种蛋白亚基组成。有些病毒粒体外还具有包膜（envelope），也称囊膜，其包被在病毒核蛋白外，如弹状病毒科（Rhabdoviridae）病毒。包膜由脂类、蛋白质和多糖组成，其主要成分来自寄主的细胞膜或核膜，包膜内的核蛋白称为核衣壳（nucleocapsid）。

病毒的衣壳蛋白（capsid protein，CP）是由病毒核酸所编码。对多数植物病毒来说，衣壳蛋白的主要成分只是少数几种蛋白质，这些蛋白亚基根据物理学及几何学原理装配成特定的衣壳形式，使病毒结构处于自由能最低的状态，因而也最稳定。植物病毒粒体主要有三种构型。

（1）等轴对称结构（isometric symmetry）　球状病毒粒体衣壳蛋白亚基的排列方式基本相似，经 X 射线衍射和电镜观察表明，它们都排列成一种正二十面体对称结构（icosahedral symmetry），它由 20 个等边三角形面、12 个顶点和 30 条边组成，每个顶点由 5 个三角形聚集而成，这些点和边都是对称的（图 5-1A）。不同球状病毒主要是因为在每个面上亚基排列方式不同而形成的。最简单的正二十面体病毒衣壳由 60 个相同的蛋白亚基组成，每个三角形面上排列有三个亚基，如烟草坏死卫星病毒（tobacco necrosis satellite virus，STNV）和线虫传多面体病毒属（Nepovirus）病毒。但多数正二十面体病毒衣壳构成并非这样简单，它们的衣壳每一面可以划分成较小的亚三角形，亚三角形数目称三角剖分数（triangulation number，T），正二十面体总共含有的三角剖分数为 20。常见的植物病毒多属于 $T=1$ 或 $T=3$，如芜菁黄花叶病毒（turnip yellow mosaic virus，TYMV）的 $T=3$，粒体表面有 180 个蛋白亚基，组成 32 个壳粒（数字资源 5-1）。一般植物病毒的蛋白亚基只有一种，但豇豆花叶病毒属（Comovirus）和蚕豆病毒属（Fabavirus）病毒含有两种蛋白亚基，少数病毒含有两种以上蛋白亚基。

数字资源 5-1

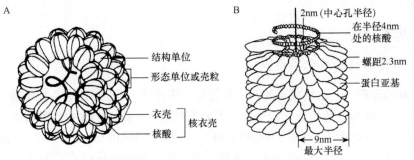

图 5-1　植物病毒粒体的基本结构（洪健等，2001）

A. 球状（正二十面体）；B. 杆状（螺旋对称）

（2）螺旋对称结构（helical symmetry）　　螺旋对称结构中，蛋白亚基有规律地沿中心呈螺旋排列，形成高度有序的对称稳定结构。许多杆状病毒的蛋白亚基装配成螺旋状（图5-1B），TMV是这类结构的典型代表（数字资源5-2）。TMV粒体长300nm、直径18nm，蛋白衣壳共有2130个亚基，以右手螺旋排列，每转一圈有$16\frac{1}{3}$个亚基，每转三圈亚基的位置重复一次，每一周期含有49个蛋白亚基，共有130圈螺旋。TMV圆柱体中心有一直径为4nm的轴芯（axial hole canal），可在电镜下清楚地看到。病毒的RNA链长约6400nt，以螺旋状盘绕在蛋白亚基之中，距中心轴4nm，每个蛋白亚基结合有3个核苷酸，RNA完全被蛋白亚基包被。TMV每个蛋白螺旋亚基由158个氨基酸组成。

（3）复合对称结构　　有些病毒粒体的蛋白亚基排列较复杂，由等轴对称结构和螺旋对称结构复合而成，如弹状病毒科病毒等。

3．病毒的化学组成　　病毒的基本组成为核酸和蛋白质。核酸和蛋白质的比例因病毒种类而异，一般核酸含量为5%～40%，蛋白质含量为60%～95%。线形病毒的蛋白质含量比例高，球状病毒的蛋白质含量比例低。此外，病毒中还存在多胺、脂类物质、金属离子和水等化学物质。

植物病毒基因组编码多个蛋白质，分为结构蛋白（structural protein）和非结构蛋白（nonstructural protein）。病毒结构蛋白是指病毒粒子中所存在的蛋白质。大多数植物病毒粒体只含有衣壳蛋白。病毒衣壳蛋白亚基由20种氨基酸组成，目前还没有发现其他特殊氨基酸存在，氨基酸以共价键连接成多肽分子。组成病毒蛋白的氨基酸中半胱氨酸、甲硫氨酸、色氨酸、组氨酸和酪氨酸等通常较少。病毒的衣壳蛋白起着保护核酸的作用，并决定着病毒的不同形态。衣壳蛋白在病毒侵染过程中对寄主细胞还具有识别作用。病毒衣壳蛋白含有抗原决定簇，决定着病毒的抗原特异性。有些病毒粒体中还含有其他几种不同的蛋白质，其中有些为酶，如花椰菜花叶病毒科（Caulimoviridae）的病毒粒体中含有分子质量为76ku的酶，具有DNA聚合酶活性；呼肠孤病毒科（Reoviridae）、弹状病毒科（Rhabdoviridae）、番茄斑萎病毒科（Tospoviridae）、纤细病毒属（Tenuivirus）和双分病毒科（Partitiviridae）等病毒的病毒粒体中含有依赖RNA的RNA聚合酶（RdRp）。病毒的非结构蛋白主要参与病毒复制、抑制寄主基因沉默、病毒移动等功能，其不存在于病毒粒子中。

每一种病毒只含有一种核酸（DNA或RNA），因此将病毒分为DNA病毒和RNA病毒两大类。DNA病毒又可分为双链DNA（dsDNA）病毒和单链DNA（ssDNA）病毒。RNA病毒也可分为双链RNA（dsRNA）病毒和单链RNA（ssRNA）病毒。植物病毒的核酸大多是ssRNA，少数为dsRNA、dsDNA或ssDNA。对于单链RNA病毒，如果RNA分子极性与mRNA极性相同，称为正义RNA（positive sense RNA，＋RNA），这类RNA分子具有侵染性，含有这类RNA分子的病毒称为正义RNA病毒；有些单链RNA病毒粒体中的RNA分子不具有侵染性，当这类RNA分子进入寄主细胞后，必须先转录产生具有侵染性的mRNA，而转录所需的转录酶存在于病毒粒体中，这类RNA分子称为负义RNA（negative sense RNA，－RNA），含有这类RNA分子的病毒称为负义RNA病毒；有些RNA病毒中的RNA分子含有某些基因的编码区，其互补链上含有另外一些基因的编码区，这类分子称为双义RNA（ambisense RNA），含有这类RNA分子的病毒称为双义RNA病毒。单链RNA病毒中大多数为正义RNA病毒。

植物病毒的核酸构成了病毒的基因组（genome），一种病毒的基因组可以由一个核酸片段组成，也可能由多个核酸片段构成。单个核酸片段组成的基因组包装或分配在单一病毒病体内，则称为单分体基因组（monopartite genome），这种病毒称为单分体病毒（monopartite virus）；有些正义 RNA 病毒的基因组由几条不同的单链 RNA 分子组成，称为多分体基因组（multipartite genome）或分段基因组（segmented genome）。分段基因组如果包装在同一个病毒粒体内，称为单体分段基因组，如番茄斑萎病毒（tomato spotted wilt virus，TSWV）。但分段基因组往往分配与包装在不同的衣壳内，且单一基因组一般不具侵染性，往往需共同存在才能侵染。分段基因组可以分配和包装在外观不同的衣壳内，如烟草脆裂病毒的不同 RNA 分别包裹在两种不同长度的杆状粒体中；也可分配和包装在外观相同但密度不一的病毒粒体中，如雀麦花叶病毒（brome mosaic virus，BMV）；有些 RNA 分子包裹在外观相同、密度相似的病毒粒体中，如黄瓜花叶病毒（cucumber mosaic virus，CMV）。这种病毒分段基因组分配和包装在多个粒体中的现象称为病毒多分体现象，其病毒统称多分体病毒（multipartite virus）、多组分病毒（multi-component virus）或多粒体病毒（multiparticle virus）。

（二）病毒的基因组特征及其表达

1. 病毒的基因组特征　单链正义 RNA 病毒基因组末端往往具有一些特征性结构，RNA 的 5′端结构有两类，分别为帽子结构（$m^7G^{5'}ppp^{5'}X^1\ pX^2\ pX^3\ p\cdots$）及与 RNA 共价连接的蛋白质；3′端有三种结构，分别为 tRNA 状结构、poly(A) 结构及无规则序列。

从病毒 RNA 的 5′端起至翻译起始信号（通常是 AUG）之间的核苷酸序列称为 5′端非编码序列，其长度一般为 10～100nt。与几乎所有真核细胞 mRNA 一样，大多数植物正链 RNA 病毒基因组 RNA 的 5′端也是帽子结构，但病毒 RNA 帽子结构后面紧接着的两个核苷酸不被甲基化，还不清楚 mRNA 和病毒 RNA 帽子结构甲基化上差别的意义。有些病毒基因组 RNA 的 5′端与由病毒编码的蛋白质（3.5～24ku）共价连接，该蛋白质称为 VPg（viral protein genome-linked）。VPg 可能与病毒 RNA 的复制有关，有些病毒的 VPg 是侵染必需的（如线虫传多面体病毒属），主要与 RNA 合成的起始有关。

真核细胞 mRNA 3′端具有 poly(A) 特征性结构，一些正链 RNA 病毒基因组 RNA 的 3′端也存在 poly(A)，其长度通常为 15～200nt，有时同一病毒的不同分子中 poly(A) 长度不一。已知真核细胞 mRNA 3′端 poly(A) 的功能主要是维持 mRNA 的稳定性，病毒 RNA 的 poly(A) 可能也有类似功能，但植物病毒中尚未找到同时具有帽子结构和 poly(A) 序列的 RNA 分子，且 3′端具 poly(A) 的 RNA 的 5′端往往都是 VPg。有些正链 RNA 病毒 RNA 3′端序列是无规则排列的，当衣壳蛋白不存在时，这些病毒的基因组 RNA 便不能复制，衣壳蛋白能与 RNA 某一区域专一识别，激活 RNA 复制。例如，AMV 包含有基因组 RNA1、RNA2、RNA3 及亚基因组 RNA4，但 RNA1～RNA3 单独存在时没有侵染性，需要 RNA4 的存在才具有侵染性，因为每个基因组 RNA 分子需要与 CP 结合才能复制。有些正链 RNA 病毒 RNA 3′端能自身折叠形成类似于 tRNA 的三叶草结构，其功能为维持稳定基因组结构及提供复制酶识别起始点。

一般每个病毒基因组编码的蛋白质在三种以上，因而所有单分体病毒的基因组 RNA 都是多顺反子（multicistron），即几个基因依次排列在一条 RNA 分子上。多分体病毒的基因组 RNA 有些是多顺反子，有些为单顺反子（monocistron），但几乎所有植物正链 RNA 病毒的基因组 RNA 在功能上都是单顺反子，因此只有靠近 5′端的顺反子才能直接翻译成蛋白质，其他顺反子则要通过另外的途径才能翻译。

单链负义 RNA 病毒分布在弹状病毒科，番茄斑萎病毒科中的正番茄斑萎病毒属（*Orthotospovirus*），蛇形病毒科（*Ophioviridae*）中的蛇形病毒属（*Ophiovirus*），以及未分科的欧洲花楸环斑病毒属（*Emaravirus*）、巨脉病毒属（*Varicosavirus*）和纤细病毒属中。弹状病毒科病毒含一条线形负义 ssRNA，基因组总长度为 11 000～15 000nt，RNA 占病毒粒体重量的 1%～2%。正番茄斑萎病毒属病毒为三分体基因组，其中 ssRNA-L 为负义、ssRNA-M 和 ssRNA-S 为双义，各个基因组片段共有末端序列，3′端是 UCUCGUUA，5′端是 AGAGCAAU，两端可互补而形成锅柄状结构。纤细病毒属病毒含 4～6 分体基因组，每条 ssRNA 的 3′端和 5′端序列约有 20 个碱基几乎是互补的，代表种水稻条纹病毒（rice stripe virus，RSV）RNA1 为正义 RNA，编码单个蛋白质，其余 3 条 RNA 为双义 RNA。欧洲花楸环斑属病毒含 4 条线形负义 ssRNA，每条 RNA 的负义链编码一个蛋白质。

双链 RNA 病毒分布在呼肠孤病毒科、双分病毒科及内源 RNA 病毒科（*Endornaviridae*）中。呼肠孤病毒科病毒基因组共有 10～12 个 dsRNA 片段（各属之间片段数不同），基因组总长为 18 200～30 500nt。每条双链 RNA 的正义链 5′端有一个甲基化的核苷酸帽子结构（$m^7G^{5'}ppp^{5'}GmpNp$），在负义链上有一个磷酸化末端，两条链都有 3′-OH，并且病毒的 mRNA 缺少 3′端 poly(A) 尾。双分病毒科基因组为两条线形 dsRNA，长分别为 1400～3000nt，一些病毒的两条核酸片段通常大小相似，较小的 RNA 编码衣壳蛋白，较大的可能编码 RNA 聚合酶。内源 RNA 病毒科基因组为一条线形 dsRNA，长 14 000～176 000nt。

单链 DNA 病毒分布在双生病毒科（*Geminiviridae*）和矮缩病毒科（*Nanoviridae*）中，双链 DNA 病毒分布在花椰菜花叶病毒科中。双生病毒科病毒基因组为单链环状 DNA，大小为 2.6～2.8kb，病毒链和互补链均编码蛋白质。有些双生病毒科病毒为单条 DNA，称为单组分双生病毒，有些有两条 DNA，称为双组分双生病毒。不少单组分双生病毒含有大小约为 1300nt 的卫星分子。矮缩病毒科病毒基因组包含 6～8 个大小为 977～1111nt 的环状 ssDNA 分子，所有这些 DNA 分子均为正义，且结构相似。病毒结构蛋白只有一个 CP 亚基。病毒基因组 DNA 还编码 5～7 个非结构蛋白。花椰菜花叶病毒科病毒基因组为单分体双链 DNA，长 7200～8300nt。双链 DNA 每条链上均有缺口，其中一条链含有 1 个缺口，另一条含 1～3 个缺口。

2. 病毒基因组的表达　　植物正链 RNA 病毒基因组表达最常用的策略包括亚基因组 RNA 和多聚蛋白切割，另外还有多分体基因组、通读翻译、移码翻译（图 5-2）和渗漏扫描等。不同病毒采用不同的表达策略，有些病毒仅用一种策略，有些则采用 2～3 种策略进行基因表达。

（1）亚基因组 RNA（subgenomic RNA，sgRNA）　　sgRNA 是在病毒感染细胞后复制产生的一系列较基因组 RNA 小的 mRNA 分子，sgRNA 是正链 RNA 病毒基因表达最常见的模式。大多数病毒基因组 RNA 功能上是单顺反子，只有 5′端那个单顺反子才能够直接表达，亚基因化使病毒基因组 RNA 上的其他顺反子也得以表达。sgRNA 的数量因病毒而异，有些只有一种，有些有多种。一些 sgRNA 可以被包裹在成熟病毒粒体中，也有些 sgRNA 不出现在成熟病毒中，这主要取决于 sgRNA 上是否存在病毒装配时被衣壳蛋白识别的序列。

（2）多聚蛋白切割（polyprotein cleavage）　　有些病毒的 RNA 翻译时，最先合成一个分子质量很大的前体蛋白，然后由专一的蛋白酶加工裂解，产生多种成熟的蛋白质。多聚蛋白切割使一个单顺反子 RNA 最终翻译出一系列成熟的功能各异的蛋白质。绝大多数采用多聚蛋白切割的病毒基因组 5′端均为 VPg，3′端为 poly(A)。

（3）多分体基因组（multi-partite genome）　　有些病毒的不同基因信息分布在不同的 RNA 分子上，使每个 RNA 分子上 5′端的顺反子得以翻译。

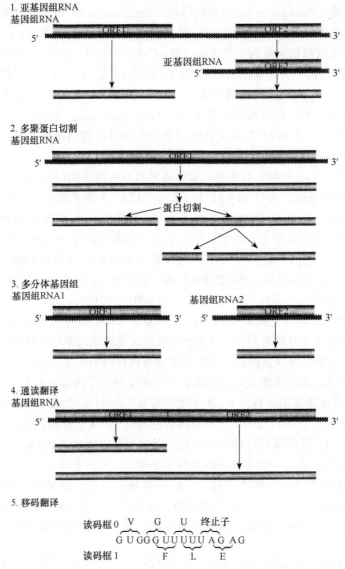

图 5-2　植物病毒基因表达常用的 5 种策略（洪健等，2001）

ORF 为开放阅读框

（4）通读翻译（translational readthrough）　　植物病毒 RNA 的某些终止密码子比较弱，翻译时有部分新合成的肽链能通过这些终止密码子而继续延伸至下一个终止密码子，称为通读翻译。通读翻译在体外和体内都存在，对于某些病毒来说通读比例是相对稳定的。

（5）移码翻译（reading frame shift）　　核糖体在翻译过程中，在到达终点之前通过移位而产生另外一个比原读码框更长的蛋白质，称移码翻译。

（6）渗漏扫描（leaky scanning）　　渗漏扫描是指部分核糖体从 RNA 的 5′ 端扫描时，不在第一个 AUG 起始翻译，而是越过第一个 AUG 在下游的 AUG 起始翻译。

（三）病毒基因组编码的蛋白质种类及其功能

病毒基因组较小，分为编码区和非编码区，编码区通常较紧凑，非编码区核酸序列较短。

编码区每个开放阅读框（open reading frame，ORF）一般都具备起始密码子（AUG）和终止密码子（UAA、UAG 或 UGA）。病毒基因有时相互重叠，即两个完全不同的 ORF 重叠在一起。因为病毒基因组包含的基因有限，所以许多病毒的基因含有一种以上功能。植物病毒至少包含3 个基因：复制相关基因、衣壳蛋白基因和涉及细胞与细胞之间移动的移动蛋白基因。

植物病毒基因产物可分为以下几类：①结构蛋白。每种病毒均含有结构蛋白，即外壳蛋白，用于包裹病毒基因 RNA 或 DNA。②酶。一般所有病毒均编码一种或多种与核酸合成有关的酶，这些酶称为聚合酶（polymerase）或复制酶。有些病毒的翻译产物是一个分子质量较大的前体蛋白，然后再由病毒编码的蛋白酶切割成成熟的蛋白。③移动蛋白。很多病毒编码促进病毒在细胞与细胞之间移动的移动蛋白。④基因沉默抑制子。基因沉默是寄主防御病毒入侵的一种抗病毒防御机制（Ding，2000；Voinnet，2001），然而，植物病毒已通过演化编码基因沉默的抑制子来克服寄主的这种防御反应（Brigneti et al.，1998；Moissiard and Voinnet，2004）。已鉴定的基因沉默抑制子大多为致病相关因子，虽然不是病毒复制所必需的，但能促进病毒的移动或积累。

二、病毒的侵染与增殖

病毒粒体只有进入寄主细胞经复制产生子代粒体，才进入生命状态。从病毒进入寄主活体细胞到新的子代病毒粒体合成的过程即病毒的侵染与增殖。植物病毒作为一种分子寄生物既没有其他病原物（如真菌）的繁殖器官，也不进行裂殖生长（如细菌），而是分别合成核酸和蛋白质组分，再组装成子代病毒粒体。

（一）病毒的侵染

由于植物组织的特殊结构，植物病毒无法直接侵入，仅以被动方式通过微伤口（机械或介体造成的）进入活细胞并释放核酸（Shaw，1999）。不同病毒侵入方式不尽相同，但人们对病毒究竟如何侵入还了解不多。对于摩擦接种，有的认为病毒从表皮通道侵入，有的认为病毒通过胞外连丝（ectodesma）侵入，多数认为病毒通过表皮细胞的感受点即侵染位点（infection site）侵入。不同植物每个叶片的感受点数不同，而每个感受点需多少病毒才能侵入也因病毒而异，如烟草一个感受点需 10^5 个病毒粒体才能成功侵染。

（二）病毒的增殖

病毒的增殖包括病毒基因组的复制、病毒基因组遗传信息的表达及病毒基因组核酸与衣壳蛋白进行装配成为完整的子代病毒粒体。植物病毒侵入寄主细胞后，病毒粒体的衣壳蛋白会与基因组核酸解离，并释放核酸，这个过程也称为脱壳（uncoating），随后病毒开始基因组核酸的复制和病毒基因表达。核酸复制是合成病毒核酸的过程，而基因表达是合成各种蛋白质的过程。不同的病毒有各自的合成方式，但基本特点是：在寄主活体细胞内进行；由寄主细胞提供复制增殖所需的原料、能量，并依赖寄主的蛋白质合成机构；在合成过程中通过核酸的各种变化不断产生变异。病毒核酸复制途径因病毒核酸类型不同而异，有 DNA 到 DNA 的直接复制，也有 RNA 到 RNA 的直接复制，还有的则为 DNA 到 RNA 再到 DNA 的复制，而病毒基因表达也有多种策略。病毒核酸和蛋白合成后会自动装配成完整的粒体。

三、病毒的移动

植物病毒在寄主体内的移动是病毒致病过程中一个最基本的环节，其移动方式有两种：一种是细胞间（cell-to-cell）的短距离移动，即通过胞间连丝从一个细胞向感染点周围的邻近细胞移动，其速度很慢；另一种是病毒以主动扩散的方式通过维管束筛管组织的长距离移动（long distance movement），其速度较快。

胞间连丝是植物相邻细胞之间的通道，它控制着运输盐离子和其他小分子物质，并保持它们之间的平衡，是植物细胞之间传递信息的通道。由于胞间连丝的孔径很小而植物病毒有 10～120nm 这么大，即使单独的核酸分子，其平均直径也有 10nm，这意味着胞间连丝只有经过修饰才能允许病毒通过，目前已发现许多植物病毒基因组编码的移动蛋白对于病毒移动是必需的（Huang et al.，2005；Lucas，2006）。由于病毒种类不同，细胞间移动形式也各异，主要分为两类（Lazarowitz and Beachy，1999）：以病毒粒体形式完成细胞间移动，如豇豆花叶病毒（cowpea mosaic virus，CpMV），该病毒的移动蛋白可以参与形成一种通道穿过胞间连丝，病毒粒体通过移动蛋白形成的管道完成细胞间的移动；以病毒核酸与移动蛋白形成的复合体通过胞间连丝，如 TMV，病毒的移动蛋白可以与病毒的 RNA 或 DNA 形成复合体通过胞间连丝。这些病毒的移动蛋白除与病毒核酸发生相互作用外，它的另一个作用是与胞间连丝发生相互作用使其孔径增大，以利通行（Fujiwara et al.，1993）。

在长距离转运过程中，要求病毒能顺利通过维管束鞘细胞、韧皮部薄壁细胞、伴胞和筛管。绝大多数病毒在相应寄主上的长距离转运是由衣壳蛋白调控的，病毒在筛管内做长距离转运后最终由筛管中转运出，并又做短距离移动，形成新的侵染点，如此循环，最终侵染每个器官和组织。

病毒在植株体内的分布，因病毒、植物或两者相互作用的不同而有差异，有的主要存在于薄壁细胞中，有的则主要存在于韧皮部细胞内。

四、病毒的传播

了解病毒在寄主之间传播和扩散的方式和规律，对弄清病毒病害的发生流行规律及其有效防控至关重要。植物病毒是专性寄生物，它在寄主体外存活期短，无法主动侵入无伤口组织，因此在自然界需要通过一定的方式才能侵入植物。根据病毒侵入方式，病毒的传播可分为介体传播和非介体传播两大类。

（一）介体传播

病毒在田间扩散主要依靠介体，其中最重要的是昆虫，其次为线虫、真菌、螨类及菟丝子等。

1. 昆虫介体　　主要为半翅目的蚜虫、叶蝉和飞虱，其次为粉虱。此外，还有蓟马甲虫和粉蚧等。

根据昆虫与病毒间的生物学关系，昆虫传毒可分为非持久性（non-persistent）、半持久性（semi-persistent）及持久性（persistent）三类。有些学者也把非持久性称为口针带毒型，持久性称为循回型（circulative）。

要了解三种传毒类型，需要首先了解几个基本概念：①获毒取食时间（acquisition feeding period），即无毒昆虫在毒源植物上开始取食至获得传毒能力所需的时间；②接种取食时间（inoculation feeding period），即获毒昆虫在健苗上开始取食至能传染病毒所需的时间；③循回期（circulation period），即昆虫获毒至能传染病毒所需的时间；④循回病毒（circulative virus），即病毒能随植物汁液被介体昆虫吸入肠，渗透肠壁进入血淋巴，再进入唾液腺，最后由唾液将病毒送出口针。

（1）非持久性　　非持久性传播的病毒常常引起重要病害，以该方式传播的病毒种类远比半持久性和持久性传播得多。非持久性传播的主要特点是：所需获毒取食时间短，只要几秒至数分钟（最短只要 5s，一般在 15～60s），取食时间延长反而降低传毒效率；获毒后即可接种传毒，病毒在虫体内没有循回期；获毒取食前饥饿处理能增加传毒效率。

非持久性传播的病毒往往存在于植物的薄壁细胞且与介体之间一般无专化性。

（2）半持久性　　半持久性传播的基本特点是：获毒取食时间需数分钟，增加获毒取食时间则获毒、传毒效率高；没有循回期，病毒可在虫体内保持 1～5d；饥饿处理不增加传毒效率。

在植物体内，半持久性传播的病毒多数存在于韧皮部，所以延长昆虫取食时间可以提高获毒和传毒效率。

（3）持久性　　持久性传播的基本特点是：需较长的获毒取食时间（10～60min），获毒取食时间延长可提高获毒、传毒效率；有明显的循回期，获毒后需经一段时间后才能传毒；介体获毒后可保持传毒至少一周，一般可终身带毒。

持久性传播的病毒在介体内的循回过程一般是：病毒随着植物汁液到达肠腔，进入肠道上皮细胞部，随后穿过肠壁，进入血淋巴，进入唾液腺，再经唾液腺将病毒送出口针，进入植物组织内。持久性传播的病毒常存在于寄主韧皮部或接近韧皮部的细胞，通常引起黄化和叶卷症状，一般不能经汁液传毒。持久性传播的病毒与介体之间常具有专化性。根据病毒能否在介体内增殖，可分为增殖型（propagative）和非增殖型（nonpropagative）两类，增殖型病毒能在昆虫体内增殖，而非增殖型病毒则不能在昆虫体内增殖。

蚜虫（aphid）　　蚜虫是植物病毒最重要的昆虫介体，占整个介体昆虫的一半以上，而由蚜虫传播的病毒也占植物病毒总数的一半以上（Harris，1990）。蚜传病毒中大多属非持久性类型，一般都能用汁液摩擦方法传毒，大多形成花叶症状，许多蚜传病毒是具有重要经济意义的农作物病毒。

叶蝉（leafhopper）　　叶蝉是仅次于蚜虫的重要传毒介体，已知有 49 种叶蝉传播 33 种病毒，如水稻矮缩病毒（rice dwarf virus，RDV）等。叶蝉传播的病毒大多是持久性病毒，且多是增殖型，有些还能经卵传。这类病毒通常引起黄化、矮缩和叶卷等症状，病毒主要存在于韧皮部，一般不能通过汁液传播。

飞虱（planthopper）　　飞虱是仅次于叶蝉的重要传毒介体，已知有 28 种飞虱传播 24 种病毒，如水稻条纹病毒（rice stripe virus，RSV）等。飞虱传播的病毒全部是持久性病毒，且大多是增殖型的，有些病毒还能经卵传播给后代。

粉虱（whiteflies）　　粉虱也是常见的传毒昆虫，尤其是烟粉虱（*Bemisia tabaci*），其寄主植物超过 600 种，可传 5 属 300 多种植物病毒，通常引起花叶（亮黄色和金黄色）和叶卷症状，病毒主要存在于韧皮部，通常不能汁液传播，传毒方式包括半持久性和持久性。

蓟马（thrips）　　蓟马属于常见的传毒昆虫，尤其西花蓟马（*Frankliniella occidentalis*）是全球最重要的农业害虫之一，可危害多种蔬菜和园艺作物，其传播的番茄斑萎病毒（tomato spotted wilt virus，TSWV）在世界范围内危害。西花蓟马只有若虫和成虫阶段才能传毒，且只能在若虫阶段才能获毒，成虫不能获毒，不能卵传，属于半持久性传毒和持久性传毒。

2. 线虫介体　　自发现剑线虫（*Xiphinema*）能传播葡萄扇叶病毒（grapevine fanleaf virus，GFLV）以来（Hewitt et al.，1958），已证明许多重要的病毒可由线虫传播，这些线虫主要属于矛线目（Dorylaimida）中的长针线虫科（剑线虫属和长针线虫属）和毛刺线虫科（毛刺线虫属和拟毛刺线虫属）。剑线虫属（*Xiphinema*）和长针线虫属（*Longidorus*）线虫传播线虫传多面体病毒属（*Nepovirus*）病毒，毛刺线虫属（*Trichodorus*）和拟毛刺线虫属（*Paratrichodorus*）传播烟草脆裂病毒属（*Tobravirus*）病毒。

以上几属线虫都为外寄生线虫，具有很长的口针，取食于根部的表皮细胞，通常是根冠。寄生线虫在田间移动范围很小，一年只能移动 30～50cm，远距离传播主要是依附在种植材料上。关于病毒在线虫体内的存活期，长针线虫属为 12 周，剑线虫属为一年，毛刺线虫科超过一年，这样的存活期可使前后两季作物连续受侵染。

线虫的获毒取食时间大多小于 24h，接毒取食时间一般要 1h 以上，一条线虫就可使一株植物感病，虫数越多则传病效率越高，病毒在线虫体内没有循回期，病毒不能在介体内增殖。

3．真菌介体　自从发现芸薹油壶菌（*Olpidium brassicae*）传播烟草坏死病毒（tobacco necrosis virus，TNV）后（Teakle，1960），迄今已发现壶菌目和根肿菌目中的油壶菌属（*Olpidium*）、多黏菌属（*Polymyxa*）、粉痂菌属（*Spongospora*）中的菌物能传播 10 个病毒属和分类地位未确定的 30 多种病毒（Campbell，1996）。其中油壶菌属传播球状病毒，多黏菌属及粉痂菌属传播杆状及线状病毒。真菌传毒方式主要有两种：病毒粒体附着在游动孢子表面，而休眠孢子并不带毒；病毒能通过休眠孢子传播。

4．螨类介体　自发现郁金香瘤螨（*Eriophyes tulipae*）传播小麦线条花叶病毒（wheat streak mosaic virus，WSMV）后（Slykhuis，1962），已发现螨类可以传播 9 种病毒。螨类是通过口针取食进行传毒的，可能属于半持久性传毒类型。

5．菟丝子介体　菟丝子（*Cuscuta* spp.）是旋花科菟丝子属植物的总称，攀缘寄生于高等植物，没有根和叶。当菟丝子遇到寄主缠绕在上面，在接触处形成吸盘（haustoria）与寄主维管束组织相连，将病毒从病株传到健株，这实际是一种自然嫁接作用。嫁接一般受寄主亲和性的局限，而菟丝子能在亲缘关系很远的植物之间传播病毒。

（二）非介体传播

非介体传播包括机械传播、种子及花粉传播或营养繁殖材料传播等。

1．机械传播（汁液传播）　机械传播是指病毒通过植物表面微伤口进入植物的过程。机械传播是研究植物病毒的常用方法，如用于病毒分离、侵染性测定、病毒与寄主互作研究等。

植物病毒本身不能穿过植物表皮进入细胞内，需要依赖微伤口。机械接种时常常使用磨料来破坏植物角质层和表皮层，造成不使细胞致死的微伤口，当病汁液涂抹在叶表面时，病毒就通过这些微伤口进入细胞。

受侵染植物的叶片是最普遍使用的接种源，一般幼嫩叶片比老叶含有的病毒量高。选取病组织后，需研磨成浆，一般用研棒和研钵研磨，研磨时间不宜过长（1min 左右）。如大量接种，可使用匀浆器，匀浆时要加入缓冲液。在研磨时，由于寄主细胞的代谢物或细胞碎片常同病毒一起释放，有些物质能使病毒失活，而影响其侵染性，因此通常需用缓冲液。常用的缓冲液为 0.1mol/L pH 7.0～7.5 的磷酸缓冲液（PB）或 1% K_2HPO_4＋0.1% Na_2SO_3。常用的机械接种方法为摩擦接种，接种前通常先在植物表面喷洒磨料（300～600 目的金刚砂或硅藻土）。接种时一般用手指涂抹，也可用棉球、海绵、研棒或画笔涂抹。其他机械接种方法包括喷枪接种和组织接种等。

同其他传播方式（介体、营养繁殖材料）相比，机械传播并不是大多数病毒在田间扩散的主要方式；但是对于某些病毒，如 TMV 和马铃薯 X 病毒（potato virus X，PVX）而言，田间机械传播是一种较为重要的传播方式，病毒借助人工操作、叶片接触，甚至根系接触而传播。

2．种子及花粉传播　已知植物病毒中约有 1/5 能通过种子传播。种子传播（简称种传）

是病毒早期侵染作物的有效方式。种子传毒的植物随机分布在田间，因而为病毒通过其他传播方式（如昆虫介体）在作物间扩散提供了条件，如莴苣花叶病毒（lettuce mosaic virus，LMV），0.1%种传率即可造成病毒病流行。有些病毒可通过商品种子进行全球性远距离传播，如我国从叙利亚引进的蚕豆种子中发现了蚕豆染色病毒（broad bean stain virus，BBSV）。因此，种传病毒对作物具有很大的危害性。

种传也是病毒存活的一种方式，而且由于在干燥、高蛋白环境中病毒较稳定，因此病毒能在种子内存活较长时间。例如，菜豆普通花叶病毒（bean common mosaic virus，BCMV）是种传的，除菜豆外，其寄主范围很窄，而菜豆不能越冬，因此种传就成为病毒越冬的唯一途径。

不同植物种子传毒的方式存在差异。例如，烟草种子上，TMV常附着在种皮上，当种子发芽时，病毒就有可能从子叶或胚侵入，烟草花叶病毒属（*Tobamovirus*）病毒主要是以这种方式传播。有些病毒能进入种胚，使胚带毒，多数种传病毒属于这种方式。许多病毒在未成熟的种皮上能检测到病毒，但当种子成熟干燥后，病毒就消失了。有些种子带毒后，种子上会出现症状。

有些病毒可由花粉传播，病毒通过花粉受精过程扩散到整个植株，使植株带毒。

3. 营养繁殖材料传播 营养繁殖材料包括块茎、球茎、鳞茎、块根、蔓根、插条等。由于病毒能够在大部分繁殖材料上进行系统性侵染，利用营养繁殖材料繁殖，往往造成病毒的传播。世界上有许多极为重要的病毒病是通过这种方式传播的，如马铃薯的退化就是长期无性繁殖导致病毒通过繁殖块茎传播的结果。

嫁接是一种古老的园艺措施。当接穗或砧木带毒时嫁接后，病毒能从带毒部位进入健康部位而使全株发病。当一种病毒不能通过汁液机械传播，且尚未发现其他传播方式时就可使用嫁接传毒。该方法目前已较少使用，但在研究木本植物时仍常使用该方式。草本植物嫁接后症状很快会出现，而木本植物往往要经过较长时间才出现症状。

五、病毒引起的症状

病毒侵染植物后，植物正常发育受到影响或正常生理过程受到干扰，表现出不正常状态称为症状。病毒症状可分为外部症状和内部病变（也称宏观症状和微观症状）两大类。

大多数病毒危害植物后产生的外部症状都表现在叶片上，少数可在茎、果实上引起明显的症状。病毒外部症状主要有5种基本类型（数字资源5-3）。

花叶 包括脉明（数字资源5-4）、斑驳、花叶（数字资源5-5）、条纹（数字资源5-6）、线条斑和褪绿斑等。

环斑 包括环斑（数字资源5-7）、环纹和线纹等。

坏死 包括局部坏死（数字资源5-8）或枯斑。

变色 包括褪绿、变黄（数字资源5-9）、变橙、变红、变紫及变成墨绿色等。

畸形 包括矮化（数字资源5-10）、矮缩（数字资源5-11）、丛枝（数字资源5-12）、丛簇、花变叶、叶片带化、卷叶（数字资源5-13）、蕨叶、扇叶和耳突（数字资源5-14）等。

数字资源
5-3～5-14
（含视频）

有些病毒侵染寄主后不产生可见症状，称无症带毒。病毒病症状发展有个过程，前后期症状可完全相同，也可能不同。此外，病毒病症状还受寄主植物及植物生长环境条件的影响，如有些病毒形成症状后在特定的环境条件（高温或低温）下可暂时隐去症状，称隐症。

有些因素可引起类似病毒所致的症状，如节肢动物产生的毒素、遗传病、营养失调、高温、激素（如 2,4-D）损害、某些农药和空气污染等。因此，为了确定病害是否由病毒引起，就必须排除其他可能引起类似病毒症状的因素。一般而言，病毒可以从病株传播到健株，而上述因素不具有传染性。

数字资源
5-15

内部病变是指受病毒侵染的寄主植物组织细胞的病理变化，包括细胞增生、增大、细胞器变化（主要指线粒体、核和叶绿体）和病毒特征性聚集，即形成内含体（数字资源 5-15）。不同病毒可产生不同的内含体，有些内含体有很高的诊断价值，甚至采用一般光学显微镜（结合染色技术）或相差显微镜即可根据细胞内含体的形态判别不同病毒属（裘维蕃，1984；谢联辉和林奇英，2011）。

第二节　病毒的分类与命名

数字资源
5-16

病毒分类与命名是在国际病毒分类委员会（International Committee on Taxonomy of Viruses，ICTV）的统一领导下进行的，一般病毒学家首先提出分类建议，国际病毒分类委员会组织下属委员会的有关专家讨论和审定病毒分类方案。自第九次病毒分类报告发布之后（2011 年），病毒分类学的发展非常迅速，ICTV 每年在其网站上发布更新的病毒分类系统。ICTV 于 2017 年开始在线发布第十次病毒分类报告（数字资源 5-16）。

病毒学家通常更多地关注于引起人类、家畜和农作物疾病/病害的病毒，但宏基因组（metagenome）测序（尤其是环境样品的高通量测序）的最新进展显示，地球生物圈分布着数量惊人的病毒，也对病毒分类规则提出了挑战。为了应对快速增长的病毒数量，提供一种更包容、动态的分类框架，国际病毒分类委员会（ICTV）于 2020 年 3 月批准的最新 2019 病毒分类系统，全面采用了 15 级分类阶元，分别为域、亚域、界、亚界、门、亚门、纲、亚纲、目、亚目、科、亚科、属、亚属、种。其中 8 个为主要等级（域、界、门、纲、目、科、属、种），其余为衍生等级（洪健等，2021）。涉及具体病毒分类时不必使用所有单元，如病毒科不必都归入目中，在没有合适的目时，科就是最高的分类单元。同样，不是所有的科都要分成亚科，也不是所有的属都能归入一定的科中。

以植物双生病毒中的 *Bean golden yellow mosaic virus*（菜豆金色黄花叶病毒）和植物呼肠孤病毒中的 *Rice black-streaked dwarf virus*（水稻黑条矮缩病毒）为例，它们的分类等级结构如图 5-3 所示。

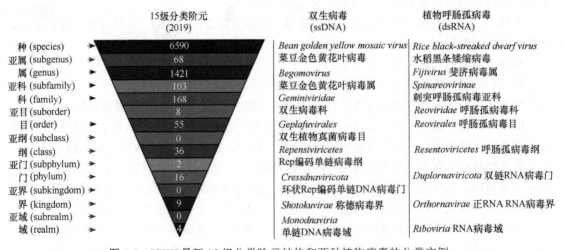

图 5-3　ICTV 最新 15 级分类阶元结构和两种植物病毒的分类实例

植物病毒种的命名一般是由寄主名＋症状名＋病毒构成的。当 ICTV 下属委员会不能肯定一个新的病毒种分类地位时，新的病毒种可以作为暂定种列在适宜的属和科中。病毒属是一群具有某些共同特征的种，属的词尾为"*virus*"，设立一个新的病毒属时必须有一个同时被承认的代表种（type species）。病毒科是一群具有某些共同特征的属，科的词尾为"*viridae*"，科下面可以设立或不设立亚科，亚科的词尾为"*virinae*"。病毒目是一群具有某些共同特征的科，目的词尾为"*virales*"。有关病毒分类的规则也适用于类病毒的分类，类病毒种的末尾词是"*viroid*"，属的词尾是"*viroid*"，亚科的词尾是"*viroinae*"，科的词尾是"*viroidae*"。

在病毒分类系统中所采用的病毒目、科、亚科、属一律遵循斜体书写且第一个单词首字母大写原则。对于病毒的种，当强调分类地位作为种名（species name）使用时，需遵循斜体书写，且第一个单词的首字母大写原则，其他单词除专有名词外不大写，如烟草花叶病毒（*Tobacco mosaic virus*，TMV）和木槿潜隐皮尔斯堡病毒（*Hibiscus latent Fort Pierce virus*，HLFPV）。注意这里的Fort Pierce 为专有名词，本身首字母大写。但当不强调分类地位只作为普通名词使用时，病毒名称（virus name）只需正体书写，第一个单词的首字母除专有名词外一律不大写，如烟草花叶病毒（tobacco mosaic virus，TMV）和木槿潜隐皮尔斯堡病毒（hibiscus latent Fort Pierce virus，HLFPV）。

根据 ICTV 于 2020 年 3 月批准的最新 2019 病毒分类系统（洪健等，2020），寄主为植物的病毒包括植物病毒（数字资源 5-17）和亚病毒感染因子。其中植物病毒有 31 科 132 属 1608 种（数字资源 5-18）。亚病毒感染因子包括 33 种类病毒、6 种卫星病毒、142 种卫星核酸（数字资源 5-18）。根据病毒的核酸类型、链数和极性，植物病毒划分为单链 DNA 病毒（501 种）、双链 DNA 逆转录病毒（85 种）、单链 RNA 逆转录病毒（25 种）、双链 RNA 病毒（50 种）、单链负义 RNA 病毒（98 种）、单链正义 RNA 病毒（849 种），共六大类群。

数字资源
5-17～5-18

第三节　重要的植物病原病毒

一、烟草花叶病毒属

烟草花叶病毒属（*Tobamovirus*）代表种为 TMV。病毒粒体直杆状，长度为 300～310nm，直径18nm；病毒基因组为单分子线形正义 ssRNA，长 6.3～6.6kb；衣壳蛋白由一种多肽组成。该属病毒在世界各地均有分布，大部分病毒具有中等偏广的寄主范围，可侵染茄科、十字花科、葫芦科及豆科等多种重要经济作物，并引起严重危害，自然界中通过机械接触传播，某些病毒可以种子传毒，无传毒介体。

TMV 基因组 RNA 长 6395nt，衣壳蛋白含 158 个氨基酸。其寄主范围很广，可侵染 150 多属的植物，主要是一些草本双子叶植物，包括许多蔬菜、花卉和烟草等，导致这些作物的严重危害。病毒在烟草上主要引起花叶症，在番茄上引起斑驳。TMV 对外界环境抵抗力强，是已知对热最稳定的病毒，在未经稀释的植物汁液中被钝化的温度为93℃；在汁液中可保持侵染力4～6 个月，在干燥的叶片中可存活 50 多年，因此病毒很容易通过病汁液接触传播。

二、黄瓜花叶病毒属

黄瓜花叶病毒属（*Cucumovirus*）代表种为 CMV。病毒粒体是等轴对称的二十面体，无包膜，直径约 29nm；病毒基因组为三分体线形正义 ssRNA；衣壳蛋白由一种多肽组成，分子质量为 24ku。该属的 CMV 寄主范围广，而其他病毒的寄主范围较窄，病毒可由 60 多种蚜虫以非持久性方式传播，易通过机械接种传播，在多种植物（包括一些杂草）上可以种传。

CMV 基因组含 RNA1、RNA2、RNA3 3 条单链正义 RNA 分子,另有亚基因组 RNA4,RNA1、RNA2、RNA3 和 RNA4 的长度分别为 3357nt、3050nt、2216nt 和 1000nt，RNA1 和 RNA2 各包裹在一个粒体中，RNA3 和 RNA4 一起包裹在一个粒体中，有的分离物还常存在卫星 RNA 分子，病毒衣壳蛋白分子量为 24ku。CMV 可侵染 1000 多种双子叶和单子叶植物，是禾谷类作物、牧草、木本和草本观赏植物、蔬菜及果树上发生最广、危害最大的病毒。一般引起叶片、花和果实产生斑驳、花叶、畸形和矮化症状，严重病株甚至死亡。目前，我国已从 38 科 120 多种植物上分离到 CMV，这是我国十字花科、茄科、豆科及葫芦科蔬菜上最主要的病原病毒之一，也是烟草、香蕉、西番莲、花卉和药用植物的重要病原，许多野生杂草也受到该病毒侵染。

三、马铃薯 Y 病毒属

马铃薯 Y 病毒属（*Potyvirus*）是植物病毒中最大的属之一，代表种为马铃薯 Y 病毒（*Potato virus Y*，PVY）。病毒粒体为弯曲线状，无包膜，长 680~900nm，直径为 11~13nm；病毒基因组为单分子线形正义 ssRNA，长约 9.7kb；衣壳蛋白由一条多肽组成。该属所有病毒都在寄主细胞质中产生一种圆柱状或圆锥状内含体，在横切面上呈风轮状、卷筒状、环状、片层状，纵切面上呈束状或管状等。一些病毒的寄主范围窄，少数病毒可侵染 30 多科植物，病毒可由蚜虫以非持久性方式传播，也可以通过机械接种传播，有些病毒分离物蚜传效率低，而另一些分离物则不能蚜传，可能是由蚜传辅助因子或衣壳蛋白基因的突变所致，一些病毒还可经种子传播。该属许多病毒是危害粮食作物、经济作物、牧草、药材、果树的重要病原，在全世界造成严重经济损失。

四、马铃薯 X 病毒属

马铃薯 X 病毒属（*Potexvirus*）代表种为 PVX。病毒粒体为弯曲线状，长 470~580nm，直径为 13nm；病毒基因组为单分子线形正义 ssRNA，长 5900~7000nt；衣壳蛋白由一种多肽组成。病毒通常具有中等致病性，引起许多单子叶植物和双子叶植物的系统花叶和环斑症状，单一病毒的寄主范围较窄。在自然条件下病毒通过机械接触传播，无已知介体，容易人工接种传播。PVX 在我国和世界各地都有发生，主要危害马铃薯，也可侵染番茄和烟草。PVX 常与 PVY 复合侵染，在马铃薯上引起严重危害。

五、线虫传多面体病毒属

线虫传多面体病毒属（*Nepovirus*）代表种为烟草环斑病毒（tobacco ringspot virus，TobRSV）。病毒粒体是等轴对称二十面体，直径约 28nm，无包膜；病毒基因组为两条线形正义 ssRNA，RNA1 长 7200~8400nt，RNA2 长 3900~7200kb，一些病毒还含有卫星 RNA 分子；衣壳蛋白由单个多肽组成。对单个病毒而言，其自然寄主范围有宽有窄，病毒广泛发生在一年生及多年生的草本和木本植物上，也有的病毒寄主仅限于一种植物，病毒一般引起环斑症状，但斑驳和斑点症状也常见。该属多数病毒由土壤中的一些剑线虫或长针线虫以持久性方式传播，线虫可保持传毒能力达数周或数月，病毒在线虫中不增殖，也可由机械接种传播。我国已报道 TobRSV、葡萄扇叶病毒、番茄黑环病毒和温州蜜柑矮缩病毒等。

六、黄症病毒属

黄症病毒属（*Luteovirus*）代表种为大麦黄矮病毒 PAV（barley yellow dwarf virus-PAV，

BYDY-PAV）。病毒粒体为等轴对称二十面体，直径为 25～30nm，无包膜及表面特征；病毒基因组为一条正单链 RNA，长 5273～5677nt；衣壳蛋白由一种主要多肽组成，该蛋白质的通读产物可能涉及蚜虫传播和病毒粒体的稳定。约有 14 种蚜虫可以持久性方式传播该属病毒，最重要的是麦无网长管蚜（*Acyrthosiphon dirhodum*）、麦长管蚜（*Macrosiphum avenae*）、玉米蚜（*Rhopalosiphum maidis*）、禾谷缢管蚜（*R. padi*）等，病毒在介体内不能增殖，介体传播的专化性强，病毒不能通过汁液机械接种传毒。病毒可以侵染 100 种以上的单子叶植物，包括燕麦、大麦、小麦和许多杂草，引起寄主植物矮化及褪绿症状。在我国，大麦和小麦的黄矮病都发生较重，病株叶片金黄色，显著矮化。

七、纤细病毒属

纤细病毒属（*Tenuivirus*）代表种为 RSV。病毒粒体为直径 3～10nm 的细丝状体，这种粒体有时可形成螺旋状、分枝状或环状结构，无包膜；病毒基因组具有独特的双义（ambisense）编码策略，由 4～6 条线形 ssRNA 分子组成，每条 ssRNA 的 3′端和 5′端序列约有 20 个碱基高度保守且能互补配对，可形成负链病毒特征性的锅柄（panhandle）结构。该属病毒由飞虱以持久性方式传播，在昆虫体内能增殖，病毒的寄主范围较广，但仅局限于禾本科植物。该属病毒所特有的另一重要特征是：在受侵染的水稻植株细胞内有大量的蛋白质聚集，可形成不定形的内含体或形态各异的针状结构，且该蛋白质的出现与病害症状相关，因此被称为病害特异性蛋白。

RSV 除 RNA1 为负链编码外，RNA2、RNA3、RNA4 均采取双义编码策略，即在 RNA 的毒义链（vRNA）和毒义互补链（vcRNA）的靠近 5′端处各有一个 ORF，都可以编码蛋白。RSV 引起的水稻条纹叶枯病是水稻最具经济重要性的病害之一，主要发生在东亚的温带、亚热带地区，给我国和日本的水稻生产造成了严重损失。

八、斐济病毒属

斐济病毒属（*Fijivirus*）代表种为斐济病病毒（Fiji disease virus，FDV）。病毒粒体有双层衣壳，呈等轴对称的二十面体，直径 65～70nm；病毒基因组为 10 条 dsRNA 片段（S1～S10），单个基因组片段为 1430～4391nt，基因组总长为 27 000～30 500nt。自然界中，该属病毒由飞虱科的昆虫传播，如灰飞虱（*Laodelphax striatellus*）、明飞虱（*Delphacodes pellucida*）、褐飞虱（*Nilaparvata lugens*）、白背飞虱（*Sogatella furcifera*）等，均为增殖性传播，获毒时间为几小时，潜伏期约两个星期，带毒昆虫可终生传毒，不能汁液传播。自然寄主限于禾本科植物的少数几属及飞虱科的介体昆虫。所有病毒都引起寄主植物韧皮部肥大（膨大和细胞增生），导致叶脉隆起，有时产生耳突和瘤，尤其是在叶背面。重要病毒有水稻黑条矮缩病毒（rice black-streaked dwarf virus，RBSDV）等。

九、植物呼肠孤病毒属

植物呼肠孤病毒属（*Phytoreovirus*）代表种为伤瘤病毒（wound tumor virus，WTV）。病毒粒体是等轴对称的二十面体，直径约 70nm。WTV 具有 3 层蛋白衣壳，包括一个无定形外层、一个具衣壳蛋白亚基的中间层和一个直径约 50nm 的缺乏突起的光滑内核。RDV 具双层衣壳，其外层含有 260 个 P8 蛋白的三聚体，内层是完整的蛋白衣壳，含有 60 个 P3 蛋白的二聚体。该属病毒基因组分布在 12 条 dsRNA 片段（S1～S12），病毒基因组总长为 25 000～30 000nt。WTV 由大叶蝉科的一些种传播，而 RDV 和水稻瘤矮病毒（rice gall dwarf virus，RGDV）主要由黑尾叶蝉（*Nephotetix cincticeps*）、二点黑尾叶蝉（*N. virescens*）和电光叶蝉（*Recilia dorsalia*）传播。该属病毒在介体昆虫体内能增殖，在植物上获毒时间短，叶蝉体内潜伏期为 10～20d，带毒介体终生传毒，能经卵传播，病毒不能机械传播，也无种传的报道。

十、双生病毒科

双生病毒科（*Geminiviridae*）根据基因组结构、传毒介体种类和寄主范围的不同，被划分为 9 属（Fauquet et al., 2003）。该科病毒粒体呈孪生颗粒形态，大小为 22nm×38nm，无包膜，病毒基因组为单链环状 DNA，大小为 2500～5200nt。有些双生病毒为双组分基因组，即含有两条 DNA 分子，称 DNA-A 和 DNA-B；有些为单组分，其基因组结构相当于双组分病毒的 DNA-A。菜豆金色花叶病毒属中有些单组分病毒还伴随着一类大小约为病毒基因组一半的卫星 DNA 分子，称 betasatellite 或 alphasatellite。大多数具有经济重要性的双生病毒属于菜豆金色花叶病毒属，该属病毒侵染双子叶植物，一般引起曲叶、花叶、叶脉黄化等症状，如非洲木薯花叶病毒、木尔坦（Multan）棉花曲叶病毒和中国番茄黄化曲叶病毒等。

菜豆金色花叶病毒属病毒在自然情况下由 B 型烟粉虱（*Bemisia tabaci*）以持久性方式传播，因而该属病毒也称粉虱传双生病毒（whitefly-transmitted geminivirus）。目前，至少已有 39 个国家的棉花、木薯、番茄等作物遭受双生病毒的毁灭性危害。在我国的福建、广西、云南、海南、广东、上海、浙江、江苏、山东、河南、河北、北京、天津、内蒙古、山西、陕西和台湾等地也相继发现烟草、番茄、南瓜和番木瓜等多种作物已遭受双生病毒危害。

第四节　植物病毒的鉴定

植物病毒的鉴定是指通过一系列的检测实验后，根据病毒的生物学特性、理化特性、基因组特性、血清学特性等来确定病毒种类。早期的鉴定主要通过摩擦接种、介体传播及嫁接等方法接种指示植物后观察病毒引起的症状类型，同时结合病毒粒体形态、细胞病变及一些血清学的方法来确定病毒种类。随着许多病毒全基因组序列的测定及分子生物学技术的迅速发展，病毒鉴定往往通过对病毒基因组全序列或部分序列的测定，然后与已知病毒的序列进行比对来确定病毒的种类。近十年，随着高通量测序技术的发展，通过小 RNA 测序、RNA-seq 鉴定新病毒成为病毒鉴定的有效手段，使得新鉴定的植物病毒数量快速增加。当前，植物病毒常用的鉴定方法包括生物学测定、电子显微镜检测、血清学检测、分子生物学测定和高通量测序技术等。

一、生物学测定

生物学测定主要是指通过将病毒接种指示植物后观察病毒引起的症状类型及测定病毒的传播方式等生物学实验来确定病毒种类。生物学测定是植物病毒研究的基础。

每种病毒都有一定的寄主范围，并在这些寄主上产生一定的症状类型。特定的病毒在特定寄主上可产生特定症状，从而帮助我们确定病毒种类。因此，通过将病毒接种寄主，明确病毒的寄主范围及引起的症状，可为病毒及其株系的鉴定提供依据。有些相关病毒可能在某种寄主上产生类似症状，因此可以初步确定病毒所属的属。寄主范围测定还可帮助我们了解病毒复制、测定及保存时选用什么样的寄主。但必须注意，病毒株系和寄主植物品种会影响病毒症状的类型，另外环境对症状反应也有影响。

有些病毒感染寄主后只产生局部枯斑，称枯斑寄主。一个局部枯斑就是一个侵染点，因此在一个枯斑中的病毒应该是比较纯一的。将单一枯斑中的病毒接种到自然寄主的健苗上，发病植株再接种枯斑寄主，如此反复分离几次，便可获得纯一的病毒。因此，枯斑寄主常用于分离病毒。

病毒在自然界中的传播方式也是分类鉴定的重要依据。有许多病毒通过专一性介体传播。有关介体种类、传毒是持久性还是非持久性、介体获毒时间、接毒时间、病毒在介体中能否增殖等在病毒鉴定上有重要意义。如果了解某病毒是由何种特定介体传播的，就可以初步确定病毒的特征，如线虫传多面体病毒属病毒是由长针线虫科线虫传播的。有些病毒没有专一性介体或介体不详，有的主要通过花粉、种子、无性繁殖材料传播，可作为分类的参考指标。

生物学测定目前仍是病毒诊断鉴定的有效方法之一，尤其是可以帮助我们初步判断病毒的类群，以便进一步利用分子生物学技术来确定病毒的种类。此外，通过生物学测定可以帮助我们确定病毒的繁殖寄主，以便对病毒进行有效保存并进一步研究。

二、电子显微镜检测

病毒粒体只能在电子显微镜下才能看到。不同病毒的粒体形态、大小和表面微细结构各异，其结构特征是诊断病毒所属的科或属的重要依据之一。电镜观察时，杆状和线状病毒及一些形态特殊的病毒粒体容易辨认，但直径 20~30nm 的等轴状病毒粒体则很难与周围的细胞组分区分开来。电镜观察可使用提纯病毒或病叶粗汁液，观察时，病毒应先吸附在载网上，附着在载网上的膜称支持膜，其作用在于支撑标本；病毒吸附在载网上后，还需进行染色，一般使用负染技术，常用的负染剂有 2%磷钨酸钠和 2%乙酸铀；负染后，滤纸吸干载网后即可在电镜下观察。

寄主植物受病毒侵染后所发生的细胞超微病理变化，尤其是内含体的形态结构也是病毒诊断鉴定的重要依据，如马铃薯 Y 病毒科病毒侵染细胞后会产生特殊的风轮状内含体。观察病毒在寄主细胞内的内含体等病变特征主要采用超薄切片法。

三、血清学检测

血清学检测是病毒鉴定最有效的方法，其基本原理是利用植物病毒产生的蛋白质（抗原），主要是衣壳蛋白，与其在脊椎动物体内产生的抗体之间的专化性结合。血清学检测方法主要包括琼脂双扩散试验、酶联免疫吸附测定（ELISA）、斑点酶联免疫吸附测定、胶体金免疫试纸条及免疫电镜技术等，其中 ELISA 是目前使用最普遍的方法。这是一项20世纪70年代发展起来的技术（Engvall and Perlman，1971），由于灵敏度高、特异性强和操作简便，适用于大量田间样品的检测，目前已广泛应用于植物病毒的鉴定与检测。其中，胶体金免疫试纸条是目前检测病毒最快速、最简单的方法。

ELISA 是抗原抗体特异性免疫反应和酶对底物的高效催化反应的有机结合。ELISA 方法有两个特点，一是抗原抗体免疫反应在固体表面进行，二是用化学方法将酶和抗体偶联形成酶标记抗体，但仍保持抗体的免疫活性，当与相应抗原反应时形成酶标记的免疫复合物，遇到相应的底物时催化底物而产生颜色反应或发光。如抗原量多，结合上的酶标记抗体也多，则催化底物量大而颜色深或发光强；反之抗原量少则显色反应颜色浅或发光弱，因此可用目测法观察颜色反应或用分光光度计测定光密度值来进行病毒检测诊断。在反应中所用的固相为聚苯乙烯微量反应板（一般称为酶标板），所用酶一般为辣根过氧化物酶和碱性磷酸酯酶，后者检测植物样品效果更好。

由于 ELISA 的灵敏度高，能检测纳克水平的病毒，所以可检测到单头介体昆虫或单粒种子上的病毒。ELISA 自建立以来经不断改进和提高，已形成多种测定方法，其中最主要的是双抗体夹心法、三抗体夹心法和间接法。双抗体夹心法的基本步骤为：用特异性病毒捕获抗体溶液包被酶标板，经温育后抗体包被于微孔壁上；洗去多余抗体，加入待测抗原标样，在温育中抗原与吸附在固相表面的抗体特异性反应而被捕获；洗去多余的抗原和杂质，再加上酶标记的病毒特异性抗体；温育和洗涤后加入无色的底物溶液，则抗体-抗原-酶标抗体复合物与底物反应，呈现深浅不同的颜色反应或发光信号。反应同时设置阴性和阳性对照。

斑点酶联免疫吸附测定是利用硝酸纤维素膜代替酶标板进行酶联免疫吸附测定，其反应原理及操作步骤与 ELISA 相似。

胶体金免疫试纸条检测病毒的原理是以硝酸纤维素膜为载体，利用微孔膜的毛细管作用，滴加在试纸条加样孔处含有病毒的病汁液向试纸条另一端渗移，在移动过程中病毒与胶体金结合垫上的胶体金标记的抗病毒抗体结合形成抗原-胶体金抗体结合物并移动到包被有病毒抗体的检测线处被捕获而聚集呈现红色反应线，多余的胶体金标记抗体和病毒-胶体金抗体结合物越过检测线继续向前移动至抗抗体包被的质控线处被捕获而聚集呈现红色反应线。而没有病毒的样品在检测线处不出现红色反应线，而在质控线处呈现红色反应线。胶体金免疫试纸条方法能在 5min 内完成病毒的检测。

免疫电镜技术是将血清学反应的特异性和电镜下形态观察相结合的一种技术，它具有灵敏度高、抗原和血清用量少、反应时间短等优点，是病毒鉴定的重要手段。常用的有两种方法：捕捉法和装饰法。捕捉法是通过预先吸附在铜网膜上的抗体特异性地将病毒颗粒捕捉观察。装饰法是把病毒吸附到铜网上后再吸附抗体，抗体分子可装饰病毒抗原，装饰后的病毒粒体染色后常会"加宽"的阴影。

四、分子生物学测定

植物病毒粒子是由核酸和蛋白质所组成，血清学测定的基础是利用病毒衣壳蛋白的抗原性，而分子生物学测定则是针对病毒核酸进行测定。主要包括核酸分子杂交、聚合酶链反应（PCR）、逆转录-聚合酶链反应（RT-PCR）、实时定量 PCR、环介导等温扩增（LAMP）、高通量 RNA-seq 等。

核酸分子杂交是依据 DNA（或 RNA）与互补的 DNA（或 RNA）之间对应碱基互补关系来测定核酸碱基序列同源性，其同源性的高低主要以杂交百分率和杂交复合体的热稳定性来衡量。在核酸分子杂交中，利用一种预先分离纯化的已知 RNA 或 DNA 片段作为探针检测未知的病毒核酸（Lee et al.，2003）。核酸分子杂交的基本步骤包括制备探针、探针标记、杂交及放射自显影或显色等。

PCR 是一种特异性的 DNA 体外扩增技术，具体步骤包括合成与靶序列 DNA 互补的寡聚核苷酸引物，并使其结合到 DNA 序列两侧，然后利用热稳定 DNA 聚合酶合成多拷贝的 DNA 序列。PCR 用于植物病毒的鉴定与分类是先扩增病毒基因组的 DNA 或 RNA 的 cDNA，再对特异性扩增物进行电泳和序列分析。由于 PCR 引物具有专化性，因此该技术对于病毒标样的核酸纯度要求不高，即使病毒核酸的含量非常低，仍然可以扩增出特异的目的条带。值得一提的是，如果合成几种或多种病毒基因保守区的兼并引物，PCR 可用于检测多种病毒。由于传统的 PCR 具有引物的非特异性扩增、不能定量分析病毒含量等缺点，为了克服这些缺点，近年来在病毒的检测和诊断中相继发展了多种新型 PCR 技术，如免疫捕获 PCR（Hema et al.，2003；Pasquini et al.，1998）、实时荧光 PCR 等（Ratti et al.，2004；Zhang et al.，2012）。

然而 PCR 方法检测病毒依然具有一定的局限性，如需要专用设备和大型仪器、操作烦琐、检测时间较长（从核酸提取到 PCR 扩增及结果判读需要 4～5h），难以满足田间、检验检疫口岸对快速、灵敏、便捷检测病毒的需求。近年来核酸恒温扩增技术成为已知病毒快速检测和诊断的新方法。核酸恒温扩增技术的特点是可以在恒定温度条件下（如 37℃或 63℃），半小时左右对目标核酸进行指数扩增。常见的核酸恒温扩增技术有：环介导等温扩增（loop-mediated isothermal amplification，LAMP）、重组酶聚合酶恒温扩增（recombinase polymerase amplification，RPA）。核酸恒温扩增技术可与核酸侧向层析技术相结合，进一步缩短了病毒核酸扩增结果的判断时间，简化了病毒检测的设备，缩短了病毒检测时间。

五、高通量测序技术

　　高通量测序技术（high-throughput sequencing，HTS）又称为下一代测序技术（next generation sequencing technology，NGS），目前已广泛应用在病原体检测中。传统的植物病毒检测方法通常依赖于病毒的序列信息设计引物或探针或制备特异性抗体，这些方法耗时长且只能检测出已知病毒或与已知病毒同源性高的病毒，难以用于检测缺少病毒基因组序列信息或变异大的未知病毒。随着高通量测序技术的快速发展，高通量测序技术测序通量高、速度快、无需序列背景信息的特点可应用于对未知和已知病毒的鉴定检测。高通量测序技术采用边合成边测序（sequencing by synthesis）的测序原理，将连接通用接头的 DNA 片段进行高通量并行 PCR，通过捕捉新合成序列的末端信号标记来确定 DNA 序列，实现对几十万到几百万条 DNA 分子序列的并行测定，所获得的大量测序数据经生物信息技术过滤、拼接、组装、比对，最终获得病毒的序列信息。

　　基于高通量测序技术鉴定病毒的方法目前应用比较广泛的主要包括小 RNA 测序和总 RNA 测序。小 RNA 测序鉴定病毒的基本原理是，真核生物利用 RNA 沉默机制抵御病毒入侵时会特异性识别病毒 RNA，并将其切割为长度为 18～30nt 的小干扰 RNA（small interfering RNA，siRNA）。通过对宿主的小 RNA 进行深度测序，可以获得来源于病毒基因或转录本切割形成的小 RNA 序列信息，对获得的大量小 RNA 序列进行序列拼接、组装可以获得大片段的病毒序列，为下一步病毒鉴定提供序列信息。由于小 RNA 序列短，且部分病毒产生的小 RNA 数量较少，可能导致小 RNA 序列的拼接和组装质量不佳，影响病毒基因组的精确组装和扩增。而总 RNA 测序可以对病毒基因组的 RNA 序列（RNA 病毒）或病毒的转录本进行测序，获得的序列读长长、丰度高，可以拼接和组装出较大的病毒基因组片段，在病毒的鉴定中更有优势。总 RNA 测序鉴定病毒时，为了排除植物总 RNA 中核糖体 RNA 的干扰，通常先去除总 RNA 中的核糖体 RNA 以提高测序文库中病毒 RNA 的含量。

　　高通量测序技术用于病毒的鉴定，突破了传统检测方法的局限性，在鉴定未知病毒方面显示出巨大前景。近年通过高通量测序技术，有大量的植物新病毒得以发现，但通过高通量测序技术鉴定的新病毒仍需要辅以传统病毒鉴定方法，如科赫法则验证、病毒粒子观察等，以明确新病毒的寄主、致病性、传播方式、病毒粒子形态及病害流行特性。

第五节　亚　病　毒

　　亚病毒包括类病毒、卫星体及朊病毒，朊病毒目前还没有在植物中发现。植物亚病毒感染因子包括类病毒 2 科 8 属 33 种，卫星病毒 4 属 6 种，病毒核酸 2 科 2 亚科 13 属 142 种。

一、类病毒

类病毒（viroids）是指在植物体内能进行自我复制的没有衣壳的低分子量环状单链 RNA 分子，大小为 246～401nt，是迄今为止已知最小的植物病原物。

类病毒有很强的侵染力，侵染植物后能引起类似病毒感染的矮化、斑驳、畸形、坏死、延迟开花与成熟等症状，但也有一些类病毒在寄主上引起的症状很轻或不产生症状，一般在高温及强光下症状表现明显。类病毒能在多种植物上引起严重危害，如马铃薯纺锤块茎类病毒（potato spindle tuber viroid，PSTVd）、椰子死亡类病毒（coconut cadang-cadang viroid，CCCVd）和柑橘裂皮类病毒（citrus exocortis viroid，CEVd）等造成的损失相当严重，CCCVd 使菲律宾几百万椰子树死亡。感染类病毒的组织常产生异常的细胞质膜结构，细胞壁畸形膨大。类病毒分布于叶肉细胞和维管束组织中，大多数类病毒存在于细胞核，少数存在于叶绿体中。类病毒可通过机械接种传播，而在自然界中，多数依靠营养繁殖材料传播，有些可经种子或花粉传播。

类病毒分为马铃薯纺锤形块茎类病毒科（*Pospiviroidae*）和鳄梨日斑类病毒科（*Avsunviroidae*）。马铃薯纺锤块茎类病毒科根据中央保守区类型及是否存在末端保守区（TCR）和末端保守发夹结构（TCH）分为 5 属。鳄梨日斑类病毒科根据锤头状结构类型、基因组 G+C 含量及在 2mol/L 氯化锂中的溶解性分为 3 属。各属内如其基因组序列相似性小于 90%，并有明显的生物学特性差异，则可以分为不同种。马铃薯纺锤块茎类病毒科类病毒基因组长 246～375nt，含有一个中央保守区（CCR），不能通过锤头状结构进行自身切割，病毒通过不对称滚环模式进行复制，基因组不编码蛋白质。鳄梨日斑类病毒科类病毒基因组长 246～401nt，缺少一个中央保守区（CCR），有通过锤头状结构进行自身切割的功能，病毒通过对称滚环模式进行复制，二级结构或是以含有碱基配对的杆状分子形式存在（杆状分子中有一些茎环结构），或是呈分枝状构型存在。

类病毒为共价闭合的单链 RNA 分子，一般富含 G+C（53%～60%）。分子内部碱基高度配对，形成稳定的杆状或拟杆状二级结构，宽度与 dsDNA 相当，长约 50nm（图 5-4）。类病毒在一定的热变性条件下可形成具有重要功能的发夹状变形结构，当变性温度增至 100℃时，发夹状结构全部打开，形成单链环状 RNA 分子（图 5-5）。

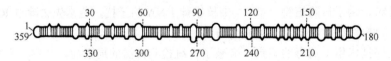

图 5-4　类病毒的结构示意图（洪健等，2001）

除少数类病毒外，大多数类病毒的 RNA 可分为 5 个功能区（图 5-6），即中央保守区（C）、致病区（P）、可变区（V）、右手末端区（T_R）和左手末端区（T_L）。T_R 区和 T_L 区的保守序列与类病毒的复制起始有关。C 区含 95nt 左右的中央保守序列，并有一个 9nt 反向重复序列，能形成茎环结构，它可能是类病毒复制中间体，即多聚 RNA 分子加工成为单体 RNA 的结构信号，因此 C 区可能是类病毒复制的一个重要控制区域。P 区与类病毒所致植物病害症状有关，该区由 15～17nt 组成，富含 A。对铃薯纺锤块茎类病毒的研究表明，引起植物病害症状的严重程度

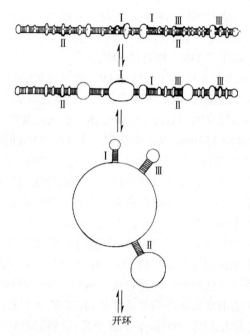

图 5-5 马铃薯纺锤块茎类病毒的热变性过程（洪健等，2001）

与 P 区的稳定性有关，稳定性越差（链间氢键越容易打开），病害症状越重。V 区的变异程度最大，即使是很相近的类病毒，同源性也都小于 50%，该区也与致病性有关。T_L 区的保守序列为 CCUC，T_R 区的保守序列为 CCUUC，这些保守序列有利于复制酶的结合。类病毒的复制与病毒有根本区别，由于类病毒基因组微小，且 RNA 本身无 mRNA 活性，不编码任何蛋白质，因此，类病毒缺少复制酶，其复制完全依赖于寄主的转录酶系统。所有类病毒复制是从 RNA 到 RNA 的直接转录，不涉及 DNA，复制的最终产物是环状类病毒（＋）RNA 分子。

左手末端区　　　致病区　　　　中央保守区　　　　可变区　　右手末端区

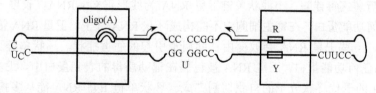

图 5-6 马铃薯纺锤块茎类病毒科内类病毒的 5 个功能区（洪健等，2001）

类病毒不具有抗原性，不能通过血清学方法检测。类病毒的主要检测方法包括生物学检测、电泳法、核酸分子杂交及 RT-PCR 检测等。

二、卫星体

卫星体（satellites）是指依赖于与其共同侵染寄主细胞的辅助病毒进行繁殖的核酸分子，其核酸序列与辅助病毒基因组没有明显的同源性，包含卫星病毒和卫星核酸。与卫星体有关的病毒则称为辅助病毒（helper virus）。卫星体的核酸分子如含有编码衣壳蛋白的遗传信息，并能包裹成形态学和血清学与辅助病毒不同的颗粒，则称卫星病毒（satellite virus）；如本身没有编码衣壳蛋白的遗传信息，而是装配于辅助病毒的衣壳蛋白中，则称卫星核酸（satellite RNA 或 satellite DNA）。卫星核酸包括卫星 DNA 和卫星 RNA。

1. 卫星病毒　卫星病毒有 6 种，分别与 TMV、烟草坏死病毒（tobacco necrosis virus，TNV）、黍花叶病毒（panicum mosaic virus，PMV）、玉米白线花叶病毒（maize white line mosaic virus，MWLMV）和禾谷类黄矮 RPV（cereal yellow dwarf virus-RPV）病毒伴随，其基因组为线形正义 ssRNA 分子，长 800～1500nt，基因组编码一个 17～24ku 的衣壳蛋白，有时具有第二个 ORF。卫星病毒伴随辅助病毒存在于寄主植物体内，其中 TNV 卫星病毒粒体为等轴状，直径约 17nm，无包膜，由 60 个单一衣壳蛋白亚基组成，是已知植物病毒中最小的粒体。

2. 卫星 DNA　卫星 DNA 与双生病毒科菜豆金色花叶病毒属中的单组分病毒伴随，卫星 DNA 有两类，即 β-卫星（betasatellite）和 α-卫星（alphasatellite）。β-卫星和 α-卫星分子大小约为病毒基因组 DNA-A 的一半，除茎环结构中复制起始必需的 9 碱基序列 "TAA（G）TATT/AC" 外，与双生病毒基因组 DNA-A 和 DNA-B 序列几乎无同源性。对 β-卫星分子的比较发现，其基因组包括以下几个结构特征：互补链上编码一个位置和序列上保守的 βC1 蛋白；含有包括保守的复制起始必需的 9 碱基序列及茎环结构；卫星分子在 βC1 上游含有一个 A 富含区（A-rich region），A 含量高达 55%～65%。β-卫星包裹在病毒粒体中，并依赖于 DNA-A 进行复制。β-卫星分布范围相当广泛，在亚洲、非洲多个国家侵染蔬菜、纤维作物、观赏植物及杂草的多个单组分双生病毒中都分离到了类似的卫星分子（Saunders et al.，2000；Zhou et al.，2003）。多数情况下，β-卫星与双生病毒（又称辅助病毒）相伴随并引起典型严重症状，而 β-卫星是病害复合体引起典型严重症状所必需的。因而，双生病毒与伴随的 β-卫星形成了新致病类型——双生病毒/β-卫星病害复合体（geminivirus/betasatellite disease complex）。α-卫星病毒链编码一个约 36.5ku 的 Rep 蛋白，在 *Rep* 基因的下游含有一个 A 富含区，其具体功能还不详。

3. 卫星 RNA　卫星 RNA 包括大单链卫星 RNA、小线状单链卫星 RNA 和环状单链卫星 RNA。大单链卫星 RNA 为线形正义 ssRNA，长 0.8～1.5kb，不编码衣壳蛋白，有些情况下可编码一个非结构蛋白，该非结构蛋白对于卫星 RNA 的复制是重要的。在卫星 RNA 与辅助病毒之间存在着少量序列同源性，卫星 RNA 很少改变由辅助病毒引起的症状。这类卫星大多与线虫传多面体病毒属病毒伴随。小线状单链卫星 RNA 为线形正义 ssRNA，长度一般在 700nt 以下，不编码任何功能蛋白，在寄主细胞中不能构成环状 RNA 分子，卫星 RNA 被包裹在辅助病毒衣壳蛋白中。一些卫星 RNA 会改变由辅助病毒引起的病害症状。环状单链卫星 RNA 长约 350nt，不编码任何功能蛋白，卫星 RNA 被包裹在辅助病毒的衣壳蛋白中，卫星 RNA 复制通过由 RNA 催化的子代环状分子的自我切割完成。环状单链卫星 RNA 能从多拷贝长度的前体特异性地自身切割产生单拷贝长度的 RNA 分子，切割后 5′端为羟基，另一端形成 2′,3′-环磷酸二酯键。

卫星 RNA、辅助病毒和寄主之间通常有着专化关系，这种专化性表现在对病毒病症状的高度特征性调节上。卫星 RNA 对病毒病症状调节作用包括加重症状、减轻症状及对症状无调节作用等。同一种病毒的不同卫星 RNA 可产生不同的调节作用，而同一病毒不同分离物的卫星 RNA 有的能减轻症状，有的则能加重症状，甚至同一种卫星 RNA 分子在不同的植物上可产生相反的调节效果。

🌸 小　结

　　植物病毒是一类结构简单的分子寄生物，其基本结构均为核蛋白，内部是作为遗传物质的核酸，外面是起保护作用的蛋白衣壳。病毒蛋白亚基根据物理学及几何学原理装配成一定的衣壳形式，使病毒结构处于自由能最低的状态。植物病毒粒体结构主要有螺旋对称结构、等轴对称结构和复合对称结构三种类型。按照核酸的类型、链数和功能，植物病毒分为单链正义 RNA 病毒、单链负义 RNA 病毒、双链 RNA 病毒、单链 DNA 病毒和双链 DNA 病毒，植物病毒的核酸大多是单链正义 RNA。不同病毒基因组表达采用的策略不同，常见的表达策略包括亚基因组 RNA、多聚蛋白切割、多分体基因组、通读翻译、移码翻译和渗漏扫描等。虽然植物病毒基因组的结构和组分多样化，但总体上，病毒基因组较小，但至少包含有 3 个基因：复制相关基因、衣壳蛋白基因和涉及细胞与细胞之间移动的移动蛋白基因。植物病毒粒体在寄主体外没有新陈代谢，只有在进入寄主细胞后经复制产生子代粒体，从病毒进入寄主活体细胞到新的子代病毒粒体合成的过程即病毒的侵染与增殖。植物病毒在寄主体内的移动方式分为细胞间的短距离移动和通过维管束筛管组织的长距离移动，通过移动最终侵染植物的每个器官和组织。病毒侵染植物后，植物正常发育受影响或正常生理过程受干扰，表现症状（包括外部症状和内部症状）。在自然界，病毒的传播方式包括非介体传播和介体传播两大类，非介体传播包括机械方式、有性器官（花粉、种子）和营养繁殖材料的传播；介体传播包括昆虫、线虫、真菌和菟丝子等的传播。

　　植物病毒的分类系统采用十五级分类阶元，分别为域、亚域、界、亚界、门、亚门、纲、亚纲、目、亚目、科、亚科、属、亚属、种。植物病毒种名一般是由寄主名加症状名和病毒构成。第十次病毒分类报告中植物病毒共有 1608 种，涉及 2 域 3 界 8 门 13 纲 16 目 31 科 8 亚科 132 属 3 亚属。

　　侵染植物的亚病毒因子包括类病毒和卫星体。类病毒是指侵染植物的能进行自我复制的没有衣壳的低分子量环状单链 RNA 分子，一般由 246~401 个核苷酸组成，其侵染力强。卫星体是指依赖于与其共同侵染寄主细胞的辅助病毒进行繁殖的核酸分子，其核酸序列与辅助病毒基因组没有明显的同源性，卫星体包括卫星病毒和卫星核酸。卫星病毒的核酸分子含有编码衣壳蛋白的遗传信息，卫星核酸没有编码衣壳蛋白的遗传信息，而是装配于辅助病毒的衣壳蛋白中。

　　农业上重要的植物病毒包括 TMV、黄瓜绿斑驳花叶病毒（CGMMV）、CMV、PVY、TuMV、SMV、SCMV、PVX、TobRSV、BYDV、RSV、RBSDV、南方水稻黑条矮缩病毒（SRBSDV）、MRDV、双生病毒和类病毒的马铃薯纺锤块茎类病毒等。

　　植物病毒常用的鉴定方法包括生物学测定、电子显微镜检测、血清学检测、分子生物学测定和高通量测序技术等。随着许多病毒全基因组序列的测定，病毒分类鉴定往往通过对病毒基因组全序列或部分序列的测定然后与已知病毒的序列进行比对来精确确定病毒的种类。

　　转录后基因沉默是植物抵抗病毒侵染的一种天然防御反应。近年来，利用基因沉默的基本原理培育抗病毒作物已经成为研究的热点。利用这种方法已成功获得对某些病毒免疫的植株。随着基因沉默机制的进一步研究，已经建立以 RNA 病毒、DNA 病毒、卫星病毒和 DNA 卫星分子为载体的病毒诱导的基因沉默载体，这些病毒载体能在多种寄主植物上有效抑制功能基因表达，为植物基因功能鉴定提供了有效的技术平台。今后，这些方面的研究将备受关注。

复习思考题

1. 植物病毒由哪些组分组成？病毒基因组表达的主要策略是什么？
2. 以植物单链 RNA 病毒为例，说明植物病毒增殖的过程。
3. 植物病毒有哪些主要传播方式？在介体传播病毒中，病毒与介体之间有哪些生物学关系？
4. 介体传播植物病毒的机制是什么？为何有些介体传播病毒时存在专化性？
5. 说明植物病毒的主要检测方法及其优缺点。
6. 植物对病毒抗性的机制是什么？如何利用这些机制进行病毒病防控？
7. 亚病毒因子包括哪些？它们的主要特征是什么？
8. 请列举当今植物病毒或亚病毒研究中的主要热点或前沿问题。

第六章　植物线虫

第一节　植物线虫概述

　　线虫（nematode）是最古老且种类最多的动物群体之一，在地球上可能存在了 10 亿年，广泛分布于土壤、淡水或海洋等环境中。在动物界中，线虫的种类仅次于昆虫，但线虫数量是最大的，占地球上多细胞动物数量的 4/5（Pushpalatha，2014）。线虫根据食性可分为自由生活线虫（free-living nematode）和寄生线虫（parasitic nematode）两大类（数字资源 6-1）。自由生活线虫分为食细菌类型（bacterial-feeder）、食菌物类型（fungal-feeder）、捕食类型（predatory nematode）（数字资源 6-2）、杂食类型（omnivore）。最出名的自由生活线虫是秀丽隐杆线虫（*Caenorhabditis elegans*），以细菌为食，是研究分子生物学和发育生物学的重要模式生物。寄生线虫可寄生于植物、动物、人类，其中寄生植物的线虫统称为植物寄生线虫或植物病原线虫，由其引起的植物病害称为植物线虫病。地球上约有植物线虫 100 000 种，目前有记载的植物线虫约 260 属 4100 多种。Abd-Elgawas 和 Askary（2015）估算植物线虫对全球的 37 种重要作物造成年经济损失 3582.4 亿美元，年均损失率为 13.5%。据估算，植物线虫对我国 32 种主要作物造成的经济损失总额约为 537.56 亿美元（高丙利，2021）。

数字资源
6-1～6-2
（含视频）

一、形态与解剖特征

（一）体形和大小

　　线虫是一种假体腔、不分节、两侧对称的蠕虫形动物，通常为线状。植物线虫的体形大多细小，体宽为 15～35μm，体长为 0.2～1mm，个别种可达到 3mm 以上，需要用显微镜观察。植物线虫的体形因类别而异，有的雌雄同形，有的雌雄异形。雌雄同形的线虫，其成熟雌虫和雄虫均为蠕虫形，除生殖器官有差别外，其他的形态结构相似。雌雄异形的线虫，其成熟雄虫为蠕虫形，成熟雌虫虫体膨大为球形、柠檬形、肾形、雪茄形、腊肠状或纺锤形（图 6-1）。

（二）体壁和体腔

　　线虫可分为体壁和体腔两部分。体壁由外至内由

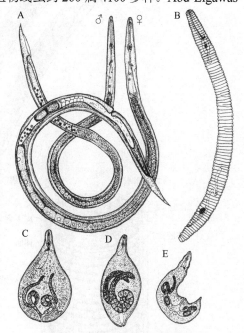

图 6-1　植物线虫的虫体形态
（张绍升，1999）

A. 雌雄同形（蠕虫形）；B. 环线虫雌虫；C. 根结线虫雌虫；D. 孢囊线虫雌虫；E. 半穿刺线虫雌虫

图 6-2　植物线虫的体环和侧带
（刘国坤提供）

角质层（cuticle）、下皮层（hypodermis）和体肌层（muscle layer）构成，具有保持体形、保护体腔、调节呼吸、收缩运动的作用。角质层为线虫的外骨骼，是由下皮层分泌的一种非细胞结构的蛋白质。角质层包住整个虫体，同时也内陷为口腔、食道、排泄孔、阴道、直肠和泄殖腔的内衬膜。角质膜表面有体环或横纹、鳞片、刺和鞘，体侧有由侧线（incisure）和脊构成的侧区（图 6-2）。下皮层在背面、腹面和侧面加厚形成背索、腹索和侧索。线虫的肌肉一般为纵行肌，并且含有一些肌原纤维和专化收缩肌。专化收缩肌通常与感觉器官（侧器）、消化器官（口针、食道、肠）、排泄器官（肛门）及繁殖器官（阴门、交合刺、引带、交合伞）相联系（图 6-3）。

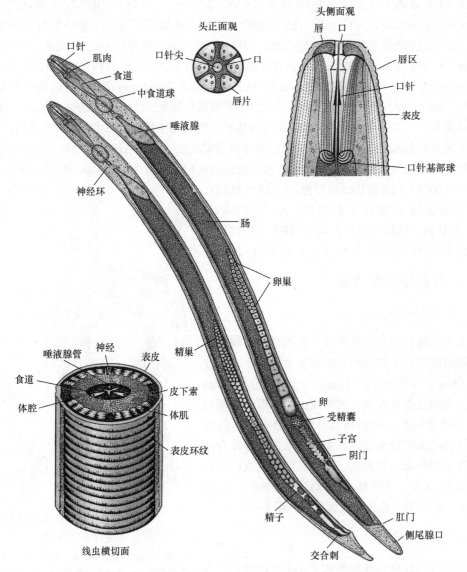

图 6-3　植物线虫雄虫与雌虫形态解剖模式图（Agrios，2005）

肌肉层下为体腔，线虫的体腔无真体腔膜，称为假体腔（pseudocoelom）。假体腔内充满保持膨压的体腔液，器官系统均游离在其中，线虫无呼吸系统与循环系统，体腔液如同原始血液，供给虫体所需的营养物质和氧气。

（三）头部结构

头部由头架、口孔、侧器等感觉器官组成。唇区顶面观的典型模式是有一块卵圆形的唇盘（labial disc），唇盘上有一卵圆形的口孔，唇盘基部一般有6个唇片（2个亚背唇、2个亚腹唇、2个侧唇）（图6-3），但常有唇片愈合或退化的现象，亚背唇、亚腹唇均愈合成一片，侧唇退化，侧器开口为孔状，位于唇盘基部的侧唇片上（数字资源6-3）。不同种类的线虫，其唇部的形态、唇片数目有差异。

数字资源
6-3

（四）消化系统

植物线虫的消化系统，起自口腔，经食道、肠、直肠至肛门。口孔后为口腔，口腔内有一根骨质化的刺状物，称为口针（stylet 或 spear）。口针是植物寄生线虫的取食器官，用来穿刺植物细胞和组织，向植物组织内分泌消化酶和吸食细胞内的营养物质，是植物寄生线虫的最主要标志。典型的植物线虫口针中空、起源于口腔壁，由针锥、针杆和基部球组成；长针科线虫和毛刺科线虫的口针为齿针（odontostylet），齿针中实，起源于食道壁，由齿发育而成，可分垫刃型、长针型、剑型、毛刺型（图6-4）。口针的类型、大小是植物线虫分类的重要依据。

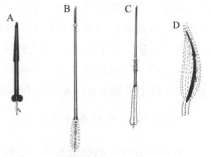

图6-4　植物寄生线虫的口针类型
（Whitehead，1998）

A. 垫刃型；B. 长针型；C. 剑型；D. 毛刺型

口腔与肠瓣之间的消化道称为食道（oesophagus），这是一条肌肉质和含有腺体的管状结构。植物寄生线虫的食道基本分为两种类型：一是矛线型食道，矛线目（Dorylaimida）和三矛目（Triplonchida）线虫的食道属于矛线型。矛线型食道圆筒体，包括一个细长、非肌质的前部和一个膨大的肌腺质的后部（数字资源6-4）。另一类是垫刃型食道，分为食道前体部（procorpus）、中食道球（metacorpus）、峡部（isthmus）和后食道（pharyngeal bulb）（数字资源6-5）。峡部通常位于中食道球与后食道之间，围有神经环。后食道为腺质，分为背食道腺和亚腹食道腺；它们有各自独立的管子向前延伸，并通过角质化的支管开口于食道腔。垫刃总科和滑刃总科线虫的食道都属于垫刃型基本类型，但根据食道的差异，又可分成垫刃型、拟茎型、环线型、滑刃型（图6-5），前三者线虫的背食道腺开口位于口针基部球附近，而腹食道腺则开口于中食道球腔内；而滑刃型线虫食道的背、腹食道腺均开口于中食道球腔内。线虫的食道类型是线虫高阶元分类鉴定的重要依据。

数字资源
6-4～6-5

线虫的肠是由一层上皮细胞组成的简单管状物，其功能是作为贮藏器官，肠内通常充满脂肪质小颗粒。肠分为前肠、中肠和直肠。直肠也称肛道，是由角质膜内陷而成。雌虫的直肠开口于肛门（anus）。

（五）神经系统

植物寄生线虫有高度发达的神经系统，主要的神经和感觉器官有神经环、半月体、侧器、乳突和尾感器等。神经环是线虫的神经中枢，由此处发出的神经向前延伸至侧器和头部感觉器

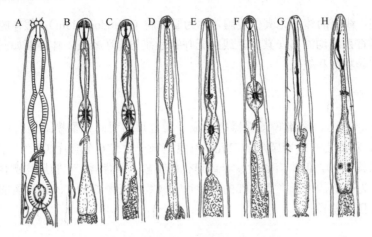

图 6-5　植物寄生线虫的食道类型（张绍升，1999）

A. 小杆型（腐生线虫）；B，C. 垫刃型；D. 拟茎型；E. 环线型；F. 滑刃型；G. 长针型；H. 毛刺型

官，向后达到尾部。半月体位于排泄孔附近，是一个重要的侧腹神经联合，显微镜下观察呈透明状。侧器或称化感器，是位于头部的一对侧向化学感觉器官，侧器孔呈裂缝状。垫刃次目线虫的侧器孔位于口孔附近，而长针科线虫的侧器孔位于唇后。乳突为外部无开口并与神经相连的小突起物，常常位于头部、颈部和虫体后部。尾感器或称侧尾腺口是线虫尾部的一种化学感觉器官（数字资源 6-6），垫刃总科和滑刃总科线虫都有侧尾腺，矛线目线虫无侧尾腺而有尾腺。

（六）排泄系统和生殖系统

垫刃次目线虫的排泄系统，由单个排泄细胞（或腺肾管）及其相联系的排泄管伸至中腹面，开口于排泄孔，主要用来排泄新陈代谢产生的以氨形式存在的含氮废物，用以调节体内上无机盐和水分平衡系统。有的线虫，如柑橘半穿刺线虫（*Tylenchulus semipenetrans*），其排泄孔位于雌虫后部，可分泌胶质物，包裹从阴门排出的卵。

植物线虫通常都具有发达的生殖系统。雌虫的生殖系统由生殖管、阴道和阴门组成。生殖管有不同类型，可分为单生殖管和双生殖管。有些线虫的阴门后生殖管退化成后阴子宫囊。生殖管的前部分为卵巢，卵巢分为生殖区和生长区。卵巢下为输卵管，输卵管将成熟的卵原细胞送到受精囊受精；与受精囊连接的是子宫，受精卵细胞贮藏于子宫中并形成卵壳。子宫通往短的阴道，阴道以阴门开口于腹面，成熟卵经阴道和阴门排到体外。雄虫的生殖系统由生殖管、交合刺、引带和交合伞组成（数字资源 6-7）。生殖管分为精巢、输精管和射精管。交合刺是一种角质化结构，成对、弯曲或弓形。引带小，位于交合刺基部。交合伞是位于尾部两侧的膜状结构，由虫体角质膜延伸而成。雄虫的生殖孔和肛门是同一个孔口，称为泄殖腔。

二、生物学特性

（一）寄生性

植物寄生线虫都是专性寄生物，大多数线虫在植物上取食危害，有些线虫（如茎线虫和滑刃线虫的一些种类）能在真菌、藻类、地衣上取食。寄生线虫利用口针穿刺活的植物或其他寄主细胞，吸食细胞原生质等内含物。大多数植物寄生线虫寄生于植物根部，有些线虫，如粒线虫属（*Anguina*）、茎线虫属（*Ditylenchus*）和滑刃线虫属（*Aphelenchoides*）中的某些种可以侵染和危害植物茎、叶和种子。寄生于植物根部线虫的寄生方式分为外寄生（ectoparasites）、半内寄生（semi-endoparasites）和内寄生（endoparasites）（图6-6）。

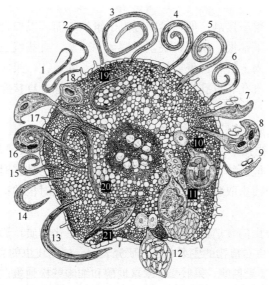

图 6-6 垫刃目主要寄生线虫的植物根部的寄生状态（Siddiqi，2000）

1. 头刃线虫属（*Cephalenchus*）；2. 矮化线虫属（*Tylenchorhynchus*）；3. 刺线虫属（*Belonolaimus*）；4. 盘旋线虫属（*Rotylenchus*）；5. 纽带线虫属（*Hoplolaimus*）；6. 螺旋线虫属（*Helicotylenchus*）；7. 短矛线虫属（*Verutus*）；8. 肾形线虫属（*Rotylenchulus*）；9. 标枪线虫属（*Acontylus*）；10. 拟根结线虫属（*Meloidodera*）；11. 根结线虫属（*Meloidogyne*）；12. 孢囊线虫属（*Heterodera*）；13. 鞘线虫属（*Hemicycliophora*）；14. 大刺环线虫（*Macroposthonia*）；15. 针线虫属（*Paratylenchus*）；16. 膨胀半穿刺线虫属（*Trophotylenchulus*）；17. 半穿刺线虫属（*Tylenchulus*）；18. 球线虫属（*Spheronema*）；19. 短体线虫属（*Pratylenchus*）；20. 潜根线虫（*Hirschmanniella*）；21. 珍珠线虫属（*Nacobbus*）

　　外寄生线虫在根部取食时整个身体不进入植物组织，但利用口针穿刺植物皮层细胞取食细胞质，有的只是短暂取食，有的可在同一细胞上取食数天。这类线虫有刺线虫（*Belonolaimus*）、环线虫（*Criconema*）、小环线虫（*Criconemella*）、鞘线虫、长针线虫（*Longidorus*）、剑线虫（*Xiphinema*）和毛刺线虫（*Trichodorus*）等。

　　半内寄生线虫在正常情况下仅虫体前部钻入根内取食，在正常情况下不再转移直至完成发育和生殖（数字资源6-8）。这类线虫有半穿刺线虫属、肾形线虫属、球线虫属、膨胀半穿刺线虫属等。矮化线虫、螺旋线虫、盘旋线虫、盾线虫（*Scutellonema*）、纽带线虫等具有半或兼性内-外寄生性，也归入半内寄生线虫类型。

数字资源
6-8～6-10

　　内寄生线虫整个虫体侵入根组织内取食，在根组织内完成全部或大部分生活史。内寄生线虫可分为迁移型内寄生线虫（migratory endoparasites）（数字资源6-9）和定居型内寄生线虫（sedentary endoparasites）（数字资源6-10）。迁移型内寄生线虫迁移到植物细胞间或细胞内进行取食、迁移和繁殖，可引起多种类型的症状，如组织坏死、根瘤、增生等。迁移性内寄生线虫主要分布在3科，即短体科、粒线虫科、滑刃科。重要的线虫有短体线虫、穿孔线虫（*Radopholus*）、潜根线虫。定居型内寄生线虫主要有根结线虫、孢囊线虫、球形孢囊线虫（*Globodera*），其2龄幼虫侵入根内开始取食后，寻找到合适的取食位点，就永久定居并完成发育，虫体膨大发育成梨形、肾形等。但孢囊线虫、球形孢囊线虫成熟后会撑破根皮层，虫体大部分暴露于根表。

　　植物寄生线虫会出现致病力分化。有些线虫能在几百种植物上取食和繁殖，而有些线虫则只能危害少数几种植物。同一种线虫的不同群体间可能存在寄主专化性差异，同一种线虫针对不同的寄主种质（品种），其致病力也可能不同，存在不同的致病基因型（pathotype）。

（二）致病性

植物寄生线虫与寄主组织接触，即以唇部吸附于组织表面，以口针穿刺植物组织和侵入。大多数线虫侵染植物的地下部根、块根、块茎、鳞茎、球茎。有些线虫与寄主接触后则从根部或其他地下部器官和组织向上转移，侵染植物地上部茎、叶、花、果实和种子。植物线虫主要从植物表皮的自然孔口（气孔和皮孔）侵入和在根尖后幼嫩部分直接穿刺侵入，有的可从伤口和裂口侵入植物组织内。

线虫的致病机理主要包括以下 4 个方面。

（1）机械损伤　　由线虫口针穿刺植物进行取食造成的伤害；或侵入寄主植物内进行迁移，而造成一定的机械损伤。但总体而言，线虫取食造成的机械损伤是相对轻微的。

（2）营养掠夺　　由线虫取食夺取寄主的营养，或由线虫对根的破坏阻碍植物对营养物质的吸收。

（3）化学致病　　线虫的食道腺能分泌各种酶或其他生化物质，影响寄主植物细胞和组织的生长代谢，这是植物线虫对植物的主要危害。研究表明，植物线虫的食道腺可分泌各类致病物质，包括纤维素酶、内切葡聚糖酶、果胶酶、木聚糖酶和细胞壁松弛蛋白、分支酸变位酶、泛素、锌指蛋白等，利于线虫侵染、侵入、迁移、定殖等功能作用；同时也导致寄主植物产生各类症状，如植物细胞的过度增大，根结线虫和孢囊线虫诱发寄主细胞分别产生巨型细胞（giant cell）和合胞体（syncytium）；破坏植物体内的细胞结构，导致植物细胞细胞壁降解，组织死亡，如引起根腐、组织腐烂等；刺激或抑制植物细胞的分裂，如形成各类的根结、虫瘿、短粗根、大量侧根等。

（4）复合侵染　　线虫侵染造成的伤口引起菌物、细菌等微生物的次侵染，或者作为菌物、细菌和病毒的介体导致复合病害。

（三）生活史

植物线虫生活史中具有卵、幼虫和成虫三种虫态。卵一般为椭圆形；幼虫一般有 4 个龄期，1 龄幼虫在卵内发育并且完成第一次蜕皮，2 龄幼虫从卵内孵出，再经过 3 次蜕皮发育为成虫。植物线虫一般为两性交配生殖，也有孤雌生殖。

（四）传播

线虫的传播有主动传播和被动传播。植物线虫本质上是水生动物，在作物生长季节，线虫在有水或水膜的条件下通过土壤孔隙从栖息地向寄主表面迁移，或从发病点向无病点扩散。这种主动传播距离有限，在土壤中每年迁移的距离一般不会超过 2m。被动传播有自然传播和人为传播。自然传播中以水流传播，特别是灌溉水的传播为主。有些线虫通过昆虫传播，如松材线虫（*Bursaphelenchus xylophilus*）可由松墨天牛（*Monochamus alternatus*）传播。人为传播包括携带线虫或黏附带线虫土的苗木、混杂线虫虫瘿的种子等繁殖材料的流通，或通过田间农事活动或农事机械黏附线虫进行转移传播，或（介体）携带线虫的包装材料传播等。这种人为传播不受自然条件和地理条件限制，可造成远距离传播。

（五）存活

植物寄生线虫的存活方式与取食部位和寄生方式有一定联系。寄生于植物地下部组织的内寄生和半内寄生线虫存活场所多样，可存活于二年生或多年生的田间病株和带病块根、块茎、鳞茎、球茎等无性繁殖材料和野外寄主上，也可存活于病株残体或土壤中。存活的虫态有两类：以短体线虫、穿孔线虫和潜根线虫为代表的迁移型内寄生线虫往往能以多种虫态度过寄主的休眠期；以根结线虫、孢囊线虫和半穿刺线虫等定居型内寄生和半内寄生线虫，通常以卵为主要存活虫态，这类线虫的卵通常包裹于卵囊、孢囊或胶质状中。寄生于植物地上部的线虫，如松材线虫、水稻茎线虫（*Ditylenchus angustus*）、小麦粒线虫（*Anguina tritici*）等，主要休眠场所是病株残体、二年生或多年生的田间病株或种瘿、叶瘿等病变组织；有少数地上部寄生线虫能存活于寄主种子内外，如水稻干尖线虫（*Aphelenchoides besseyi*）等。地上部寄生线虫存活虫态多样化：水稻干尖线虫能以各种虫态存活，稻茎线虫以 4 龄幼虫存活，小麦粒线虫为休眠 2 龄幼虫，松材线虫为扩散型 3 龄幼虫。

  线虫的存活能力和繁殖能力因种类和环境不同而异。植物寄生线虫在缺乏寄主时，或在不良环境下，如寒冷和干燥条件下以休眠或滞育的方式存活，直至环境条件合适才恢复生命力。线虫存活期的长短与体内贮藏的物质及环境有关，多数线虫的存活期可达一年以上，少数线虫如小麦粒线虫存活期长达 20～30 年之久。植物线虫是一类土壤生物，能适应土壤环境而生存很久，一旦发生线虫病则难以根除。线虫的繁殖能力强、繁殖量大，即使通过防治其群体被压到很低，一旦条件适合，仍能在短时间内回升到足以再度猖獗为害的水平。

第二节　植物线虫的分类及主要类群

  植物线虫作为动物界线虫门（Nematoda）的分类地位已经确立，有多个分类系统。根据 De Ley 和 Blaxter（2002）提议的线虫分类高级类型，结合 Siddqi（2000）关于垫刃亚目的分类系统及 Hunt（1993）关于滑刃总科、长针科、毛刺科的分类系统，以及 Decraemer（1995）关于毛刺科的分类系统，列出基于形态特征为基础的主要植物线虫的分类系统。下面列出重要的病原线虫属所在的分类地位。

  线虫门［Nematoda（Rudolphi，1808）Lankester，1877］

   色矛纲（Chromadorea Inglis，1983）

   色矛亚纲（Chromadoria Pearse，1942）

   小杆目（Rhabditida Chitwood，1933）

   垫刃次目（Tylenchomorpha De Ley & Blaxter，2002）

   垫刃总科（Tylenchoidea Orley，1880）

   垫刃科（Tylenchidae Orley，1880）

    垫刃线虫属（*Tylenchus* Bastian，1865）

   锥科（Dolichodoridae Chitwood in Chitwood & Chitwood，1950）

    锥属（*Dolichodorus* Cobb，1914）

    刺线虫属（*Belonolaimus* Steiner，1949）

    矮化线虫属（*Tylenchorhynchus* Cobb，1913）

    默林属（*Merlinius* Siddiqi，1970）

   纽带科（Hoplolaimidae Filipjev，1934）

    纽带线虫属（*Hoplolaimus* von Daday，1905）

    盘旋线虫属（*Rotylenchus* Filipjev，1936）

螺旋线虫属（*Helicotylenchus* Steiner，1945）

肾形线虫属（*Rotylenchulus* Filipjev，1936）

盾线虫属（*Scutellonema* Andrassy，1958）

孢囊线虫属（*Heterodera* Schmidt，1871）

球形孢囊线虫属（*Globodera* Skarbilovich，1959）

短体科（Pratylenchidae Thorne，1949）

短体线虫属（*Pratylenchus* Filipjev，1936）

穿孔线虫属（*Radopholus* Thorne，1949）

潜根线虫属（*Hirschmanniella* Luc & Goodey，1964）

珍珠线虫属（*Nacobbus* Thorne & Allen，1944）

根结线虫科（Meloidogynidae Skarbilovich，1959）

根结线虫属（*Meloidogyne* Goeldi，1892）

环总科 [Criconematoidea（Taylor，1936）Thorne，1949]

环科 [Criconematidae（Taylor，1936）Thorne，1949]

环线虫属（*Criconema* Hofmanner & Menzel，1914）

小环线虫属（*Criconemella* de Grisse & Loof）

盘小环线虫属（*Discocriconemella* De Grisse & Loof，1965）

拟鞘线虫属（*Hemicriconemoides* Chitwood & Birchfiekd，1957）

鞘线科（Hemicycliophoridae Skarbilovich，1959）

鞘线虫属（*Hemicycliophora* de Man，1921）

卡卢斯属（*Caloosia* Siddiqi & Goodey，1964）

半穿刺科（Tylenchulidae Skarbilovich，1947）

半穿刺线虫属（*Tylenchulus* Cobb，1913）

膨胀半穿刺线虫属（*Trophotylenchulus* Raski，1957）

球属（*Sphaeronema* Raski & Sher，1952）

针线虫属（*Paratylenchus* Micoletzky，1922）

总科（Sphaerularioidea Lubbock，1861）

粒科（Anguinidae Nicoll，1935）

粒线虫属（*Anguina* Scopoli，1777）

亚粒线虫属（*Subanguina* Paramonov，1967）

茎线虫属（*Ditylenchus* Filipjev，1936）

滑刃总科（Aphelenchoidea Fuchs，1937）

真滑刃科（Aphelenchidae Fuchs，1937）

真滑刃线虫属（*Aphelenchus* Bastian，1865）

滑刃科（Aphelenchoididae Skarbilovich，1947）

滑刃线虫属（*Aphelenchoides* Fischer，1894）

伞滑刃线虫属（*Bursaphelenchus* Fuchs，1937）

刺嘴纲（Enoplea Inglis，1983）

矛线亚纲（Dorylaimia Inglis，1983）

矛线目（Dorylaimida Pearse，1942）

长针科（Longidoridae Thorne，1935）

长针线虫属（*Longidorus* Micoletzky，1922）

拟长针线虫属（*Paralongidorus* Siddiqi，Hooper & Khan，1963）

剑线虫属（*Xiphinema* Cobb，1913）

刺嘴亚纲（Enoplia Pearse，1942）

三矛目（Triplochida Cobb，1920）

毛刺科（Trichodoridae Thorne，1935）

毛刺线虫属（*Trichodorus* Cobb，1913）

拟毛刺线虫属（*Paratrichodorus* Siddiqi，1974）

一、垫刃总科

虫体形态多样，雌雄同形或雌雄异形。食道为垫刃型，背食道腺开口于口针基部球后；口针有明显的口针基部球；食道分为体部、中食道球、峡部和后食道，中食道球通常为虫体直径的 2/3。垫刃目含有大量植物线虫，寄生方式多样化，有内寄生、半内寄生和外寄生。大多数是植物根部的寄生物，少数寄生危害植物地上部。

1. 根结线虫属　　雌雄异形。雌成虫呈梨形、白色（图 6-7A）；虫体前部有突出的颈部，口针短且明显，有口针基部球，食道发达，排泄孔位于中食道球前（图 6-7B）；阴门和肛门端生，周围形成具有特征性的会阴花纹（图 6-7C）；双生殖管，卵巢发达，卵产于体外的胶质状卵囊中，每个雌虫可产卵 300～500 粒（图 6-7D）。雄虫蠕虫形，缓慢加热杀死后弯曲；头架发达，口针长度通常为 18～24μm，有明显的口针基部球；尾部短、末端半球形，交合刺发达、近端生，无交合伞。2 龄幼虫：虫体细小，口针较弱，纤细，中食道球呈卵圆形，较为发达，球瓣显著，食道腺覆盖于肠，尾端尖细，往往有缺刻，透明区狭长。1 龄幼虫在卵内孵化，2 龄幼虫为侵染期虫态，从幼嫩根尖生长区侵入后，定居型寄生，虫体逐渐变粗，经蜕皮 3 次，发育成成虫（图 6-7E）。

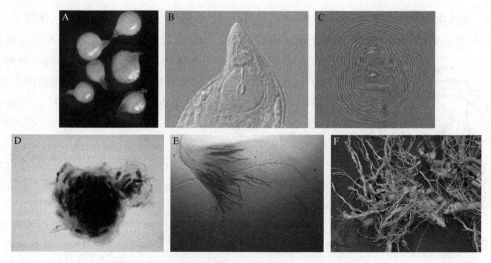

图 6-7　根结线虫形态及其危害状（刘国坤提供）

A. 雌虫；B. 雌虫前部；C. 会阴花纹；D. 卵囊及卵；E. 2 龄幼虫侵入根内；F. 黄瓜根结症状

重要种：南方根结线虫 [*M. incognita*（Kofoid & White，1919）Chitwood，1949]；花生根结线虫 [*M. arenaria*（Neal，1889）Chitwood，1949]；爪哇根结线虫 [*M. javanica*（Treub，1885）Chitwood，1949]；北方根结线虫（*M. hapla* Chitwood，1949）；象耳豆根结线虫（*M. enterolobii* Yang & Eisenback，1983）。

该属线虫为植物根部的定居型内寄生线虫，侵害植物根系引起根结（图 6-7F）（数字资源 6-11）。

2. 孢囊线虫属　　雌雄异形。雌虫肥大、柠檬形，有明显颈部（图 6-8A）；虫体后部为凸起的阴门锥，阴门和肛门位于阴门锥上，阴门裂两侧有 2 个透明区，称为阴门窗（图 6-8B）；虫体初期为白色，老熟死亡后转变为黄色至深褐色孢囊，卵保留在孢囊内。雄虫蠕虫形、细长，缓慢加热杀死后虫体弯曲；唇区缢缩，有 3～6 个唇环；头架发达，口针粗大，有明显的口针基部球；尾部短、尾端钝圆；交合刺突出、弯曲、近端生，无交合伞。

重要种：大豆孢囊线虫（*H. glycines* Ichinohe，1952）；甜菜孢囊线虫（*H. schachtii* Schmidt，1871）；禾谷孢囊线虫（*H. avenae* Wollenweber，1924）。

该属线虫为植物根部的定居型内寄生线虫，2 龄幼虫侵入根部，定居寄生，成熟后会撑破根皮层，虫体大部分暴露于根表（图 6-8C）（数字资源 6-12，数字资源 6-13）。大多数种的卵都保留在孢囊内，寄主植物根的分泌物能刺激卵孵化。孢囊线虫是我国小麦或大豆上的重要病原物，根系发育不良，扭曲畸形，地上部生长不良，黄化衰退（数字资源 6-14，数字资源 6-15）。

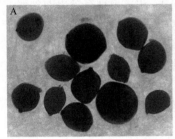 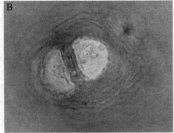 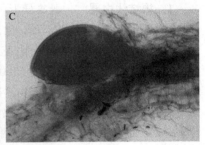

图 6-8　孢囊线虫及其为害小麦的田间症状（彭德良提供）

A. 充满卵的柠檬形雌虫；B. 阴门窗；C. 小麦根部的雌虫（染色）

3. 粒线虫属　　雌雄异形，两性生殖。虫体唇区低平，头架骨质化弱。成虫体环不明显，中食道球有折射状增厚。成熟雌虫肥胖，中等大小、体长为 1.5～5mm，加热杀死后呈螺旋状卷曲；后食道球膨大，不规则形；阴门位于虫体后部，单卵巢前伸，有 2 次至多次回折，卵巢中有大量卵母细胞，有后阴子宫囊；尾部短，末端圆锥形。雄虫虫体较小，体长为 1.0～1.5mm，加热杀死后稍弯曲；单精巢，发达，有 1～2 次回折；交合伞为肛侧生（图 6-9）。

图 6-9　小麦粒线虫
（张绍升，1999）
A. 雌虫；B. 雄虫尾部

重要种：小麦粒线虫 [*A. tritici*（Steinbuch，1799）Filipjev，1936]；剪股颖粒线虫 [*A. agrostis*（Steinbuch，1799）Filipjev，1936]。

该属线虫危害植物茎部、叶片、花序和种子。引起植株畸形，在叶片和种子上可以形成虫瘿。小麦粒线虫还能传播小麦棒杆菌（*Clavibacter tritici*），引起小麦蜜穗病；剪股颖粒线虫危害牧草生产，能传播细菌（*Clavibacter rathayi*）引起羊草和鸭茅蜜穗病。

4. 茎线虫属 雌雄同形，两性生殖。虫体较纤细，体长为 0.6～1.5mm；缓慢加热杀死后直伸或稍弯曲。虫体有细微环纹，侧区有 4～12 条侧线；头架骨质化弱，唇区无或有环纹。口针中等，有小的基部球；食道有肌肉质中食道球，峡部逐渐膨大至形成后食道，可以延伸为短叶状覆盖于肠。雌虫阴门位于虫体后部，单生殖管朝前直伸，有后阴子宫囊；尾部长，圆锥形。雄虫交合伞延伸至尾长的 1/4～3/4 处，交合刺窄细、基部宽大，有些种具有指状突（图 6-10）。

重要种：起绒草茎线虫[*D. dipsaci*（Kuhn，1857）Filipjev，1936]；腐烂茎线虫（*D. destructor* Thorne，1945）；窄小茎线虫 [*D. angustus*（Bütler，1913）Filipjev，1936]；食菌茎线虫（*D. myceliophagus* Goodey，1958）等。

该属线虫寄生于植物茎、块茎、球茎或鳞茎，也为害叶片。引起寄主组织坏死、腐烂、矮化、畸形。有一定的寄主专化性，种内可分化为生理小种。起绒草茎线虫能寄生许多鳞球茎植物引起畸形，腐烂茎线虫引起马铃薯和甘薯等作物腐烂（数字资源 6-16，数字资源 6-17），水稻茎线虫引起水稻病害，食菌茎线虫侵染食用菌造成重大损失。

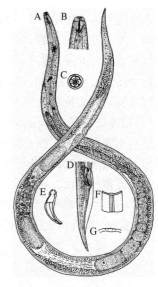

图 6-10 茎线虫的形态特征
（张绍升，1999）

A. 雌虫整体；B. 雌虫头部；C. 雌虫头部顶面观；D. 雄虫尾部；E. 交合刺；F. 虫体中部侧带（4 条侧线）；G. 侧带部横切面

数字资源 6-16～6-17

5. 球形孢囊线虫属 与孢囊线虫属的区别是雌虫和孢囊近球形，无阴门锥。阴门裂被包围在一个环状的阴门窗内。成熟雌虫和孢囊呈球形，有一短的突起的颈部。孢囊褐色，表面有饰纹。阴门端生，阴门裂长度小于 15μm，老孢囊的阴门裂通常消失，在阴门附近有小瘤区。阴门窗为环形窗，泡状体少有。肛门于背面近端生，但不在背尾端上，与阴门短距离分开，但两者都位于末端的阴门盆；无肛门窗。雄虫蠕虫状、细长，体长可达 1.5mm；末端扭曲 90°～180°，尾短、钝圆，尾长度小于肛部体宽。角质膜有环纹，侧带有 4 条侧线，外带常有网纹。头部缢缩，有 3～7 个环。交合刺长 30μm 以上，末端尖。

重要种：马铃薯金线虫 [*G. rostochiensis*（Wollenweber，1923）Behrens，1975]；马铃薯白线虫 [*G. pallida*（Stone，1973）Behrens，1975]。

球形孢囊线虫为定居型内寄生，有致病性分化。马铃薯金线虫和马铃薯白线虫是欧洲马铃薯的重要寄生线虫（数字资源 6-18），许多国家列为进境检疫性有害生物。

6. 穿孔线虫属 为蠕虫状小型线虫，体长通常不超过 1mm，缓慢加热杀死后虫体朝腹面弯曲。虫体前部呈雌雄异形。雌虫头部低、圆，与虫体相连或稍缢缩，骨质化明显；口针和食道发达，中食道球发育良好，食道腺叶大部分覆盖于肠的背面；阴门位于虫体中部，双生殖管、贮精囊球形，两性生殖类型贮精囊内有精子。尾部细长、锥形。雄虫唇区隆起、呈球形，明显缢缩，骨质；口针和食道退化，尾细长、锥形，朝腹面弯曲；交合伞不包至尾末端，交合刺细、弯曲。

重要种：相似穿孔线虫 [*R. similis*（Cobb，1893）Thorne，1949]（图 6-11）。

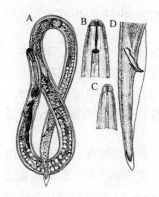

图 6-11 相似穿孔线虫的形态特征（张绍升，1999）

A. 雌虫；B. 雌虫头部；C. 雄虫头部；D. 雄虫尾部

数字资源 6-18

该属线虫为寄生植物根、块根、块茎的迁移型内寄生线虫，雌成虫和幼虫在皮层组织内迁移运动，导致整个根系遭受破坏，地上部生长不良（数字资源6-19，数字资源6-20）。相似穿孔线虫是香蕉、柑橘、咖啡、茶叶、胡椒等作物及天南星科（Araceae）、竹芋科（Marantaceae）、棕榈科（Palmae）、芭蕉科（Musaceae）和凤梨科（Bromeliaceae）等观赏寄主的重要病原线虫，许多国家将其列为检疫性有害生物。

7. 短体线虫属　短体线虫属又称根腐线虫，小型线虫，蠕虫形，虫体粗短，经温热杀死后多略向腹面弯曲（图6-12A）。头部低，扁平，骨质化显著，头部与虫体部相连，不缢缩；口针粗壮，较短，20μm或更短，口针基部球发达（图6-12B）。中食道球椭圆形，瓣门发达。后食道腺覆盖肠腹面。阴门位于身体后部，在虫体70%～80%处（图6-12C），单卵巢前伸，卵母细胞单列。贮精囊椭圆形，两性生殖类型中充满精子。尾部圆锥形，尾长为肛部体宽的2～3倍，末端宽圆、窄圆至近钝尖（图6-12D）。雄虫尾部较短，锥形，交合伞包至尾末端（图6-12E）。

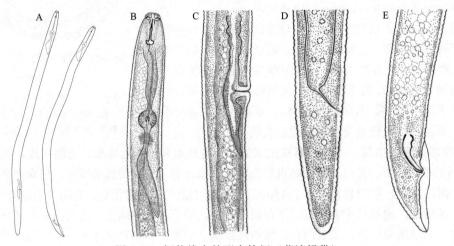

图6-12　短体线虫的形态特征（薛清提供）

A. 雌雄虫整体观；B. 雌虫前体部；C. 雌虫阴门；D. 雌虫尾部；E. 雄虫尾部

重要种：咖啡短体线虫［*P. coffeae*（Zimmemann，1898）Filipjev & Schuurmans Stekhoven，1941）］；穿刺短体线虫［*P. penetran*s（Cobb，1917）Filipjev and Schuurmans-Stekhoven，1941］；最短尾短体线虫［*P. brachyurus*（Godfrey，1929）Filipjev & Schuurmans-Stekhoven，1941］；卢斯短体线虫（*P. loosi* Loof，1960）等。

该属线虫是一类重要的植物病原线虫，有广泛的寄主范围和地理分布，为害果、蔬、粮、油、花、草、林等许多植物，可造成重大损失。为迁徙性内寄生线虫，通常生存于植物根内或块根、块茎、果针和荚果等地下部器官的皮层组织内，受害组织形成褐色病斑（数字资源6-21），许多病斑密集互相愈合，形成大片坏死斑，造成根系生长不良、根腐、组织坏死等症状，严重引起死亡。

8. 半穿刺线虫属　雌雄异形，雌虫头颈部细长，后部膨大，具有短尾部；排泄孔和阴门位于虫体极后部，排泄细胞发达，能分泌胶质物；单卵巢、旋卷，含有数个卵。肛门和直肠不清楚。未成熟雌虫游离于土壤中，蠕虫形，虫体较小（体长约0.5mm），虫体后部朝腹面弯曲；头部圆、不缢缩，头架骨质化弱；口针中等发达，口针基部球圆；中食道与食道体部无明显分界，食道腺膨大为后食道球；阴门位于虫体极后部，单生殖管，前伸；排泄孔位于虫体后部、阴门稍前方；尾部呈圆锥形，肛门和直肠不清楚。雄虫蠕虫形，口针和食道退化；尾部圆锥形、末端尖，交合刺弯曲，无交合伞。2 龄幼虫虫体细，直或略弯，食道腺与肠基本平接或略覆盖肠，排泄孔位于体中后部，无直肠和肛门，尾长圆锥形，端尖到圆。

重要种：柑橘半穿刺线虫（*T. semipenetrans* Cobb, 1913）（图 6-13）。

该属线虫为定居型半内寄生线虫，成熟雌虫虫体前部钻入根组织内，后部突出于根表面，侵染植物根系导致植物生长衰退。其最主要寄主为柑橘，引起柑橘慢衰病（数字资源 6-22），此外还可危害柑橘、橄榄、枇杷、荔枝、龙眼、芒果、黄皮、草莓、葡萄、柿、梨等许多果树，也能侵染杉木等经济林木。

数字资源
6-22

图 6-13　柑橘半穿刺线虫（刘国坤提供）

A. 雌虫形态学特征；B. 雌虫寄生根系，产生胶质包裹卵、孵化的 2 龄幼虫

9. 滑刃线虫属　　虫体细长，体长 0.4～1.2mm。雌虫缓慢加热杀死后伸直或稍朝腹面弯曲。虫体环纹细，侧区有 2～4 条侧线，多数种为 4 条。唇区圆，通常有缢缩，有 6 个相等的唇片，头架弱。口针细，有口针基部球或口针基部膨大，口针长度在 20μm 以下，一般为 10～12μm。食道为滑刃型，背食道腺开口于中食道球瓣膜前。食道体部圆柱形，中食道球大、卵圆形或球形，有明显瓣膜，占体宽 2/3 以上。食道腺叶发达覆盖于肠的背面。阴门位于虫体中后部，单生殖管，通常有后阴子宫囊。尾部圆锥形，尾末端形态变化大，有些具尾尖突。雄虫虫体前部与雌虫相似，尾部呈拐杖形向腹面弯曲；交合刺呈棘状，通常有发达的头状体和端部，无交合伞。典型的有 3 对尾乳突：1 对肛乳突，1 对近端乳突，另 1 对在其之间（图 6-14）。

重要种：水稻干尖线虫（*A. besseyi* Christie, 1942）；花生种皮线虫（*A. arachidis* Bos, 1977）；草莓芽叶线虫 [*A. fragariae*（Ritzema Bos, 1890）Christie, 1932]；菊花叶线虫 [*A. ritzemabosi*（Schwartz, 1911）Steiner & Buhrer, 1932]；毁芽滑刃线虫（*A. blastophthorus* Franklin, 1952）；蘑菇滑刃线虫（*A. composticola* Franklin, 1957）。

该属线虫可以在植物的叶片、芽、茎、鳞茎上营外寄生或内寄生生活，造成细胞组织坏死，导致叶枯、死芽、畸形、腐烂等症状（数字资源 6-23，数字资源 6-24）；许多种类可以在真菌上生活和繁殖。

10. 伞滑刃线虫属　　雌雄同形，蠕虫状。唇区高、缢缩；口针细长，口针基部球小；食道为滑刃型，背食道腺开口于中食道球瓣膜前。中食道球卵圆形，占体宽 2/3 以上；

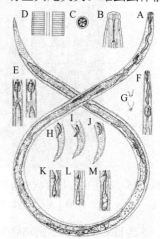

图 6-14　滑刃线虫及其引起的水稻干尖线虫病

A. 雌虫整体；B. 雌虫头部；C. 雌虫唇部；D. 侧区；E. 食道；F. 雌虫前部；G. 尾尖突；H～J. 雄虫尾；K～M. 阴门部

数字资源
6-23～6-24

食道腺长叶状，覆盖于肠的背面。雌虫阴门位于虫体后部，前阴唇向后延伸形成阴门盖；单生殖管，前伸，后阴子宫囊发达；尾部呈近圆锥形，无尾尖突或有一短小尾尖突。雄虫交合刺发达，喙突明显，有的种远端呈盘状膨大；尾部呈弓形，末端尖细，有一小的端生交合伞；尾部有 7 个尾乳突。

重要种：松材线虫。

该属线虫多数寄生于松树，可以在真菌菌丝体上取食和繁殖。松材线虫是最重要的种，引起松树萎蔫病（数字资源 6-25），以松墨天牛为传播介体，是重要的检疫性植物线虫。

在垫刃总科的线虫中，还有一些比较重要的种属，包括亚粒线虫属、矮化线虫属、潜根线虫属、珍珠线虫属、纽带线虫属、螺旋线虫属、盾线虫属、肾形线虫属、刺线虫属和针线虫属等，它们主要破坏植物的根系，引起地上部分发育不正常或死亡。

二、矛线目和三矛目

矛线目和三矛目中有一些属是重要的植物寄生线虫。矛线目中包括剑线虫属、拟剑线虫属、长针线虫属、拟长针线虫属等，三矛目包括毛刺线虫属和拟毛刺线虫属等，都属于外寄生线虫。

矛线目和三矛目中的植物寄生线虫都属于无侧尾腺类群。剑线虫属、拟剑线虫属、长针线虫属、拟长针线虫属等的口针均由齿针和齿针延伸部两部分组成，但二者存在区别，剑线虫属的诱导环为双环状，位于齿针的基部，齿针基部叉状，齿针延伸基部呈凸缘状（图 6-15A 和 B）；长针线虫属的诱导环为单环状，位于齿针的前部，齿针延伸基部略有增厚，但不成为凸缘（图 6-15C）。毛刺线虫属和拟毛刺线虫属其主要特征特点为：虫体较小，长 0.5～1.3mm，整体呈雪茄状，角质膜厚，口腔内具有弯曲的口针（图 6-15D 和 E）。

图 6-15　剑线虫、长针线虫与拟毛刺线虫形态图（A、B、D、E 为刘国坤提供，C 为郑经武提供）
A. 剑线虫的口针；B. 剑线虫整体形态观；C. 长针线虫口针；D. 拟毛刺线虫整体面；E. 拟毛刺线虫口针与食道

矛线目和三矛目中的植物寄生线虫主要危害植物的根部，影响根系长势，造成短粗根、根部肿大或根腐等症状，有些线虫种还可以传播植物病毒。

第三节　植物线虫病害诊断与鉴定

除少数植物线虫病害具有特异性症状外，大多数植物线虫病害缺乏特异性症状。有些植物线虫能引起复合症或复合病害。因此，植物线虫病害的诊断需要进行症状观察、病原线虫分离鉴定和必要的接种试验。

一、病害症状

（一）植物地下部寄生线虫致病症状

寄生线虫在植物地下部器官如根、块根、块茎和鳞茎上取食，能引起地下部植物器官产生特异性或非特异性症状。特异性症状主要有根结线虫和珍珠线虫引起的根结或根瘿，剖开根结可见线虫；孢囊线虫引起的病害在病根表面能看见外露的雌虫；肾形线虫和半穿刺线虫引起根肿、粗短根，根表可见雌虫。然而，大多数线虫危害植物地下部产生非特异性症状，如剑线虫、长针线虫和毛刺线虫等外寄生线虫用口针穿刺根表皮常造成短粗根、根痕、根腐等；内寄生迁移性线虫在组织内迁移，可造成组织坏死和腐烂，如穿孔线虫造成根皮层肿胀和根腐；腐烂茎线虫侵染造成块茎和鳞茎组织坏死、褐变和干腐。当地下部受害后，植物地上部往往出现非特异性症状，主要表现为生长缓慢、叶片褪绿、黄化及萎蔫等，这些症状主要是由根系受害、营养与水分吸收障碍造成的。由于线虫在土壤中不均匀分布，罹病植株在田间通常呈块状分布。

（二）植物地上部寄生线虫致病症状

茎线虫、粒线虫、滑刃线虫的一些种类可侵染植物地上部器官，形成一些特异性或非特异性症状。常见的有死芽、茎和叶皱缩扭曲、种瘿、组织坏死和变色、叶斑、叶瘿及萎蔫等。例如，粒线虫引起植株茎叶扭曲皱缩，侵染种子后形成虫瘿；茎线虫能侵染植物茎部，引起茎叶扭曲皱缩、组织坏死、植株黄化；滑刃线虫通常侵染植物的芽和叶片，引起死芽、组织坏死、叶斑、叶枯、叶尖干枯扭曲等症状。

（三）植物线虫与其他病原物的复合致病症状

田间线虫经常和其他病原微生物，包括菌物、细菌、病毒共同侵染植物，引起复合病害或并发症。在此过程中，线虫可能起着加重或作为诱因或介体作用。在协同加重作用机制中，主要因素有包括线虫侵染造成的伤口为其他病原物提供侵染途径、线虫诱导寄主植物生理变化、改变了根际微生态、降低了植物抗性等。

在线虫与土传菌物引起的复合病中，研究最多的是根结线虫、孢囊线虫、短体线虫、肾形线虫等，与镰刀菌（*Fusarium* spp.）、轮枝菌（*Verticillium* spp.）和疫霉菌（*Phytophthora* spp.）、丝核菌（*Rhizoctonia* spp.）和腐霉菌（*Pythium* spp.）等的复合侵染，加重根腐病或猝倒病的发生，加剧作物的枯萎。

线虫与细菌引起的病害复合体中线虫起介体作用，或者是造成大量伤口诱引细菌侵染。小麦粒线虫和小麦蜜穗棒形杆菌复合侵染引起小麦蜜穗病；起绒草茎线虫与密执安棒形杆菌诡谲亚种（*C. michiganensis* subsp. *insidiosus*）复合侵染引起苜蓿萎蔫病；根结线虫侵染能加剧烟草、番茄、茄子和辣椒的青枯病和桃树根癌病等病害。

线虫与植物病毒复合侵染中线虫主要作为病毒传播介体。植物病毒介体线虫主要是剑线虫属、长针线虫属、拟长针线虫属、毛刺线虫属和拟毛刺线虫属中的一些种。由标准剑线虫（*X. index*）传播的葡萄扇叶病毒是第一个被证明由植物线虫传播的病毒病。现在已知可由线虫传播的病毒有线虫传多面体病毒属、豇豆花叶病毒属、香石竹环斑病毒属和烟草脆裂病毒属等病毒。

二、植物线虫鉴定

（一）鉴定程序

鉴定植物线虫种类，一般先观察线虫的食道形状、口针有无及口针的形状、背食道腺开口位置，从而确定是植物寄生线虫还是腐生线虫或捕食线虫；然后根据形态特征逐步确定所属目、亚目、科、属；再根据有关"种"的形态特征，辅以生物学特性、分子生物学等方法鉴定病原线虫种。

（二）形态鉴定依据

植物病原线虫的形态性状是最直观、最常用的分类特征，是线虫分类鉴定的基础。植物线虫形态分类特征主要包括虫体外部形态特征和内部形态特征。外部形态特征主要有热杀死后的体型、角质层结构、头部和尾部特征，以及超显微结构特征，如线虫唇部结构、角质膜环纹、侧带沟纹、阴门结构等；内部形态特征主要包括消化系统和生殖系统结构的特征。线虫种的鉴定主要以成虫的形态特征和形态测量值为依据。最常见的测量值或通用缩写符号有：n＝标本个数；L＝虫体全长（mm）；a＝体长/最大体宽；b＝体长/头端至食道与肠接合处距离；b'＝体长/头端至食道腺末端的距离（用于食道与肠有重叠的类型）；c＝体长/尾长；c'＝尾长/肛门或泄殖腔处体宽；V＝阴门至头顶距离×100/体长；T＝泄殖腔至精巢最前端距离×100/体长；L'＝头顶至肛门距离（μm）；V'＝头顶至阴门距离×100/L'；口针长度（μm）；交合刺长度（μm）；引带长度（μm）；背食道腺开口至口针基部球距离（μm）；尾长＝肛门或泄殖腔至尾端距离（μm）；h＝尾末端透明区长度；MB＝头顶至中食道球距离×100/食道全长；VL/VB＝阴门至尾端距离/阴门部体宽。

形态学在种的准确鉴定上存在一些缺陷，如有些近似种在形态学和形态测量值上差异小，很难区分，即种间差异小；有的线虫种因在不同寄主或不同地理环境下生活造成某些形态或形态测量值出现较大差异，即种内差异大，因此可能会导致鉴定结果出现人为的误差。此外，植物线虫主要依据成熟雌虫的形态作为定种依据，需要一定的数量；鉴定人需掌握熟练的线虫形态学鉴定专业知识。

（三）植物线虫的分子鉴定与检测

自 20 世纪 90 年代以来，分子生物学技术的发展极大地推动了线虫分类学与谱系学的研究。基于 PCR 技术和 DNA 差异的分子生物学鉴定方法已成为植物线虫（新）种的鉴定及揭示种间差异和系统发育的重要常规手段。线虫种的分子鉴定首先要获得线虫模板 DNA，然后选择靶标序列，基于 PCR 技术对靶标序列进行扩增，最后对扩增结果进行比较分析，达到线虫种鉴定的目的。

1. DNA 的提取　　植物线虫 DNA 的提取通常包括大量线虫和少量线虫（单条线虫）DNA的提取。但由于从自然界中分离到的线虫常为混合种群，因此少量线虫，尤其是单条线虫 DNA提取在植物线虫分子鉴定中更为重要。

2. DNA 靶标序列的选择　　用于物种鉴定的 DNA 理想靶标序列通常是容易扩增、在种内保守而在种间变异大的基因或基因片段。核糖体 DNA（rDNA）是最常用来做植物线虫鉴定的靶标序列，其中，rDNA 内转录间隔区（rDNA-ITS）是使用最多的区段，可以很好地用于一些植物线虫属下种的区分和鉴定。然而，rDNA-ITS 序列也不是在所有植物线虫属中均可用来区分种，如南方根结线虫、爪哇根结线虫和花生根结线虫等几个常见种的 ITS 序列非常保守，无法区分；或者 ITS 序列在一些种内变异大，如玉米短体线虫（*Pratylenchus zeae*）和落选短体线虫（*P. neglectus*）种内变异分别达到 8%和 6%，单用 ITS 序列来鉴定短体线虫有时可能会出错。除了 ITS，rDNA 中的 18SrRNA 基因和 28SrRNA 基因中的 D2D3 区、线粒体 DNA（mtDNA）在植物线虫的分类鉴定中也有较广的使用。

3. 分子鉴定技术与方法 ①测序比对法：靶标序列的 PCR 产物进行测序，将获得序列与 NCBI 或其他权威数据库中的线虫的相应序列进行比对及构建系统发育树分析其亲缘关系与分类地位，该方法是当前植物线虫鉴定的最重要手段之一。②PCR-RFLP（限制性片段长度多态性）：PCR-RFLP 技术是利用通用引物扩增不同物种的同一个分子区段，如 ITS 区，然后用不同的限制性内切酶酶切该区段，再通过电泳获得 RFLP 图谱进行比较。通常同一物种 RFLP 图谱相同，而不同种则不同。③特异性 PCR 扩增：通过设计出特异性引物来扩增靶标线虫的靶标序列，然后通过电泳根据特异性扩增条带的有无与大小来鉴定靶标线虫。在特异性 PCR 扩增基础上发展起来的双重 PCR（duplex PCR）或多重 PCR（multiplex PCR）技术也是植物线虫鉴定的一种重要方法。双重 PCR 或多重 PCR 是利用两对或两对以上的引物在单个 PCR 反应中扩增出多个核苷酸片段，可在同一个 PCR 体系中同时检测多种线虫。④实时荧光定量 PCR（quantitative real-time PCR，qPCR）：指在 PCR 反应体系中加入荧光基团，利用荧光信号积累实时监测整个 PCR 进程，与传统 PCR 相比，qPCR 反应更快、更灵敏。由于 qPCR 整个检测过程通常只需要 0.5～2h，因此其在检疫部门的快速检测中广泛使用。

除了上述常用的植物线虫分子鉴定技术外，环介导等温扩增（loop-mediated isothermal amplification，LAMP）、DNA 微阵列杂交技术、DNA 条形码等也在一些线虫鉴定上得到应用。虽然尚不能完全依赖分子手段来对所有植物线虫进行鉴定，但分子手段已经为植物线虫的检测和鉴定提供了快速、精确、可靠的方法。

小 结

植物线虫是寄生于植物并引起植物病害的一类微动物（microanimal），属于线虫门。植物线虫体形通常为长管状，大多为雌雄同形，少数为雌雄异形，其雌虫成熟之后呈梨形、球形、柠檬形、肾形等形状。线虫表皮为角质膜，具有环纹和侧带等饰纹。植物线虫体腔为假体腔，其内有发达的消化系统、生殖系统、神经系统和排泄系统，但无呼吸系统与循环系统。

植物线虫是专性寄生物，根据线虫在植物上的寄生状态和繁殖特点，可以将其寄生性分为内寄生、半内寄生和外寄生，内寄生又分为定居型和迁移型。线虫除了通过取食造成机械损伤外，更重要的是通过食道腺向植物体内分泌致病物质进行化学致病，从而进行营养掠夺。植物线虫能诱发其他病原物侵染植物产生复合病害，有些线虫还充当其他病原物的传播介体。

植物线虫具有卵、幼虫和成虫 3 个虫态；幼虫大多为 4 个龄期，1 龄幼虫在卵内，2 龄幼虫多为侵染期。植物线虫的存活机制复杂，危害植物根部的线虫可以通过休眠、滞育或以特殊形态（如孢囊）度过不良环境；有些侵染植物种子、块根、块茎、鳞球茎等组织的线虫能形成特殊的持久性幼虫长期存活。线虫种类的地理分布与其寄主植物的分布和气候条件有关，在土壤中主要分布于耕作层。线虫田间传播主要依靠水流和农事活动，远距离传播主要通过带线虫的种子苗木、农事机械携带病土远距离转移，有些植物线虫是重要的进境检疫和国内检疫性有害生物。

　　植物线虫病害的诊断要依靠症状观察和病原线虫鉴定。植物线虫病害大多无特异性症状，但在遭受线虫侵染后在其受害部通常具有特定的症状，并且有相关病原线虫的存在。植物线虫的鉴定和分类是病害诊断的重要基础，形态学特征是线虫鉴定和分类的主要依据之一；植物线虫的分子鉴定已经受到广泛的认可，已成为线虫鉴定不可或缺的部分。

❀ 复习思考题

1．为何将植物线虫列为植物病原物？
2．植物线虫在寄生性和致病性方面具有哪些特点？
3．如何鉴别植物寄生线虫与土壤腐生线虫？
4．植物线虫的生活史有何特点？如何区分成虫和幼虫？
5．简述植物线虫病害的诊断要点和鉴定依据。
6．了解植物线虫致病的分子机理研究进展。

第七章　寄生性植物

　　寄生性植物（parasitic plant）是一类由于根系或叶片退化，或缺乏足够的叶绿素，不能自养，必须依赖另一种植物提供生活物质而营寄生生活的植物。大多数寄生性植物属于高等植物中的双子叶植物，能开花结籽，这些类群又被称为寄生性种子植物，重要的有菟丝子科、桑寄生科、列当科寄生性植物，以及玄参科、樟科中的一些寄生性植物。国内外已知的寄生性植物有4700多种。此外，少数低等藻类，能寄生在高等植物上，引起藻斑病。寄生性植物的寄主少数是农作物或果树，多数是野生木本植物。目前，列当属在我国被列入全国农业植物检疫性有害生物名单，菟丝子（属）、列当（属）和独脚金（属）（非中国种）被列入我国进境植物检疫性有害生物名录。

第一节　寄生性植物概述

一、一般性状

　　寄生性植物以寄生方式从寄主植物上获取水分、无机盐和有机物质等。按其对寄主植物的营养依赖程度可将其分为全寄生和半寄生两类。寄生性藻类是在高等植物上营寄生生活的一类低等藻类植物。藻类植物一般可以自养，少数气生藻类可在高等植物体表营附生或寄生生活（半寄生或全寄生）。

　　全寄生是指从寄主植物上获取自身所需要的所有生活物质的寄生方式。其形态特征为无叶片，或叶片已退化成鳞片状，没有叶绿素，根系蜕变成吸根；解剖特征为吸根中的导管和筛管分别与寄主植物的导管和筛管相连。主要种类有菟丝子、列当和无根藤等。半寄生是指仅从寄主植物内吸收水分和无机盐的寄生方式。其形态特征为茎、叶有叶绿素，根系退化；解剖特征为吸根中的导管与寄主植物的导管相连。主要种类有独脚金、槲寄生、桑寄生和樟寄生等。

　　寄生性植物按其寄生部位不同可分为根寄生和茎寄生，有的还可寄生于植物的叶。根寄生是一类寄生于寄主植物根部的寄生性植物，如列当和独脚金等；茎寄生是指一类寄生于寄主植物茎部的寄生性植物，如菟丝子、无根藤、槲寄生等；一些寄生性植物如桑寄生科梨果寄生属红花寄生还可寄生在苏铁的叶片上。

二、生物学特性

（一）分布与寄主范围

　　寄生性植物长期进化的结果形成了自身的生物学特性和对环境适应性，并决定了其分布区域，如无根藤、独脚金和寄生性藻类等主要分布在热带和亚热带地区；菟丝子和桑寄生主要分布在温带地区；列当主要分布在较为干燥、冷凉的高纬度或高海拔地区。不同寄生性植物寄主范围差异很大，有的只能寄生一种或少数几种植物，如亚麻菟丝子只寄生在亚麻上；有的寄主范围则很广，如桑寄生的寄主可达 29 科 54 种植物。

（二）致病性

寄生性植物的致病性与其寄生性相关。全寄生植物与寄主争夺全部生活物质，对寄主的危害性大。例如，列当、菟丝子等多寄生在一年生草本植物上，引起寄主植物黄化，生长衰退，甚至枯死。半寄生植物主要是与寄主争夺水分和无机盐，与全寄生植物相比，其发病速度较慢，对寄主的危害相对较小。此外，有些寄生性植物，如菟丝子还能作为介体，将病毒从病株传导到健康植株上。一些寄生性藻类还可引起植物的藻斑病或红锈病，除影响生长外，还影响观赏价值。

（三）繁殖与传播

寄生性种子植物以种子繁殖。其传播途径有被动和主动之分。被动传播以风力、鸟类和随寄主种子调运等进行传播，为主要的远距离传播途径；有些寄生性植物果实成熟时，常吸水膨胀直至爆裂，将种子弹射出去，而完成主动传播，但传播距离较短。

（四）进化

寄生植物的演化具有重要的科学研究价值。列当科（Orobanchaceae）是由约 1960 种物种组成的多样化分支，是目前已知且唯一的一个包含了自养、兼性半寄生、半寄生和全寄生等所有类型的寄生植物支系，而成为研究植物寄生习性演化过程的最佳类群。列当科中的一些物种，全寄生已经从半寄生进化了多次，在向寄生依赖性增加的进化进程中发生了许多变化，包括自养功能的丧失、叶绿体主要基因的损失及水平基因转移的增加等。

三、分类

寄生性植物包括寄生性种子植物和寄生性藻类两大类，它们分属于被子植物门和绿藻门（表 7-1）。营寄生生活的寄生性种子植物重要的有菟丝子科、樟科、桑寄生科、列当科、玄参科和檀香科的植物。其中以桑寄生科植物最多，约占一半。寄生性藻类主要有橘色藻科的头孢藻属和红点藻属等。寄生性植物的主要鉴定依据为形态特征和解剖学特征等。

表 7-1　重要寄生性植物的分类地位

门	科	属
被子植物门（Angiospermae）	菟丝子科（Cuscutaceae）	菟丝子属（*Cuscuta*）
	樟科（Lauraceae）	无根藤属（*Cassytha*）
	桑寄生科（Loranthaceae）	桑寄生属（*Loranthus*）
		大苞鞘花属（*Elytranthe*）
		离瓣寄生属（*Helixanthera*）
		五蕊寄生属（*Dendrophthoe*）
		栗寄生属（*Korthalsella*）
		油杉寄生属（*Arceuthobium*）
		美洲槲寄生属（*Phoradendron*）
		槲寄生属（*Viscum*）

续表

门	科	属
被子植物门（Angiospermae）	列当科（Orobanchaceae）	野菰属（*Aeginetia*）
		假野菰属（*Christisonia*）
		草苁蓉属（*Boschniakia*）
		肉苁蓉属（*Cistanche*）
		黄筒花属（*Phacellanthus*）
		齿鳞草属（*Lathraea*）
		列当属（*Orobanche*）
	玄参科（Scrophulariaceae）	独脚金属（*Striga*）
	檀香科（Santalaceae）	鳞叶寄生木属（*Phacellaria*）
		寄生藤属（*Dendrotrophe*）
绿藻门（Chlorophyta）	橘色藻科（Trentepohliaceae）	头孢藻属（*Cephaleuros*）
		红点藻属（*Rhodochytrium*）

第二节 寄生性植物的主要类群

一、全寄生植物

（一）菟丝子属（*Cuscuta*）

菟丝子为菟丝子科菟丝子属，俗称无根草、菟丝、黄丝和金线草等，是一类缠绕在木本和草本植物茎叶部，营全寄生生活的草本植物。菟丝子属植物为我国进境检疫性有害生物。

1. 分布及危害　菟丝子广布于世界各地，以温带地区为主；中国各地均有发生，以东北及新疆地区为多。

菟丝子的主要寄主有豆科、菊科、蔷薇科、茄科、百合科、伞形科、蓼科和杨柳科等木本和草本植物。菟丝子对多种农作物、牧草、果树、蔬菜和花卉等经济植物都有直接危害（数字资源 7-1，数字资源 7-2），受害严重的主要有大豆、菜豆、芸豆、葱、大蒜等。

菟丝子以吸器与寄主的维管束相连接（数字资源 7-3，数字资源 7-4），不仅吸收寄主的水分和养分，而且会造成寄主输导组织的机械性障碍。黄色或橘黄色的丝状体缠绕在寄主植物的茎部和其他的地上部分，后期在寄主植物上部枝叶上形成密集交错的黄色丝状体。菟丝子顶端的不断生长使之达到和侵染邻近的植株，并向四周逐渐扩大侵染，一株菟丝子可以达直径约 3m 的范围。断茎也能进行营养繁殖。植物受害后表现为黄化和生长不良。连作或施用混有菟丝子种子的田块，其危害逐年加重，可造成严重的经济损失。菟丝子也可作为传播某些植物病原的介体或中间寄主，如传播病毒和植原体等病害。

菟丝子（图 7-1）以种子繁殖；种子小而多、寿命长，可随作物种子调运而远距离传播，为害性大，许多国家将菟丝子列为检疫性有害生物。

2. 分类及形态特征　菟丝子属全世界约有 170 种，中国有记载 11 种。该属植物为一年生草本，缠绕寄生，以吸盘附在寄主上（数字资源 7-5）。根缺乏，叶片退化为鳞片状，茎纤细、黄色或橘黄色旋卷状丝状体。夏秋开花，花小，白色，常簇生于茎侧。苞片和小苞片小，鳞片

数字资源
7-1～7-5
（含视频）

数字资源
7-6

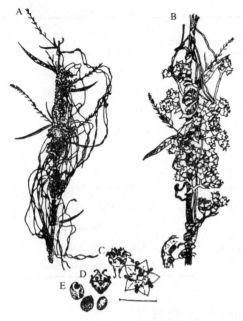

图7-1　菟丝子

（农业部植物检疫实验所，1990）

A. 寄生在作物上的菟丝子；B. 局部放大；
C. 花；D. 蒴果；E. 种子

状。花萼杯状，5裂（数字资源7-6）。花冠壶状或钟状，顶端5裂，裂片向外反曲，宿存，雄蕊5枚，与花冠裂片互生。蒴果扁球形。种子细小，淡褐色或棕褐色。胚乳肉质，种胚弯曲成线状。

中国常见的有中国菟丝子（*C. chinensis*）、南方菟丝子（*C. australis*）、田野菟丝子（*C. campestris*）和日本菟丝子（*C. japonica*）等。中国菟丝子形态特征为：茎黄色，直径1mm以下，无叶，花小，聚生成一无柄的小花束；花冠钟形，短5裂；萼片具脊，脊纵行，萼片呈棱角；蒴果内有种子2～4粒；主要危害草本植物，以豆科作物为主，大豆受害最重；蔷薇科、菊科中的一些植物也能被寄生。

3. 生活习性　菟丝子以种子繁殖。种子成熟后落入土壤中，也可混入作物种子或粪便中，种子在土壤中能存活3～5年。翌年4～6月，寄主植物播种后，受到寄主分泌物的刺激，菟丝子种子开始发芽，长出旋卷的幼茎。幼茎在空中旋转，遇寄主后缠绕其上，并在与寄主接触的部位形成吸根伸入寄主。吸根侵入寄主后，部分组织分化为导管和筛管，并分别与寄主的导管和筛管相连，从寄主的维管束内吸取水分和养分。一旦建立寄生关系后，吸根以下的茎逐渐萎缩，并与土壤分离，而其上部的茎则不断缠绕寄主，向四周蔓延为害。

菟丝子一般夏末开花，秋季结果，9～10月成熟。成熟后蒴果破裂，散出种子。在20～30℃，温度越高，种子萌芽率越高，萌芽速度也越快。种子萌发的最适土壤温度为25℃左右，最适土壤相对含水量为80%以上。覆土深度以1cm为宜，3cm以上则很少出芽。

菟丝子结实量很大，每株菟丝子能产生2500～3000粒种子。发育好的植株，种子数量可以达数万粒。

（二）列当属（*Orobanche*）

列当是一类在草本（或木本）植物根部营全寄生生活的列当科植物的总称。但通常所说的列当即指列当属植物。该属植物的种子随寄主种子远距离传播，一旦传入很难根除，因此被列为我国进境检疫性有害生物。

1. 分布及危害　列当主要分布在北半球，尤以北纬40°左右的地区发生较多，欧洲、亚洲各国均有分布。我国分布于华北和西北地区。

列当寄生于70多种双子叶草本植物的根部，寄主以豆科、菊科、葫芦科植物为主，常造成极大危害。列当大多数寄生性较专化，少数较广泛。被寄生植株的细胞膨压降低，常处于萎蔫状态，植株细弱矮小，长势差，不能开花或花小而少，瘪粒增加，轻则减产10%～30%，重则绝产。在寄主植物上寄生的列当有时多达100～150株。例如，向日葵被列当寄生后，植株细弱，花盘较小，瘪粒增多，一株向日葵上寄生15株列当时，瘪粒可达30%～40%。向日葵苗期若被寄生，植株矮小，不能形成花盘，甚至枯死（数字资源7-7，数字资源7-8）。

数字资源
7-7～7-8
（含视频）

2. 分类及形态特征　　　列当科植物现有 17 属 150 余种，中国有 10 属 49 种，重要的有列当属、草苁蓉属、肉苁蓉属、黄筒花属、野菰属、假野菰属和齿鳞草属。

列当属植物茎肉质、单生，偶有分枝；茎上螺旋式排列着退化呈鳞片状的叶片；无叶绿素和真正的根，只有吸盘吸附在寄主的根表，或以短须状次生吸器与寄主茎部的维管束相连；两性花，穗状花序，花瓣白色或紫红色，也有米黄色或蓝紫色，呈筒状；肉质茎上有 30～50 朵花，每朵花结 1 蒴果，纵裂，内有小而数量众多的种子；每株列当可产生种子 5 万～10 万粒，最多可达 45 万粒；种子极小，0.2～0.5mm，卵形，深褐色，表面有网状花纹，坚硬；球状蒴果，成熟时纵裂散出种子（图 7-2）。

我国重要的列当种类有埃及列当（*O. aegyptica*）和向日葵列当（*O. cumana*）。

（1）**埃及列当**（*O. aegyptiaca*）　　　又称分枝列当或瓜列当。

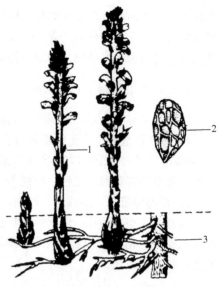

图 7-2　列当形态（许志刚，2003）

1. 植株；2. 种子；3. 寄主的根

1）分布。在亚洲、欧洲和美洲均有分布，我国的新疆和甘肃发生为害较重。

2）寄主植物。寄主范围包括 17 科 50 多种植物，主要寄主为瓜类，如哈密瓜、西瓜、南瓜、甜瓜和黄瓜等；其次是番茄、烟草、向日葵、胡萝卜、白菜和茄子等。

3）形态特征。茎直立，中部以上有分枝 3～5 个，茎高 10～30cm，茎上密被黄褐色腺毛；花淡紫色，穗状花序，长 8～15cm，圆柱形；种子较小，长 0.2～0.5mm，宽 0.2～0.3mm，倒卵圆形，一端较窄而尖，表面有网状皱纹。

（2）**向日葵列当**（*O. cumana*）　　　又称直立列当、二色列当或高加索列当，为一年生草本植物。

1）分布。在欧洲、亚洲各国均有分布，尤以北纬 40°左右的地区较多，中国新疆、青海、陕西、山西、内蒙古、辽宁、吉林、甘肃、河北和北京等省（自治区、直辖市）均有发生。

2）寄主植物。主要寄生在向日葵、烟草、番茄，也能在黄瓜、甜瓜、南瓜、西瓜、蚕豆、豌豆、胡萝卜、芹菜、亚麻、红三叶草和苦艾等植物的根上寄生。

3）形态特征。茎直立，单生，肉质，直径约 1cm，茎浅色至紫褐色，密被细毛，高 30～40cm；无叶绿素和真正的根，有短须状吸盘；叶片退化成鳞片状，小而无柄，螺旋生于茎上；穗状花序，筒状花，两性，较小，花长 10～20mm，20～40 朵花，花冠筒部膨大，上部狭窄，屈膝状。种子形状不规则，略呈近卵形，幼嫩种子黄色，柔软，成熟种子深褐色，坚硬，种子宽而短，表面有纵条状皱纹。

3. 生活习性　　　列当以种子越冬，种子在土壤中（5～10cm）可保持生活力 5～10 年，受寄主植物根部分泌物的刺激，遇适宜的温、湿度条件种子萌发。列当种子萌发的条件较为特殊，要求有充足的水分、合适的温度（25℃左右）、较高的土壤 pH。温度过高或过低、土壤 pH<7.0 种子均不能萌发。只要条件适宜，种子终年均可萌发。列当种子萌发后，长出幼苗，下部形成吸盘，深入寄主根的组织里吸收养分，植株逐渐长大。成熟后上部长出茎茎，开花结实。列当从出土至种子成熟约 30d。列当种子借风力、流水、耕作土壤传播或随人、畜和农具等传播，也可随风飞散而黏附在寄主种子上传播。

寄主根分泌物是诱发列当种子萌发的重要条件，但有些植物的根分泌物能诱发寄生性植物的种子萌发，但萌发后却不能与该植物的根部建立寄生关系，这类引诱寄主植物种子萌发又不被寄生的非寄主植物称为"诱发植物"。例如，玉米、三叶草是埃及列当的诱发植物，而辣椒则是向日葵列当的诱发植物。诱发植物可用于列当的防治。

（三）无根藤属（*Cassytha*）

无根藤又称无头草，是一类多黏质、全寄生性缠绕杂草，属樟科。

1. 分布及危害　无根藤分布于热带、亚热带地区，尤以澳大利亚北部最多。无根藤（*C. filiformis*）分布于我国南方各省（自治区、直辖市），其危害与菟丝子相似，但多在丛林、树木危害，常见的有黄槐、杞柳、松树等（数字资源7-9）。

2. 形态特征　茎线状，较粗，分枝，绿色或绿褐色（菟丝子为黄褐色）；根退化，叶退化为鳞片，花小，两性，生于鳞片状苞片之间；穗状或头状花序，花被筒陀螺状；蒴果，种子膜质或革质；花期5～12月。无根藤茎含有叶绿素，能进行光合作用。无根藤吸器中木质部很发达，韧皮部退化。

二、半寄生植物

（一）独脚金属（*Striga*）

独脚金俗称火草或矮脚子，属玄参科。

1. 分布及危害　独脚金有23种，主要分布于亚洲、非洲和大洋洲的热带和亚热带地区。南非、澳大利亚、印度、中国（华南和西南的一些省）有分布。

独脚金以吸器从受害的寄主根吸取水分和养分。独脚金的寄主植物以禾本科植物为主，如玉米、甘蔗、水稻、高粱；少数种类的独脚金也能寄生于双子叶植物，如番茄、豆类、向日葵和烟草等。独脚金的诱发植物有棉花、蚕豆、亚麻和大豆等。受侵染的寄主根上有许多独脚金产生的吸器，独脚金依靠吸器从寄主植物获得养分。许多株独脚金可以寄生在同一寄主的根上，但它们不能都存活到长出地面，只有一至数株的茎能够抽出并伸出地面。植物被独脚金寄生后，矮化失绿，生长受阻，纤弱，萎垂，严重时可导致寄主死亡。

2. 分类及形态特征　独脚金茎绿色，较细，上生黄色刺毛，少分枝；叶片狭长，披针形，常退化呈鳞片状，长约1cm，下部对生而上部互生，有少量叶绿素；顶生稀疏穗状花序，花小而艳丽，生于叶腋间，呈红色、黄红色、黄色、白色等，花冠筒状，有10纵棱，5裂，裂片钻形；近顶端急弯，唇形，上唇短2裂，下唇3裂；雄蕊4枚，内藏，花药1室；花期较长，可持续整个生长季节；蒴果卵球形，背裂，长约3mm，内有大量极小的黄色至深褐色的卵圆形种子，种子表面具有两排互生的突起或嵴，种子小。变种宽叶独脚金叶较宽大，产于广东西部。大独脚金茎高达50cm，萼15棱，花冠筒长2cm（图7-3）。

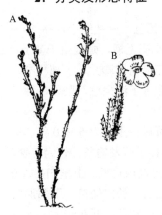

图7-3　独脚金
（许志刚，2003）
A. 植株；B. 花

3. 生活习性　一株独脚金能产生几万至几十万粒种子。种子成熟后随风飞散，落入土中，种子在土中可存活数十年之久。一般种子经1～2年的休眠，受寄主根分泌物刺激后即可萌发产生寄生茎。萌发的一个月内，无寄主存在也能生长，如1个月后仍未建立寄生关系将死亡。完成一个生长周期需90～120d。独脚金虽含有一些叶绿素，可进行光合作用，但养分不能自给。温暖、湿润的生态环境适合独脚金的生长。

（二）桑寄生属（*Loranthus*）

桑寄生是在木本树木上半寄生种子植物，属桑寄生科。

1. 分布及危害　　主要分布在温带和亚热带地区，寄主包括29科的阔叶植物，主要寄主为杨、枫杨、山茶科和山毛榉科植物。被桑寄生危害后，林木一般表现为提早落叶，第二年出叶迟，影响树木长势。且被寄生处肿胀，木质部分纹理紊乱，出现裂缝或空心，严重时枝条枯死或整株死亡。

2. 分类及形态特征　　桑寄生在世界范围内有24科54种。中国有桑寄生30多种，其中主要有北桑寄生（*L. tanakae*）、南桑寄生（*L. guizhouensis*）、吉隆桑寄生（*L. lambertianus*）、华中桑寄生（*L. pseudo-odoratus*）、台中桑寄生（*L. kaoi*）和椆树桑寄生（*L. delavayi*）。

3. 生活习性　　桑寄生的种子主要靠鸟类传播。鸟啄食果实后，由于种子不能消化，被吐出或经消化道排出，黏附在树皮上。种子萌发产生胚根。胚根与寄主接触后形成盘状吸盘。吸盘上产生吸根，分泌树皮消解酶并靠机械力从伤口、幼嫩树皮或侧芽处侵入寄主表皮。初生吸根到达活的表层组织时，便形成分枝的假根，然后再产生与假根垂直的次生吸根，深入木质部与寄主的导管相连，吸取寄主的水分和无机盐。在初生吸根和假根上，可以不断地产生新的枝条，同时长出匍匐茎，沿枝干背光面延伸，并产生吸根侵入寄主（数字资源7-10，数字资源7-11）。在鸟类活动频繁的树木、灌木林及村庄附近的树木，受害往往较严重。

数字资源
7-10～7-11

（三）槲寄生属（*Viscum*）

槲寄生是槲、梨、榆和桦等阔叶树上营半寄生的高等植物，属桑寄生科。

1. 分布及危害　　世界各地均有分布，尤以温带居多。在森林、经济林、防护林、果园及行道树上均有发生，南方树木受害较重；多寄生在直径1～2cm的寄主枝条上，少数可在30cm左右的枝干上寄生。

树木被害后，枝干上有高0.5～1m的槲寄生灌丛，灌丛着生处略肿大，受害枝干的木质部呈辐射状割裂，失去利用价值。部分树枝除侵染的槲寄生外常表现畸形和死亡。有时寄生的树枝数目很多，将近占去全树绿叶的一半，以致落叶树在冬季呈现出常绿景象。病树通常可存活多年而不会很快死亡，但生长减退，槲寄生种子主要靠鸟类啄食后携带传播。

2. 分类及形态特征　　常绿小灌木，高0.5～1m，茎圆柱形，绿色，二歧或三歧分枝，分枝处近直角；有明显的节和节间；叶革质，对生，倒卵圆形至椭圆形，内含叶绿素，有些全部退化（数字资源7-12）；花极小，单生或丛生，单性，雌雄异株，无梗，顶生于枝节或两叶间，黄绿色；果为浆果，肉质球形，直径约8mm，初白色，半透明（数字资源7-13），成熟后黄色或橙红色。初生吸根沿皮层下方生出侧根，环抱木质部，然后逐年从侧根分生出吸根，侵入皮层和木质部的表层，随着枝干的年轮增加，初生及次生吸根逐渐陷入深层的木质部中。红色浆果在欧洲被视为吉祥，常用作圣诞节的家庭饰物。

数字资源
7-12～7-13

中国常见的有白果槲寄生（*V. album*）和东方槲寄生（*V. orientale*），南、北方均有分布。

（四）油杉寄生属（*Arceuthobium*）

油杉寄生（*Arceuthobium* spp.）俗称矮小槲寄生，属桑寄生科。

1. 分布及危害　　分布于美洲和亚洲，可寄生在松、柏和杉等裸子植物上。

油杉寄生常成束状或散生在寄主枝条上，形成疯枝状，茎高不到 10cm，少数种 1~2cm，不分枝。如剥离它的枝条，在寄主树皮上会留下一个小的杯形穴，寄主植物的枝条受侵染处肿胀并有疮痂，肿胀部的横切面可以看到黄色楔形的吸器长入树枝的树皮、形成层和木质部内。有时在树干上也能发生大的肿胀或扁平的疮痂。被害树木常矮化，严重感染的树林则会有畸形、矮化和断桩。

2. 形态特征及生活习性　茎黄色或褐色；叶小，鳞片状，对生，与茎同色；雌雄异株，雄枝在开花后死去，雌枝在种子成熟后死亡；浆果，种子成熟后浆果吸水产生压力将种子弹出。浆果也可由鸟类啄食后传播。

茎基部可产生分枝状吸器，在寄主形成层外与茎平行生长，由此产生放射状分枝进入寄主的木质部与韧皮部，吸取寄主的养分和水分，接近于全寄生的方式。寄生枝还可以从侵染点周围不断长出，4~6 年生的寄生枝才能开花，授粉后 5~16 个月果实成熟。

（五）梨果寄生属（*Scurrula*）

梨果寄生属为寄生性灌木，属桑寄生科。

1. 分布及危害　分布于亚洲东南部和南部。分布于我国西南、东南和华南各省（自治区、直辖市）。梨果寄生属寄主范围很广，可包括豆科、壳斗科、夹竹桃科、大戟科、千屈菜科、桑科、石榴科、蔷薇科、芸香科、无患子科、山茶科、榆科等科的植物，也可寄生在松科和柏科植物上，大部分于寄主植物的茎和枝条，极少数可寄生于叶片上。板栗树被寄生后可引起树势生长衰弱、提早落叶并导致减产。

2. 分类及形态特征　嫩枝、叶被毛。叶对生或近对生，侧脉羽状。总状花序，稀少花的伞形花序，腋生；花 4 数，两侧对称，每朵花具苞片 1 枚；花托梨形或陀螺状，基部渐狭；副萼环状，全缘或具 4 齿；花冠在成长的花蕾时管状，稍弯，下半部多少膨胀，顶部椭圆状或卵球形，开花时顶部分裂，下面一裂缺较深，裂片 4 枚，反折；雄蕊着生于裂片的基部，花丝短，花药 4 室，药室具横隔或无；子房 1 室，基生胎座，花柱线状，约与花冠等长，具四棱，柱头通常头状。浆果陀螺状、棒状或梨形，下半部骤狭呈柄状或近基部渐狭，被毛或无毛，外果皮革质，中果皮具黏胶质；种子 1 颗。

模式种为红花寄生（*S. parasitica*），别名红花寄、柏寄生、桃树寄生、红花桑寄生、寄脏匡、寄居花童，全株均可入药。常见于沿海平原或山地常绿阔叶林中，寄生于黄皮、桃树、梨树或山茶科、大戟科、夹竹桃科、榆科、无患子科或马桑等植物上（数字资源 7-14）。

数字资源
7-14~7-15
（含视频）

三、寄生性藻类

寄生性藻类（简称寄生藻）是在高等植物上营寄生生活的一类低等藻类植物。藻类植物一般可以自养，少数气生藻类可在高等植物体表营附生或寄生生活。

（一）分布及危害

常见于热带和亚热带的果园和茶园中，寄生在植物的树干或叶片上，引起藻斑病或红锈病，造成一定的损失（图 7-4，数字资源 7-15）。寄主植物包括番石榴、荔枝、龙眼、芒果、鳄梨、咖啡、可可、茶树、山茶和柑橘等木本植物，少数草本植物也可受害。

寄生藻分布范围较广，在北纬 32°～南纬 32°均有分布，以热带和亚热带的湿热地区最为常见。寄生藻以半寄生或全寄生的方式在植物枝叶上生存，与植物争夺水分、无机盐和养料等。寄生藻的危害还影响光合作用和观赏植物的观赏性。有些藻类还可以与真菌中的一些子囊菌或半知菌组成共生体。这些共生体具有复合侵染的作用，当它们在植物体表生存时，对寄主植物的表皮有损伤，从而有利于真菌的侵染。

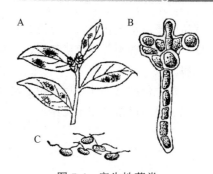

图 7-4　寄生性藻类
（宗兆锋和康振生，2002）

A. 在油茶上的危害状；B. 孢囊梗和孢子囊；C. 游动孢子

寄主植物的枝干或叶片受害后先是引起黄褐色的斑点，然后逐渐向四周扩散，形成近圆形的纹饰。该纹饰稍隆起，灰绿色至黄褐色，表面呈天鹅绒状或纤维状，不光滑，边缘不整齐，直径为 2～20mm。后期病斑表面平滑，色泽较深，常呈深褐色或棕褐色，又称为红锈病（数字资源 7-16）。叶片、叶柄受害后，在叶面侵染点周围形成一个绿岛，侵染点周围的栅栏细胞增生变厚，形成木栓层以阻止其扩展。叶片上的藻斑较多时，可引起寄主植物的早期落叶，树势衰弱，枝条枯死。柑橘和咖啡等植物的幼茎或枝干上被寄生藻寄生后，初为暗灰色或淡紫色，树皮增厚，隆起后变为锈红色，后开裂，呈不规则的斑块或条纹，枝梢顶端的生长受抑制，严重时枯死。鳄梨、番石榴、柑橘和荔枝的果实表面有时也会有小型藻斑出现，呈朱红色毡状不规则形，降低品质，严重发病果实丧失食用价值。

数字资源 7-16

（二）分类

寄生藻主要属于绿藻门的丝藻目和绿球藻目，其中以头孢藻属（*Cephaleuros*）和红点藻属（*Rhodochytrium*）较为重要。头孢藻（*C. virescens*）的寄主范围很广，在中国南方地区的茶、柑橘、荔枝、龙眼、芒果、番石榴、咖啡和可可等植物均可受害，引发藻斑病。红头藻的寄主常见有锦葵科的玫瑰茄，侵害寄主植物后可引起叶瘤与矮化症状。

（三）生活习性

头孢藻的营养体为多层细胞组成的假薄壁组织状的细胞板（叶状体），叶状体内含有血红素，呈橘红色，气生，叶状体与寄主表皮之间有空腔。叶片体向下突起成分枝状假根，在寄主细胞间蔓延，有利于叶状体的固定，并从寄主体内吸取水分和养分。

1. 有性生殖　藻丝末端的营养细胞膨大形成无柄的瓶状细胞（又称为球形配子囊），有水时，配子囊可以释放出几十个有两根等长鞭毛的圆形游动配子。游动配子可以在囊内或囊外相互结合产生"接合子"。"接合子"进一步发育成有柄的孢囊体，每个孢囊体可释放出 4 个有 4 根鞭毛的游动孢子。游动孢子在水中游动 10min 后休止，鞭毛缩进体内，即成为初生圆盘，从初生圆盘的底面长出突起，穿透寄主叶片的表面，在表皮下扩展形成次生圆盘。

2. 无性繁殖　在较老的圆盘形叶状体上分化产生的两种直立的丝状体上形成孢囊梗和孢子囊（图 7-4，数字资源 7-17）。丝状体称为藻丝（又称毛状体），多数不分枝，顶端渐尖的称刚毛；另一种为顶端有 8～12 个小梗的分枝状孢囊梗，梗长 274～452μm，在每个小梗的顶端着生一个近圆形的孢子囊。孢子囊黄色，大小为（14.5～20.3）μm×（16～23.5）μm，成熟后脱落，遇水萌发产生许多无色薄壁，具 2～4 条等长鞭毛的椭圆形游动孢子。

3. 侵染循环　温暖、潮湿的气候条件有利于藻类的寄生为害。当叶片表面有水膜时，

数字资源 7-17

游动孢子可从气孔侵入。降雨有利于游动孢子传播与侵染，雨季有利于病害发生。寄主生长不良、栽培管理不善、土壤贫瘠、杂草丛生、地势低洼、通风透光差时，寄主易受侵染，有利于发病。

　　寄生藻的营养体在病组织上越冬，当第二年春季温、湿度条件适宜时，再产生孢囊梗和游动孢子囊，以游动孢子侵染。

❀ 小　结

　　寄生性植物包括高等的寄生性种子植物和低等的寄生性藻类两大类，以寄生性种子植物在生产上更为常见。

　　根据寄生性植物对寄主植物的营养依赖程度可将寄生性植物分为全寄生和半寄生两大类。全寄生植物主要有菟丝子、列当和无根藤等，半寄生植物主要有独脚金、桑寄生、槲寄生和油杉寄生等。一般来说，半寄生植物的致病性较弱，而全寄生植物的致病性则较强。根据寄生部位的不同寄生性植物又可分为根寄生和茎（叶）寄生两类，列当、独脚金等属根寄生；菟丝子、槲寄生及寄生藻等属茎（叶）寄生。

　　寄生性种子植物以种子繁殖，寄生藻则以孢子囊为繁殖体。

❀ 复习思考题

1. 寄生性植物主要有哪些类型？如何获取营养？
2. 何谓全寄生、半寄生、根寄生、茎寄生？
3. 菟丝子和列当为什么被列为检疫性有害生物？
4. 寄生性植物怎样进行繁殖和传播？
5. 寄生性植物病害为害特点如何？怎样进行防治？

第八章 植物侵染性病害的发生发展

植物侵染性病害的性质、特点和一些基本规律，因病原物不同而异。不同病原物所致的病害，在症状表现、侵染过程、传播途径上各具特点。植物病害发生发展的特点，即侵染过程及病害循环，常与病原物的生理、生态特性密切相关。本章着重介绍植物病原物的基本特性、病害的病程、病害循环及其与病害流行的关系。

第一节 植物病原物的基本特性

自然界的生物可以分为自养生物和异养生物两大类。异养生物又可分为腐生物和寄生物。腐生物（saprophyte）是以无生命的有机物质作为营养来源，如生物尸体及其分解物、动物排泄物、植物的枯枝落叶等；寄生物（parasite）则直接在活的生物体上获取营养，其生长发育过程往往与寄主（host）的生理活动交织在一起。在上述两个类型之间存在着一系列的过渡类型。

通常来讲，大多数植物病害对植物所造成的危害不只是寄生物从寄主植物中夺取养分。我们把病原物对寄主的危害理解为致病性。致病性就是寄生物干扰寄主植物一种或者多种功能，从而引起病害的能力。寄生性在致病性中起着重要的作用，但并不是最重要的作用。

一、寄生性

在生物界有菌物、细菌、线虫、原生动物等，其中仅有少数生物属于寄生物。这些寄生物能够成功侵入寄主植物，并在其中生存和繁殖。寄生性（parasitism）是寄生物克服寄主植物的组织屏障和生理抵抗，从其体内夺取养分和水分等生活物质，以维持其生存和繁殖的能力。病原物的寄生程度并不一致，为了便于理解与实际工作中的应用，我们把植物寄生物分成专性寄生物和非专性寄生物两大类。

（一）专性寄生物

专性寄生物（obligate parasite）也称为活养寄生物（biotroph），它们必须从生活着的寄主细胞中获得所需的营养物质，当寄主的细胞或组织死亡后，其寄生生活就被迫终止了。这类寄生物要求的营养物质比较复杂，一般不能用人工培养基培养。部分菌物（如霜霉菌、白粉菌、锈菌）及病毒、类病毒、线虫和寄生性种子植物都是活体营养型寄生物。但多年来，一些过去被认为是专性寄生的菌物，有的已经可以在特定的人工培养基上生长。

（二）非专性寄生物

大部分植物病原菌物和病原细菌，既可以寄生于活的寄主植物，也可以在死的有机体及各种营养基质上生存，这些病原物统称为非专性寄生物（nonobligate parasite），它们兼有寄生习性与腐生习性。有些非专性寄生物通常以寄生生活为主，或者其生活史的大部分阶段营寄生生活，但在某种条件下也能够在死的有机体上腐生存活，许多病原菌物，随着营养方式的改变而发生发育阶段上的转变——由无性阶段转入有性阶段。这类半活体营养寄生物（hemibiotroph）有时称为兼性腐生物（facultative saprophyte）。这类寄生物可以在人工培养基上培养和保存，如黑粉菌、外子囊菌等（Agrios，2005）。

另一类寄生性较弱的非专性寄生菌，如在自然界广为存在的灰葡萄孢（*Botrytis cinerea*）、黑腐皮壳菌（*Valsa*）、丝核菌（*Rhizoctonia*）、多种致病的镰刀霉（*Fusarium*）及许多果实腐烂的真菌、木材腐烂的真菌和幼苗猝倒菌物等，经常危害植物的非绿色部分。这类寄生物有时也称为兼性寄生物（facultative parasite）或兼性腐生物（facultative saprophyte），兼性寄生物以腐生生活为主，兼性腐生物以寄生生活为主（Agrios，2005）。

（三）寄生物的营养方式

病原物从寄主植物获得养分，有两种不同的方式，即死体营养（necrotroph）和活体营养（biotroph）方式。死体营养的寄生物先杀死寄主植物的细胞和组织，然后从中吸取养分。活体营养的寄生物是从活的寄主细胞中获得养分，并不立即杀伤寄主植物的细胞和组织。

（四）寄主范围及寄生专化性

病原物可以侵染和为害不同的植物。病原物能够侵染的寄主植物种的范围就称为寄主范围。病原物对寄主植物的一定科、属、种或品种的寄生选择性称为寄生专化性（parasitical specialization），亦即病原物不同类群对不同分类单元植物的寄生选择性。有时将这一现象称为致病性分化（pathogenic specialization）（Agrios，2005）。许多专性寄生物能够侵染的植物种类特别专化，可能是病原物与寄主具有平行的进化关系所致。非专性寄生物，特别是为害根、茎和果实的真菌，通常能借助非专化型毒素或者酶作用于它们侵害的植物而形成病害。

一种病原物的寄生专化性往往被区分为变种（variety，缩写为 var.）、专化型（forma specialis，f. sp.）、生理小种（physiological race）、菌系（strain）或株系、生物型（biotype）或致病型（pathotype）等。

（1）变种　　同种病原物的不同群体在形态上略有差别，在寄生性上对不同科、属的寄主植物也有不同。例如，禾柄锈菌（*Puccinia graminis*）有9个变种，小麦禾柄锈菌（*Puccinia graminis* var. *tritici*）、燕麦禾柄锈菌（*Puccinia graminis* var. *avenae*）是其中的两个变种，小麦禾柄锈菌不能侵染燕麦，燕麦禾柄锈菌不能侵染小麦。

（2）专化型　　同种病原物的不同群体在形态上没有差别，在寄生性上对不同科、属寄主植物不同。例如，尖镰孢菌（*Fusarium oxysporum*）中引起香蕉枯萎病的古巴专化型（*F. oxysporum* f. sp. *cubense*）和引起棉枯萎病的萎蔫专化型（*F. oxysporum* f. sp. *vasinfectum*）就是不同的专化型。

（3）生理小种　　同种病原物的不同群体在形态上没有任何差别，但在生理生化特性、培养性状、致病性等方面有明显差异。一般情况下，不同小种对同种作物不同品种（或不同种、属）之间的致病性不同。生理小种的概念在真菌、细菌、病毒、线虫等病原物中都适用，细节可以不同。有时细菌的生理小种称菌系（strain），病毒的称毒系或株系（strain）。

生物型或致病型是由遗传性状一致的个体所组成的群体。有些植物病原真菌还可以根据营养体亲和性，在种下或专化型下面划分出营养体亲和群（vegetative compatibility group，VCG）或菌丝融合群（anastomosis group，AG）。营养体亲和群与小种的关系较复杂，有的营养体亲和群内包含多个小种，而有的同一个小种的菌株可以划分为不同的营养体亲和群。

二、致病性

寄生物的寄生性与其所致病害的严重度之间一般没有关联性，有些由弱寄生菌所致的病害对植物的损害远远超过专性寄生菌引致的病害。同时，有些菌物，如黏菌和煤炱属，并没有寄生于植物内部，仅附生于植物的表面，但可通过影响光合作用等引起病害。

致病性（pathogenicity）是指病原物所具有的破坏寄主和引起病变的能力。病原物对寄主植物的致病和破坏作用，一方面表现在对寄主体内养分和水分的大量消耗，另一方面表现在它们可分泌各种酶、毒素和生长调节物质等，能直接或间接地破坏植物细胞和组织，或影响寄主的正常生长发育，从而使寄主植物发生病变（Agrios，2005）。

一种特定的病原物对一种特定的植物要么能致病，要么不能致病的特性，是质的属性。特定致病菌的致病性强弱程度称为致病力［毒力、毒性（virulence）］，即致病性的强度，是量的概念。通常病原菌的毒力越大，其致病性就越强。同一病原菌群体中的不同菌株间，其致病力的大小也不相同，有强毒、弱毒和无毒株之分。致病力是病原物诱发病害的相对能力，一般用于寄主品种和病原物小种相互作用的范围（Agrios，2005）。

侵袭力（aggressiveness）是指病原物克服寄主的防御作用，并在其体内定殖、扩展的综合能力，相同环境条件下表现在病害病斑的大小、病原物繁殖和病害扩展的速度的快慢等方面。范德普朗克（1968）对侵袭力的解释为：如果病原物小种间表现在致病作用的严重程度不同，而不受寄主品种的影响，称为侵袭力不同。

生物的营养方式，事实上也反映了病原物的不同致病作用。活体营养的专性寄生物，它们一般从寄主的自然孔口或直接穿透寄主的表皮细胞侵入，侵入后形成特殊的吸取营养的结构（如吸器）伸入寄主细胞内吸取营养物质，如锈菌、霜霉菌和白粉菌，甚至病原物生活史的一部分或大部分是在寄主组织细胞内完成的（如芸薹根肿菌）。这些病原物的寄主范围一般较窄，它们的寄生能力很强，但是它们对寄主细胞的直接杀伤作用较小，这对它们在活细胞中的生长繁殖是有利的。

属于死体营养的非专性寄生物，从伤口或寄主植物的自然孔口侵入后，初期往往只在寄主组织的细胞间生长和繁殖，随后通过它们所产生的酶来降解植物细胞内容物为其生长繁殖提供营养，或者同时分泌毒素使寄主的细胞和组织很快死亡，然后以死亡的植物组织作为它们生活的基质，再进一步破坏周围的细胞和组织。这类病原物的腐生能力一般较强，能在死亡的有机质上生长，有的可以长期在土壤中或其他场所营腐生生活。它们对寄主植物细胞和组织的直接破坏作用比较大，而且作用是很快的，在适宜条件下有的只要几天甚至几小时，就能破坏植物的组织，对幼嫩多汁的植物组织的破坏更大。这类病原物的寄主范围一般较广，如立枯丝核菌（*Rhizoctonia solani*）、齐整小核菌（*Sclerotium rolfsii*）和胡萝卜果胶杆菌胡萝卜亚种（*Pectobacterium carotovorum* subsp. *carotovorum*）等，可以寄生为害几十种甚至上百种不同的植物（Agrios，2005）。

第二节　植物侵染性病害的病程

病害的病程是指寄主植物受病原物侵染后的发病过程。从病原物方面来看，病程是从病原物与寄主植物的侵染部位接触，侵入寄主植物后在其体内繁殖和扩展，发生致病作用，到寄主植物表现症状的过程。因此病程可以看作病原物的侵染过程（infection process）。实际上在病原物侵染过程中，受侵寄主也在生理上、组织上和形态上产生一系列的抗病或感病反应。因此，病原物的侵染过程受病原物、寄主植物和环境因素的影响。

为了便于更好地认识和说明这个过程，一般以病原物为线索，把病害的侵染过程分为4个时期，即侵入前期、侵入期、潜育期和发病期。病原物的侵染是一个连续的过程，各个时期并没有绝对的界限。由于病原物种类和植物病害的种类繁多，其病程特点各有不同。

一、侵入前期

侵入前期（prepenetration period）通常又称为接触期（contact period），是指病原物接种体在侵入寄主之前与寄主植物的可侵染部位的初次直接接触，或达到能够受到寄主外渗物质影响的根围或叶围后，开始向侵入的部位生长或运动，并形成各种侵入结构的一段时间。侵入前期病原物处于寄主体外的复杂环境中。病原物必须克服各种对其不利的因素才能进一步侵染，其中包括物理、生化和生物因素的影响。这个时期是决定病原物能否侵入寄主的关键，也是病害生物防治的关键时期。

大多数病原物及其休眠体都是被动地由风、水、昆虫及其他介体等携带传播，随机地落在寄主植物体上。一般只有很少部分的病原物能被传到寄主植物表面，当然有些昆虫等能有效地将病原物传带到植物体上。病原物在接触期间与寄主植物的相互关系，直接影响以后的侵染。病原物的类型和形态决定侵入前期的长短。这段接触时间，有的可能几个小时，有的甚至长达数月（如多年生木本植物或马铃薯块茎上的病原物）。病原物的营养体阶段都能在适宜的条件下侵染寄主，而繁殖体和休眠体需要一段时间才能萌发和侵染。

（一）病原物附于寄主

介体传播的病原菌，首先被携带到植物器官的表皮接触，黏附于寄主表面。病原菌生产的水溶性多糖、糖蛋白、脂类、纤丝物质组成的混合物，潮湿时变得具有黏性，有助于病原菌黏附于寄主植物上，如稻瘟病菌分生孢子附着于水稻叶片上，在分生孢子顶端会产生分生孢子顶端胶质（spore tip mucilage），有利于分生孢子附着于水稻叶片表面。

（二）菌物孢子的萌发和寄主表面的感知

寄主表面的接触刺激、水合作用、从寄主表面吸收低分子量物质，以及营养的可利用性均对病原孢子的萌发和病原菌对寄主的感知起到一定的作用。在感知萌发刺激前或者附近存在较多孢子时，孢子具有抑制其萌发的功能。孢子一旦受到萌发刺激，就会动用其营养储备，如脂类、多元醇及碳水化合物，用于迅速合成细胞壁和细胞膜，用于芽管的形成和伸长。

菌物细胞表面的许多蛋白，在菌物黏附时起着感知寄主表面信号的重要作用，然后由环腺苷酸（cAMP）和促分裂原活化的蛋白激酶（MAPK）信号途径传递信号，诱发下游基因表达，有利于病原菌孢子的萌发和入侵寄主。

（三）附着胞的形成和成熟

病原菌产生附着胞，并紧紧地黏附在叶片表面，随后有些菌物的附着胞会分泌胞外酶，侵入角质层。部分病原菌附着胞产生黑色素，形成一层黑色素膜，可承受一定的膨压压力，菌物内脂类、多糖和蛋白质等可转化形成甘油，在附着胞内积累大量甘油，形成很高的渗透压。根据测定发现，稻瘟病菌附着胞内的膨压要比普通车胎的压力大 40 倍。附着胞高膨压的形成，有利于病原菌穿透寄主表面。可产生和分泌胞外酶，分解寄主细胞壁表面物质，有利于侵入寄主表皮。大多数菌物侵入寄主时既有酶解作用，也有物理压力的作用（Agrios，2005）。

（四）寄主和病原物之间的识别

据推测，当病原物和寄主细胞接触时发生的早期事件，即两种生物间触发了一个相当快的反应，表现为允许或阻止病原物的进一步生长和病害的发生。这个反应可能由多种生化物质、结构及生化代谢途径引起。寄主植物也可能以其表面特征，如隆起线、沟槽、硬度及某些离子（如钙）的释放向有些病原物释放识别信号。

当病原物收到有利于它的生长和发展的识别信号时，可能引起病害。如果信号抑制病原物的生长和活动，病害可能不会发生。然而，如果开始识别的激发子激发了寄生的防卫反应，病原物的生长和活动会减缓或停止，病害也许不会发展。如果激发子抑制了寄生的防卫反应，病害就会发展。

（五）菌物孢子的萌发、寄生性植物种子的萌发和线虫卵的孵化

许多病原物在营养阶段就能够立即引起侵染，但是，菌物孢子需要萌发产生菌丝体，引起侵染。或者产生芽管直接侵入寄主，或者也可以产生附着胞侵入，侵入寄主会产生吸取寄主体内养分的特殊的菌丝结构——吸器（haustorium）。寄生性植物种子需要萌发，线虫卵需要孵化才能引起侵染。

（六）影响侵入前病害发生发展的因素

1. 寄主植物分泌物　　活体植物通过主动分泌、渗漏，或从伤口，从根系中释放有机化合物到根围中。释放的化合物从简单低分子量的氨基酸、有机酸、碳水化合物和各种次生代谢产物到更复杂的多肽、脂多糖、酶和其他蛋白质。研究表明根系衍生的化合物对根围微生物区系起重要作用。有些病原菌的游动孢子，由于对根部分泌物有一定的趋化性，被植物的根部吸引而引起侵染。例如，腐皮镰孢菌菜豆专化型（*Fusarium solani* f. sp. *phaseoli*）厚垣孢子的萌发均集中在发芽种子的初生根或侧根的根尖附近（Agrios，2005）。

2. 根围土壤中的微生物　　有些非致病的根围微生物能产生抗菌物质，可以抑制或杀死病原菌。将具有拮抗作用的微生物施入土壤，或创造有利于这些微生物生长的条件，可以防治一些土壤传播的病害。土壤中还有一些腐生菌或不致病的病原菌变异菌株，具有很强的占位能力，使病原菌不能在侵入部位立足和侵入。利用这种微生物，同样可以达到防治病害的目的（Agrios，2005；何月秋和孔宝华，2011）。

3. 气象条件的影响　　侵染前期，病害的发生受气象条件的影响很大，其中尤以湿度、温度对接触期病原物的影响更大。

许多菌物孢子，必须在水滴中萌发率才高。一般情况下，高湿对菌物的侵入和病害的发生

发展是有利的。例如，引起小麦条锈病的条形柄锈菌（*Puccinia striiformis*）的夏孢子，在水滴中萌发率很高，在饱和湿度中的萌发率不过10%左右，当湿度降到99%时，孢子萌发率就低到1%左右。稻梨孢菌（*Pyricularia grisea*）的分生孢子，在饱和湿度的空气中，萌发率不到1%，而在有水滴时达到86%。不同病原物繁殖体或休眠体萌发所需的最低湿度不同（Agrios，2005；许志刚，2009）。

温度是影响病原物侵入前活动的重要环境条件之一，它除影响寄主植物外，主要影响病原物的萌发、侵入速度和繁殖速度。菌物孢子萌发最适温度一般在20～25℃。不同菌物孢子萌发的最适温度存在一定差异。

此外，温度还影响孢子萌发的方式，表现在温度改变了孢子萌发的产物。例如，致病疫霉（*Phytophthora infestans*）的孢子囊，在28℃以上就不再萌发形成游动孢子。

温度对寄主植物的影响主要表现为影响植物的生理特性，改变分泌产物或分泌营养物的数量，从而影响病菌的侵染。例如，草莓丝核菌（*Rhizoctonia fragriae*）所引起的草莓立枯病，低温时比高温时发病重，这是因为草莓在低温下分泌的氨基酸量大，而这些氨基酸对病原菌生长起着重要的促进作用。

一般光照对菌物孢子的萌发影响不大，但光照对于某些菌物的萌发有刺激作用或抑制作用，如禾柄锈菌的夏孢子在没有光照条件下萌发较好。小麦矮腥黑穗病菌冬孢子在有光照的条件下才能萌发。

二、侵入期

病原物在寄主表面或周围萌发生长或游动到侵入部位，就有可能侵入寄主植物。通常，将病原物从侵入寄主到建立寄生关系的这段时间，称为病原物的侵入期（penetration period）。

（一）病原物的侵入方式

各种病原物的侵入方式有所不同，分主动和被动侵入两种。菌物大多具有主动性，是以孢子萌发形成的芽管或者以菌丝从伤口、自然孔口侵入或直接侵入，高等担子菌还能以侵入能力很强的根状菌索侵入。植物病原线虫和寄生性种子植物，它们的侵入能力都很强。线虫可以穿刺和进入未损伤的植物细胞和组织。寄生性种子植物可直接通过吸器穿过寄主细胞和组织吸收营养，具有明显的主动性。植物病原细菌主要以菌体随着水滴或植物表面的水膜从伤口或自然孔口侵入，而有的只能从伤口侵入。植物病毒都是以各种方式造成的微伤或者介体直接介入而被动地侵入植物。

（二）病原物的侵入途径

各种病原物的侵入途径不同，主要有直接侵入、自然孔口侵入和伤口侵入。

1. 直接侵入　　直接侵入是指病原物直接穿透寄主的保护组织（角质层、蜡质层、表皮及表皮细胞）和细胞壁而侵入寄主植物。

直接侵入是病原菌物、病原线虫和寄生性种子植物最普遍的侵入方式。菌物直接侵入的典型过程为：落在植物表面的菌物孢子产生顶端胶质黏附于寄主表面，在适宜的条件下萌发产生芽管，芽管顶端可以膨大而形成附着胞（appressorium），附着胞以分泌的黏液借助酶解等化学作用和机械压力将芽管固定在植物表面，从附着胞与植物接触的部位产生纤细的侵染丝（penetration peg，又称侵入钉）。菌物穿过角质层后或在角质层下扩展，或随即穿过细胞壁进入细胞内，或穿过角质层后先在细胞间扩展，然后再穿过细胞壁进入细胞内。一般来说，直接侵入的菌物都要穿过细胞壁和角质层。侵染丝是菌丝的一种变态，穿过角质层和细胞壁以后，就变粗而恢复为原来的菌丝状。

菌物直接侵入的机制，主要包括机械压力和化学物质两方面的作用。首先是附着胞和侵染丝具有机械压力，如麦类白粉病菌分生孢子形成的侵染丝的压力可达到 7 个大气压，能穿过寄主的角质层。其次是侵染丝顶端部分分泌的毒素使寄主细胞失去保卫功能，侵染丝分泌的酶类物质对寄主的角质层和细胞壁具有分解作用。研究证明，酶的活动局限在侵染丝的侵入点附近，并不扩散到较远的地方。一些菌物的菌丝或根状菌索也可以直接穿透进入寄主，如引起木材腐烂的担子菌。

寄生性种子植物与病原菌物具有相同的侵入方式，形成附着胞和侵染丝，侵染丝在与寄主接触处形成吸根或吸盘，并直接进入寄主植物细胞间或细胞内吸收营养，完成侵入过程。

病原线虫的直接侵入是用口针不断地刺伤寄主细胞，以后在植物体内也通过该方式并借助化学作用扩展。

2．自然孔口侵入　　许多菌物和细菌都是从自然孔口侵入的。植物的自然孔口，包括气孔、水孔、皮孔、柱头、蜜腺等，这些都可以是病原物侵入的通道。在自然孔口中，尤以气孔最为重要。

气孔在叶表皮分布很多，下表皮的分布则更多。真菌孢子在适宜的条件下萌发形成芽管，再形成附着胞和侵染丝，而后以侵染丝从气孔侵入。例如，小麦秆锈菌夏孢子萌发的芽管遇到气孔后，顶端形成附着胞，其下方长出侵入丝，侵入丝进入气孔，在气孔下室膨大形成孢囊再长出侵染丝进入寄主细胞。存在于气孔上水膜内的细菌通过气孔游入气孔下室，再繁殖侵染。

位于叶尖和叶缘的水孔几乎是一直开放的孔口，水孔与叶脉相连接，分泌出有各种营养物质的液滴，细菌利用水孔作为进入叶片的途径，如水稻白叶枯病菌。只有少数几种真菌可能是通过水孔进入植物。有些细菌还通过蜜腺或柱头进入花器，如梨火疫病菌由昆虫传播到花器的柱头和蜜腺上，菌体繁殖后从柱头或蜜腺侵入。少数真菌和细菌能通过未被木栓组织封闭的皮孔侵入，如软腐病菌、马铃薯粉痂菌、引起枝条溃疡的病菌、苹果轮纹病菌和苹果腐烂病菌等。

3．伤口侵入　　植物表面的各种伤口，包括外因造成的机械损伤、冻伤、灼伤、虫伤、植物自身在生长过程中造成一些自然伤口，如叶片脱落后的叶痕和侧根穿过皮层时所形成的伤口等，都可能是病原物侵入的途径。所有的植物病原原核生物、大部分的病原菌物、病毒、类病毒可通过不同形式造成的伤口侵入寄主。植物病毒、类病毒必须在活的寄主植物组织上生存，故需要以活的寄主细胞上极轻微的伤口作为侵入细胞的途径。弱寄生菌物和细菌不能直接从植物表皮侵染，伤口侵染就成为其重要的侵入途径。

（三）侵入所需要的时间和接种体的数量

病原物侵入所需的时间一般很短。部分植物病毒和病原细菌，一旦与寄主的适当部位接触即可侵入。昆虫传播的病毒，侵入所需要时间的长短因病毒的性质而不同，短的只要几分钟，长的也不过几小时；病原真菌孢子落在植物的表面，要经过萌发和形成芽管才能侵入，所需要的时间较长，但一般都不过几小时，很少超过 24h。引起马铃薯晚疫病和小麦秆锈病的病原真菌的最短侵入时间为 2～3h。

病原物能否侵入成功的影响因素之一是接种体的数量。病原物需要有一定的数量，才能引起侵染和发病。植物病原物完成侵染所需的最低接种体数量称为侵染数限或侵染剂量（infection dosage）。侵染剂量因病原物的种类、病原菌的活性、寄主品种的抗病性和侵入部位而不同。但实验证明，病原物的接种体并非越高侵入成功概率就越高。

（四）影响侵入的因素

病原物能否成功地侵入寄主，除前面提到的接种体数量和接种体的生理活性外，还受寄主的感病期、感病器官、病原物侵入时环境条件的影响。

1. 湿度　在一定范围内，湿度高低和持续时间的长短决定菌物孢子能否萌发和侵入，是影响病原物侵入的主要因素。多数病原物要求高湿的条件才能保证侵入成功，高湿条件持续的长短又影响病原物的侵入率，有的甚至要求有水膜存在。例如，小麦叶锈菌夏孢子在有水膜存在的条件下，保持 12h 以上，孢子的萌发率高，侵染成功率也高；相对湿度达到饱和时孢子的萌发率降低了 80%以上，从而造成侵染的成功率降低。

2. 温度　温度主要影响病原菌的萌发和侵入的速度。大多数病原物接种体萌发的最适温度与侵入寄主的温度是一致的。在适温条件下，病原物侵入时间短。不同病原物侵入要求的适宜温度不同，如小麦条锈病菌侵入的最适温度是 9～13℃，最高为 22℃，最低为 1.4℃；而小麦秆锈病菌的最适侵染温度是 18～22℃，最高为 31℃，最低为 3℃。

温度对侵入的影响是多方面的，有些病原物接种体萌发的最适温度与侵入寄主的温度不一致。例如，引起马铃薯晚疫病的致病疫霉（*Phytophthora infestans*）产生孢子囊的最适温度是 18～22℃，孢子囊萌发形成游动孢子的最适温度是 12～13℃，游动孢子萌发的最适温度在 12～15℃，游动孢子萌发以后形成的芽管生长最适温度是 21～24℃。因此，马铃薯晚疫病发病的有利条件是夜间，此时温度较低而湿度高，有利于孢子囊和游动孢子的形成和萌发，但是芽管的侵入和侵入以后菌丝的发育则需要比较高的温度。

3. 光照　光照与侵入也有一定的关系。对于气孔侵入的病原真菌，光照可以决定气孔的关闭，因而影响侵入。禾柄锈菌的夏孢子虽然在黑暗条件下萌发较好，但由于禾本科植物的气孔在黑暗条件下是完全关闭的，此时芽管不易侵入，因此一定的光照有利于锈菌接种和侵染的成功。

分析侵入条件时，除了分析环境条件对病原物的影响外，还要注意分析环境条件对寄主植物的影响。例如，小麦网腥黑穗病菌（*Tilletia caries*）是苗期侵入的，冬孢子萌发最适宜的温度是 15～18℃，冬麦幼苗发育和适宜温度是 12～16℃，春麦幼苗发育最适宜温度是 16～20℃。但是，小麦网腥黑穗病菌在苗期侵染最适宜温度是 10℃，低于病菌孢子萌发和麦苗生长的适宜温度。由于小麦只在真叶从叶鞘伸出以前才能受到侵染，低温抑制麦苗的生长并延长可能受到感染的时期。因此，冬麦早播和春麦迟播可以减轻黑穗病的发生（Agrios，2005）。

三、潜育期

潜育期（incubation period）是指病原物从与寄主建立寄生关系到开始表现明显症状的时期，是病原物在寄主体内繁殖和蔓延的时期。通常一种病害的潜育期，是通过接种试验确定的，从接种之日到症状出现之日的时期为潜育期。人工接种总是为侵染提供了最有利的条件，所以接触和侵入两个阶段在几小时内就可以完成。

潜育期是植物病害侵染过程中的重要环节，借助现代分子生物学手段和生物化学等先进技术研究侵染早期植物的反应，揭示病原物和寄主植物间相互作用的本质，是现代植物病理学领域的研究热点。

（一）定殖

病原物侵入后，首先在寄主上定殖（colonization），建立寄生关系，从寄主获得水分和养分并从侵染点向四周扩展，进一步生长、繁殖。但是寄主并不单纯是被动供给水分和营养物，其对病原物的侵入也有一定的反应。因此，潜育期也是病原物和寄主植物相互作用、相互斗争的时期。植物病原物的侵入并不表示与寄主建立了寄生关系，建立了寄生关系的病原物能否进一步发展并引起病害，还要受寄主植物的抵抗力和环境因素等很多条件的影响。例如，小麦散黑穗菌（*Ustilago tritici*）在开花期从花柱或子房壁侵入寄主，菌丝体潜伏在种子的种胚内。当种子萌发时，菌丝即侵入生长点，以后随着植株的发育而形成全株性的感染，在穗部产生冬孢子而表现明显的症状。检查种胚和麦苗生长点中的菌丝体，可以确定种子和麦苗带菌情况。用同一批小麦的种子，接种后分期取样检查生长点带菌的情况，发现麦苗生长点的带菌率低于种胚的带菌率，生长点的带菌率又随着植株的发育逐渐降低，最后发病率就远低于种子的带菌率，可见，小麦散黑穗病菌虽然已经和寄主建立了寄生关系而潜伏在种胚内，但能否发病还取决于病原物和寄主在潜育期的相互作用关系（Agrios，2005）。

（二）病原物在寄主体内的扩展

病原物的不同特性决定了其扩展范围的不同，表现出了对植株组织和器官的不同选择性。有的病原物仅在侵染点周围的小范围内扩展，这种现象称为局部侵染（local infection），如菌物性叶斑病；有的则从侵入点向各个部位蔓延，从而引起全株性的系统侵染（systemic infection），如棉花的枯萎病、黄萎病，番茄的青枯病，烟草花叶病，枣疯病等，这些病原物可通过输导组织在全株扩展。

病原物在寄主组织内的生长蔓延大致可分为 5 种情况：①病原物在寄主表面生长，深入寄主表皮细胞，产生吸器，如白粉病等；②病原物在寄主表皮与角质层间扩展；③病原物在植物细胞间生长，从细胞间隙或借助于吸器从细胞内吸收营养和水分，这类病原物多为专性寄生菌，如各类锈菌、霜霉菌、寄生性线虫和寄生性种子植物；④病原物侵入寄主细胞内，在植物细胞内寄生扩展，借助寄主的营养维持其生长，如各类植物病毒、类病毒、细菌、植原体和部分菌物；⑤病原物在寄主维管束内生长和扩展。

病原物在植物体内扩展依不同种类而不同。有些植物病原真菌具有主动扩展能力，菌丝从侵染点向四周的细胞扩展，如小麦的各种锈菌、水稻稻瘟菌、各类霜霉菌；细菌、病毒和部分真菌没有主动扩展能力，在通过繁殖增加病原物数量的同时，只能依靠寄主的细胞分裂、细胞质的外流、营养和水分的运输进行扩展，如小麦黑穗病菌随寄主植物生长点的生长而扩展；病毒和细菌可通过寄主植物的输导组织扩展，或通过胞间连丝从一个细胞转移到另一细胞；十字花科根肿菌通过寄主细胞的分裂扩展。各种病原物的繁殖速率极不相同，但对所有病原类型，个别或少数几种病原物在一个生长季节内就可产生数量惊人的个体。有些真菌可能不同程度地连续产生孢子，而另一些则在相继为害的作物上产生孢子。

病原物的扩展仍然是病原与寄主互作的结果。如果病原与寄主识别是亲和的，寄主表现感病，那么病原的扩展就是迅速和系统的；相反，如果病原与寄主识别是不亲和的，寄主表现抗性，那么病原在寄主体内的扩展就会受到寄主的抗性反应的限制，扩展速度和范围就要变小，甚至寄主会启动细胞死亡程序，限制病原的扩展蔓延。

近些年的非寄主抗性产生分子机理、植物与病原物的互作、水杨酸途径等抗性机制，植物病毒的沉默抑制与寄主的沉默机制的对抗等已成为这方面研究的新热点。

（三）潜育期的长短及影响因素

植物病害潜育期的长短依病害类型、寄主特性、植物的抗性、病原物的致病性及环境的不同而不同，一般为 10d 左右。水稻白叶枯病的潜育期在最适宜的条件下不超过 3d，大麦、小麦散黑穗病的潜育期将近半年，而有些木本植物的病毒病或植原体病害的潜育期则可长达数年。

由于病原物在植物内部的繁殖和蔓延与寄主的状况有关，所以同一种病原物在不同的植物上，或在同一植物的不同发育时期，以及营养条件不同，潜育期的长短也不同。一般来说，系统性病害的潜育期长，局部侵染病害的潜育期短；致病性强的病原菌所致病害的潜育期短，适宜温度条件下病害的潜育期短，感病植物上病害的潜育期短。

病原物处于潜育阶段时，环境条件中温度对潜育期的影响作用较大。例如，小麦条锈病菌在 16℃时的潜育期是 8～10d，冬季为 21d（Agrios, 2005）。

湿度对潜育期的影响并不像侵入期那样重要，因为病原物侵入以后，几乎不受空气湿度的影响。植物组织中湿度高，尤其是细胞组织的充水，有利于病原物的组织内蔓延和危害。

潜育期的长短与病害流行有密切的关系。潜育期短，发病快，循环次数多，病害容易大发生。

四、发病期

植物症状（symptom）的出现标志着潜育期的结束和发病期的开始。发病期即从症状出现直到寄主生长期结束，乃至植物死亡为止的一段时期。症状出现以后，病原物仍有一段或长或短的生长和症状扩展时期，菌物进入繁殖阶段产生子实体，病毒在植物体内增殖复制，原核生物在植物体内扩大繁殖，症状也随着有所发展、扩大。许多病害症状不仅表现在病原物侵入和蔓延的部位，有时还可以影响到其他部位，甚至引起整个植株的死亡。例如，花生根结线虫侵染花生根部，造成根结，引起根部畸形，同时造成花生结果率低或不结果，地上部分生长势弱，植株黄矮。棉花黄萎病菌侵染棉花，造成维管束变色，叶片枯死，甚至脱落，最后植株死亡。随着症状的发展，菌物性的病害往往在受害部位产生孢子等子实体，称为产孢期。新产生的病原物的繁殖体可成为再次侵染的来源。孢子形成的迟早依病原菌的不同而异，如锈菌和黑粉菌孢子在潜育期末即产生孢子，几乎和症状同时出现。大多数真菌是在发病后期或在死亡的组织上产生孢子，有性孢子的产生更迟一些，有时要经过休眠期才产生或成熟。

对菌物病害来说，在病组织上产生孢子是病程的最终环节。这些孢子是病害循环中下一次病程的侵染来源，对病害流行有重要的意义。但田间孢子产生的机理和条件现在所知甚少。从实验室中的研究资料，可以看到孢子的形成受下列因素的影响。

1. 温度   一般来说，各种病原菌物的孢子形成都要求一定的温度范围，其幅度比生长所要求的温度范围窄，而有性孢子产生的温度范围比无性孢子更窄，且要求较低的温度。例如，许多白粉菌在植物生长季节不断以无性孢子进行繁殖，到晚秋才产生闭囊壳，可能主要是受温度的影响。许多子囊菌的有性孢子要在越冬后的落叶中产生，其发育过程需要一个低温阶段。通常无性孢子产生的最适温度同该菌生长最适温度基本一致。当然也有不少特殊的情况。有些菌物要求在高温和低温交替作用下才产生孢子，如苹果炭疽病菌在实验室恒温条件下不容易产生孢子，但在变动的室温下，几天之后就能产生大量孢子。

2. 湿度   除少数菌物，如白粉菌能忍受较干燥的条件外，大多数菌物的孢子形成都要求适当的大气湿度。在湿度较大的条件下，有些病原菌物和细菌引起的病害扩展速度快，并在病部产生大量的繁殖体或营养体，造成大面积的流行，如各类植物的霜霉病菌。湿度与孢子的形成也有一定的关系，较高的土温和潮湿的土壤，有利于小麦赤霉菌子囊壳的形成和子囊孢子的成熟。许多病原菌物，只有在湿度高的条件下才能在病组织上产生孢子。例如，瓜果腐霉的菌丝体放在清水中培养，能很快形成大量孢子囊和卵孢子。有人还注意到菌物产生孢子对潮湿环境维持时间的要求，发现有的菌物仅要求很短的潮湿时间（2～3h），如高粱霜霉，而大多数真菌需要较长的潮湿时间。对于某些病原物，高湿则不利于病害的发展，如寄生性线虫引起的一些线虫病，湿度高不利于线虫的繁殖，更不利于病原物的生存（Agrios，2005；许志刚，2009）。

3. 光照　光照是许多菌物产生繁殖器官所必需的。当然各种不同菌物在其繁殖过程中，对光照的需求是不同的，有的只有某一个阶段需要光照，有的全部发育阶段都需要光照。而且对光照强度和波长的要求也有差异。但有关这方面的详细资料却极少见。在实验室中，有些菌物完全在黑暗中培养也能产生孢子，而且同光照下培养没有什么差别；另一些菌物则需要光的刺激。一般在白天散射日光下接受光照，12h 光照与 12h 黑暗交替，就能促进孢子产生。有些菌物需要在全光条件下培养才能产生孢子，紫外线和近紫外线对某些菌物的繁殖有良好的促进作用。

光照和温度对孢子形成的作用常存在相互制约的关系。例如，小核盘菌（*Sclerotinia minor*）的菌核产生子囊盘的条件是：菌核在自来水中培养 6～8 周，每天黑暗中 15℃下 8h，10℃下 16h，然后在 18℃下每天日光灯照射 8h，经 2～3 周即产生子囊盘。茄链格孢（*Alternaria solani*）在 14℃下用 200～250cd 的光连续照射，孢子形成减少 56%，24℃下则减少 98%（Agrios，2005）。

4. 寄主　病原物与寄主的亲和性对植物病害症状发展和病原物繁殖体的产生具有明显的影响。许多病原物有明显的致病力分化，寄主植物对病原物群体也表现出明显的抗性差异。不同的病原物与寄主的组合，决定了病原物与寄主的亲和性程度，进而决定病害症状的表现和类型、症状的发展速度及病部繁殖体的数量。例如，含抗叶锈基因 *Lr38* 的品种对我国现有的小麦叶锈菌表现抗病，即我国的叶锈菌与该种材料高度不亲和，此时叶锈菌侵染寄主，表现出免疫或近免疫，发病部位有明显的过敏性坏死反应，无或有极少量的夏孢子产生。而在感病寄主植物上，小麦叶锈菌侵染寄主产生严重病攻心，产孢量很大。寄主植物的不同生育期和不同的部位，对病原物的敏感程度表现不同，从而影响病害症状的发展和表现（Agrios，2005；许志刚，2009）。

第三节　病害循环

植物侵染性病害的发生、发展和延续，具有周期性或季节性变化。病害从植物的前一个生长季节开始发生，到下一个生长季节再度发生的过程称为病害循环（disease cycle）或侵染循环（infection cycle）。植物病害循环涉及 4 个环节：①病原物的越冬（overwintering）或越夏（oversummering）；②病原物接种体传播（transmission）；③侵染过程或称病程（infection process，pathogenesis）；④病害的初侵染（primary infection）和再侵染（reinfection）（图 8-1）。病原物有不同的存活方式、越冬和越夏场所、传播和

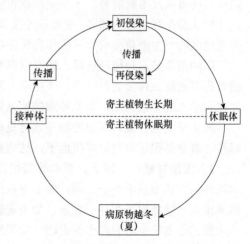

图 8-1　植物病害侵染循环示意图

侵染途径，因此了解病害循环对制订病害的防治策略和防治措施极为重要。

一、病原物的越冬与越夏

病原物的越冬与越夏就是度过寄主休眠期而后引起下一季的初次侵染。

（一）病原物存活方式

病原物存活方式一般可以概括为下列三种（Agrios，2005；van der Plank，1968）。

（1）休眠（dormancy）　有些病原物产生各种各样的休眠体，如真菌的卵孢子、厚垣孢子、菌核、冬孢子、闭囊壳等。这些休眠体能抵抗不良环境条件而越冬、越夏。例如，粟白发病菌以卵孢子，小麦秆黑粉菌和玉米丝黑穗菌是以冬孢子在土壤、粪肥或附着在种子表面越冬；小麦纹枯病、棉花黄萎病等病害的病原真菌是以菌核在土壤中越夏或越冬。

（2）腐生（saprophytism）　有些病原物可在病株残体、土壤及各种有机物上腐生而越冬、越夏，如油菜菌核病菌、棉苗立枯病菌等。甘薯黑斑病菌以子囊孢子、厚垣孢子和菌丝体在薯块或土壤中的病残体上越冬。

以腐生的方式在土壤中存活的菌物和细菌可分为土壤寄居菌（soil invader）和土壤习居菌（soil inhabitant）。土壤寄居菌在土壤中的病残体上存活，病残体一旦腐烂分解，病原菌不能单独在土壤中长期存活，大多数植物病原菌物和细菌属于这种类型。土壤习居菌对土壤的适应性较强，能在土壤中长期存活和繁殖，腐霉菌、丝核菌和镰刀菌多属于这种类型。土壤习居菌一般寄生专化性较弱，寄主范围较广，主要危害植物幼嫩组织，造成幼苗的死亡。

（3）寄生（parasitism）　有些活养生物只能在活的寄主上越冬、越夏，如小麦条锈菌在秋苗阶段侵染小麦叶片后，随着温度的降低，条锈菌以菌丝体的方式在小麦叶片内越冬，只要小麦叶片冬季不被冻死，条锈菌即能安全越冬。小麦白粉菌是以分生孢子在夏季气温较低地区的自生麦苗上或夏播小麦植株上越夏。植物病毒粒体可以在寄主植物和介体内越夏和越冬。

（二）病原物的越冬、越夏场所

1. 田间病株　得病植物只要能够越冬或越夏，它就可能成为其病原物的越冬或越夏场所。侵染多年生植物根茎部的病原物一般能在侵染部位越冬和越夏，如苹果和梨的轮纹病、腐烂病、病毒病及枣疯病等。冬小麦在秋苗阶段被锈菌、白粉菌或黑穗病菌侵染后，病菌会以菌丝体的状态在寄主体内越冬。夏季在小麦被收割以后，遗留在田间的麦粒会萌发形成自生麦苗，冷凉地区的自生麦苗会成为锈菌和白粉菌的越夏场所。

田间杂草是多种植物病毒、病原细菌和病原真菌等的越冬或越夏场所，如引起小麦黄矮病的病毒可被蚜虫传播到野燕麦、虎尾草上越夏；有些细菌、螺原体和植原体也可以侵染杂草，并在杂草上越冬或越夏，如桑萎缩病植原体就可以侵染葎草并引起病害。

转主寄主也会成为病菌的越冬或越夏场所，如桧柏是梨锈病的转主寄主，冬孢子在桧柏上越冬，春季冬孢子萌发形成担孢子，这些担孢子传播侵染梨树嫩叶、嫩枝和幼果形成梨锈病。

2. 繁殖材料　种子、苗木等繁殖材料是多种病原物的重要越冬或越夏场所。病原物以休眠体的方式混杂于种子之间，如小麦粒线虫的虫瘿、菟丝子的种子、麦角菌的菌瘿等；有些病原菌以休眠体附着在种子表面，如小麦腥黑穗病的病穗在小麦脱粒的过程中容易破裂，病粒中大量的冬孢子会附着在麦粒表面，如果用这些麦粒作种用，在出苗前病菌会从芽鞘侵入；病原物还以不同的形态潜伏于种子内，如小麦散黑穗病菌是在扬花期通过雄蕊或张开的颖片缝隙侵入子房，并蔓延至胚的生长点，以菌丝体的方式在籽粒胚内越夏和越冬，带菌的麦粒播种后就会导致后代麦穗发病。由病毒、类病毒、细菌等引起的多种果树病害，如苹果花叶病、锈果病、柑橘黄龙病等，可以通过嫁接造成苗木感染，这些染病的苗木自然成为病原物的越冬和越夏场所。马铃薯晚疫病菌的主要越冬场所是带病种薯。

3．土壤和粪肥　　土壤和粪肥是病原物的重要越冬和越夏场所。多种病原物的休眠体可以在土壤中较长时间存活，如根肿菌的休眠孢子囊、卵菌的卵孢子、黑粉菌的冬孢子、半知菌的厚垣孢子和菌核、菟丝子和列当的种子，以及线虫的胞囊或卵囊等。这些休眠体在土壤中存活时间的长短往往受土壤温度和湿度的影响。

病原物经常会随病残体混入粪肥中，如果粪肥未经腐熟即施入土壤，即可传播病害。有些病原菌如禾生指梗霉的卵孢子和小麦腥黑穗病菌的冬孢子通过家畜的消化道仍能存活，因此用带有这些病菌的饲料喂养家畜，排出的粪便就可能带菌，如不充分腐熟，就可能传播病害。桑寄生鲜艳的浆果常招引各种鸟类啄食，其种子随其粪便排出而传播。

4．病株残体　　在植物生长发育及收获过程中，染病植物组织或器官会残留于田间土壤中，病原物往往能够在病残体中存活较长的时间。绝大部分非专性寄生的菌物和细菌都能在病株残体中存活，或者以腐生的方式生活一定时期。专性寄生的病毒如烟草花叶病毒，也能在残体中存活一定的时期。

许多植物病原菌的最主要越冬场所是病株残体，如玉米大斑病、小斑病、圆斑病，水稻稻瘟病、胡麻斑病、白叶枯病，十字花科蔬菜根肿病、苹果黑星病等，残留于田间的病作物秸秆、病根和残枝落叶成为病害重要的初侵染来源。作物收获后及时清理田间病株残体，可以杀灭许多病原物，减少初侵染来源，达到防治病害的目的。

5．介体　　昆虫是多种病毒、细菌和线虫的传播介体，有些昆虫一经获得某些种病毒便可以终生传毒或继代传毒。冬麦区灰飞虱秋季从发生小麦丛矮病的越夏小麦上大量迁入麦田危害，在早播冬麦田的秋苗上形成发病高峰。冬麦区越冬代带毒灰飞虱若虫在麦田、杂草上及其根际土缝中越冬，成为第二年的毒源。玉米细菌性萎蔫病菌在玉米叶甲体内越冬，根据越冬玉米叶甲数量可以预测下一年发病的轻重。叶蝉是传染螺原体的介体昆虫，螺原体可以在多年生寄主假高粱的体内越冬存活，也可在介体叶蝉体内越冬。蜜蜂是梨火疫菌和一些螺原体的传播介体和越冬场所。

（三）影响病原物越冬、越夏的因素

病原物能否顺利越冬、越夏，受多种因素的影响。最主要的是温度，其次是湿度。任何病原物都只能在一定的温度和湿度范围内生存，超出这些条件，病原物就不能顺利越冬和越夏。对于以寄生方式在田间病株、中间寄主植物和转主寄主植物上越冬的病原菌，凡是不影响作物越冬的环境条件都有利于病原物的越冬。夏季高温潮湿加速了遗留田间的病株残体分解，减少了在病株残体上越夏的病原物数量。许多在土壤中越冬的病菌，采用水旱轮作或改种其他非寄主作物，可以显著减少土壤中的越冬菌量。冬季持续低温或降雪，可以减少带菌带毒介体昆虫的数量而减轻介体传播的病害。

二、初侵染和再侵染

越冬或越夏的病原物接种体首次侵染寄主植物引起发病的过程称为初侵染（primary infection）。病原物的接种体包括真菌的各种孢子、菌核或部分菌丝体，细菌菌体，病毒粒体，寄生性植物种子，线虫虫卵和卵囊、胞囊和虫体等。

初侵染接种体的作用是引起植物最初的感染，病原物完成初侵染后，在病部产生大量的繁殖体或营养体，这些繁殖体或营养体则可能成为再次侵染的接种体或下一生长季节病害的初侵染源。受到初侵染而发病的植株上产生的病原物，在同一生长季节中经传播引起寄主再次发病的过程叫作再侵染。再侵染的接种体来源于当年发病的植株，在同一季节中，经传播引起第二次或更多次的侵染，导致植株群体连续发病。

在同一生长季节中，病害在植株中扩展受环境因素、寄主抗性和病原物致病力三方面的影响，条件适宜时，潜育期短，病原物繁殖速度快，发病速度快，再侵染次数多。马铃薯晚疫病、葡萄霜霉病、禾谷类锈病和水稻白叶枯病等，潜育期都较短，再次侵染可以重复发生，所以在生长季节可以迅速发展而造成病害的流行。全株性感染的病害如黑粉病等，潜育期一般都很长，为几个月到一年，除少数例外，一般有初侵染而没有再侵染。也有些病害的潜育期并不特别长，很可能由于寄主组织感病的时间很短而不能发生再侵染，如畸形外囊菌（*Taphrina deformans*）引起的桃缩叶病就属于这种情况。有些病害虽然可以发生再侵染，但并不引起很人的危害，如禾生指梗霉（*Sclerospora graminicola*）引起的粟白发病，再侵染只在叶上形成局部斑点，并不引起全株性的侵染，这些病害在植物的生长期间一般不会大范围传播蔓延（van der Plank，1968；许志刚，2009）。

植物病害根据是否具有再侵染，可分为单循环病害和多循环病害。单循环病害，只有初侵染，没有再侵染，病害在植物生长季节只有一次初侵染；而多数病害，具有初侵染，还具有多次再侵染，属于多循环病害。根据病害是否有再侵染，防控对策和措施是不同的。只有初侵染而没有再侵染的单循环病害，如小麦粒线虫病、麦类黑粉病和桃缩叶病等，只要做好初侵染的防控，就能得到很好的效果。对于多循环病害，在注意初侵染的前提下，还要加强再侵染各个环节的控制，才能取得好的防治效果。

三、病原物的传播与病害的扩散

病原物接种体释放出来后，只有传播到可以侵染的植物上才能发生初侵染，在植株之间传播则能进一步引起再侵染。病原物的传播是病害循环的重要环节。病原物有时可以通过本身的活动传播，但在自然情况下，病原物的传播主要还是依赖外界的因素，其传播途径如下。

1. 气流传播　气流传播是病原物最常发生的一种传播方式。菌物的孢子数量大、体积小、重量轻，非常适合气流传播。土壤中的细菌和线虫也可被风吹走。列当、独脚金的种子极小，成熟时蒴果开裂，种子随风飞散传播，一般可达数十米远。风能引起植物各个部分及相邻植株间的相互摩擦和接触，有助于菌物、细菌、病毒、类病毒及线虫在寄主植株内和植株间的传播。

气流传播的距离一般比较远，很多外来菌源都是靠气流传播。例如，小麦条锈病菌的夏孢子可借助气流传播 1000km 以上；小麦白粉病菌分生孢子和马铃薯晚疫病菌孢子囊在阴雨天可传播上百千米而不丧失其活力。人们在 10～20km 的高空和离开海岸 500km 的大洋中都发现有菌物的孢子。当然，接种体传播的距离并不能代表病害的传播距离，因为部分接种体在传播的途中死亡，而且即使是活的接种体还必须遇到感病的寄主和适当的环境条件才能引起侵染，因此确定病原物传播的有效距离是防控病害的重要课题。试验表明，小檗上产生的禾柄锈菌锈孢子的有效传播距离约 3km；小麦散黑穗病菌冬孢子传播的有效距离是 100m 左右；为了防治苹果和梨的锈病，建议与桧柏隔离的距离在 5km 以上（van der Plank，1968）。

2. 雨水传播　　植物病原细菌和菌物中的黑盘孢目和球壳孢目的分生孢子多数都是由雨水传播的，因为这些子实体之间含有胶质，胶质遇水膨胀和融化以后，接种体才能从子实体或植物组织上散出，随着水滴的飞溅和水流而传播。卵菌的游动孢子只有在有水的情况下才能产生和传播。在暴风雨的条件下，由于风的介入，往往能加大雨水传播的距离。在保护地内虽然没有雨水，但是凝集在塑料薄膜上的水滴及植物叶片上的露水滴下时，也能够帮助病原物传播。

灌溉水在地面的流动能够携带病菌的孢子、菌核、病原线虫等移动，有助于多种病害的传播，如烟草黑胫病菌（*Phytophthora nicotianae*）、胡萝卜果胶杆菌胡萝卜亚种（*Pectobacterium carotovora* subsp. *carotovora*）、水稻白叶枯病菌（*Xanthomonas oryzae* pv. *oryzae*）等。为了防止水稻白叶枯病在田间蔓延，一般应避免灌溉水从病田流入无病田。

3. 生物介体　　昆虫，特别是蚜虫、飞虱和叶蝉是病毒最重要的传播介体，植原体存在于植物韧皮部的筛管中，它的传播介体都是在筛管部位取食的昆虫，如玉米矮化病（corn stunt）和柑橘顽固病是由多种在韧皮部取食的叶蝉传播的。昆虫也能够传播一些细菌病害，如黄瓜条纹叶甲和黄瓜点叶甲可以传播玉米细菌性萎蔫病菌。昆虫在植物感病部位的活动能够在体表黏附一些病原物的接种体，随着昆虫的取食，这些接种体能够从一株传到另一株植物，这些接种体可以落在植物体表，也能够落在昆虫造成的伤口内。这些昆虫的活动能力越强，对病害的传播作用就越大，传播距离也越远。昆虫还能够传播线虫，近年来在我国一些地方发现的严重危害松树的松材线虫（*Bursaphelenchus xylophilus*）主要是由松褐天牛传播的。

线虫和螨类除了能够携带菌物的孢子和细菌造成病害传播外，它们还能传播病毒。例如，标准剑线虫能传播葡萄扇叶病毒，长针线虫和毛刺线虫能传播烟草环斑病毒，这些病毒所造成的危害常常超过线虫本身对植物所造成的损害。

鸟类和哺乳动物的活动也能造成病害的传播，鸟类除去传播桑寄生的种子以外，与病害传播的关系不大，但是板栗的疫病菌（*Endothia parasitica*）很可能与鸟类的传播有关。

菟丝子在植物之间缠绕能够传播病毒，一些菌物也能传播病毒。果树根的自然嫁接是有些病害传播的方式之一。树木根系发达，互相交错，两条靠近的根本身直径生长持续产生压力，使它们在接触处互相接合，在接合的根中，水分养分可以互相转移，病根中的病原物也能扩展至相接的健康根中。已经知道许多菌物病害是可以通过根接传播的，如荷兰榆树病菌、蜜环菌和其他高等担子菌所致的根腐病等。对美国榆韧皮部坏死病的研究证实，植原体引起的系统侵染的病害可以通过根接传播（van der Plank，1968）。

4. 土肥传播　　土壤是植物病原物的重要越冬和越夏场所，很多为害植物根部的兼性寄生物能在土中较长时间存活，如香蕉枯萎病菌（*Fusarium oxysporum* f. sp. *cubense*）可在土壤中存活8～10年，因此，当带菌的土壤被带到其他地方时，如尘土被风刮到空中飘降在别的地方，土中的病原菌便随着传播。有些病原菌被混进农家肥中，例如，病秆或其他带病材料未充分腐熟，其中的病原物接种体可以存活，便随肥料的运输而传播。在土壤中存活的病原物还可以通过自身的生长和移动接触健康植物，如水稻纹枯病菌可以在土壤中靠菌丝生长而扩展到健康的植物，从而产生侵染，根部的外寄生线虫可以在土壤中靠自身的运动到达寄主植物的根部（van der Plank，1968）。

5. 人为传播　　人们在引种、施肥和农事操作中，经常造成植物病害的传播。种子、苗木和其他繁殖材料的调运及农产品和包装材料的流动，能够将病害从一个国家传到另一个国家，从病区传播到新区。人为传播不像自然传播那样有一定的规律性，它是经常发生的，不受季节和地理因素的限制。植物检疫的作用就是限制这种人为的传播，避免将危险性的病害带到无病的地区。

人们使用未腐熟的粪肥和移动带病土壤能造成土传病害的传播，人们在田间走动也能通过衣服和鞋将病原物接种体从一处带到另一处。在田间，人们通过连续在病健植物上的操作而传播某些病原物，如烟草花叶病毒。马铃薯环腐病菌（*Clavibacter michiganensis* subsp. *sepedonicus*）可通过切刀由病薯传染给健薯。各种农机、器械在使用过程中，也能够导致病原物的传播。

病原物的传播与扩散，导致病害的发生发展，乃至暴发流行。不同病害具有不同的传播特征。主要靠气流进行传播的病害称为气传病害，如小麦锈病、白粉病、玉米大斑病、小斑病、稻瘟病、马铃薯晚疫病等；主要靠流水或雨水传播的病害称为水传病害，如水稻白叶枯病、棉花角斑病等；发生在植株基部或地下部并且能够伴随土壤传播的病害称为土传病害，如棉花的黄萎病、枯萎病，小麦的纹枯病、全蚀病、根腐病，苹果紫纹羽病等；有些能伴随种子调运进行传播的病害称为种传病害，如小麦的散黑穗病、腥黑穗病、粒线虫病等。以上是按病害的主要传播方式对病害类型的划分，并不十分严格，因为一种病害都不是只靠一种方式传播的，但是由于这样划分与病害防控关系密切，所以人们经常采用。

第四节　病害循环、病程与病原物生活史及病害流行的关系

植物的病害循环（disease cycle）、病程（infection process，pathogenesis）与病原物生活史（life cycle）是三个不同的概念（图8-2）。

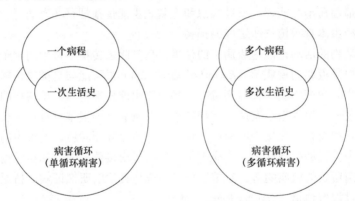

图 8-2　病害循环、病程、病原物生活史的关系示意图

病害循环主要是以特定寄主与病原物的组合为对象，阐述病害的发生、发展和延续，包括病原物与寄主植物的接触、侵入寄主、建立寄生关系、表现症状、病原物的生长和繁殖、病原物的传播及病原物的越冬和越夏。

在病害循环中，单循环病害（monocyclic disease）多为土传、种传的系统性病害。例如，小麦腥黑穗病和粒线虫病的病原物，在小麦的整个生长季节中，只能从某一生育阶段的一定部位侵入，并在生长季节末才产生繁殖体。多循环病害（polycyclic disease）多是局部侵染病害，病害的潜育期短，病原物的增殖率高，寿命较短，对环境敏感，如小麦锈病、稻瘟病、水稻白叶枯病、马铃薯晚疫病、各种作物白粉病等。

单循环病害的病害循环病原物通常只有一次初侵染，完成一个病程和一次完全生活史。多循环病害的一次病害循环有多个病程，病原物能完成多次无性或有性生活史。

病程是病害循环中的一个环节，每个病害循环包含了多个病程。由于病原物不同，病害特性不同，病害循环具有不同的特点和规律。多循环病害，在其流行中，多次再侵染，即多次病程的发生决定了其流行的规模和程度。这个类型的病害，气象条件满足，即可发生多次再侵染，当年就可暴发流行，如稻瘟病、苹果早期落叶病等。而单循环病害，病原的菌量是决定流行的主要因子。菌量的积累需要多年才能累积达到，如镰刀菌引起的土传病害等。

　　生活史是以病原物为对象阐述病原物的生长繁殖、休眠过程，而生活史相同的病原物，它们所引起病害的病害循环可以完全不同。例如，各种黑粉菌的生活史基本上是相似的，但各种黑粉病的病害循环并不相同，甚至同一种黑粉病的病害循环在不同条件下也不同。小麦腥黑穗病侵染来源主要是附着在麦种表面的冬孢子，但在某些地区侵染来源还有土壤或堆肥中的冬孢子，这是由于各类病原物的生活史有自己的特点，并且病原物的生活史部分或大部分在寄主体内完成，所以病原物的生活史和病害循环之间具有不可分割的关系。病原物生活史的研究是研究病害循环的重要基础。

❀ 小　结

　　寄生性和致病性是病原物的两个基本特性。

　　寄生性是寄生物克服寄主植物的组织屏障和生理抵抗，从其体内夺取养分和水分等生活物质，以维持其生存和繁殖的能力。寄生物可以分成专性寄生物和非专性寄生物两大类。专性寄生物必须从活着的寄主细胞中获得所需的营养物质，当寄主的细胞或组织死亡后，其寄生生活在这一范围内也就被动地终止了。非专性寄生物既可以寄生于活的寄主植物，也可以在死的有机体及各种营养基质上生存，它们是寄生习性与腐生习性兼而有之。

　　致病性是病原物在寄生过程中侵染危害植物，使之发病能力的总称。特定致病菌的致病性强弱程度称为致病力（毒力、毒性）。通常病原物的毒力越大，其致病性就越强。致病力（毒力、毒性）是评价病原物诱发病害的相对能力，一般用于寄主品种和病原物小种相互作用的范围。侵袭力是指病原物克服寄主的防御作用，并在其体内定殖、扩展的综合能力。

　　寄生性和致病性是病原物统一的特性，但是两者的发展方向并不一致，病原物的营养方式，事实上也反映了病原物的不同致病作用。

　　病原物越冬或越夏以后，在条件适宜时产生传播体。病原物的传播体是指病原物具有独立存活、传播和侵染功能的最小结构，它能被监测和计数，通常称为接种体。病原物经过越冬或者越夏后在翌年春季或当年秋季产生的传播体称为初始接种体，初始接种体引起初侵染；初侵染后病株产生的传播体称为次生接种体，次生接种体引起再侵染。

　　病原物的侵染过程即病程，包括一系列顺序的环节，也就是病原物与寄主植物可侵染部位接触、侵入、在植物体内繁殖和扩展，然后发生致病作用，显示病害症状的过程。病原物的侵染是一个连续性的过程，各个时期不存在绝对的界限，为便于分析，将其分为侵入前期、侵入期、潜育期和发病期。侵入前期是从病原物与寄主接触，或达到能够受寄主外渗物质影响的根围或叶围后，开始向侵入的部位生长或运动，并形成某种侵入结构的一段时间。环境条件中湿度、温度对接触期病原物的影响最大。在侵入前期，病原物处于寄主体外的复杂环境中，病原物必须克服各种对其不利的因素才能进一步侵染。这个时期是决定病原物能否侵入寄主的关键。

　　侵入期是从病原物侵入寄主植物到开始建立寄生关系的一段时间。病原物的侵入方式包括主动侵入和被动侵入，侵入途径有直接侵入、自然孔口和伤口侵入三种。真菌直接侵入的机制是机械的和化学的（酶和毒素）两方面的作用，部分细菌是通过自然孔口侵入寄主，植物病毒的侵入要求寄主细胞有极轻微的伤口。病原物的侵入要有一定的数量才能引起侵染和发病。侵入所需的最低数量称为侵染剂量，侵染剂量因病原物的种类、寄主品种的抗病性和侵入部位而不同。在一定范围内，湿度决定真菌孢子能否萌发和侵入，温度影响萌发和侵入的速度，光照与侵入也有一定的关系。

潜育期是从病原物侵入寄主到寄主开始出现外部症状的过程。潜育期的长短主要取决于病原物与寄主的互作、环境条件（以温度为主）的影响。营养是病原物生存的必要条件，病原物以两种不同的方式从寄主植物获得营养物质，活体寄生物必须从生活着的寄主细胞中获得所需的营养物质，当寄主的细胞或组织死亡后，寄生生活在这一范围内的病原物也就被动地终止了。死体寄生物先杀死寄主细胞，然后从死亡的细胞中吸收养分。

发病期从出现症状开始直到生长季结束，甚至直到植物死亡为止。发病期是病原物扩大危害、产生大量繁殖体的时期。发病期受病原物与寄主的亲和性及环境条件的影响，温度和湿度是影响病害症状类型、症状发展速度及病部繁殖体产生的数量的关键环境因素。

病原物-寄主植物的相互作用是双方由相互识别引发的遗传学、分子生物学、生理生化和细胞学的一系列反应有机运作与协调的综合过程，是决定植物病害发生发展的最重要的因素，影响病原物能否成功侵染并引起病害，或寄主植物表现出相应的抗病反应而不发生病害。

病害循环是从前一个生长季节开始发病，到下一个生长季节再度发病的过程，也称侵染循环。植物病害的病害循环涉及4个方面的问题：病原物的越冬、越夏，病原物接种体传播，侵染过程，以及初侵染和再侵染。

病原物越冬、越夏的场所包括田间病株、种子、苗木等无性繁殖材料、土壤、粪肥、病株残体以及介体内外。不同的病原物类型，其越冬、越夏的方式不同。影响病原物越冬、越夏的最主要因素是温度条件，其次是湿度条件。病原物接种体的释放和传播有主动和被动两种方式，被动方式发挥主要作用。病原物的传播主要是依赖外界因素，其中有自然因素和人为因素，自然因素中以风、雨水、昆虫和其他动物传播的作用最大；人为因素中以种苗和种子的调运、农事操作和农业机械的传播最为重要。

病害循环与病原物的生活史是两个不同的概念。生活史是以病原物为对象阐述病原物的生长繁殖、休眠过程；而病害循环主要以特定寄主与病原物的组合为对象，阐述病害的发生、发展和延续，包括病原物与寄主植物的接触、侵入寄主、建立寄生关系、表现症状、病原物的生长和繁殖、病原物的传播及病原物的越冬和越夏。

生活史相同的病原物，它们所致病害的病害循环可以完全不同。病原物生活史的研究是研究病害循环的重要基础。

病程是病害循环中的一个环节，每个病害循环包含了多个病程。病害循环的类型决定了流行的类型。单循环病害引起积年流行病害，多循环病害则引起当年流行病害。其流行的主要因子分别是病原物种群数量和气象条件。

❀复习思考题

1. 深入理解下列名词术语：寄生性、致病性、专性寄生物、病程、潜育期、侵染循环、初侵染、再侵染、复合侵染、潜伏侵染。
2. 如何理解病害发生发展与病害三角的关系？

3. 病原物的传播有哪些途径？
4. 简述病原物越冬与越夏场所及影响因素。
5. 分析影响病程的各个因素。
6. 举例说明病害循环与病害防控之间的关系。
7. 病原物的侵染过程和病害循环在农业生产中的实际意义是什么？

第九章 寄主植物与病原物的互作

第一节　基 本 概 念

一、寄主植物-病原物相互作用

寄主植物-病原物相互作用（互作）是指从病原物接触植物到植物表现感病或抗病的整个过程中双方互动或相互影响、相互制约的现象。互作是决定植物病程进展与结果的重要因素，对病原物能否成功侵染并引起病害产生重要影响。

植物病理学使用不同术语表述互作的性质或程度。①亲和性互作（compatible interaction）与非亲和性互作（incompatible interaction）：前者指病原物成功侵染、引起植物发病过程，后者指病原物侵染失败与植物抗病的互作。②选择性互作（selectivity interaction）与专化性互作（specificity interaction）：前者是多种病原物与多种植物，或一种病原物与其不同种类的寄主植物，或一种植物与其不同种类的病原物表现差异的互作，后者指一种病原物的小种、菌系等种下群体与其寄主植物不同品种或品系发生的互作。针对不同过程或语境，专化性与特异性（specificity）意思相同。

从机制上讲，互作包括病原物与寄主植物在遗传学、分子生物学、生理生化学和细胞学等方面的一系列反应及其相互影响。在遗传机制上，植物抗病基因（resistance gene，R）与病原物无毒基因（avirulence gene，Avr）决定双方不亲和互作，导致植物专化性抗病性。在分子生物学机制上，互作最重要的过程是信号转导（signal transduction），包括从识别开始到特定的防卫反应基因诱导表达的整个过程。从生理生化来看，病原物依赖酶、毒素、生长调节物质、多糖类化合物等致病因子侵染植物并引起病害，而植物则使用天然与诱导抗病机制进行抵抗，引起植物呼吸作用、光合作用、物质代谢、水分生理等发生重要变化，还会导致双方细胞行为和结构的变化。植物细胞学病变涉及细胞质膜和许多细胞器，重要结果之一是由细胞、亚细胞变化导致细胞和局部组织的快速死亡，称为过敏性坏死反应（hypersensitive response，HR）。HR 可以引发系统性获得抗性（systemic acquired resistance，SAR），而 SAR 是最常见、最重要的一类非专化性抗病性。

二、寄主植物-病原物识别

寄主植物-病原物识别（plant-pathogen recognition）是在病原物接触或侵染植物早期发生的事件，对双方相互作用（plant-pathogen interactions）关系的发展变化有决定性影响（Kosuge and Nester，1984）。

1. 寄主植物-病原物识别类型　　在生物学上，识别泛指生物间、生物细胞间、生物与环境因子间信息交流的表现、方式、过程和机制（董汉松，1995）。寄主植物-病原物识别是双方实现信息交流的专化性事件，发生在双方互作过程的早期，包括病原物接近、接触和侵染植物三个阶段，能启动或引发寄主植物一系列病理学反应，并决定植物最终的抗病或感病反应类型。只有当病原物接收到有利于生长和发育的最初识别信号，病原物方可突破或逃避寄主的防御体系，成功进入寄主并获取营养，与寄主建立亲和性互作关系。如果最初识别信号导致植物产生强烈的防卫反应，如过敏性反应、植物保卫素的积累等，病原物的生长和发育受到抑制，双方表现出非亲和性互作关系。病原物与寄主之间的亲和性识别导致病害的发生，而非亲和性识别则导致抗病性的产生。

寄主植物-病原物互作开始的时间，特别是在双方接触到什么程度才开始，在不同病害体系中有很大差别，因此有接触前识别、接触识别和接触后识别三种情况。接触前识别是指病原物受寄主专化性的理化刺激或引诱，向寄主方向移动（趋向）或生长（向性）的能力。专化性向性的例子有白腐小核菌（*Sclerotium cepivorum*）的向化性，核菌的萌发必须有寄主根分泌物的专化性刺激，萌发的芽管对寄主根分泌物表现为加快生长的反应，这种反应不能被非寄主植物所诱导。具有识别意义的趋性也只见于少数趋化性运动，如车轴草疫霉（*Phytophthora trifolii*）游动孢子及半穿刺线虫（*Tylenchulus semipenetrans*）等对各自寄主根分泌物的趋化性运动，表现出严格的寄主专化性。接触前识别在寄主植物-病原物互作过程中的意义因病原物种类或互作体系而不同，病原线虫的趋化性运动大多可导致线虫对寄主的侵入，但在大多数体系或对病原真菌来说，接触前识别本身还不足以导致互作的进一步发生。

接触识别发生在寄主植物表面，见于以下两种过程：病原细菌对寄主植物的吸附，菌物孢子在植物表面的吸附、芽管的生长及侵入。例如，菌物孢子在寄主植物表面的吸附需要分泌一些黏着物质，而孢子分泌这些黏着物质，需要识别植物表面的特殊信号。稻瘟病菌（*Magnaporthe oryzae*）的孢子识别寄主表面硬度和疏水性等信号后，分泌黏着物质便于吸附，并诱导附着胞和侵入钉的形成。病原物和寄主植物之间发生机械接触后，其侵入过程会引发一系列特异性反应，涉及寄主植物与病原物之间的许多接触后识别，如病原体相关分子模式识别、病原物效应分子识别、病原物酶诱导合成过程中的识别、植物保卫素诱导合成过程中的识别和病原菌寄主专化性毒素作用中的识别等。

2. 寄主植物-病原物识别机制　　植物与病原物识别的机制非常复杂，涉及来自双方的许多基因表达和蛋白质互作。目前研究比较深入的主要识别机制有以下5种。

（1）病原体相关分子模式（pathogen-associated molecular pattern，PAMP）识别　　PAMP特指病原体细胞表面保守性结构组分，如细菌的鞭毛蛋白（flagellin）、冷休克蛋白、延伸因子Tu、脂多糖（lipopolysaccharides，LPS），以及菌物细胞壁的几丁质、多种糖蛋白等。植物通过其细胞表面的模式识别受体（pattern recognition receptor，PRR）来感知病原生物的PAMP，从而诱导植物抗病防卫反应。这种病原体相关分子模式激发的免疫（PAMP-triggered immunity，PTI）被定义为植物的基础抗性（basal disease resistance）。PAMP触发的基础抗性，可以激活植物的一系列抗病反应，包括胼胝质沉积、激酶的活化、病程相关（pathogenesis-related）蛋白的表达及小 RNA 的合成等，从而阻止环境中绝大部分病原物的入侵。目前已证明 PTI 在植物抗病免疫系统中发挥着十分重要的作用（Jones and Dangl，2006；Boller and He，2009）。

数字资源
9-1

（2）病原物效应分子（effector）识别　　植物的基础抗性 PTI 成功抵挡了大部分病原生物，而少数病原物则进化出相应的策略，包括细菌、菌物及线虫，通过分泌效应分子来抑制 PTI，从而能够成功入侵。例如，病原细菌通过Ⅲ型分泌系统将蛋白质类效应分子等注入植物细胞以抑制 PTI（数字资源9-1）。

数字资源
9-2

病原物利用效应分子攻克植物免疫系统的第一道防线后，在自然选择的压力下，植物进化出了能够特异性识别这些效应分子的受体，开始启动另一道免疫防线——效应分子触发的免疫（effector-triggered immunity，ETI）。这些特异性识别效应分子的受体基因就是抗病基因，即 *R* 基因，能够诱导 *R* 基因抗性反应的这些病原物效应分子基因被称为无毒基因 *Avr*。ETI 是基于 R 蛋白对 Avr 蛋白直接或间接的识别而产生的，因此也被称为基因对基因的抗病性（gene-for-gene resistance）（Jones and Dangl，2006；Boller and He，2009）（数字资源9-2）。

（3）病原物酶诱导合成过程中的识别　　对以诱导性酶为主要致病手段的病原物来说，酶的诱导合成是接触后识别的一种主要形式，对引发随后的病理学反应至关重要。例如，许多病原真菌都能够产生角质酶，以利于真菌直接侵入植物表皮。但真菌开始只产生低水平的角质酶，角质酶作用于植物表面的角质后降解释放少量的角质单体。这些角质单体随后被病原真菌识别，诱导病原真菌角质酶基因的进一步表达，并刺激真菌产生几乎上千倍的角质酶，降解植物表皮的角质层，以便于病原真菌的直接侵入。

（4）植物保卫素诱导合成过程中的识别　　在多种寄主植物-病原物互作体系中，寄主植物保卫素是由病原菌物具扩散性的激发子（elicitor）诱导而合成的。同一体系中的激发子可能不止一种，有的激发子的诱导作用具有小种专化性。大豆素（glyceollin）是大豆受大豆疫霉菌（*Phytophthora megasperma* var. *glycinea*）侵染后合成的一种植物保卫素，它可以由病菌细胞壁表面的糖蛋白专化性地诱导。来自病菌小种 1 的糖蛋白可使非亲和的大豆品种大量合成大豆素，但对亲和品种影响很小。

（5）病原菌寄主专化性毒素作用中的识别　　寄主专化性毒素在病原菌与寄主接触的初期产生，与植物细胞上的毒素受体位点结合后引发寄主的细胞学反应。寄主专化性毒素的产生及寄主对该毒素的敏感性都受基因控制。例如，玉米小斑病菌（*Helminthosporium maydis*）小种 T 编码 T 毒素（HMT）的基因 *Toxl* 为单显性遗传，含 T 型雄性不育细胞质（cms-T）的玉米对 HMT 的敏感性由线粒体基因控制，敏感基因编码一个 12.967ku 的多肽，而正常玉米线粒体缺少这个多肽产物。

第二节　病原物致病的物质基础

病原物侵入寄主植物后，依赖致病物质导致植物发病。其致病物质主要有毒素、胞外酶、激素和胞外多糖等。

一、毒素

毒素（toxin）是在病原物代谢过程中产生的、在很低浓度范围内就能干扰植物正常生理活动从而造成毒害的非酶类、非激素类化合物。病原物在植物体内或人工培养条件下都可以产生毒素。用毒素处理健康植物，能够引起褪绿、坏死、萎蔫等病变，这通常与产生毒素的病原物侵染所引起的症状相同或相似。

不同毒素的化学成分和结构不同，分子量相差悬殊，作用机理也各有特点。毒素的作用位点是影响毒素致病作用的关键，其作用位点包括植物细胞的质膜蛋白、线粒体、叶绿体或特定的酶类，依毒素种类不同而异。植物细胞膜损伤、透性改变和电解质外渗几乎是各种敏感植物对毒素的普通反应。毒素还能钝化或抑制一些主要酶类，中断相应的酶促反应，引起植物广泛的代谢变化，包括抑制或刺激呼吸作用，抑制蛋白质合成，干扰光合作用、酚类物质代谢和水分代谢等。由于这些分子和生理生化上的变化，植物最终表现不同症状。

（一）毒素的类型

依不同病原物产生的毒素划分，有真菌毒素、细菌毒素、线虫毒素。目前研究较多的是细菌毒素和真菌毒素。依毒素作用的植物范围划分，有寄主选择性毒素（host-selective toxin）与非寄主选择性毒素（non-host-selective toxin）或寄主专化性毒素（host-specific toxin）和非寄主专化性毒素（non-host-specific toxin）（数字资源9-3）。

数字资源
9-3

1. 寄主专化性毒素　　这类毒素与产生毒素的病原物有相似的寄主范围，能够诱导感病寄主产生典型的症状，在病原物侵染过程中起重要作用。病原物小种的毒性强弱与其产生毒素能力的高低相一致，而寄主植物品种的抗病性则与其对毒素的抗性相一致。大多数寄主专化性毒素纯化后对寄主产生毒性的最低浓度为 $10^{-9} \sim 10^{-8}$g/mL。例如，维多利亚长蠕孢（*Helminthosporium victoriae*）毒素诱导感病燕麦品种表现症状的稀释极限是 10^7 倍，而使抗病品种表现症状的稀释极限则为 25 倍，可见该毒素具有极强的寄主选择性。

有些细菌可以产生寄主专化性毒素。梨火疫病症状及病菌（*Erwinia amylovora*）产生的多糖毒素与加大寄主植物木质部水流阻力有关。马铃薯环腐病菌（*Clavibacter michiganensis* subsp. *sepedonicus*）毒素在细胞膜上有作用位点，苜蓿萎蔫病菌毒素致萎的原因是阻塞导管纹孔，而番茄溃疡病菌毒素主要作用于小叶导管。

至少有 9 属 21 种植物病原真菌可以产生寄主专化性毒素，但研究最多的主要是由为害双子叶植物的链格孢属（*Alternaria*）和为害单子叶植物的长蠕孢属（*Helminthosporium*）真菌产生的毒素，表 9-1 列举了其中的 6 种。至少有 15 种寄主专化性毒素明确了化学结构和作用机制。例如，柑橘黑斑病菌（*A. alternaria* f. sp. *citri*）产生的 AA 毒素属于含羧基和羟基的碳水化合物，而簇生链格孢（*A. fasciculate*）的 AF 毒素分子的基本骨架与 AK 毒素相似，所以它们对草莓和梨有交叉毒性。

表 9-1　几种重要的寄主专化性毒素

毒素	产毒素的真菌	化学成分	主要作用
菊池链格孢毒素（AK toxin）	菊池链格孢（*A. kikuchiana*）	环氧十三烯酸酯	作用于细胞膜蛋白，抑制蛋白质合成，改变膜透性，引起电解质外渗
苹果链格孢毒素（AM toxin）	苹果链格孢（*A. mali*）	环四肽	作用于质膜蛋白和叶绿体基粒片层，引起电解质外渗，影响 ATP 酶活性
炭色长蠕孢毒素（HC-toxin）	炭色内脐蠕孢（*H. carbonum*）	环四肽	影响植物呼吸作用、二氧化碳暗固定及其他生理过程
玉米长蠕孢 T 毒素（HMT toxin, T toxin）	玉米长蠕孢（*H. maydis*）T 小种	聚乙酮醇	含 T 型雄性不育细胞质的玉米敏感；作用于线粒体，破坏氧化磷酸化过程，减少细胞 ATP 含量

续表

毒素	产毒素的真菌	化学成分	主要作用
甘蔗长蠕孢毒素 （HS toxin）	甘蔗平脐蠕孢 （H. sacchari）	倍半萜糖苷	主要作用于细胞膜，使膜去极化，离子平衡失调，原生 质体胀裂
维多利亚毒素 （Victorin，V-toxin）	维多利亚长蠕孢 （H. victoriae）	多肽和倍半 萜复合物	含 V_b 基因的燕麦敏感；诱发细胞膜透性改变和电解质外 渗等一系列变化

2．非寄主专化性毒素　　这类毒素没有严格的寄主专化性或选择性，对寄主植物和一些非寄主植物都有一定的生理活性，引起全部或部分症状。毒素危害的植物超过产生毒素真菌的寄主范围，在寄主植物上没有高度专化的作用位点，植物对毒素的敏感性与抗病性也可能不一致。但有的非寄主专化性毒素在一定浓度下能引起寄主植物敏感性的差异，可据此区分不同植物或品种的抗病性差异。非寄主选择性毒素种类很多，至少已在 115 种植物病原真菌和细菌中发现了 120 多种。

细菌非寄主专化性毒素在丁香假单胞菌（P. syringae）中研究较多。由烟草野火病假单胞菌（P. syringae pv. tabaci）产生的烟草毒素（tabtoxin）是一种二肽，由烟草毒素胺-β-内酰胺与苏氨酸或丝氨酸连接而成。病菌产生毒素的能力可随时间变弱，并与病菌的毒力下降有关。菜豆晕斑病菌（P. syringae pv. phaseolicola）产生的菜豆毒素（phaseolotoxin）主要是 CN8-磷酸磺氨磺酰，次要成分是 α-丝氨酸菜豆毒素，两种毒素在低浓度（1μg/mL）下能诱发叶片失绿。

植物病原真菌可以产生多种非寄主专化性毒素。细链格孢素（tentoxin）是一种环状四肽，由引起棉花和其他作物幼苗黄化的链格孢（A. tenuis）产生。镰刀菌萎蔫毒素泛指由镰刀菌产生的与植物萎蔫症状有关的毒素，包括 5-丁基-吡啶-2-甲酸即镰孢酸（fusaric acid）、红色素萘茜等，后者对真菌、细菌和高等植物都有毒性。真菌产生的一些常见非寄主专化性毒素见表 9-2。

表 9-2　某些植物病原真菌的非寄主专化性毒素及其性质

毒素名称	产生毒素的病原真菌	化学性质
蛇孢菌素（ophiobolin）	稻平脐蠕孢（H. oryzae）	萜烯类化合物
蠕孢菌素（helminthosporin）	麦根腐平脐蠕孢（H. sativum）	萜烯类化合物
壳梭孢素（fusicoccin）	桃、杏壳梭孢菌（Fusicoccum amygdali）	双萜糖苷类化合物
梨孢素（pyricularin）	稻梨孢（Pyricularia oryzae）	含氮化合物
刺盘孢素（colletotin）	褐炭疽菌（Colletotrichum fuscum）	多糖

（二）毒素对植物的影响与作用机制

评价毒素是否是致病因子的标准包括：①致病性与病菌活体外产生毒素的水平相关，并能从植物病组织中分离到毒素；②纯化的毒素能重现病害症状；③植物的感病性与对毒素的敏感性有关；④病原生物一旦失去毒素产生能力，其致病性也相应降低。

毒素引起的症状主要有 4 类：①萎蔫，如镰刀菌和轮枝菌毒素所致的萎蔫病。②引起坏死斑的毒素有 T 毒素、梨孢素、链格孢毒素等；产生晕斑的毒素有烟草毒素、冠毒素、菜豆毒素等。③褪绿，蠕孢毒素、细链格孢素、菜豆毒素都可引起植物叶片褪绿。④水渍状病斑，如刺盘孢素和植物病原细菌多糖毒素等都能引起这种症状。

毒素对寄主植物的生理影响有 6 个方面：①增强寄主的敏感性，抑制寄主植物的防卫反应；②影响细胞膜透性，便于释放病原生物生长必需的营养物质；③导致寄主细胞降解酶的释放；④为病原物提供一个有利的微生态环境；⑤促进病原物在寄主体内的运动；⑥抑制或促进其他微生物二次侵染。其中，研究较多的是有关膜透性改变、氧化磷酸化解偶联、光合作用失常和对寄主酶活性的影响等效应。膜透性改变是植物对许多毒素最常见的反应，破坏植物细胞内外的电解质平衡和膜势能稳定性，使细胞的代谢不能正常进行。氧化磷酸化解偶联是线粒体破坏的主要结果，抑制呼吸作用。菜豆毒素、烟草毒素和烟草毒素胺-β-内酰胺分别对鸟氨酸氨基甲酰转移酶、1,5-二磷酸核酮糖羧化酶和谷氨酸合成酶等有抑制作用。

二、胞外酶

　　病原物与致病性有关的胞外酶主要有细胞壁降解酶，对病原物降解寄主植物细胞壁组分、摄取营养及消解植物抗侵染机械屏障至关重要。此外，还有蛋白酶（protease）、淀粉酶（amylase）和磷脂酶（phospholipase）等，分别降解蛋白质、淀粉和脂类物质，在致病性中也有一定作用。

（一）降解酶的种类

　　表皮和细胞壁是植物抵御病原物侵染的两道重要机械屏障，病原物降解酶通过降解植物表皮和细胞壁而发挥致病作用。许多病原真菌能直接穿透植物表皮而侵入植物组织，就是借助这种酶。

　　1. 角质酶　　植物体地上部分表皮的最外层是角质层，病原真菌直接侵入时用以突破这第一道屏障的酶就是角质酶。角质酶属于酯酶，在碱性条件下（pH 9～10）催化角质水解，产生寡聚体后降解为单体。已知有 20 多种植物病原真菌能产生角质酶，产生角质酶的能力与一些病原物的致病性有密切关系。

　　2. 细胞壁降解酶　　植物细胞壁主要组分有果胶质、纤维素、半纤维素、木质素、多糖及含羟脯氨酸的糖蛋白，结构上分为中胶层（胞间层）、初生壁和次生壁。中胶层黏合相邻的细胞，主要由果胶质构成。针对植物细胞壁的每种多糖成分，植物病原真菌和细菌都有相应的降解酶，这些降解酶统称为细胞壁降解酶，包括果胶酶（pectic enzyme）、纤维素酶（cellulase）、半纤维素酶（hemicellulase）和其他酶类。

　　果胶酶有多种类型，根据酶对果胶分子中鼠李半乳糖醛酸链的作用部位，分为果胶甲基酯酶（pectin methylesterase）、果胶水解酶（pectic hydrolases）和果胶裂解酶（pectin lyases）。果胶甲基酯酶在糖 C-6 部位羧基处发生水解，产生糖醛酸羧基和甲醇，因而从果胶质中除去甲基基团，产生果胶酸。果胶水解酶和果胶裂解酶作用机制类似，均使 α-1,4-糖苷键断裂。水解酶的作用不需要 Ca^{2+}，最适 pH 为 4～6.5；裂解酶的作用需要 Ca^{2+}，最适 pH 为 8。另外，果胶酶又分内裂和外裂果胶酶，分别使果胶链从中间或两端开裂。植物病原解果胶杆菌（*Pectobacterium carotovora* 和 *P. atroseptica*）可以产生多种果胶酶，在引起寄主组织腐烂中起着主要作用。

　　纤维素酶是一组复合酶，至少有三种酶参与纤维素降解。内切 1,4-β-D 葡聚糖酶首先发挥作用，使完整葡聚糖链的糖苷键随机断裂，暴露出非还原性末端。随后，外切 1,4-β-D 葡聚糖酶参与作用，以暴露出还原性末端的断裂葡聚糖链为底物，水解产生纤维二糖。最后，β-葡萄糖苷酶水解纤维二糖，产生葡萄糖。

　　半纤维素酶主要有木聚糖酶、半乳聚糖酶、葡聚糖酶和阿拉伯聚糖酶等，将各种半纤维素降解为单糖。苜蓿叶斑病菌（*Xanthomonas axonopodis* pv. *alfalfae*）至少产生三种木聚糖酶，分别为外木聚糖酶、内木聚糖酶和木聚糖苷酶。

（二）降解酶对致病性的作用

评价病原物降解酶在致病过程中的作用，主要依据 6 个方面的标准：病原物在体外产生降解酶的能力；病原物致病力与产酶能力的关系；病原物致病力丧失与产酶能力丧失的关系；纯化酶制剂重现症状和破坏植物组织结构的能力；受降解植物组织结构和成分的变化及降解产物的出现；酶的抑制与减症作用的关系。

降解酶在病原物侵入、植物组织浸离和细胞死亡过程中起作用。对侵入起作用的主要是角质酶，植物病原真菌孢子萌发形成芽管，在芽管生长过程中产生角质酶，分解植物角质层，形成有光滑边缘的圆形侵入孔。对植物组织浸离起作用的主要是果胶降解酶，酶的作用能使植物细胞分离，引起软腐病。除果胶降解酶外，还有一些非果胶降解酶，如镰刀菌和疫霉的内 β-1,4 半乳聚糖酶也与组织浸离有关。植物细胞死亡与病原物细胞壁降解酶的作用有关，降解酶的作用有直接和间接两个方面。直接作用是细胞壁成分降解后，丧失对原生质体的支持力，因膨压增加引起细胞膜破裂。间接作用是胞壁降解酶作用于植物组织后释放有毒物质造成细胞死亡。

不同种类的病原物在致病过程中起主要作用的降解酶类有所不同。在大多数软腐病菌致病过程中起主要作用的是果胶酶。引起草本植物茎秆湿腐倒伏的病原菌，如立枯丝核菌起主要作用的除果胶酶外，还有纤维素酶。引起木材腐朽的真菌大多具有较强的木质素酶活性。由于植物细胞壁成分的复杂性及病原生物酶的多样性，在降解植物细胞壁过程中，多种细胞壁降解酶之间有密切的协同作用。

三、激素

许多植物病原物能产生与植物激素相同或十分相近的激素，促进或抑制植物体内激素的代谢，在产生明显畸形和异常生长的病组织中都有激素失调现象。病原物产生激素的时间、部位、条件与正常植物不同，扰乱寄主植物正常的生理过程，诱导徒长、矮化、畸形、赘生、落叶、顶芽抑制、根尖钝化等病变。激素在植物病害中的作用是影响症状的总体表现即表现综合征（syndrome）。

（一）病原物激素类型

在植物病害中起重要作用的病原物激素主要有 5 类，与其他生物产生的同类激素功能相同，通过不同的病理效应对病原生物致病性起作用。

1. 生长素（auxin）　　主要是吲哚乙酸（indole-3-acetic acid，IAA）。生长素的生理功能是通过影响细胞壁的伸缩性来控制细胞的膨大速度，促进细胞伸长，还有防止衰老等作用。许多病原真菌可产生吲哚乙酸，引起植物过度生长，发病植株常含有高浓度的吲哚乙酸。例如，红花柄锈菌（*Puccinia carthami*）侵染的红花下胚轴内，吲哚乙酸的浓度在接种后 14d，是健康下胚轴的 7 倍。在烟草青枯病叶内发现的高水平吲哚乙酸，与高浓度的吲哚乙酸氧化酶抑制物莨菪苷原有关。多种植物被根癌土壤杆菌（*Agrobacterium tumefaciens*）、十字花科植物被甘蓝根肿菌（*Plasmodiophora brassicae*）侵染后，寄主细胞分裂加快，形成肿瘤或发根，吲哚乙酸增加可能是主要诱因。相反，某些病原菌侵染植物后产生类似吲哚乙酸氧化酶作用的酶类，快速降解吲哚乙酸，干扰了叶片生长素的供应，导致了离层形成和落叶。

2. 赤霉素（gibberellin，GA）　　赤霉素具有促进植物节间伸长、诱导抽薹开花、促进性别分化、打破休眠、防止脱落、诱导形成一些重要酶类、抑制植物抗病性等生理功能。很多真菌、细菌和放线菌能产生赤霉素类物质。当植物遭到能分泌赤霉素类物质的植物病原菌侵染后，有的是仅赤霉素类物质作用于植物，有的是赤霉素与细胞分裂素、吲哚乙酸协同作用于植物。无论单一作用还是协同作用，都能破坏寄主植物体内的激素平衡，诱发畸形组织产生或直接刺激形成肿瘤组织、丛枝或徒长等异常。水稻恶苗病菌（*Gibberella fujikuroi*）产生的赤霉酸是诱发水稻茎叶徒长的主要原因。反之，植物产生矮缩症状，则赤霉素含量明显降低。例如，黄瓜受到黄瓜花叶病毒（cucumber mosaic virus，CMV）感染后，体内内源赤霉素迅速受到破坏，其活性明显降低，导致黄瓜茎的生长受到抑制，叶片生长及其同化效率也相应减慢和下降。

3. 细胞分裂素（cytokinin）　属于嘌呤衍生物，有促进细胞扩大与生长、诱导芽的分化、促进腋芽生长、防止衰老、调节种子和根系发育等生理功能。病原菌侵染往往引起植物带化（fasciation）、肿瘤、过度生长、形成绿岛及影响物质转移，可能是细胞分裂素作用的结果，或者是生长素与细胞分裂素协同作用造成的。能合成细胞分裂素的病原物有土壤根癌杆菌（*A. tumefaciens*）、带化病棒杆菌（*Rhodococcus fascians*）等病原细菌，以及须腹菌属（*Rhizopogon*）、外担菌属（*Exobasidium*）、丛赤壳属（*Nectria*）、外囊菌属（*Taphrina*）等病原真菌。这类病菌有的在人工培养条件下可产生细胞分裂素，细胞分裂素的产生与致病性有关，还影响寄主范围。例如，多种植物接种根癌土壤杆菌后，细胞分裂素水平都有显著提高。萝卜遭受根肿菌侵染后，肿根组织内细胞分裂素的含量为健康组织的 10～100 倍。有些病组织增生则是病原物刺激寄主植物产生过量的细胞分裂素的结果，如南方根结线虫（*Meloidogyne incognita*）侵染烟草时，能刺激烟草产生过量的细胞分裂素。

4. 乙烯（ethylene）　乙烯有加速果实成熟、促进衰老、调节植物生长、促进开花、诱导寄主防卫反应等生理功能。已知有近 60 种植物病原真菌和细菌能在培养基内产生乙烯，如甘薯黑斑病菌（*Ceratocystis fimbriata*）、棉花黄萎轮枝孢菌（*Verticillium albo-atrum*）、棉花枯萎尖镰孢菌（*Fusarium oxysporum*）和植物细菌性青枯劳尔氏菌（*Ralstonia solanacearum*）等，在离体或活体条件下均能合成、分泌乙烯。病植株发生的偏上性、失绿和落叶等病状都与乙烯有关。

5. 脱落酸（abscisic acid，ABA）　脱落酸具有诱导植物休眠、抑制种子萌发和植物生长、刺激气孔关闭等多方面的生理作用，病理效应主要表现为矮缩和落叶。已发现有不少真菌可以在体内合成并外泌脱落酸，如蔷薇尾孢菌（*Cercospora rosicola*）、灰葡萄孢菌（*Botrytis cinerea*）、镰刀菌属（*Fusarium*）和丝核菌属（*Rhizoctonia*）等病原真菌都能产生脱落酸，引起植物落叶和萎蔫症状。

（二）病原物激素作用特点

除少数病例外，病原物激素对植物的病理效应都是综合性的，主要表现为三个方面。一是多种激素共同作用。一种病原物往往产生几种激素，对植物产生综合效应。例如，根癌土壤杆菌可产生生长素和细胞分裂素，青枯假单胞菌产生生长素、乙烯和细胞分裂素。二是外源和内源激素之间发生综合影响。病原物可以产生植物激素，植株本身的激素水平在发病后也有明显变化，此时病原物产生的外源激素和植物本身产生的内源激素存在着综合影响。三是对病害综合征产生影响。因病原物所产生的致病因子是综合性的，所以病害症状是各种致病因子综合影响的结果。表现在植物细胞或组织对一种主要致病因子的感受性受到其他因子的调控，或表现一种主要症状的同时还有其他伴随症状。大多数情况下病原物激素影响植物后产生的症状主要是以伴随症状出现的。

四、胞外多糖

胞外多糖为病原物表面的大分子碳水化合物，可以释放到环境中，有助于病原物细胞抵御干燥损伤。细菌胞外多糖又称黏质（slime）或黏质层（slime layer），在自然环境条件下和受侵染的植物组织中都可以产生，对致病性起一定作用。

（一）胞外多糖的特性

细菌胞外多糖有酸性、中性和含氨基三种类型，植物病原细菌的胞外多糖主要为酸性、分子量较大的异聚糖。其中糖醛酸为共同酸性组分，属水溶性，可以扩散到培养基和被侵染的寄主植物细胞表面。胞外多糖的成分除多糖外，有时还含多肽，形成糖蛋白。不同细菌产生的胞外多糖骨架含有不同的糖基组分并可以被修饰为非糖残基，如带酰基的基团或由缩酮连接的丙酮酸。单糖间以糖苷键连接，可在特定的位置形成分支，结构重复单位的产生是通过糖苷键前体转移糖酰基到载体脂膜上完成的。

胞外多糖影响菌落形态。胞外多糖产生量多的细菌菌落黏稠、半流体状；产生量少的菌落干燥、粗糙。例如，菜豆细菌性疫病菌（*Xanthomonas campestris* pv. *phaseoli*）的菌落类型，依其产生多糖的能力分为粗糙型、光滑型、半稠型和浓稠型 4 类。

（二）胞外多糖对致病性的影响

胞外多糖对病原细菌致病性的影响有：①影响植物发病，导致特殊症状。许多假单胞植物病原细菌产生的胞外多糖在感病品种中引起水渍状症状，而在抗病品种中则不能。原因是胞外多糖有很强的保持积水状态的能力，而抗病品种产生多糖降解酶使其分解，所以症状减轻。②影响寄主植物-病原物识别。例如，梨火疫病菌和青枯病菌不产生胞外多糖的菌株通常无毒，原因是缺乏胞外多糖的菌株能被寄主细胞识别，激发寄主的抗病防卫反应。同时，侵入的细菌被寄主产生的纤维状或颗粒状物质包围固定。而胞外多糖明显具有阻止吸附的作用，是识别和诱发寄主抗病性的抑制因子。③担当致病因子。有些植物病原细菌的胞外多糖类似毒素，如苹果枝条接种病原细菌与经胞外多糖处理产生的症状是一致的。病理变化是木质部薄壁细胞质壁分离和亚细胞颗粒解体，胞外多糖含量为 100μg/mL 时，4h 内即表现症状。

第三节　染病植物的主要生理学反应

寄主植物受病原物侵染后会产生一系列生理生化反应。通常首先是细胞膜透性的改变和电解质的渗漏，继而出现呼吸作用和光合作用的变化，核酸、蛋白质、酚类物质和相关酶等代谢的变化，水分生理及其他方面的变化。

一、呼吸作用

呼吸强度提高是植物对传染性病害的一个重要反应，非传染性病害或机械损伤也常伴随植物呼吸强度提高。一般认为，感病植物呼吸作用增强涉及生物合成加速、氧化磷酸化作用的解偶联、末端氧化酶系统的变化及线粒体结构的破坏等复杂机制。在某些情况下，呼吸作用增强发生在病原物侵染点组织，陆续扩展到邻近组织和其他器官。从病程初期直到受侵染组织的坏死，呼吸作用的加强都非常明显。在植物真菌病害中，出现明显症状时呼吸作用增强，随着真菌子实体的形成，呼吸作用继续增强，待子实体完全形成时，呼吸作用增强到最大值，然后逐步下降。例如，小麦感病品种被条锈菌（*Puccinia striiformis*）侵染后，光呼吸强度和暗呼吸强度起初略有降低，显症后则明显上升，产孢盛期达到高峰，发病末期减弱乃至停止呼吸。而抗病寄主植物呼吸强度上升较早，但峰值较低。用大麦黄矮病毒（barley yellow dwarf virus，BYDV）接种感病大麦后，两周内病株呼吸强度持续增强，然后逐渐减弱。

二、光合作用

病原物的侵染对植物光合作用可产生多方面的影响，最明显的是破坏绿色组织，减少光合作用面积，导致光合作用减弱。许多植物发病后叶面被破坏的程度与产量减低程度成正比，如马铃薯晚疫病、玉米小斑病、水稻白叶枯病、水稻条纹叶枯病和多种作物的炭疽病等。因此，常常用叶面被破坏的程度来估计叶斑病和叶枯病的病害损失程度。许多病害导致变色症状，如褪绿，破坏叶绿素或抑制叶绿素合成，使叶绿素含量减少，导致光合作用能力下降。例如，玉米矮缩花叶病毒系统侵染后，叶片细胞叶绿体的体积和数目及叶绿素总量都明显下降，必然导致光合作用速率的下降。

不少病原真菌对光反应即光合磷酸化作用有明显的抑制作用，有的致病菌毒素也产生破坏作用。在一些病例中发现叶绿体和其他细胞器裂解，降低 CO_2 固定率。感染白粉病的小麦叶片吸收 CO_2 的能力明显减弱，病株光合磷酸化作用和形成腺苷三磷酸（ATP）的能力下降。光合产物的转移也受到病原物侵染的影响，病组织可因 α-淀粉酶活性下降，导致淀粉积累。发病部位有机物积累还可能是光合产物输出受阻或来自健康组织的光合产物输入增加所造成的，而病组织中有机物积累有利于病原生物寄生和繁殖。

三、核酸和蛋白质的变化

植物受病原物侵染后核酸代谢发生明显变化，主要影响基因转录即 mRNA 的积累。病原真菌侵染前期，病株叶肉细胞的细胞核和核仁变大，RNA 总量增加，侵染的中后期细胞核和核仁变小，RNA 总量下降。小麦叶片被条锈病菌（*P. striiformis*）侵染后，RNA 总量自潜育期开始显著增多，产孢期增幅更大，此后逐渐下降。烟草花叶病毒侵染寄主后，由于病毒基因组的复制，寄主体内病毒 RNA 含量增高，寄主 RNA，特别是叶绿体 rRNA 的合成受到抑制，因而引起严重的花叶症状。在细菌病害中，一些引致增生型畸变的病原细菌可产生吲哚乙酸等生长激素，加速寄主细胞 DNA 的合成。例如，根癌土壤杆菌（*Agrobacterium tumefaciens*）侵染后所引起的植物肿瘤组织中，细胞分裂加速，DNA 显著增多。上述核酸水平变化的另一个原因在于，植物抗病防卫反应基因及与抗病防卫同步调节的生长发育有关的基因被诱导表达。

植物受病毒侵染后常导致寄主蛋白质的异常合成，以满足病毒外壳蛋白大量合成的需要。在病原真菌侵染早期，病株总氮量和蛋白质含量增高，在侵染后期病组织内蛋白水解酶活性提高，蛋白质降解，总氮量下降，但游离氨基酸的含量明显增高。例如，分别用香蕉枯萎病菌（*Fusarium oxysporum* f. sp. *cubense*）及其产生的毒素处理香蕉，假茎组织中可溶性蛋白含量均存在着前期略微降低，后显著升高再迅速降低的现象。有些植物受病原物侵染后的细胞壁中出现与抗病性有关蛋白的富集现象，如葫芦科炭疽菌（*Colletotrichum gloeosporioides*）侵染甜瓜后，细胞壁中含羟脯氨酸的糖蛋白含量可以增加 10 倍。病原物侵染后，抗病寄主和感病寄主中抗病相关蛋白质合成的能力有明显不同。病原物侵染能诱导寄主产生病程相关蛋白，病程相关蛋白属于抗病防卫反应基因产物的重要组分（参见本章第四节）。

四、酚类物质和相关酶

酚类物质是植物体的重要次生代谢物质，植物受到病原菌侵染后，酚类化合物和酚类氧化酶都会发生明显变化，影响植物抗病性。酚参与许多生理反应，如氧化还原、木质化形成等过程；酚前体物经一系列生化反应后可形成木质素和植物保卫素，分别抵御病原物侵染与致病过程的发生发展。酚及其氧化产物醌也是氧化磷酸化的强烈解偶联剂；肉桂酸、香豆素、咖啡酸、阿魏酸、原儿茶酸、绿原酸和奎宁酸等单元酚都有一定的抗微生物活性；某些类黄酮和香豆素对微生物和植物都有毒性；以糖苷或糖脂形式存在于液泡中的酚类化合物，尤其是单元酚和邻二羧基酚的复合物，它们水解后便成为有毒物质。

各类病原物侵染还引起酚类代谢相关酶的活性增强，如超氧化物歧化酶、过氧化物酶、过氧化氢酶、L-苯丙氨酸解氨酶等，都是参与植物防卫反应的因子。寄主体内过氧化物酶、超氧化物歧化酶和过氧化氢酶等氧化酶是细胞内减轻活性氧伤害的保护酶系，在清除 $^1O_2$、H_2O_2 和过氧化物，阻止或减少羟基自由基形成方面起重要作用。L-苯丙氨酸解氨酶可催化 L-苯丙氨酸还原脱氨，生成反式肉桂酸，再进一步形成一系列羟基化肉桂酸衍生物，为植物保卫素和木质素合成提供苯丙烷碳骨架或碳桥。因此，苯丙氨酸解氨酶活性增高，有利于抗病防卫反应。过氧化物酶在植物细胞壁木质素合成中起重要作用。但是，病原物侵染诱导的上述相关酶活性提高与抗病性增强并非在所有的植物病害中都有明显的相关性。一般认为，酚类代谢过程中酶活性的变化依寄主植物-病原物互作体系的不同而异，随植物品种-病原小种之间的组合而发生变化。

五、水分生理

有些病害由于病原物本身或其代谢物对植物组织结构或生理机能的干扰破坏作用，造成植物对水分吸收、运输和蒸腾的异常变化，从而表现出萎蔫、坏死等症状。植物叶部发病后可提高或降低水分的蒸腾，如作物感染锈病后，表皮被夏孢子突破甚至撕裂，叶片蒸腾作用增强，水分大量散失，在干旱情况下对产量影响甚大。蒸腾速率的提高是一个渐进过程，由显症阶段开始，产孢盛期达到高峰。有些病害能明显抑制气孔开放，叶片水分蒸腾减少，从而造成病组织毒素积累。多种病原物侵染引起的根腐病和维管束病害显著损害根的吸收功能，降低根系吸收水分和矿物盐的能力，阻滞导管液流上升，引起猝倒、根腐等症状，如番茄黄萎病病株茎内液流上升速度为健株的 1/200，阻碍液流上升的主要原因是导管的机械阻塞。又如，有些辣椒品种感染烟草蚀纹病毒（TEV）后，在这些发病辣椒的根部木质部外围有一环坏死细胞，形成一个封闭环，阻止水分进入木质部，导致病株在几天内萎蔫，最终死亡。

第四节　植物抗病性的生化基础

植物抗病性依赖于各种抗病因子，包括结构因子和生化因子。结构因子是指植物表面角质层和细胞壁的厚度和组成，功能在于阻碍病菌侵入。病原物诱导产生的结构因子如侵填体、栓质、胼胝质和木质素的沉积，病菌侵染点局部组织坏死，对病原物侵染与扩展都有阻碍作用。生化因子有抑制病原物生长和直接起杀伤作用两种类型，前者主要指降解病原物细胞壁的酶和病原物降解酶的抑制剂，后者则包括植物保卫素和有毒酚类化合物的生物合成。另外，许多植物还能产生含量很高的其他杀菌物质如氧肟酸、氢氰酸、皂角苷和单宁等。在诱导抗性中，生化因子通常统称防卫反应效应分子，其中的蛋白质类被归为病程相关蛋白。

一、病程相关蛋白

病程相关蛋白（pathogenesis related protein，PR 蛋白）是植物受病原物侵染或不同因子的刺激后产生的一类水溶性蛋白质（Datta and Muthukrishnan，1999），目前归为 18 类，即 PR1～PR18。PR 蛋白有较强的稳定性，酸性条件下仍可溶；抗蛋白酶降解；半衰期为 40～70h；大部分 PR 蛋白能抵抗糖苷酶、重金属、高温（60℃），但并非所有 PR 蛋白都有这些抗性。PR 蛋白在进化上相对保守，来自不同植物的 PR 蛋白显示程度不等的序列同源性。PR 蛋白可能有攻击病原物、降解细胞壁大分子、降解病原物毒素、抑制病毒外壳蛋白与植物受体的结合等功能。例如，具有葡聚糖酶活性的 PR2，以及具有几丁质酶活性的 PR3、PR4、PR8 和 PR11 等能降解病原物细胞壁；PR12 植物防卫素（defensin）与 PR13 硫堇（thionin）具有杀菌活性。PR 蛋白在细胞中的存在部位与其病理功能密切相关。PR 蛋白首先在细胞内合成，然后按特定机制运转到细胞间隙和液泡内，并在其中定位。在烟草中，酸性和碱性 PR 蛋白分别严格地定位在胞间和液泡内，其中渗透素（osmotin）在液泡的内含体内集中。在其他作物上情况有所不同，番茄的 P14 有双重定位，可存在于胞间和胞内；在马铃薯中，已发现的碱性 PR 蛋白都在胞间。

二、植物保卫素

植物保卫素是植物受到病原物侵染或非生物因子刺激后产生和积累的，具有抗菌作用的非酶类小分子化合物。迄今至少有 150 种植物保卫素被分离和纯化，在化学结构上大致可分为简单酚类（simple phenolics）、类黄酮类（flavonoids）、异类黄酮类（isoflavonoids）、芪类（stilbenes）、萜类（terpenes）和聚乙炔（polyacetylenes）6 类。它们主要由 21 科的植物产生，同科植物的植物保卫素具有结构保守的特点，如豆科植物的植物保卫素主要属于异类黄酮类，茄科植物的植物保卫素主要属于倍半萜类（sesquiterpenoids）。但芪类的分布较为广泛，能在亲缘关系较远的植物中产生。植物保卫素是诱导产生的，诱导因素包括病原物侵染等生物因子和环境理化刺激等非生物因子。植物保卫素的诱导产生和体外抑菌活性暗示它们可能参与植物抗病作用（王金生，1999）。但是要证明植物保卫素在植物抗病中起着重要作用，需要明确其诱导是否具抗病品种或抗性组合特异性、诱导产生的时间是否与体内病原物生长受抑相一致，以及体内积累水平是否达到体外抑菌活性浓度等问题。植物保卫素在植物病害防控中有应用潜力，利用重组 DNA 技术，使外源植物保卫素在不产生这种植物保卫素的植物中诱导合成，可望获取抗病品种。

三、富羟糖蛋白

植物细胞壁上富含羟脯氨酸的糖蛋白（hydroxyproline-rich glycoprotein）（简称富羟糖蛋白），是一类具有特殊结构、分子组成及特定功能的糖蛋白，是细胞壁的主要组成部分（Rose，2003）。富羟糖蛋白在抗病性中的作用可以归纳为 3 个方面。①通过早期识别诱发植物的非亲和抗性：富羟糖蛋白带负电荷，可以吸引带正电的粒子，这是病原细菌的非亲和菌株能够吸附到寄主细胞上的一个正向力；然后，植物识别子与细菌识别子的结合导致植物过敏反应。茄科植物凝集素类就属于富羟糖蛋白，在非亲和性识别中可以作为植物识别子起作用。②作为病原物侵入和扩展的屏障：无论是在表皮细胞上，还是在植物内部都有这种作用。富羟糖蛋白在表皮细胞上的积累可以阻止直接侵入的病菌，如人工增加寄主细胞壁富羟糖蛋白的量可以增强黄瓜对病原真菌细胞壁降解酶的抵抗力。③富羟糖蛋白在植物细胞壁上的积累可以阻止系统侵染的病菌的扩展，如烟草花叶病毒侵染烟草引起的富羟糖蛋白在细胞间隙和维管束细胞壁上的积累。

四、木质素

木质素（lignin）是由多个木质素前体物在过氧化物酶作用下聚合而成的生物大分子。木质素合成后参与到植物细胞壁、整合为细胞壁结构组分的过程，称为细胞壁木质化（lignification）（Rose，2003）。木质化在抗病防卫过程中可能有 5 个方面的作用。①木质素使细胞增强了抗真菌机械侵入的能力，壁的木质化作用一方面使细胞壁加厚，另一方面增加了细胞壁的韧度。②细胞壁的木质化可抵抗真菌酶的降解。另外，木质素在细胞壁上的沉积所形成的壁多糖外壳，减少了细胞壁降解酶与多糖接触的机会。③细胞壁的木质化作用限制真菌酶和真菌毒素向寄主扩散，同时限制病菌从寄主体内吸取水分及营养物质，饥饿真菌使其不能生长。④木质素在生物合成过程中产生的低分子量的酚类前体物和自由基，可降低真菌膜、酶、毒素生物活性。许多酚类物质都有真菌毒性。⑤可以钝化真菌的生长点，限制真菌的生长。真菌的菌丝可吸收木质素，而真菌壁上含有几丁质、纤维素及多糖，因而可以作为木质素沉积的底物，使菌丝顶端木质化而不能生长。

第五节　植物抗病性的分子机制

植物抗病性与病原物致病性存在密切关系，抗病机制因致病机制的不同而不同。目前研究比较深入的一个主要机制是，病原体相关分子模式激发的免疫（PTI）和效应分子触发的免疫（ETI）。病原体相关分子是指能够进入植物细胞的蛋白质分子，它们在感病植物细胞内发挥致病作用，而在抗病植物中则诱导细胞内一系列防卫反应，这时的效应分子被称为无毒蛋白。不管是 PTI 还是 ETI，所涉及的抗病反应的分子机理都非常复杂，如抗病防卫反应的各种信号转导过程和信号通路、植物过敏性反应和系统性获得抗性的机制、活性氧和一氧化氮的调节机制等。此外，基于 RNA 干扰的病毒基因沉默作用也是植物抗病的重要分子机制。

植物抗病防卫反应包括复杂的信号转导（signal transduction）机制。信号转导指外源刺激引发生物细胞一系列反应，把刺激信号逐步放大，从而导致植物产生某种新表型的过程（Twyman，1998）。植物抗病防卫信号转导可以由病原物侵染、生物或非生物激发子等外源信号的刺激引发，导致对不同类别病原的抗性。一个信号转导过程组成一个信号通路或信号转导途径（signal transduction pathway），通常开始于细胞对外源信号的识别与信号转换。在信号转换过程中，细胞膜接受的外源信号通过内源信号的介导，转换为细胞内的可传递信息。细胞内信息传递由多种信号转导因子接力完成，信息最终传递给信号转导调控因子，信号转导调控因子通常是转录调控因子，它们调控效应基因的表达，引导抗病性表型（Fleming，2005）。

一、植物专化抗病性信号转导的主要环节

植物抗病基因（*R*）与病原物无毒基因（*Avr*）直接或间接识别，引发植物被侵入组织局部的防卫反应和过敏反应，导致小种专化抗病性，并诱导系统性获得抗性。从不同植物克隆的抗病基因介导对各类病原物甚至昆虫的抗性，其编码的蛋白质（R）含不同的保守序列（Dangl and Jones，2001）：富含亮氨酸重复序列（leucine-rich repeat，LRR）、核苷酸结合域（nucleotide binding site，NBS）、丝/苏氨酸激酶域（serine/threonine protein kinase，PK）、亮氨酸拉链（leucine zipper，LZ 或 ZIP）、果蝇（*Drosophila*）Toll 蛋白和哺乳动物白细胞介素-1 受体同源域（Toll/interleukin-1 receptor homology region，TIR）、卷曲螺旋域（coiled coil，CC）及跨膜结构域（transmembrane，

TM）（数字资源9-4）。这些保守序列在专化抗病性信号转导中起重要作用。首先，通过细胞外LRR 或 TIR 功能域识别外源信号、决定抗病特异性。LRR 结构域在蛋白质-蛋白质相互作用、肽-配体结合及蛋白质-碳水化合物互作中起作用。因此，位于细胞外的 LRR 会在识别外源信号时起作用，如水稻 *Xa21* 和亚麻 *L2* 的产物，都由 LRR 决定抗病性的特异性。但 LRR 并非决定抗病特异性的唯一结构域，TIR 功能域也在某些抗病特异性中起作用。其次，通过 NBS 功能域内的蛋白质磷酸化作用转导外源信号。NBS 结构域的主要功能是发生蛋白质磷酸化；ATP 或 GTP 的结合可以活化蛋白质激酶或 G 蛋白，它们活化后经 cAMP 等因子介导，在不同生物中参与许多过程。在植物抗病性中，NBS 结构域在防卫反应、过敏反应等信号通路的启动中发挥重要作用。番茄抗病基因 *Pto* 编码的蛋白质就是一个激酶，介导对丁香假单胞菌的抗性。最后，通过细胞内 LRR 等功能域传递磷酸化信号。蛋白质激酶磷酸化的发生及磷酸化信号向下游传递，可能需要其他因子的协助。凡具有蛋白质-蛋白质互作的结构特征的分子，都有可能担当此任。因此，含胞内 LRR、LZ 或 TIR 的抗病基因产物，特别是在不含 TM 结构时，都很可能会协助传导蛋白质激酶或 G 蛋白磷酸化信号。有研究显示，LRR 可以通过构型的改变，协助 NBS 结构域内的磷酸化，并把磷酸化信号向后传递。除 LRR 外，LZ 和 TIR 也是常见的蛋白质-蛋白质互作功能域。这一信号转导过程最终与防卫反应相偶联，导致植物抗病性（Dangl and Jones，2001）。

二、程序性细胞死亡与植物过敏性反应

高等生物程序性细胞死亡（programmed cell death，PCD）在控制细胞增殖、调节发育和形态建成、清除受侵染、突变或受损伤的细胞等过程中发挥重要作用。原初凋亡信号通过效应分子的作用，导致程序性细胞死亡。死亡信号可以通过受体直接转导，但在大多数情况下，要受一系列调节因子的调控，并需要分子接头在调节因子和效应分子之间搭桥，死亡信号才能传递到效应分子。胱天蛋白酶（cysteine aspartic acid specific protease，caspase）在动物细胞凋亡中调节信号转导，并执行凋亡的功能。线粒体在许多死亡过程中可以整合、放大来自不同部位的凋亡信号，并把这些信号传递给细胞质和细胞核，其中细胞色素 c 从线粒体中的释放是死亡信号向细胞质和细胞核传递的重要事件。

植物过敏性反应（hypersensitive response，HR）也叫作过敏性细胞死亡（hypersensitive cell death，HCD），是植物对不亲和病原物侵染表现高度敏感的现象，即受侵染细胞及其邻近细胞迅速坏死，病原物受到遏制、死亡，或被封锁在坏死组织中。它是细胞程序性死亡的重要表现形式之一。目前，在植物中已发现类似 caspase 的蛋白质，而且与抗凋亡蛋白质基因功能类似的基因在过敏性反应中起作用，还发现线粒体也是植物过敏性细胞死亡的信号转导中心。过敏性反应是植物发生抗病防卫反应的一个重要标志，对菌物、细菌、病毒和线虫等病原物普遍有效。

三、植物抗病防卫基本信号通路

植物激素水杨酸（salicylic acid，SA）、乙烯（ethylene）、茉莉酸（jasmonic acid，JA）介导的抗病性，在不同植物中可以被不同外源信号诱发、抵抗不同类别的病原物，被称为植物抗病防卫基本信号通路（Hedden and Thomas，2006）。所谓基本，是指这类抗病性有 3 个特性。①保守性——由激素介导的主动防卫机制潜在于不同植物中，在一定条件下，都可以被诱导激活。②多源性——诱导因子多种多样，包括物理刺激、创伤、生物和非生物激发子、病原物侵

染或试图侵染、非病原微生物在植物上的定殖、昆虫侵袭等。③非专化性——抗病性发生在病原物侵染之后，对不同病原物都有效。

三种激素信号转导过程各具特点。①水杨酸信号转导的主要环节：水杨酸通过抑制过氧化酶或抗坏血酸氧化酶的活性，使 H_2O_2 或其他活性氧积累，导致活性氧爆发，这可能与水杨酸介导过敏性反应有关。NPR 蛋白被证明是 SA 受体，它们作为转录共激活或抑制子促进下游免疫基因的表达，导致抗病性。②乙烯信号转导的主要环节：植物受某些外源信号包括乙烯或其前体刺激后，合成、积累乙烯，乙烯与其受体的结合引发的信号转导因子包括膜蛋白 EIN2、负向调控因子 CTR、核转录调控因子 EIN3 和 ERF。乙烯信号转导影响植物生长发育、抗病、抗逆等过程，其中有细胞分裂素等其他激素信号因子的交叉调控。③茉莉酸信号转导的主要环节：茉莉酸被受体 JAR1 识别，调节转录调控因子 COI1 的功能，COI1 激活泛素连接酶 SCF^{COI1} 介导的 26S 蛋白酶体对转录因子 SOC1 的水解，调控效应基因表达。结果是影响植物生长与衰老等过程，调节植物抗病性。

三种激素介导的抗病防卫基本机制各有独特之处，表现为以下 5 点。①外源信号有所不同——水杨酸信号转导的诱导因子包括不亲和互作、许多专性寄生病原物的侵染、各种生物与非生物激发子刺激；而诱发茉莉酸/乙烯信号转导的因素主要有创伤、某些环境胁迫（如臭氧毒害）、昆虫取食、从根系侵入的病原物（如十字花科植物根肿菌）的侵染、某些非病原细菌在根系的定殖等。②内源信号不同——三种激素本身如果使用到植物上，可以诱导防卫反应。更重要的是，在上述相应因子诱导的防卫反应中，它们充当内源信号。③各有特殊的信号转导调控因子。④激活的效应基因不同——分子标志不同。乙烯、茉莉酸与水杨酸诱导的 *PR* 基因表达谱不同，在拟南芥中，乙烯和茉莉酸可以诱导抗菌蛋白质基因 *Thi2.1* 和 *PDF1.2* 及 *PR* 基因 *PR3*、*PR4* 的表达，水杨酸不能诱导 *Thi2.1* 和 *PDF1.2* 的表达，但可以诱发 *PR1*、*PR2* 和 *PR5* 的表达。乙烯和茉莉酸介导的抗病性与水杨酸介导的系统性获得抗性的作用谱不同，被认为是植物广谱抗病性的交替途径。⑤抵抗的病原物类群不同——系统性获得抗性主要针对专性寄生病原物，包括病毒、卵菌和真菌，以及从植物叶片侵染的病原细菌。而茉莉酸/乙烯介导的抗病性主要抵抗从根系侵入的病原物和某些引起叶斑症状的兼性寄生病原真菌，如链格孢（*Alternaria alternata*）。由植物促生根际菌（plant growth promoting rhizobacteria，PGPR）在植物根系定殖诱导的抗病性叫作诱导系统抗性（induced systemic resistance，ISR），显示茉莉酸/乙烯介导的抗病性的以上特征。

植物抗病防卫反应的信号转导是个非常复杂的过程。信号转导启动的时机、过程和作用，往往因病原物或外源信号种类及抗病专化性的不同而发生复杂的变化。植物抗病性的发生、发展依赖不同信号通路，过敏性通路、抗病防卫基本信号通路等可能彼此独立，或同时被启动，或在上游的某环节交叉对话（crosstalk）在不同通路之间相互借用，使植物能够快速、有效地调动防卫反应。

四、交互保护与基因沉默

交互保护（cross protection）最早在植物病毒研究中发现，用病毒弱毒株系接种寄主植物可以诱导对第二次接种的同一种病毒强毒株系的抗性，表现为植株症状减轻、病毒复制受到抑制。后来证实交互保护普遍存在，不仅同一病原物的不同株系或小种交互接种能诱发抗病性，不同种类、不同类群的微生物也能诱发抗病性。在这类试验中，第一次接种叫"诱导接种"（induction inoculation），第二次接种称"挑战接种"（challenge inoculation）。植物抗病毒的交互保护是一种特殊的主动抗病性，包括植物系统性获得抗性的作用和对病毒基因的沉默（silencing）作用。

基因沉默泛指生物体中特定基因由于种种原因不表达的现象，它是病毒在发生交互保护的植物中复制受到抑制的重要原因。基因沉默发生在两种水平上（Lewin，2004），一种是由 DNA 甲基化、异染色质化及位置效应等引起的基因转录沉默（transcriptional gene silencing，TGS）；另一种是转录后基因沉默（post-transcriptional gene silencing，PTGS），即在基因转录后的水平上通过对靶标 RNA 进行特异性降解而使基因失活。交互保护作用中病毒基因的沉默作用往往是转录后基因沉默，其机理与动物 RNA 干扰（RNA interference，RNAi）类似。由 RNA 依赖的 RNA 聚合酶（RNA-dependent RNA polymerase，RdRP）合成 dsRNA，然后被类似 RNaseⅢ 家族的特异性核酸内切酶 Dicer 催化降解成 21～25nt 的小干扰 RNA（small interfering RNA，siRNA）。此后，siRNA 在生物体内与 RNase 结合形成 RNA 诱导沉默复合物（RNA induced silencing complex，RISC），siRNA 双链解开，带有 siRNA 的 RISC 能特异地识别细胞质中与靶基因同源的核苷酸序列，导致目标基因 mRNA 的降解。基因沉默是基因表达调控的一种重要方式，是生物体在基因调控水平上的一种自我保护机制，在外源 DNA 侵入、病毒侵染和 DNA 转座、重排中有普遍性（Lewin，2008）。

五、一氧化氮与活性氧介导

植物对病原物的抗性与哺乳动物的先天免疫及炎症反应有许多共同之处。一氧化氮（nitric oxide）是哺乳动物中一个关键的氧化还原活化信号，在动物的天然免疫和炎症反应中起着重要作用，活性氧（reactive oxygen species，ROS）常常与一氧化氮共同起作用，刺激过敏性细胞死亡（Smirnoff，2005）。

植物在用激发子处理或接种病原生物后，最早检测到的反应是离子从细胞内流出和产生活性氧，如 O_2^- 和 H_2O_2 等。活性氧产生的速度很快，并在一定时间内积累到很高的浓度，这个现象称为活性氧爆发（reactive oxygen burst）。酵母细胞壁激发子可快速激发大豆悬浮细胞产生强烈的氧爆发，但需要施加一氧化氮才能诱导细胞死亡，而一氧化氮清除剂或过氧化氢酶可以抑制这种作用。因此，一氧化氮与活性氧对过敏性反应都很重要（数字资源9-5）。

数字资源
9-5

在 TMV 侵染的烟草中及其他植物病害发生的过程中，一氧化氮参与防卫反应的调控。接种 TMV 的烟草在温度高于 28℃ 时，不能产生高水平的水杨酸和 PR 蛋白，也不能发生过敏性坏死、不能限制病毒的复制和扩展，一旦将它移到 22℃ 以下，上述所有的防卫反应快速、强烈地启动，同时发现，接种的烟草移到 22℃ 后 6h，类似一氧化氮合酶（nitric oxide synthase，NOS）的活性增加了约 5 倍，而在感病的烟草中，这种酶活性增加很少或几乎没有变化。将哺乳动物一氧化氮合酶注入烟草叶片的细胞间隙，可导致 PR1 蛋白的显著积累，一氧化氮合酶抑制剂可抑制该酶活性，也抑制 *PR1* 基因的表达。可见，一氧化氮与活性氧在植物抗病性诱导过程中共同起作用。

❈ 小　结

寄主植物-病原物相互作用是指从病原物接近或接触植物到植物表现感病或抗病的整个过程中双方互动或相互影响、制约的现象。互作是影响植物病程进展的重要因素，决定着病原物能否成功侵染并引起病害。在亲和性互作中，病原物成功侵染、引起植物发病；在非亲和性互作中，病原物侵染失败，植物表现抗病。

　　寄主植物-病原物识别是双方实现信息交流的专化性事件，发生在双方互作过程的早期，能引发寄主植物一系列的病理反应。根据互作的进程，有接触前识别、接触识别和接触后识别三种情况。识别是植物与病原物双方特定物质之间直接的专化性结合或对双方行为有刺激作用的专化性事件，需要特定分子参与作用。

　　在互作进程中，病原物依靠酶、毒素、生长调节物质、多糖类化合物等致病物质，以不同机制发挥致病作用，引起植物在光合作用、呼吸作用、核酸与蛋白质合成等生理生化方面的病变。与此同时，植物则使用被动抗病性与主动抗病性等不同抗病机制抵御病原物的侵染与致病过程。植物控制抗病性的基因数量及其作用机制有很大不同，基因对基因假说阐释了植物抗病基因对小种专化抗病性进行遗传控制、导致过敏反应和系统性获得抗性的机制。

　　植物依赖细胞壁加厚、形成侵填体、栓质、胼胝质等结构因子，以及病程相关蛋白、植物保卫素和富羟糖蛋白、细胞壁木质化等生化因子实现抗病性。在诱导抗性中，这些抗病因子受诱导后以不同机制发挥作用，构成植物的防卫反应。这个过程依赖于信号转导，由水杨酸、乙烯、茉莉酸等信号分子参与调控，诱发防卫反应基因的表达，导致对不同病原物的抗性。

❀ 复习思考题

　　1. 病原物与寄主植物相互作用有哪些方式？如何从遗传机制上解释亲和互作与非亲和互作？

　　2. 寄主植物与病原物识别按阶段可分为几种？植物与病原物识别的机制有哪些？

　　3. 病原物的致病物质有哪些？归为哪些类型？有何作用特点？

　　4. 病原物毒素与植物保卫素有关系吗？各自的概念、类型、作用特点是什么？

　　5. 植物病理生理学主要反应及原因是什么？

　　6. 植物抗病性有哪些类型？抗病的生化和分子基础是什么？

　　7. 略述植物抗病基因的功能及与过敏反应、系统性获得抗性的关系。如何理解基因对基因假说？

　　8. 什么是信号转导？植物抗病性需要哪些信号转导过程？有哪些信号分子参与调节？

　　9. 什么是交互保护？植物抗病毒交互保护主要有哪些机制？什么是基因沉默？

第十章 植物的非侵染性病害

植物的非侵染性病害（noninfectious disease）一般是指植物在生长发育过程中遇到不适宜的因素，直接或间接引起的一类病害。引起植物非侵染性病害的因素主要有非生物的化学因素和物理因素，少数是植物自身遗传因素所致。非侵染性病害在植物的个体间不相互传染，所以也称为非传染性病害或生理性病害。

第一节　化学因素引起的植物病害

化学因素引起的常见植物病害有营养失调、农药药害和环境污染物毒害等。随着现代农业生产的发展，农业栽培制度和措施发生了很大变化，如复种指数提高、保护地栽培面积扩大、化学品（化肥、激素、农药等）大量使用、环境污染加剧等，使植物的生长环境日趋恶化。化学因素引起的非侵染性病害种类不断增多，发病面积逐年增大，给农业生产带来的影响也不断加重。

一、营养失调

植物生长发育所需的基本营养物质（称为植物必需元素）除本身可以通过光合作用合成外，还需要从外界获取，包括氮、磷、钾、钙、镁、硫、铁、锰、锌、铜、钼、硼、氯等。许多营养元素是植物细胞的构成成分，它们参与植物的新陈代谢，使植物体能够完成其遗传特性固有的生长发育周期。当植物缺乏某种必需元素时，就会因生理代谢失调而导致外观上出现特有的症状，称为缺素症。当各种必需元素间的比例失调或某种元素过量，也会导致植物表现出各种病态。植物营养失调会导致植物的品质变劣，生物产量和经济产量下降，甚至死亡。

引起植物营养失调的因素很多。例如，土壤中某种营养元素不足，满足不了植物正常生长的需求；土壤中本来含有一定量的某种元素，但由于植物生长不正常、营养元素被土壤中的无机物或有机物吸附固定、土壤的理化性质不良等导致植物无法吸收利用；土壤管理不善、偏施某类肥料导致养分不均衡；某种营养元素过多，阻碍或抑制植物对其他元素的吸收和利用等。

由于不同营养元素的生理功能不同，各种元素在植物体内移动能力的不同，植物营养失调的症状也会因元素的差异而不同。在同一种植物上同一种元素失调的症状在不同的生育期或不同的环境条件下也会存在差异。但一般来讲，某种元素失调会表现出其特有的症状。

（一）营养失调的症状特点

1. 氮素营养失调　　植物缺氮，生长受阻，植株矮小。叶片薄而小且整个叶片呈黄绿色，严重时下部老叶几乎呈黄色、干枯（数字资源 10-1）；根系初期发白细长，数量减少，后期停止伸长，呈现褐色；茎细小，分蘖或分枝少。因为植物体内的氮素具有高度的移动性，能从老叶转移到幼叶，所以缺氮的症状通常从老叶开始出现，逐渐扩展至幼叶。

氮素过剩，容易促进植株体内蛋白质和叶绿素的大量形成，使营养体徒长，叶面积增大，叶色浓绿。果树体内氮素过多则枝叶徒长，花芽分化不充分，果实品质变差，成熟晚。

2. 磷素营养失调　　植物缺磷，生长缓慢，地下部生长严重受抑制。叶色暗绿，无光泽或因花青素积累变紫红色（数字资源 10-2），并从下部叶片开始逐渐死亡脱落；根系不发育，主根细长，侧根分枝少或无；茎细小；花少，易出现秃梢、脱荚或落花、落蕾；果少、果实迟熟，种子小而不饱满，千粒重下降。

磷素过多，会降低土壤中的铁、锌、镁等营养元素的有效性。因此，磷素过多引起的症状通常表现出缺铁、缺锌、缺镁等的失绿症。

3. 钾素营养失调　　植物缺钾，生长受阻。一般开始从老叶尖端沿叶缘逐渐变黄，进而变褐或出现斑点状褐斑，叶缘似烧焦状（如水稻赤枯病）（数字资源 10-3）或卷曲皱缩，或叶尖黄化坏死；根系生长明显停滞，细根和根毛生长极差，易出现根腐病；植株的维管束木质化程度低，厚壁组织不发达，茎细小、节间短，易倒伏；有时果实出现畸形，有棱角。

钾素过剩易引起其他营养元素（如硼）的有效性受阻。

4. 钙素营养失调　　植物缺钙，植株矮小或藤生状，病态先发生于根部和地上的幼嫩部分，未老先衰或容易腐烂死亡。幼叶、茎、根的生长点首先出现症状，轻则凋萎，重则生长点坏死；幼叶变形皱缩，叶片边缘向下或向前卷曲，叶尖呈弯钩状；新叶抽出困难，叶尖相互粘连，有时叶缘呈不规则的锯齿状，叶尖和叶缘发黄或焦枯坏死。有些结球的十字花科蔬菜，如大白菜缺钙时，包被在中间的叶片焦枯坏死呈"干烧心"（数字资源 10-4）；缺钙植株不结实或结实少，有时在果实脐部出现圆形干腐病症状（如番茄的脐腐病）（数字资源 10-5，数字资源 10-6），多在幼果期开始发生。

5. 镁素营养失调　　植株缺镁，叶片上的表现特别明显。首先，中下部叶片的叶脉间褪色，由淡绿色变黄再变紫，随后向叶基部和中央扩展，但叶脉仍保持绿色，在叶片上形成清晰的网状脉纹（数字资源 10-7），木本植物缺镁症初多表现为植株中下部叶片黄化，叶基部的绿色区呈倒"V"形（数字资源 10-8，数字资源 10-9）；严重时叶片枯萎、脱落。在一年生植物上，缺镁症状一般在生长后期出现，雨季表现更为明显。多年生果树长期缺镁，则生长阻滞，较为严重时果实小或不能发育。

6. 硫素营养失调　　植株缺硫，幼叶先显症。初期，幼叶黄化，叶脉先失绿，逐渐遍及全叶。严重时，老叶变为黄白色，但叶肉仍呈绿色；缺硫植株茎细小，根稀疏，侧根少；开花结实期延迟，果实减少。缺硫症状还会受氮素供应的影响，氮素供应充足时缺硫症状发生在新叶；氮素不足时缺硫症状发生在老叶。

7. 铁素营养失调　　铁在植物体内不易移动。缺铁时症状首先在植株的顶端等幼嫩部位表现出来，新叶叶肉部分失绿变成淡绿色、淡黄绿色、黄色乃至白色，而叶脉仍然保持绿色，形成网状。严重缺铁时，整个叶片为黄色或白色（数字资源 10-10），有时出现棕褐色斑点，最后叶片脱落、嫩枝死亡。果树长期缺铁，顶部新梢死亡、果实小。

植株在酸性、含水量高和通气不良的土壤条件下，易出现铁的毒害。铁的毒害使地上部和根系生长受阻，叶片变为暗绿色，根变粗。烟草受亚铁毒害时，叶片呈暗褐色至紫色，品质变劣；水稻受亚铁毒害时，一般在叶脉间首先产生红棕色斑点，然后整个叶片变成灰色，所以常把水稻亚铁毒害称为"青铜病"。

数字资源
10-11～
10-12

8．锰素营养失调 植株缺锰，植株矮小，呈失绿病态。一般新叶开始出现症状，叶肉失绿，叶脉仍为绿色，呈绿色网状，严重时，褪绿部分呈黄褐色或赤褐色斑点；有时叶片发皱、卷曲甚至凋萎（数字资源10-11）；对缺锰敏感的植物有小麦、大豆、花生、豌豆、马铃薯、黄瓜、萝卜、菠菜、桃、柑橘、葡萄、莴苣等。

锰过量会引起植株中毒。症状为老叶边缘和叶尖出现许多棕褐色的枯焦小斑，并逐渐扩大；柑橘易出现早期落叶。有些植物锰中毒后丧失顶端优势，侧枝增多形成丛枝。

9．锌素营养失调 植物缺锌，植株矮小，生长受阻。叶片脉间失绿或白化，节间缩短，产量降低；果树缺锌除叶片失绿外，在枝条尖端常出现小叶、节间缩短呈簇生状（数字资源10-12）。对缺锌敏感的植物有水稻、大豆、烟草、番茄、甘蓝、莴苣、芹菜、菠菜、桃、李、柑橘、葡萄、番木瓜等。

锌中毒主要表现在根的生长受阻。水稻受害时，植株矮小，分蘖减少，根系短而稀疏，叶片黄绿乃至枯黄。小麦受害叶尖出现褐色条斑，生长迟缓，产量降低。

10．铜素营养失调 植物缺铜，幼叶褪绿、坏死、畸形及叶尖枯死；植株纤细，木质部表皮细胞壁木质化及加厚程度减弱。禾谷类植物缺铜常使分蘖增多，生殖生长推迟，抽穗后贪青不落黄，穗部结实少，有的甚至不抽穗，近成熟时迅速枯萎，呈现与正常植株不同的黑褐色。双子叶植物缺铜，叶片卷缩、叶片易折断凋萎，叶尖呈黄绿色。草本植物缺铜，往往叶尖枯萎，嫩叶失绿，老叶枯死。木本植物缺铜，则表现枯梢、顶枯、树皮开裂、流胶，果实小、果肉僵硬。

铜过量会产生毒害。铜对根细胞质膜的危害会使植株主根伸长受阻、侧根变短；铜毒害会使新叶失绿、老叶坏死，叶柄和叶背变紫。

11．钼素营养失调 植物缺钼症状有两种类型：①脉间叶色变淡、发黄，类似于缺氮和缺硫的症状，但缺钼的叶片易出现斑点，边缘焦枯向内卷曲，且由于组织失水而萎蔫。一般老叶先出现症状，新叶在相当长时间内仍表现正常。定型的叶片有的尖端出现灰色、褐色或坏死斑点，叶柄和叶脉干枯。②叶片瘦长畸形，呈鞭状或螺旋状扭曲，老叶变厚，焦枯（数字资源10-13）。

植物吸收过量的钼素可引起中毒，但一般不出现症状。茄科植物对钼素过量较敏感，常表现为叶片失绿，小枝上呈现红黄色或金黄色。

数字资源
10-13～
10-15

12．硼素营养失调 植物缺硼，茎节间变短，生长点生长停滞，甚至枯萎死亡，顶芽枯死后，腋芽萌发，侧枝丛生，形成多头大簇；根系发育不良，根尖伸长停止，呈褐色，侧根密集，茎以下膨大，似萝卜根；老叶增厚变脆，叶色深，无光泽，叶脉粗糙变肿（数字资源10-14），新叶皱缩，卷曲失绿，叶柄变粗短缩；茎矮缩，严重时出现茎裂和木栓化现象；花少而小，花粉粒畸形，常花而不实（如油菜的花而不实通常是由缺硼引起），结实率低；果树的果实发育不良，常表现畸形（如果面凹凸不平的疙瘩梨）（数字资源10-15）；瓜条、水果肉质部分木栓化严重，块根类植物根部产生裂纹、空洞或心腐。

硼素过多可引起中毒，一般在中下部叶片尖端或边缘褪绿，随后出现黄褐色斑块，甚至坏死焦枯。叶脉呈辐射状的双子叶植物整个叶缘枯焦如镶金边，叶脉呈平行状的单子叶植物症状由叶尖逐渐向中心发展，严重时叶片枯萎早脱。老叶比新叶严重。

13．氯素营养失调 植物缺氯表现为叶片失绿、凋萎，有时呈青铜色，逐渐由局部遍布全叶而坏死。根系生长受阻，根细而短，侧根少。

植物氯素中毒表现为叶尖、叶缘呈灼烧状，早熟性发黄及叶片脱落。氯中毒症状一般发生在某一叶层的叶片上，过一段时期后，症状逐渐消失，生长基本恢复正常。这种对氯敏感的生育期称为"氯敏感时期"。植物的氯敏感时期多在苗期或幼龄期，如麦类在2～5叶期，大、小白菜在 4~6 叶期，水稻在 3~5 叶期，柑橘、茶叶则在 1~4 年生的幼龄期。因此认为在氯敏感期内，必须避免环境中有高浓度的氯化物。

（二）营养缺失的诊断

植物缺素症主要根据症状和元素的生理功能和移动性进行诊断。一些容易移动的元素，如氮、磷、钾及镁等，当植物体内呈现不足时会从老组织向新生组织转移，因此这些元素缺失的症状最初总是在老龄组织上先出现；相反，一些不易移动的元素，如铁、硼、钼等缺失的症状则常常从新生组织开始表现。铁、镁、锰、锌等直接或间接与叶绿素形成或光合作用有关，缺失时一般都会出现失绿现象；磷、硼等与糖类的转运有关，缺失时糖类容易在叶片中滞留，有利于花青素的形成，常使植物茎叶带有紫红色泽；硼和开花结实有关，缺失时就会出现"花而不实"；钙、硼等细胞膜形成的必需元素缺失会使细胞分裂过程受阻，导致新生组织萎缩、死亡；缺锌会导致植物生长素合成受阻，植株表现小叶病。植物还会出现多种元素缺乏综合征，诊断时必须综合考虑。

植株茎、叶的营养缺失症可按下表进行初步检索。

症状在老组织或成熟组织上先出现
　　不易出现斑点（缺氮、磷）
　　　　新叶淡绿，老叶黄化枯焦，早衰 ·· 缺氮
　　　　茎、叶暗绿或紫红色，生育期推迟 ·· 缺磷
　　易出现斑点（缺钾、锌、镁）
　　　　叶尖及边缘先枯焦，症状随生育期推延而加重，早衰 ··················· 缺钾
　　　　叶小，斑点大而常先出现在主脉两侧，生育期推迟 ······················ 缺锌
　　　　脉间明显失绿，有多种色泽斑点或斑块，但组织不易出现坏死 ········· 缺镁
症状在幼嫩组织上先出现
　　顶芽易枯死（缺钙、硼）
　　　　茎、叶柔软、发黄焦枯，早衰 ·· 缺钙
　　　　茎、叶柄变粗，脆、易开裂，叶脉木栓化 ··································· 缺硼
　　顶芽不易枯死（缺铜、钼、硫、锰、铁）
　　　　嫩叶萎蔫、无失绿 ··· 缺铜
　　　　叶片生长畸形或斑点散布在整叶 ·· 缺钼
　　　　叶脉失绿或均匀失绿 ··· 缺硫
　　　　脉间失绿，出现斑点，组织易坏死 ·· 缺锰
　　　　脉间失绿，叶片发黄或发白 ·· 缺铁

二、农药药害

农药药害是指农药的不合理施用导致植物生长发育或生理变化不正常等受害现象。药害的产生与农药品质、使用技术、施用剂量、植物和环境条件等因素有关。例如，农药质量差、制剂意外混入有害杂质、农药有效成分分解成有害物质、农药混用不当、施药方法不当、药剂施用浓度过高、剂量过大、任意扩大防治谱、施药时期不当、施药环境不适等均可能产生药害。

植物药害按发生时期可分为直接药害和间接药害。前者指施用农药对当季植物造成药害，后者指施用农药使邻近敏感植物受害或者下茬敏感植物受害。例如，麦田使用了超量的除草剂，

常常对后作的水稻有严重损害。按照施药后植物药害症状出现的快慢可分为急性药害和慢性药害。急性药害一般在施药后2～5d发生，幼嫩组织或器官容易发生，常在叶面上出现坏死斑或条纹斑，叶片褪绿变黄，严重时枯萎脱落。施用无机铜、硫杀菌剂容易引起急性药害。慢性药害不会很快表现出明显的症状，而是逐渐影响植株正常的生长发育。

不同种类的植物对农药毒害的敏感性不同。例如，波尔多液容易对桃、李、梅、白菜、瓜类、大豆和小麦等产生药害，而对茄子、甘蓝、丝瓜、柑橘等则不易产生药害。同一植物不同生育期的敏感性也不同。一般来说，幼苗和开花期的植物对农药更敏感。

常见的药害症状类型有以下几种。

1. 斑点或坏死　药害造成的斑点主要发生在叶片、茎秆或果实表皮上（数字资源10-16）。常见的有褐斑、黄斑、网斑等。斑点大小和分布没有规律性，但与喷雾的雾滴在植株上的分布相吻合，整块地有轻有重。

数字资源
10-16～
10-20

2. 变色　药害造成的变色，多数是黄化。黄化可发生在植株的茎、叶部位，以叶片黄化居多（数字资源10-17）。引起黄化的主要原因是农药阻碍了叶绿素正常的光合作用，轻度药害仅叶片发黄，严重时全株发黄。药害还会导致果实的转色不正常，如代森锰锌会使荔枝的果实上出现不转红的黄绿斑或形成黑褐斑。

3. 畸形　药害引起的畸形可发生于植物茎、叶、根部和果实，常有卷叶、丛生、肿根、畸形穗、畸形（数字资源10-18）等。例如，辛硫磷药害常造成小白菜的嫩叶一边展不开或间有白化的卷叶状。药害造成的劣果有时还伴有斑点等其他药害症状。

4. 枯萎　药害引起的枯萎往往整株表现症状，大多是由除草剂引起的。药害引起的枯萎没有发病中心且发生过程迟缓，先黄化，后死苗（数字资源10-19），植株根茎输导组织无变色。

5. 生长停滞　这类药害抑制了植物的正常生长，使植株生长缓慢，除草剂（包括残留）药害一般均有此表现（数字资源10-20）。一些唑类杀菌剂，如烯唑醇对草本植物有抑制顶端生长的作用，施用后往往出现僵苗现象。

6. 不孕　不孕症是植物生殖期用药不当而引起的一种药害反应。药害不孕常混有其他药害症状。

7. 脱落　脱落大多表现在果树及部分双子叶植物上，有落叶、落花、落果等症状。药害引起的"三落"（落叶、落花和落果）常伴随其他药害症状出现，如产生黄化、枯焦后再落叶。应注意与天气或栽培因素造成的"三落"区分开来。

8. 劣果　此类药害表现在植物的果实上，使果实变小、畸形、品质变劣，影响食用价值。药害造成的劣果有时还伴有斑点等其他药害症状。

三、环境污染物毒害

随着我国工业化进程的发展，化工企业产生的环境污染物引起植物受害的现象频繁发生。环境中对植物造成伤害的污染物主要有大气污染物、水体污染物和土壤污染物。

（一）大气污染物

常见的大气污染物有二氧化硫、氟化物、臭氧、乙烯、氮氧化物等。当大气污染物浓度超过植物的忍耐限度时，会使植物的细胞和组织器官受到伤害，生理功能和生长发育受阻。尽管植物遭受大气污染物的急性伤害症状往往是坏死性叶斑和叶组织枯死，但各种污染物对叶片的伤害往往表现出各自的症状特点。

1. 二氧化硫伤害   植物受二氧化硫污染后，初始细胞膨压下降，失去原来光泽，出现暗绿色的水渍斑。随着时间的推移，在植物叶片的叶脉间形成比较明显的失绿斑，呈灰绿色，然后逐渐失水干枯，直至出现典型的坏死斑（数字资源10-21）。坏死斑一般在气孔周围形成，因植物种类不同而颜色、形状各异。阔叶植物（如菜豆、西葫芦）的典型急性中毒症状是叶脉间有不规则的坏死斑，坏死组织和健康组织之间有一过渡带；单子叶植物（如小麦、玉米）在平行叶脉之间出现斑点状或条状坏死区；针叶植物（如松树）受二氧化硫伤害首先从针叶尖端开始，逐渐向下发展呈现红棕色或褐色。

2. 氟化物伤害   氟化物对植物的毒性比二氧化硫大，而且氟化物的相对密度比空气小，扩散距离远，往往在较远距离也能危害植物。植物受氟化物污染的急性伤害症状，首先在嫩叶、幼芽上产生症状，叶片褪绿，叶尖或叶缘出现中毒斑，病斑由油渍状发展至黄白色，进而呈褐色斑块；在被害组织与正常组织分界处，有稍浓的褐色或近红色条带，是氟化物毒害的典型症状。禾本科植物，首先在新叶尖端和边缘出现黄化，特别是抽穗前后的剑叶和幼穗的顶部最为敏感，很快表现症状；当接受的剂量增高时，叶尖、叶缘的病斑迅速扩展；高浓度氟化物能在数小时内使叶片出现褐斑，并在一两天内呈现枯萎状态。植物在生育后期受氟化物的毒害影响较重，尤其在开花期受害，减产最为明显。

3. 氯气伤害   氯气的急性伤害症状与二氧化硫相似，病斑主要在叶脉间出现，为不规则的细点状或斑块，受害组织与健康组织无明显分界；同一叶片上常常分布着不同程度的受害斑，或失绿黄化，叶面呈现一片模糊。

4. 臭氧伤害   臭氧伤害一般仅在成叶上发生，嫩叶不易发现可见症状。叶片表面出现点刻状的斑点，严重时发生黄化，甚至氧化成白色，而在烟草上则可造成气候斑病（数字资源10-22）。臭氧伤害对植物的影响很大，浓度很低时会使植物生长减缓，造成慢性中毒，高浓度时会杀死叶片组织，致使整个叶片枯死，最终引起植物死亡。

5. 过氧乙酰基硝酸酯伤害   受害症状多发生在幼叶，一般很少在成叶上出现。幼叶受害后，生长受阻，形成小型叶或畸形叶；受害病状在不同植物上会有不同，常为亮铜斑、银白斑或亮光斑。慢性危害时，叶片表面呈紫色，植物表现老化、早衰。

6. 氮氧化物伤害   受害植物在叶脉间或叶缘出现不规则水渍状病斑，逐渐坏死，变成白色、黄色或褐色斑。其病状与受二氧化硫危害类似。

大气污染物引起的植物病害在田间分布上与污染源的方位、风力、风向有较大的关系。一般靠污染源近的植物受害较重，远处则较轻，有时会出现明显的空间梯度分布现象；地形、地貌对风力、风向有影响时，也会出现相应的空间分布现象；地面有无障碍物或障碍物的高低对植物的伤害程度影响较大。不同植物对大气污染物的敏感程度不同，受害程度因植物种类不同表现不一样，出现的症状也不一样。

（二）水体和土壤污染物

水体污染物常见的是工矿企业排出的废水、废液，因含有较多有害物质，直接灌溉农田所致的伤害作用。土壤污染物是指使土壤遭受污染的物质。其来源极其广泛，主要包括来自工业和城市的废水和固体废弃物、农药和化肥、牲畜排泄物、生物残体、大气沉降物及土壤金属离子等。

常见水体污染物或土壤污染物及其所造成的植物伤害症分述如下。

1. 耗氧有机物伤害   富含耗氧有机物的污水，主要来自都市、农业及工业废水。植物受害状是根系因缺氧而生长受阻、根系死亡等，地上部矮化、黄化及产生生化斑，严重者全株或大片植株死亡。

2. 盐分过量伤害　　氯盐、钠盐、硫酸盐是最常见的水污染或土壤污染物，多直接或间接与海水或盐矿有关，但农业上施肥不当及工业废水也是污染源。其为害植物的症状为叶缘和叶尖枯萎、植株矮化、老叶黄化等，严重者造成全株或大片植株死亡。

3. 金属离子过量伤害　　容易对植物造成危害的金属离子有铁、锰、铝、砷、锌、铜、铬、镉、镍、铅、汞等。其中铁、锰、铝是酸性土壤中容易过量的元素，但三者造成的植物受害状各有不同。例如，铁过量会造成水稻分蘖减少、叶部末端锈斑、植株矮化、减产；锰过量会造成芹菜叶缘黄化及斑点；铝过量会造成植株侧根减少、根系稀疏、植株矮化。此外，砷过量会使根系腐烂及变色，造成枯死；锌过量的病状是幼叶黄化，似缺铁症；大豆上镉过量会造成叶脉及茎部产生红棕色条斑。

第二节　物理因素引起的植物病害

引起植物非侵染性病害的物理因素，主要包括温度胁迫、光照不适、水分失调和缺氧与风害等。不同种类的植物或器官对不良物理因素的反应不同，如果不良物理因素的刺激超过了植物的忍受程度，植物就会表现出异常或病态，呈现不同的症状。一般较为敏感的植物或器官往往先表现症状，当不良物理因素消失时，病害即停止发展。

一、温度胁迫

植物的生长发育需要一定的温度条件，当环境温度超出了植物的适应范围，就对植物产生胁迫作用。温度胁迫持续一段时间，就可能对植物造成不同程度的损害。温度胁迫包括高温胁迫、低温胁迫和剧烈变温胁迫。

（一）高温胁迫

当环境温度达到植物生长的最高耐受温度以上，即对植物形成高温胁迫。高温胁迫可以引起一些植物开花和结实异常。例如，水稻抽穗扬花期遭遇高温，可影响水稻受精作用，使花粉不能正常发育，结实率降低。在自然界，高温往往与其他环境因素特别是强光照和低湿度相结合对植物产生胁迫作用。例如，小麦抽穗后遇上高温低湿的干热风，麦株会早衰和青枯；高温和强光照结合可引起番茄、辣椒、西瓜、苹果等植物果实的日灼病，其症状是果皮褪色，呈水渍状，后形成凹陷疤斑。日灼病一般都表现在植物器官的向阳面（数字资源 10-23，数字资源10-24）。接近成熟的果实，雨后烈日下极易出现日灼症状。植物幼苗可因土面温度过高，以致近地面的幼茎组织被灼伤而表现立枯症状。

数字资源
10-23～
10-24
（含视频）

高温危害植物的机制主要是影响一些酶的活性，从而导致植物异常的生化反应和细胞的凋亡。高温还可引起蛋白质聚合和变性、细胞质膜破坏和某些毒性物质的释放。

（二）低温胁迫

当环境温度持续低于植物生长的最低耐受温度时即对植物形成低温胁迫。低温胁迫主要是冷害和冻害。冷害也称寒害，是指 0℃以上的低温所致的病害。喜温植物，如水稻、玉米、菜豆、柑橘、菠萝、香蕉等较易受冷害。当气温低于10℃时，就会出现冷害。受害植株往往表现变色、坏死和表面斑点、芽枯、顶枯。早稻秧苗期遇低温寒流侵袭易发生青枯、黄枯或烂秧。晚稻幼穗分化至扬花期遇到较长时间的低温，也会因花粉粒发育受阻而影响结实。冻害是 0℃以下的低温所致的病害。冻害的症状主要是幼茎或幼叶出现水渍状、暗褐色的病斑，之后组织死亡，严重时整株植物变黑、干枯，继而死亡（数字资源 10-25，数字资源 10-26）。

低温对植物的伤害主要是由于细胞内或间隙冰的形成。细胞内形成的冰晶破坏质膜，引起细胞的伤害或死亡。细胞间隙的水因含有较少的溶质而比细胞内更易结冰。细胞内水的结冰点与细胞含水量有关，溶质多，冰点高，一般为－10～－5℃。某些植物病原细菌和腐生细菌具有催化冰核形成的能力，可以使细胞水的冰点提高，使植物更易受到霜冻的危害。

（三）剧烈变温胁迫

当环境温度在较短的时间变化幅度太大，超出了植物正常生长所能忍受的程度时就对植物形成剧烈变温胁迫。剧烈变温对植物的伤害往往比单纯的高温和低温更大。例如，昼夜温差过大可以使苹果、梨等木本植物的枝干的向阳面发生灼伤或冻裂；在温室和露地温度差异很大的情况下，温室培养的植物幼苗移栽到露地后容易出现枯死，如龟背竹、喜林芋、橡皮树和香龙血树等盆栽观赏植物可因快速升温引起新生叶片变黑、腐烂。

二、光照不适

植物的生长发育需要一定的光照条件，光照不足或光照过强都可使植物正常生长受到影响。光照不足影响阳性植物叶绿素的形成和光合作用，致使叶片黄化或叶色变淡，花芽因养分不足而早落，植株生长瘦弱，容易发生倒伏或受到病原物的侵袭。另外，光照过强可引起某些喜欢弱光的植物（如千日红）叶片出现坏死斑点。更为常见的是，光照过强与高温、干旱相结合引起植物的日灼病。

光照时间的长短（光周期）对植物的生长、发育影响更为重要。研究表明，光可以控制植物的基因表达，控制植物的形态发生；已知有 60 多种酶受到光照的调控。按照光周期现象将植物分为长日照、短日照和中性植物。光周期条件不适宜，可以延迟或提早植物的开花和结实，甚至导致植物不能开花结实，给生产造成严重损失。

三、水分失调

水分对植物体内各种生理生化反应和体温调节起重要作用。植物体内水分的平衡是其维持正常新陈代谢活动的前提。各种植物的生长都有其适宜的湿度范围，当环境湿度超出了它们的适应范围，就称为水分失调。水分失调包括水分不足、水分过多和水分骤变。

（一）水分不足

土壤含水量和大气相对湿度过低，都可引起植物水分供应不足，表现旱害。植物因长期水分不足而形成过多的机械组织，使一些幼嫩多汁器官的一部分薄壁细胞转变为厚壁的纤维细胞，可溶性糖转变为淀粉而降低品质，同时生长受到抑制，各种器官的体积和重量减少，导致植株矮小瘦弱。严重干旱可引起植物的萎蔫、叶缘焦枯等症状。木本植物表现为叶片黄化或早期落叶、落花、落果。禾本科植物在开花期遇干旱影响授粉，增加秕谷率；灌浆期遇干旱影响营养向籽粒中输送，降低千粒重。如果土壤湿度很低，又遇上大风、高温，则会导致植株大量失水，造成叶片焦枯、果实萎缩或植株萎蔫，对许多植物的伤害很大。例如，在长江流域，小麦在灌浆乳熟期遭遇干热风，植株常发生萎蔫、早衰或灌浆不足，甚至迅速干枯、死亡。

（二）水分过多

土壤中水分过多会造成氧气供应不足，使植物的根部处于窒息状态，最后导致根变色或腐烂，地上部叶片变黄、落叶、落花等症状。地下水位过高、地势低洼、雨季局部积水及不适当的人工灌水导致土壤湿度过大，可引起棉花、小麦等旱地植物的涝害或渍害。其机制是由于土壤中氧气供应不足，根部不能进行正常的生理活动，容易发生须根的腐烂。土壤水分过多引起的缺氧还有利于土壤中厌氧微生物的生长，产生一些对根部有害的物质。涝害或渍害使植株叶片由绿色变淡黄色，并伴随着暂时或永久性的萎蔫。变色和萎蔫的原因主要是根系受损造成植株吸水能力降低，其次还可能与有害物质的影响有关。

（三）水分骤变

水分的骤然变化也会引起病害。前期干旱，后期雨水多容易引起果树、根菜类植物果实脱落和裂果或组织开裂。这是由于干旱情况下，植物的器官形成了伸缩性很小的外皮，水分骤然增加以后，组织大量吸水，膨压加大，导致器官破裂或离层形成。而前期水分充足、后期干旱会使番茄果实发生脐腐，脐部呈现暗褐色凹陷斑块，尤以未成熟果实最为明显。这是由于叶片的渗透压高于果实，在水分不足时，叶片从果实吸收水分，使处于供水末端的脐部细胞突然大量失水。

四、缺氧与风害

充足的氧气是植物生长的必要条件之一，通气不良导致环境缺氧可引起植物病害。在自然界中，缺氧常与土壤的高湿、高温有关。缺氧能引起渍水土壤中旱地植物根部组织脱水，与上述土壤水分过多（高湿）的影响相同。土壤高湿与土壤或空气高温相结合，土壤对根系的有效氧含量减少，而植物需氧量却增加，二者共同作用可导致根系极度缺氧、衰弱甚至死亡。缺氧还有利于土壤厌氧微生物的生长，产生一些对根部有害的代谢物质。

缺氧引致的病症在肉质果实和多汁蔬菜成堆存放时容易出现。最常见的是马铃薯黑心病。由于马铃薯块茎内出现高温，促进块茎呼吸作用及异常酶反应，块茎中心部位供氧不足，因而呼吸加快，在高温和低氧化作用下活化了酶反应，持续下去直至细胞死亡。这些异常的氧化反应使马铃薯正常成分转化为黑色素，扩散到周围块茎组织，最后形成黑心。

在自然情况下，风并不单独引起病害，但强风（过强的气流）会影响植物的生长，对植物造成伤害。常见的是强风与高温互作导致植物生长异常，如干热风可引起抽穗后的小麦青枯、早衰。

第三节 非侵染性病害与侵染性病害的关系

植物非侵染性病害和侵染性病害的关系十分密切。非侵染性病害可降低植物对病原物的抵抗能力，更有利于侵染性病原物的侵入和发病。例如，水稻的烂秧死苗就是因为低温降低秧苗的抵抗力，使绵霉菌等更易于侵染造成的。同样，侵染性病害有时也会削弱植物对非侵染性病害的抵抗力。例如，某些叶部病害不仅引起木本植物（如苹果树）提早落叶，也使植株更容易受冻害和霜害。研究植物的非侵染性病害不但可为此类病害的诊断和防控提供科学依据，而且可为研究环境因素在侵染性病害发生发展及其控制中的作用提供新的思路。

　　植物的非侵染性病害和一些侵染性病害，如病毒、类病毒、植原体、线虫等的侵染所表现的症状很相似。正确判断和区别这两类性质不同的植物病害，对有效采取相应的防控措施是十分重要的。一般非侵染性病害在田间的主要发生特点是：无病征、分布均匀性，田间无发病中心；无传染性，不会在植株间或器官间蔓延；可恢复性，有些非侵染性病害在适当的条件下，病状可消失，如缺素症在补给相应元素后可恢复；关联性，物理因素引起的非侵染性病害一般与灾害性天气，如气温、干旱、洪涝等有关联，药害、肥害和施药、施肥的农事操作有关联，污染物毒害与污染源有关联等。非侵染性病害的诊断除了根据田间症状的表现外，还可以进行治疗性诊断。根据所推断导致非侵染性病害的原因，进行针对性的施药、施肥处理或改变环境条件，观察病害的发展情况。例如，在通常情况下，植物的缺素症在施肥后症状可以很快减轻或消失。

❀ 小　　结

　　植物的非侵染性病害主要是由环境中不适合的化学或物理因素直接或间接引起的。化学因素引起的植物非侵染性病害中最常见的有植物营养失调、农药药害和环境污染等；物理因素主要包括温度胁迫、光照不适、水分失调和缺氧与风害等。非侵染性病害可降低植物对病原物的抵抗能力，更有利于侵染性病原物的侵入和发病；侵染性病害有时也会削弱植物对非侵染性病害的抵抗力。非侵染性病害在田间的主要发生特点是：无病征、分布均匀性、无传染性、可恢复性和关联性。

❀ 复习思考题

1. 如何区别植物的非侵染性病害与侵染性病害？
2. 植物药害、污染物毒害引起的症状分布有何特点？
3. 非侵染性病害与侵染性病害在田间现场的发生特点有哪些异同？

第十一章　植物病害的诊断

植物病害诊断（diagnosis of plant disease）是根据发病植物的症状表现、所处环境条件，经过必要的调查、检验与综合分析，对植物病害的发生原因做出准确判断的过程。植物病害诊断的目的在于查明和确定病因，随后根据病因和发病趋势，提出相应的防控对策。可见，植物病害诊断的过程和目的与人类医学临床诊断相似。然而，植物不同于人，它的发病过程和受害程度，全靠植物病理学工作者——植物医生凭借经验和知识去分析、判断。只有及时准确地诊断，才能采取合适的防控措施，收到预期的防控效果。否则，就会贻误时机，给生产造成严重损失。因此，正确的诊断是有效防控植物病害的前提。

植物在田间出现的任何异常状况，生产者都可能会找植物医生进行诊断。植物的异常表现，包括"伤害""虫害""病害"，后者又分为非侵染性病害和侵染性病害两大类。在进行植物病害诊断时，首先应从宏观角度考察是否为非病原因素所致的"伤害"或"虫害"，进而考察它是属于非侵染性病害还是侵染性病害；然后在此基础上，进一步细致分析或微观检测，按其病因确定其为哪一种病害。这样从宏观到微观逐步深入考察分析，有助于避免片面或误诊，获得准确的诊断结论。

第一节　植物病害诊断基础

一、植物病害诊断的基本条件

要对植物病害做出准确的诊断，基本条件是从事诊断的人员必须具有良好的专业素质，同时具备必要的仪器设备和资料信息。

1. 诊断者素质　　诊断者必须具有扎实的植物病理学专业知识和丰富的实践经验，熟知常见植物病害的症状特征、病原物和发生规律，了解相关作物的生物学特性、生育期、生境条件等生产实际情况；同时熟练掌握植物病害诊断与病原鉴定的技能，具备良好的综合分析能力。一个成熟的诊断者，必须能从各方面把握相关信息，并善于分析判断。

2. 常用仪器设备　　植物病害诊断常用的采集用具包括小铲、解剖刀、剪刀、锯、塑料袋和标签等。野外观察记载的用品有扩大镜、照相机、海拔仪、记录本、记号笔、铅笔等，或者具备照相、摄影、定位等功能的手机。室内常用诊断仪器有解剖镜、显微镜、恒温培养箱、冰箱、离心机、PCR 仪、酶标仪、接种与保湿装置、镊子、挑针、刀片等。

3. 必要的资料信息　　植物病害诊断必要的资料包括诊断手册、参考书、文献及与病害有关的信息和资料，后者包括栽培模式、往年发病情况、发病植物的品种、种子或无性繁殖材料的来源、田间生境条件、近期内的天气变化及施肥、施药、灌排水等农事操作情况。

二、植物病害诊断的依据

植物病害诊断主要依据传染特征、症状学、病原学等方面。

1. 传染特征　　传染特征是侵染性病害所具有的在植物不同个体间相互传染的特征，它是区别侵染性病害和非侵染性病害的根本依据。

2. 症状学　　症状学依据包括发病植物的内部症状和外部症状，后者又包括病状、病征、症状发生发展等。每类植物病害乃至每一种病害往往有其特有的典型症状特征，这些特征是诊断的重要依据。

3. 病原学　　广义的病原也称病因，是指引致植物发病的原因，包括生物因子和非生物因子。前者引致侵染性病害，后者引致非侵染性病害。因此，用于植物病害诊断的病原学依据应包括生物病原和非生物病原两个方面。生物病原方面的依据包括病原物形态特征、生物学特性、侵染性试验、免疫和分子生物学检测等，非生物病原方面的依据包括化学诊断、治疗试验和指示植物鉴定等。

三、植物病害诊断的程序和要求

（一）诊断的一般程序

植物病害诊断的一般程序包括：①全面细致地考察发病植物的症状；②调查询问病史和相关信息；③采样检查（镜检或剖检）病原物形态或特征性结构；④进行必要的专项检测；⑤综合分析病因，提出诊断结论。

为了提高诊断准确性，还要注意以下几点：①尽可能掌握与病害有关的资料和信息，必要时要现场调查和重新取样；②要了解近期内的天气变化及施肥、喷药、灌排水等农事操作情况；③要根据症状特征及检测结果等判断病因；④要考虑到病害的复杂性，诊断要留有余地；⑤应建立病害档案制度，定期核对诊断的准确性。

（二）田间诊断及其重要性

田间诊断是对田间植物群体的发病现场进行全面的综合考察和判断（谢联辉和林奇英，2011）。在考察中应详细调查记载病害发生的普遍性和严重性、病害发生的快慢、在田间的分布、发生时期、寄主品种及其生育期、受害部位、症状（病状和病征），以及发病田的地势、土壤、昆虫活动和环境条件等。根据病害在田间的分布发展特点、病株发病情况和近期内的天气变化及施肥、喷药、排灌等农事操作情况等，进行综合分析，做出初步判断。

病害的现场观察和调查对于初步确定病害的类别，进一步缩小范围很有帮助。现场观察要细致、周到，由整株到根、茎、叶、花、果等各个器官，注意颜色、形状和气味是否异常；由病株到周围植株，再到全田、邻田，病害在田间分布的特点；注意地形、地貌、邻近作物或建筑物的影响。病害的调查要注意不同发展时期的症状特点，尽可能排除其他异常的干扰。

现场观察到的病害症状和特点是病害的本来面目，要避免单凭几株送检标本诊断所常有的"只见树木，不见森林"的片面性和由于送检标本缺乏典型性或不新鲜而导致的"失真"或误诊。各种病害在田间的发生发展都有一定的规律，现场观察可以发现这种规律性。这些都有利于对病害进行客观准确的判断。对于常见的植物病害，有经验的植病工作者经过细致的田间诊断一般就能得出正确的结论。对于较复杂或不常见的病害，或新的病害，需进一步做必要的检测或试验。

（三）实验室诊断

实验室诊断是田间诊断的补充或验证。当一种病害经过田间诊断后，由于该病害较复杂或不常见或属于新的病害等，尚不能确诊时，就需对其做进一步的检测或试验，以查明病因。

1. 侵染性病害的实验室诊断　　对疑为侵染性病害的，首先应取具有典型症状的标本做病原物显微镜检测和鉴定。若病部有病征，可采用挑取或切片方式制成玻片，在光学显微镜下观察病原物的形态特征。若病部无病征，疑为菌物病害时，可取新鲜病组织保湿培养后再镜检有无菌丝及子实体；疑为细菌性病害时，可通过喷菌现象进行观察；疑为病毒病害时，可通过观察特征性症状进行判断，也可借助显微镜检查内含体，或借助鉴别寄主（谱）来鉴别。

对常见病害一般通过观察症状、镜检病原和查阅有关文献资料即可确定；对少见的或新的病害，不能仅凭病部发现的可疑病原物就仓促下结论，通常还应进行分离培养和鉴定，并做致病性试验或生物测定。

在具备条件的实验室，有针对性地采用电镜观察、生理生化、免疫学和分子生物学等现代化检测技术，可以对病害实行快速准确的诊断。

2. 非侵染性病害的实验室诊断　　对疑为非侵染性病害的，可进行模拟试验、化学分析、治疗试验和指示植物鉴定等（详见本章第二节）。

四、科赫法则

从植物上发现一种病原物，如果原来已知这种病原物能引起某种病害，就可以参考专门手册鉴定这种病原物，病害的诊断即告完成。但如果看到的这种生物可能是引起病害的病原物，而以前又没有资料来支持这个结论，那就需要采用科赫法则（Koch's rule）来证明这种推测。

科赫法则又称证病律，通常是用来确定侵染性病害病原物的操作程序，其具体步骤为：①在染病植物上常伴随有一种病原物的存在；②该生物可在离体的或人工培养基上分离纯化而得到纯培养；③所得到的纯培养物能接种到该种植物的健康植株上，并能在接种植株上表现出相同的病害症状；④从接种发病的植物上再分离到这种病原物，且其性状与原来分离的相同。如果进行了上述 4 个步骤，并得到确实的证明，就可以确认该生物为该病害的病原物。

科赫法则常用于侵染性病害的诊断、鉴定，特别是新病害的鉴定。非专性寄生物，如绝大多数植物病原菌物和细菌所引致的病害，可直接应用科赫法则来进行诊断、鉴定。对于一些专性寄生物如植物线虫、病毒、植原体、霜霉菌、白粉菌和锈菌等，由于目前还不能在人工培养基上培养，往常被认为不适合应用该法则，但现在业已证明该法则也同样适用于这些生物所致的病害，只是在进行人工接种时，直接从病株组织上获取线虫、孢子，或采用带病毒或植原体的汁液、枝条或昆虫等进行接种。但病毒和植原体的接种需要明确其传播途径。当接种株发病后，再从该病株上获取线虫、孢子，或采用带病毒或植原体的汁液、枝条、昆虫等，用同样方法再进行接种，当得到同样结果后才可证实该病的病原。

科赫法则同样也被借鉴用于非侵染性病害的诊断，只是以某种怀疑因素来代替病原物的作用。例如，当判断是缺乏某种元素引起病害时，可以用适当的方法补施该种元素；如果处理后植株症状得到缓解或消除，即可确认病害是缺乏该元素所致。

第二节 植物病害诊断方法

一、症状学诊断

症状是植物发生某种病害以后在内部和外部显示的表现型，每一种病害都有它特有的症状表现。人们认识病害首先是从病害症状的描述开始的，描述症状的发生和发展过程，选择最典型的症状来命名这种病害，如烟草花叶病、大白菜软腐病等。从这些病害名称就可以知道它的症状类型。反过来，我们可以根据症状类型和病征，对某些病害样本做出初步诊断，确定它属于哪一类病害，它的病因是什么。有些病害，如小麦白粉病、玉米瘤黑粉病，通过症状鉴别即可确诊。因此，症状在植物病害诊断中具有重要的作用。

需要注意，植物病害的症状又具有复杂性。多数情况下，一种植物在特定条件下发生一种病害以后只出现一种症状，如花叶、叶斑、腐烂或萎蔫等。但有不少病害并非只有一种症状或症状固定不变，可以在不同阶段或不同品种上，或者在不同的环境条件下出现不同的症状；其中常见的一种症状，就称为典型症状。例如，烟草花叶病毒侵染普通烟后，寄主表现花叶症状；但它侵染心叶烟后，则表现枯斑症状；蚕豆赤斑病一般在叶片上表现赤褐色圆形病斑，但在感病品种感病和在气候高湿的条件下则表现水渍状青灰色不规则形病斑。有的病害在同一种植物上可以同时或先后表现两种或两种以上不同类型的症状，这种现象称为综合征（syndrome）。例如，稻瘟病侵害叶片出现梭形病斑，侵害穗颈导致穗颈枯死，侵害谷粒则表现褐色坏死斑；油菜霜霉病在叶片上出现不规则黄斑，在花序上出现龙头状畸形。在植物发生一种病害的同时，有另一种或另几种病害同时在同一植株上发生，可以出现多种不同类型的症状，这种现象称为并发症（complex disease），其中伴随发生的病害称为并发性病害。当植物感染一种病害后，后续又发生另一种病害，这种继前一种病害之后而发生的病害称为继发性病害（succeeding disease）。例如，大白菜感染病毒病后，极易发生霜霉病；感染花叶病的苹果果实常易发生炭疽病。综合征、并发症、继发性病害互不相同，常导致症状的复杂性，在诊断时应注意加以鉴别，否则会影响诊断的准确性并导致防控决策上的错误。

当两种病害在同一株植物上发生时，可以出现两种病害各自的症状而互不影响；但有时这两种症状在同一个部位或同一器官上出现，就可能彼此干扰，发生拮抗现象，即只出现一种症状或很轻的症状；也可能出现相互促进、加重症状的协生现象（synergism），甚至出现完全不同于原有两种各自症状的第三种症状。

隐症现象（masking of symptom）也是症状变化的一种类型。一种病害的症状出现后，由于环境条件的改变，或者使用农药以后，原有症状逐渐减退直至消失。隐症的植物体内仍有病原物存在，是个带病（病原物）植物，一旦环境条件恢复或农药作用消失，植物上的症状又会重新出现。有些植物病害还有潜伏侵染现象（latent infection），即病原物侵入寄主后长期处于潜伏状态，寄主不表现或暂不表现症状，而成为带菌或带毒植物。引起潜伏侵染的原因很多，可能是寄主有高度的耐病力，或者是病原物的致病力较弱，或者是病原物在寄主体内发展受到限制，也可以是环境条件不适宜症状出现等。由此可见，潜伏侵染与隐症是相互不同而又易于混淆的两种病害现象，在诊断时要加以区分。

当我们掌握了大量的病害症状表现，尤其是综合征、并发症、继发性病害及潜伏侵染与隐症现象等症状变化后，就可以根据症状类型、病征及病害症状的变化特点对植物病害进行综合分析，可以避免片面性，有利于对病害做出客观准确的判断。

二、病原学常规诊断

病原学常规诊断有保湿培养和显微镜检视。

（一）保湿培养

保湿培养方法主要是针对腐生性强的菌物或细菌，是将病组织置于能保持较高湿度的容器或装置内进行培养，以促进病组织表现典型症状或产生病征。最常用的简便方法是，取一洁净（或灭菌）的培养皿或有盖搪瓷盘（大小可据拟培养的病组织体积而定），底部铺放一至数层脱脂棉或滤纸，加水使其充分湿润，沥去多余水分，放置玻棒，将新鲜病组织（根、茎、叶或较小的植株等）表面用自来水冲洗干净后置于玻棒上，使组织悬空；盖上皿盖或搪瓷盘，根据病原特性，置于合适温度（一般25～28℃）下培养24～48h后取出检查。病组织经保湿培养后一般会出现明显症状和病征，如菌丝体、霉层、菌脓等。但要注意一些腐生杂菌的生长速度快而掩盖被检病菌，而影响其观察或误诊。

（二）显微镜检视

显微镜检视是利用光学显微镜观察检查病原物形态特征或病组织内部的病理变化，主要是针对菌物、细菌与线虫。对于菌物病害，可用挑针从病部挑取少许病征或将病部制成切片，制成玻片标本，在显微镜下从倍数低至高观察其形态，如菌物的菌丝有无隔膜，子实体或孢子的形状、颜色、大小等。如为细菌病害，切取病健交界处组织，置于水滴中，显微镜下一般可以看到有细菌从病部维管束或薄壁细胞组织溢出（喷菌现象）（数字资源11-1），这是初步诊断细菌病害比较简易和准确的方法。对植物病毒病害的显微镜检查，可观察病组织中有无内含体或组织坏死等。植物线虫，特别是根结线虫、孢囊线虫等，直接剖取组织处可发现虫体。

数字资源11-1（含视频）

三、综合判断法

植物病害诊断，首先要区分侵染性病害和非侵染性病害。多数植物病害都有明显的症状特征，可作为病害初步的诊断依据。但要注意，症状可因植株不同生长时期、品种抗感性、病原物生理小种（株系）及环境差异而发生变化。因此，要做出正确的诊断，需要进行详细和系统的检查，然后对所掌握病害的传染性、环境、症状（病状、病征）、农事操作及专项检测资料或信息进行综合分析，做出判断。

（一）侵染性病害

侵染性病害具有传染特征，在田间有一个发生发展或传染过程；在一定的品种或环境条件下，植株间发病程度轻重往往不一；它们的症状也有一定的特征，在病株的表面或内部可以发现其病原物的存在。

1. 菌物病害　　大多数菌物病害在病部往往产生霉状物、粉状物、粒状物等病征，或经保湿培养即可观察到病菌的子实体。但要区分这些子实体是真正病原菌物的子实体，还是次生或腐生菌物的子实体，因为在病部尤其是老病斑或病斑的坏死部分常有腐生菌物的污染。较为可靠的方法是从新鲜病斑的边缘取样镜检或分离培养，分离时需选用合适的培养基，也可以选用一些特异性诊断技术，必要时可进行回接试验，若接种后发生同样病害，即可得到明确的结论。

2. 细菌病害   大多数细菌病害初期病部呈水渍状或油渍状，半透明，湿度大时有菌脓外溢。细菌病害常见的症状是斑点、腐烂、萎蔫和肿瘤。菌物也能引起这些症状，但病征与细菌病害截然不同。喷菌现象是大多数细菌病害所特有的，因此可取新鲜病组织切片镜检有无喷菌现象来判断。用选择性培养基来分离细菌，进而接种测定过敏反应也是很常用的方法。此外，通过酶联免疫吸附测定（ELISA）、噬菌体检验或分子生物学技术可进行细菌病害的快速诊断。

3. 病毒病害   病毒病的特点是无病征，症状以花叶、黄化、矮缩、坏死为多见。撕取表皮镜检有时可见内含体。在电子显微镜下可见到病毒粒体和内含体。采用病株叶片汁液摩擦接种，或用媒介昆虫传毒健康植株，可引起接种指示植物或鉴别寄主产生特殊症状反应。ELISA、RT-PCR是目前广泛采用的病毒病快速诊断方法。

4. 植原体病害   植原体病害的特点是植株矮缩、丛枝、小叶与黄化，少数出现花变叶或花变绿；无病征。只有在电镜下才能看到植原体。采用四环素注射治疗以后，初期病害的症状可以隐退消失或减轻。

5. 线虫病害   线虫病的症状有虫瘿或根结、孢囊、茎（芽、叶）坏死、植株矮化黄化呈缺肥状，在发病植物的根表、根内、根际土壤、茎或籽粒（虫瘿）中可镜检到植物寄生线虫。

有关菌物、细菌、病毒、线虫病害的诊断鉴定，可进一步查阅陆家云（2001）、王金生（2000）、谢联辉（2022a）、刘维志（2000）等的著作。

6. 寄生性植物所致病害   高等寄生植物所致病害也表现为植株矮化、黄化、生长不良，在病植物上或根际可以看到其寄生植物，如菟丝子、列当、寄生藻等。

7. 复合侵染所致病害   当一株植物上有相同或不同种类的两种或两种以上的病原物侵染时，植物可以表现一种或多种类型的症状。在这种情况下，首先要按照科赫法则确定病原物的种类，然后按照上述各类病原物所致病害的诊断方法进行判断。

（二）非侵染性病害

如果病害在田间大面积同时发生，没有逐步传染扩散的现象，而且从病植物上看不到任何病征，也分离不到病原物，则大体上可考虑为非侵染性病害。除了植物遗传性疾病之外，非侵染性病害主要是不良环境因素所致。不良的环境因素种类繁多，但大体上可从发病范围、病害特点和病史等方面来分析。下列几点可以帮助诊断其病因：①病害突然大面积同时发生，处于同一环境条件的相同品种植株间发病程度轻重较为一致，大多是由大气污染、水源污染、土壤污染或恶劣气候等因素所致，如毒害、烟害、冻害、干热风害、日灼等。②发病植株有明显的枯斑、灼伤、畸形，且多集中在某一部位的叶或芽上，大多是由于使用农药或化肥不当所致。③病害只限于某一品种发生，植株间发病程度轻重相对一致，症状多为生长异常，如畸形、白化、不实等，而处于同一环境条件的其他品种未见该种异常，则病因多为遗传性障碍。④植株生长不良，表现明显的缺素症状，尤以老叶或顶部多见，多为缺乏必需的营养元素所致。

在诊断非侵染性病害时要注意以下两点：一是非侵染性病害的病组织上可能存在非致病性的腐生物，要加以分辨；二是侵染性病害的初期病征也不明显，而且病毒、植原体等病害也没有病征，需要在分析田间症状特点、病害分布和发生动态的基础上，结合组织解剖、免疫检测或电镜观察等其他方法进一步诊断。对于没有病征的病毒、植原体等病害，可以通过田间有中心病株或发病中心（连续观察或仔细调查）、症状分布不均匀（一般幼嫩组织症状重，成熟组织症状轻甚至无症状）、症状往往是复合的（通常表现为变色，伴有不同程度的畸形）等特点与非侵染性病害相区别。

四、试验诊断法

试验诊断法是植物病害常用诊断方法之一，特别适用于非侵染性病害及没有病征的病毒、植原体等侵染性病害的诊断与鉴定。

（一）化学诊断

经过初步诊断，如怀疑病因可能是土壤或肥料因素，可进一步采用化学诊断。通常是对病组织或病田土壤的成分和含量进行测定，并与正常值比较，从而查明过多或过少的成分，确定病因。这一诊断法对植物缺素症和盐碱害的诊断较可靠。

（二）模拟试验

根据初步分析的可疑病因，人为提供类似发病条件，如低温、缺乏某种营养元素及药害等，对与发病植株相同物种（品种）的健康植株进行处理，观察其是否发病。如果处理植株发病，且症状与原来的发病植株症状相同，则可判断先前分析的病因是正确的。

（三）治疗诊断

治疗诊断是根据田间发病植物的症状表现和初步分析的可疑病因，拟定最可能有效的治疗措施，进行针对性的施药处理，观察病害的发展情况。例如，对表现黄化症状、经初步分析怀疑为植原体病害的植株，采用四环素注射治疗，如处理后植株症状消失或减轻，则可诊断为植原体病害；对怀疑缺钾的水稻植株，采用磷酸二氢钾叶面喷施，如处理后植株症状消失或减轻，则可诊断为缺钾症。

（四）生物测定

生物测定又称指示植物鉴定法，常用于鉴定病毒病和缺素症等病因。鉴定缺素症病因时，针对提出的可疑病因，选择最容易缺乏该种元素、症状表现明显而稳定的植物，种植在疑为缺乏该种元素的植物附近，观察其症状反应，借以鉴定待诊断植物病害是否是缺乏该种元素所致。这种具有指示作用的植物称为指示植物。常见的缺氮指示植物有花椰菜和甘蓝，缺磷指示植物有油菜，缺钾指示植物有马铃薯和蚕豆，缺钙指示植物有花椰菜和甘蓝（症状表现与缺氮时不同），缺铁指示植物有甘蓝和马铃薯，缺硼指示植物有甜菜和油菜。鉴定病毒病时，可取病叶汁液摩擦接种指示植物，观察接种反应，据以判断病害的侵染性和病原种类。例如，烟草花叶病毒接种心叶烟，黄瓜花叶病毒接种苋色藜，均产生枯斑症状。但不是每一种病毒病都可以通过摩擦接种判断其侵染性和病原种类，有的病毒病还需要通过嫁接或媒介昆虫接种指示植物才能判断其侵染性和病原种类。

五、疑难病害的辨诊

如前所述，植物病害的症状表现多种多样，加上综合征、并发症、继发症、潜伏侵染与隐症现象等症状变化，更增加了症状的复杂性和病害诊断的难度。如人类疾病一样，植物病害也存在疑难杂症。单凭病害的症状表现来做诊断，有时会犯"抓了表象，放了实质"的片面性错误。因此，对植物疑难杂症必须进行细心的辨诊。

（一）疑难病害辨诊的原则

总的原则是，要严格遵循植物病害的诊断程序，包括全面细致地观察检查染病植物的症状、调查询问病史和相关情况、采样检查（镜检或剖检）病原物形态或特征性结构、进行必要的专项检测、综合分析病因；同时要注意综合征、并发症、继发症、潜伏侵染与隐症现象等的辨析。按科赫法则进行病原鉴定，这是植物疑难杂症辨诊的最基本、最可靠的方法。

（二）疑难病害辨诊的实例

安徽省巢湖市2004年一水稻制种场几十亩[①]处于分蘖期的水稻突然发生大面积叶枯，当地植保人员认为是白叶枯病暴发所致，但处理后未见丝毫效果。也有人怀疑是营养失调，但土壤营养分析结果表明营养元素组分和含量均在正常范围内。后经实地考察和深入调查，发现病害在田间分布均匀，邻近发病区域边界的田块水稻（品种和生育期与病田相近）生长正常；病田发生叶枯的稻株未见有白叶枯病典型症状，病叶由叶尖向基部干枯，病健部无明显边界，散生铁锈状斑点，无菌脓，检测未见菌溢。根据病害症状和田间分布特点，排除了白叶枯病，疑点转向缺钾。进一步拔取病株考察，发现根系发育不好，老根有的发黑，新根很少。原来这片稻田在移栽前施用了大量未腐熟的有机肥（菜籽饼等），导致土壤还原性强，并产生H_2S等有毒物质；稻根受到伤害，吸收能力减弱，不能正常吸收土壤中的钾素，因而导致生理性缺钾，发生赤枯病。经过晒田和叶面喷施磷酸二氢钾处理后，水稻病情迅速好转，逐渐恢复正常。

河北省迁安一些桃园果实发生严重畸形，凹陷部位呈青色，果肉木栓化，失去食用价值（1980~1993年）。当地先后请教了数位专家，最初认为是缺硼症，后又通过分离培养等技术鉴定，排除了菌物和细菌因素，最后怀疑是病毒所致。其后，经反复、深入调查发病历史和果园管理措施，了解到喷洒过石硫合剂的植株病情较轻，病毒因素可基本排除在外。考虑当时该地一些蔬菜（茄子）、花木陆续发生微型螨（小型八足螨和四足螨）危害，故怀疑属螨害。遂布置了病原和防治试验，结果证明桃果畸形确为一种瘿螨（下口瘿螨）危害所致：瘿螨集中在桃毛间刺吸危害，被害部位果肉发育受阻，引起桃果畸形，成熟期果肉仍为绿色，并木质化，喷施杀螨剂有良好防治效果（韩金声，1993）。

这些实例表明，要对植物病害做出准确诊断，还须具有全局观点，从宏观到微观逐步进行考察，充分掌握与病害发生有关的信息，经过综合分析后对病因做出判断。在此过程中，诊断者的专业基础知识和生产实践经验是必不可少的。

第三节　植物病原物检测方法

植物病原物快速、简便和准确的检测是植物病理学家的基本目标之一。在植物病原物检测中，传统的检测方法一般是在植物出现症状之后，通过观察其症状表现，进行病原物的分离等一系列烦琐的过程，最终才得到鉴定结果，而且有一些病原物在分离鉴定时遇到较大的困难，尤其是大多数专性寄生物难以人工离体培养，一些新技术的问世，已经使得许多病原物的快速检测成为可能。

---

① 1亩≈666.7m²。

一、病原物分离培养技术

分离、培养病原菌是植物病理学研究工作中最常用的技术。病原物的分离是指将该病原物从发病组织上与其他微生物分开；病原物的培养是指将分离的病原物转移到可以让这种病原物正常生长的营养基质即培养基上，从而获得其纯培养。

病原物（菌物、细菌）的分离与培养，主要有以下几个步骤。

1. 消毒灭菌和培养基的制备　　分离前必须对相关器皿进行彻底消毒，以防止带入新的污染物。灭菌使用的技术有：高温干燥灭菌（烘箱，180℃），主要用于玻璃器皿等干燥器材；蒸汽灭菌（高压锅，121℃），主要用于培养基、蒸馏水等非干性物质；消毒液灭菌（乙醇和升汞等），主要用于接种针等工具、植物组织表面等；紫外线灭菌，用于操作台。在操作前对操作台进行紫外线照射 0.5h 以上，消除空气中微生物的影响。此外，在病原菌分离过程中还经常使用酒精灯火焰进行分离刀、接种针等的灭菌。

病原菌在适合的培养基上才能良好生长，培养基提供了病菌生长需要的碳源、氮源、无机盐、维生素及水分等；同时还提供了病菌生长适合的 pH 环境，一般菌物微酸，细菌微碱，培养基按是否加入琼脂分为固体培养基和液体培养基。马铃薯葡萄糖琼脂（PDA）培养基适合于许多病原菌物的培养，肉汁胨（NA）培养基是培养细菌较好的培养基，在植病研究工作中最为常用。

一些病原菌需要特定的培养基才能生长，如疫霉（*Phytophthora*）等必须用利马豆培养基或燕麦培养基培养；为了加强分离效果，经常在培养基中加入一些物质，抑制非目标物的生长，或者使用选择性培养基，可达到良好的效果。更多的情况是，许多病原菌还无法在人工培养条件下生长，必须在活体上才能存活。

培养基配制后，必须经过灭菌，以便彻底杀死其中原有的一切微生物。

2. 分离材料的选择　　为降低腐生菌的干扰，分离材料宜取新鲜的发病植物组织。选取病部和健部之间（病健交界处）的组织进行分离，效果较好。

3. 病原菌的分离　　病原菌的分离主要有组织分离法和稀释分离法，对于植物块茎等较大发病组织，对其表面消毒后直接挖取内部组织置于培养基中培养，可获得满意的结果。对叶片等较薄的发病组织，将其切成小块放进消毒液中消毒后，用无菌水洗去消毒液再移到培养基中培养。对细菌和在植物组织上产生大量孢子的病原菌物，还可使用稀释分离法，将小块发病组织在无菌水中捣碎，待病菌在水中扩散后取少量液滴至培养基中即可。

4. 病原菌的培养　　分离后经一段时间培养，病原菌在培养基上长出，应及时对其进行纯化，并经确认为目标菌后进行长期保存。

病毒是专性寄生物，分离培养需在活体植物上进行，一般是将发病组织通过机械摩擦或介体生物接种寄主植物，借以分离保存病毒。一些发病植株为复合感染，可通过病毒的传染方式（机械摩擦、虫媒）差异或是寄主范围差异进行纯化。

二、电子显微技术

电子显微镜（简称电镜）的诞生打开了人类认识微观世界的大门，为生物学、细胞学、病毒学领域的发展做出了重要贡献。电镜实现了直接观察病毒的可能，成为最直接、最准确的检测病毒的手段，它可以直接看到病毒的形态结构、存在与否、分布部位等，所以即使在进入分子水平的今天它仍然有着不可替代的作用。

电镜下所观察到的病毒形状和大小是一个相当稳定的特征，因此电镜观察对病毒鉴定是很重要的。对于杆状或线状病毒,可不经提纯而直接用病株粗汁液观察。最简单省事的是浸渍法,取小块病叶,用针扎几个洞,然后加上几滴蒸馏水,浸渍 1~2s,1%或 2%磷钨酸负染和制片后,即可在电镜下观察,测量 100 个以上病毒粒体的长度和宽度,以长度为横坐标,以病毒粒体数为纵坐标作图,以主峰的长度代表该病毒长度,可对病毒做出较明确的鉴定。球状病毒不易用组织汁液直接观察,因为植物汁液中含有许多球状的正常组分,其大小与病毒相近,不易区分,须经提取或提纯后才能鉴定病毒的形态大小。

1. 电镜负染技术　　电镜负染技术于 20 世纪 60 年代开始使用于英国实验室,当时人们发现一些重金属离子能绕核蛋白四周沉淀下来,形成一个黑暗的背景,在核蛋白内部不能沉积而形成一个清晰的亮区,其图像如同一张照相的底片,因此人们习惯地称为负染色,电镜负染技术也就由此而生。

2. 免疫电镜技术　　免疫电镜技术是免疫学原理与电镜负染技术相结合的产物,免疫电镜技术利用了抗体、抗原的亲和性与吸附性这一特点,在电镜制样过程中,于铜网上先铺展一层细胞色素 A,稍后再添加一滴抗体,多余液滴用滤纸吸掉,最后点上一滴抗原和负染液,细胞色素 A 的作用减少了样品即抗体、抗原的表面能力,能形成均匀的涂层,再加上抗体、抗原的吸附作用使病毒能较集中地沉积在有效视野内,从而便于电镜下的观察,大大提高了检测率。

3. 透射电镜　　透射电镜是把经加速和聚集的电子束投射到非常薄的样品上,电子与样品中的原子碰撞而改变方向,从而产生立体角散射。散射角的大小与样品的密度、厚度相关,因此可以形成明暗不同的影像。通常,透射电镜的分辨率为 0.1~0.2nm,放大倍数为几万至百万倍,用于观察超微结构(又称"亚显微结构"),即小于 0.2μm、光学显微镜下无法看清的结构。

4. 扫描电镜　　用聚焦电子束在试样表面逐点扫描成像。由电子枪发射的能量为 5~35keV 的电子,在扫描线圈驱动下,于试样表面按一定时间、空间顺序做栅网式扫描。聚焦电子束与试样相互作用,产生二次电子发射及其他物理信号,二次电子发射量随试样表面形貌而变化。二次电子信号被探测器收集转换成电信号,经视频放大后输入显像管栅极,调制与入射电子束同步扫描的显像管亮度,得到反映试样表面形貌的二次电子像。

三、常规生物学方法

1. 介体传播　　对介体传播的病毒,其传毒特性在病毒鉴定上具有重要意义。其中特别有价值的是介体种类、传毒特性、由饲毒到传染所需时间、获得病毒后保持传毒能力的时间及病毒能否在介体内增殖等。应当注意,同一种病毒的不同株系,其传毒介体可能不同。

2. 鉴别寄主　　病害的致病因子一旦确定为病毒,需要做一系列的试验来确定其种类,将纯化的植物病毒接种在寄主植物和其他植物上,观察表现的症状。某种病毒在某些寄主植物上表现特殊的症状,这种寄主植物就可以用来鉴别这种病毒,具有这种鉴别作用的植物,称为鉴别寄主。植物病毒的鉴别寄主很多,常用的有普通烟、心叶烟、千日红、苋色藜、昆诺藜等。例如,马铃薯植株可以被多种病毒感染,但只有马铃薯 X 病毒接种在千日红上可以形成局部坏死斑,千日红就是马铃薯 X 病毒最好的鉴别寄主。

如果病毒是机械传播的,用病毒的几项特征就可以把这种病毒的范围缩小到少数几种之内。这些特征包括:病毒的钝化温度、离体病毒的存活期和病毒的稀释限点。此时,如果病毒的鉴定仍有疑问,可以采用血清学方法。如果血清反应是阳性,就可以做出初步的鉴定。电镜的观察通常也适用于对病毒的初步鉴定。

对于一种比较少见的或是新的病毒,就要进行较多的工作,并与有关的病毒进行比较,确定异同。首先可以通过接种确定它的症状类型（花叶型、黄化型、环斑型等），再接种到其他植物上确定它的寄主范围，并从各种寄主植物上症状的变化选择适当的鉴别寄主。与此同时，确定该病毒是如何传染的，是介体传播还是非介体传播，以及介体的种类和病毒与介体的关系。如果是机械传播，一般还要测定稀释限点、钝化温度和体外存活期，但是这些性状不是很稳定，受到测定方法的影响，只有一定的参考价值。经过以上的步骤，已经缩小了该病毒可能属于哪些病毒的范围，就可以进行血清学反应、交叉保护反应和电镜观察它的粒体。在鉴定工作中，最好有已知的病毒样本进行比较。

3. 寄主范围　　了解病毒的寄主范围，不但在生产实践中对制订防控措施有重要意义，而且在鉴定病毒种类上也有重要价值。因为不同病毒的寄主范围是不同的，有的很窄，有的很广。寄主对病毒的反应可分为局部反应和系统反应两类，在系统反应中又可分为许多类型。接种过病毒的植株，必须定期检查并记录症状的特征和出现日期。从接种到发病的时间长短在鉴定中也是有参考价值的。鉴定寄主发病后，应当回接到无病毒的植株上去，仍能诱发原来的症状，才能证实分离的正确。如果不产生原来的典型症状，说明不是其病原或不完全是其病原。病毒的传播方式取决于病毒的性质，对鉴定病毒是很有用的，特别是对于不能汁液传染和不能制成抗血清的病毒更为重要。大多数病毒都可通过嫁接传播。

4. 噬菌体技术　　1900 年加拿大微生物学家 Herelle 发现噬菌体，它对一些细菌具有高度的专一性，利用其专化性可鉴别同一种细菌的不同菌系。噬菌体接触到其敏感的细菌时，以它的尾部末端吸附细菌，其中的脱氧核糖核酸通过尾部注入细菌的细胞内，控制并改变了细菌的代谢活动并在其中分别复制，组成新的噬菌体，于是细菌就消解而释放出新形成的噬菌体，此时培养的细菌就会发生明显变化，原来浑浊的细菌悬浮液逐渐变澄清，琼脂平板出现无菌的透明噬菌斑。

在噬菌体应用中，研究最多的是利用噬菌体专化性来鉴别丁香假单胞菌（*Pseudomonas syringae*）的不同变种，如一个噬菌体鉴别系统能区分丁香和梨上的丁香致病变种（*P. syringae* pv. *syringae*）和樱桃上的李死致病变种（*P. syringae* pv. *morsprunorum*）。

利用噬菌体做定性检测时，需要注意到所用噬菌体的寄主专化型程度，一般多选几株噬菌体进行测试，以防止得出片面的结论。同时日光、紫外线、表面活性物质等环境条件和酸、碱、强氧化剂等理化因素常使噬菌体钝化失活。

四、生物化学反应法

不同微生物有其最适合的培养基，各种特殊的培养基广泛应用于病原物的检测鉴定。根据培养基的用途，可分为生长繁殖培养基、富集培养基、贮存培养基、选择性培养基和鉴别培养基等。人工合成的培养基是由一些成分明确的化合物配制而成的，无任何成分不明确的物质，常用于研究微生物的生理生化性状，如察氏（Czapek）培养基等。

在细菌检测和鉴定中，广泛采用生理生化性状测定技术。不同细菌对某种培养基或化学药品会产生不同的反应，从而被作为鉴定细菌的重要依据。

常用于鉴定细菌的生化反应有：①糖类发酵能力；②水解淀粉能力；③液化明胶能力；④对牛乳的乳糖和蛋白质分解利用；⑤在蛋白胨培养液中测定代谢产物；⑥还原硝酸盐能力；⑦分解脂肪能力。

根据细菌利用碳源能力差异建立的细菌检验仪器主要有 BIOLOG 系统和 API 鉴定系统。BIOLOG 系统是 Garland 和 Miss 于 1991 年建立的鉴定方法，这种方法是利用细菌对 95 种碳源利用能力的差异，使氧化反应指示剂四氮唑紫呈现不同程度的紫色，从而构成该微生物的特定指纹。将结果经计算机处理后并与标准菌株数据库比较，实现对待测菌的快速鉴定及检测。API

鉴定系统是世界上应用最广、种类最多，最受微生物学家推崇的国际标准化产品，根据细菌的生化反应，可鉴定的细菌超过 550 种，并且数据库还在不断完善。两种鉴定系统都需对病原菌先进行分离纯化，并且需要包含众多病原菌信息的数据库作为分析平台；另外由于培养环境条件如湿度、渗透压、pH 等方面的改变都可能引起微生物对碳源底物的利用能力的改变，从而造成一定的误差，另外，仪器也较昂贵，所以在应用中具有一定的局限性。

五、免疫学技术

免疫学技术是以抗原抗体的特异性反应为基础发展起来的一种技术，早在 1918 年，该技术就已经应用于植物病原细菌的检测，目前已广泛应用于病毒、菌物、线虫等病原物的检测中。免疫学检测灵敏度高、特异性好，而且快速、简便，因此发展迅速，应用广泛。免疫学检测根据反应中是否引入标记物分为非标记免疫分析方法和标记免疫分析方法两大类。

（一）非标记免疫分析方法

1. 凝集反应　　凝集反应（agglutination）是指颗粒性抗原（细菌、病毒、红细胞等）与相应抗体结合，在电解质参与下所形成的肉眼可见的凝集现象，包括直接凝集和间接凝集反应。颗粒性抗原与相应抗体直接结合所出现的反应，称为直接凝集反应（direct agglutination reaction）。将可溶性抗原（抗体）先吸附在一种与免疫无关的颗粒状微球表面，然后与相应抗体（抗原）作用，在有电解质存在的条件下发生凝集，称为间接凝集反应（indirect agglutination）。

2. 沉淀反应　　沉淀反应（precipitation）主要包括环状沉淀反应（ring precipitation）、絮状沉淀反应（flocculation precipitation）和琼脂扩散（agar diffusion），指可溶性抗原与抗体结合，形成不溶性的、可以看见的沉淀物的过程，以琼脂扩散最为经典。琼脂扩散试验，是使可溶性抗原与相应抗体在含电介质的琼脂凝胶中扩散相遇，特异性结合形成肉眼可见的线状沉淀物的一种免疫血清学技术。该法操作简便，且有较好的特异性和检出率，广泛应用于一些抗原抗体的检测。

3. 补体结合反应　　补体结合反应（complement fixation reaction）是在补体参与下，以绵羊红细胞和溶血素作为指示系统的抗原抗体反应。补体无特异性，能与任何一组抗原抗体复合物结合而引起反应。如果补体与绵羊红细胞、溶血素的复合物结合，就会出现溶血现象，如果与细菌及相应抗体复合物结合，就会出现溶菌现象。因此，整个试验需要有补体、待检系统（已知抗体或抗原、未知抗原或抗体）及指示系统（绵羊细胞和溶血素）5 种成分参加。其试验原理是补体不单独和抗原或抗体结合。如果出现溶菌，是补体与待检系统结合的结果，说明抗原抗体是相对应的；如果出现溶血，说明抗原抗体不相对应。此反应操作复杂，敏感性高，特异性强，能测出少量抗原和抗体，所以应用范围较广。

4. 免疫电泳　　定性分析抗原或抗体的对流免疫电泳（counter immuno-electrophoresis，CIE），抗原和抗体分别置于凝胶板电场的正负极的小孔内，通电后抗原向正极移动而抗体向负极移动，在两孔间合适的抗原抗体浓度处会形成一条沉淀线，是双相琼脂扩散与电泳技术的结合。

火箭电泳法（rocket electrophoresis）是在已混有抗体的凝胶板上的小孔内加入抗原并进行电泳，在沿着电泳方向会形成火箭形沉淀线。根据已知标准抗原量可方便地测定未知标本中的抗原量，是单相琼脂扩散与电泳技术的结合。

双向免疫电泳（two dimensional immuno-electrophoresis）是免疫电泳与火箭电泳的结合。

（二）标记免疫分析方法

标记免疫分析方法克服了非标记免疫分析方法灵敏度不高、缺乏可供测量的信号等缺点。利用放射性物质、荧光素或酶等物质标记抗原或抗体，再利用抗原抗体反应的特异性，使得灵敏度大大提高，同时检测的方法和类型也有了更多的变化。

1．免疫荧光标记技术 利用一些有机化合物（荧光素等）、荧光底物或稀土螯合物等做标记的免疫荧光标记（immunofluorescence labeling）已广泛应用于微量、超微量物质分析测定。免疫荧光标记技术有间接和直接免疫荧光技术，其中间接免疫荧光技术在实践中用途较广，一抗与结合有荧光色素的二抗结合，所发出的荧光可由免疫荧光显微镜检测。例如，利用免疫荧光技术可在显微镜下检测出结合有荧光色素抗体的细菌阳性细胞，免疫荧光技术检测的灵敏度一般为 $10^3 \sim 10^5$ cfu/mL。

由于相对较低的灵敏度和需要相对昂贵的仪器，该方法在定量测定中的应用受到一定的限制。

2．放射性标记技术 放射性标记技术是利用放射性物质标记抗原或抗体，再进行抗原抗体的结合反应，通过对放射信号的检测从而对目标进行测定。Yalow 和 Berson 于 1959 年创建的放射免疫分析（radioimmunoassay，RIA）具有灵敏度高、特异性强、简便实用、成本低廉等优点。随后发展起来的免疫放射分析（immunoradiometric assay，IRMA）克服了放射免疫分析的缺点，灵敏度更高，可测范围宽，操作更为安全，发展迅速，应用广泛。免疫放射分析通过放射活性分子共价交联至抗体或抗原上，免疫反应后测定放射活性分子的放射信号来定量检测相应抗体或抗原等，可用于测定包括病毒、细菌、寄生虫、肿瘤及小分子药物等多种抗原或抗体。

3．免疫胶体金技术 20 世纪 80 年代，免疫胶体金技术首次成功应用于植物病毒检测。免疫胶体金技术是利用金离子还原后的胶体金与抗体（或 A-蛋白）结合形成稳定的抗体（或蛋白）-胶体金复合物，通过与抗原的特异性结合，金颗粒附于同源病毒粒体的周围，从而使病毒等得到检测的一种免疫技术。随后又对免疫胶体金技术进行了改进，产生了免疫金-银染色、斑点免疫金染色及斑点金-银染色，并在植物病毒、细菌等的检测上得到广泛应用。免疫胶体金技术不仅可以检测和鉴定出植物病毒，还可以确定植物病毒在感染细胞或组织中的部位及病毒基因产物在细胞中的合成部分。

4．免疫酶标技术 免疫酶标技术（immunoenzymatic technique）将抗原抗体的特异性和酶的高效催化作用相结合，由此建立的免疫检测技术。它融合了免疫荧光标记和放射免疫分析的敏感、特异和精确等优点，又克服了放射免疫分析中放射性同位素对操作人员的危害及荧光免疫分析中所需仪器复杂的缺点，因此，其发展非常迅速，正逐步取代其他标记免疫方法，成为使用最多的一类免疫实验技术，应用范围遍及医学、生物学、农业等各个领域。

根据免疫酶标技术的实际应用目的，其可分为免疫酶组织化学（immunoenzymatic histochemistry）技术和酶免疫测定（enzyme immunoassay，EIA）两大类。后者按照抗原抗体反应后，是否需要分离游离的和抗原或抗体结合的酶标记物，又分为非均相酶免疫测定（heterogeneous enzyme immunoassay）和均相酶免疫测定（homogeneous enzyme immunoassay）两种类型，它们的关系可概括如下。

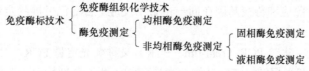

免疫酶技术中，以酶联免疫吸附测定（ELISA）最为常用。ELISA 自 20 世纪 70 年代问世以来，已广泛应用于植物病毒、菌物、植原体等的检测中。

六、分子生物学技术

1. 核酸杂交技术 核酸探针（probe）是经过同位素或非同位素标记并用于检测出互补核酸序列的一段寡聚核苷酸。典型的核酸杂交（nucleic acid hybridization）技术是将少量核酸点在硝酸纤维素膜上，再浸入含特异性探针的杂交液中，通过放射显影或酶标颜色反应检测。核酸杂交中印迹杂交法非常方便，将新鲜的组织切片紧压印迹在尼龙膜表面，与带有标记的探针杂交通过显色反应评价结果。其灵敏度较 ELISA 方法高 2～3 个反应级，而且杂交后的产物可干燥保存，这使得该杂交探针易于商业化并能够广泛应用于植物病毒、类病毒及植原体等的检测中。

2. 限制性片段长度多态性技术 限制性片段长度多态性（restriction fragment length polymorphism，RFLP）技术是一项比较复杂且耗时长的 DNA 检测技术，但却是研究植物病原种群结构和变异的良好工具。先从生物组织中纯化 DNA，用限制性内切酶切割后，利用凝胶电泳分离切割后的片段，接着进行染色，最后用标记的探针进行杂交。该技术能够快速鉴定到病原菌的种、变种、专化型和生理小种。

3. 聚合酶链反应 聚合酶链反应（polymerase chain reaction，PCR）技术是 20 世纪 80 年代中期建立的一项体外迅速、大量扩增靶标基因的技术，由于 PCR 能够特异性扩增某一 DNA 片段，因此，在病原物的检测上，具有极高的灵敏度，对于用常规方法研究有困难的植物病害，如病毒、类病毒、植原体等，运用该技术就显示出它的优越性。在 PCR 反应中，将含有所需扩增的 DNA 双链经高温变性变成单链，在接着的退火中加入的寡聚核苷酸引物与 DNA 模板结合，并在经过十几到几十个循环后，靶 DNA 的含量将特异性地扩增上百万倍，从而大大提高对 DNA 分子的分析和检测能力。目前常用的 PCR 方法有如下几种。

（1）常规 PCR DNA 模板采用一对引物，经 30 次左右的循环即可达到预期的扩增目的，这是最简单，也是应用最普遍的一种 PCR 技术，通常用于多拷贝 DNA 分子的扩增。

（2）逆转录 PCR（RT-PCR） 对 RNA 的检测，先在逆转录酶的作用下，将 RNA 逆转录为 cDNA 后，再进行常规 PCR 扩增。这一方法广泛用于 RNA 病毒、类病毒感染的诊断和 mRNA 的检测。

（3）多重 PCR 在同一反应体系中用多对引物同时扩增几种基因片段。主要用于同一病原体分型及同时检测多种病原体。此外，也常用于多点突变遗传病的诊断。

（4）非对称 PCR 两段引物比例相差较大的 PCR，称非对称 PCR。可用于制备单链 DNA 片段，用于核酸序列分析或制备探针等。

（5）免疫 PCR 通过一种能对 DNA 和抗体分子具有双重结合功能的联结分子，将 DNA 和抗体分子结合起来检测抗体的方法。当抗体与抗原结合后，标记的 DNA 分子通过 PCR 扩增，如存在 PCR 产物则表明待检抗原的存在。其灵敏度极高，大大超过任何一种其他免疫学方法。

（6）定量 PCR 上述各种 PCR 技术均只能定性，不能定量。但实践中常常需要对 DNA 进行定量检测，如评价一种药物是否具有抗病毒活性及其抗性效果等。理想的定量 PCR 应具有内对照（内参），内对照应和待检基因在同一试管中反应。目前已发展的定量 PCR 有微孔板法、各种荧光法等。

（7）实时 PCR 实时 PCR（real-time PCR）又称荧光定量 PCR，是指在 PCR 反应体系中加入一个特异性的荧光探针，该探针为一寡核苷酸，两端分别标记一个报告荧光基团和一个淬灭荧光基团。探针完整时，报告基团发射的荧光信号被淬灭基团吸收；刚开始时，探针结合在 DNA 任一条单链上；PCR 扩增时，*Taq* 酶的 5′端→3′端外切酶活性将探针酶切降解，使报告荧光基团和淬灭荧光基团分离，从而荧光监测系统可接收到荧光信号，即每扩增一条 DNA 链，就有一个荧光分子形成，实现了荧光信号的累积与 PCR 产物形成完全同步。该技术能对 PCR 产物进行标记跟踪，实时在线监控反应过程，结合相应的软件可对产物进行分析，计算待测样品模板的初始浓度。

4. 内转录间隔区序列分析 内转录间隔区（internal transcribed spacer，ITS）序列分析简称 ITS 序列分析（ITS sequence analysis），是指对 ITS 序列进行 DNA 测序，通过将测序得到的 ITS 序列与已知病原物 ITS 序列比较，从而获得未知病原物种属信息的一种方法。rDNA 上的 5.8S、18S 和 28S rRNA 基因有极大的保守性，即存在着广泛的异种同源性。而由于 ITS 区不加入成熟核糖体，所以 ITS 片段在进化过程中承受的自然选择压力非常小，因此能容忍更多的变异。在绝大多数真核生物中表现出了极为广泛的序列多态性，即使是亲缘关系非常接近的 2 个种都能在 ITS 序列上表现出差异，显示最近的进化特征。研究表明，ITS 片段的进化速率是 18S rDNA 的 10 倍。这就是 ITS 序列在微生物种类鉴定和群落分析的理论基础。ITS1 和 ITS2 是中度保守区域，其保守性基本上表现为种内相对一致，种间差异比较明显。这种特点使 ITS 适合于病原物物种的分子鉴定及属内物种间或种内差异较明显的物种种群间的系统发育关系分析。由于 ITS 的序列分析能实质性地反映出属间、种间及菌株间的碱基对差异，加上 ITS 序列片段较小、易于分析，弥补了传统分类上的一些不足，目前已被广泛应用于病原物属内不同种间或近似属间的系统发育研究中。

七、问题和展望

随着计算机技术、通信技术、网络技术、遥感技术的快速发展，信息系统渗透到社会的各个领域，人们把农业领域的专家知识和经验与上述技术相结合，研制出许多专家系统，其中植物病害诊断专家系统为现代农业生产提供了先进的植保技术服务，农户能及时得到正确的诊断结果，并采取病害防控对策，减少了因病害造成的经济损失，植物病害诊断专家系统将会得到飞速发展，并将成为未来植保服务的重要分支之一。但所有这些植物病害诊断专家系统技术的开发，都要依赖于具有专业知识的植保专家指导下逐步完善。

❀ 小 结

植物病害诊断的目的在于查明和确定病因，根据病因和发病规律，提出相应对策和措施，及时有效地防控病害。植物病害诊断的依据主要包括传染特征、症状学、病原学等方面。要对植物病害做出准确的诊断，基本条件是从事诊断的人员必须具有良好的专业素质，同时具备必要的仪器设备和资料信息。

植物病害诊断的程序一般包括：观察染病植物的症状、调查询问病史和相关情况、采样检查（镜检或剖检）病原物形态或特征性结构、进行必要的专项检测和综合分析病因，提出诊断结论。

科赫法则通常是用来确定侵染性病害病原物的一个程序，尤其是新病害或疑难病害的诊断，其具体步骤为：①在染病植物上常伴随有一种病原物的存在；②该生物可在离体的或人工培养基上分离纯化而得到纯培养；③所得到的纯培养物能接种到该种植物的健康植株上，并能在接种植株上表现出相同的病害症状；④从接种发病的植物上再分离到这种病原物的纯培养，且其性状与原来分离的相同。如果进行了上述4个步骤，并得到准确的证实，就可以确认该生物为该病害的病原物。

植物病害诊断方法有症状学诊断、病原学诊断、综合判断法、试验诊断法等。

植物病原物检测的方法有病原物分离培养技术、电子显微技术、常规生物学方法、生物化学反应法、免疫学技术和分子生物学技术。

❀ 复习思考题

1．如何把握植物病害诊断的依据和程序？

2．分析比较植物病原菌物、细菌、病毒所引起的症状特点的异同，了解病害症状对病害诊断有何实际意义。

3．什么是科赫法则？它在植物病害鉴定中起何作用？

4．在病害诊断时，如何区分植物的非侵染性病害和侵染性病害？

5．在工作中遇到一新病害或疑难病害时，该如何进行诊断处理？

6．植物病原物检测和鉴定的基本步骤有哪些？

7．评述传统生物学鉴定方法和分子生物学技术鉴定的利弊，要如何扬利弃弊？

第十二章　植物病害流行与预测

病害在植物群体内的发生和流行具有其自身的特征，不同病害的发生程度和发展速率有所不同，这由病原物的侵染特性、寄主植物的抗性、周围环境的生态条件及三者之间相互作用的特点与人们的生产活动所决定。但是，就整体而言，植物病害的发生，是植物在生物因素和非生物因素作用下，植物代谢功能失调所引起的植物生命系统的不协调；而植物病害的流行（或大流行）是植物生命系统在生物因素和非生物因素作用下，人为干预不当所引起的农业生态系统的不协调（谢联辉等，2009）。

第一节　植物病害流行概述

一、植物病害流行的概念

植物病害的流行（epidemic）是指在一定的时间和空间范围内侵染性病害在植物群体内大量发生，并造成不同程度损失的过程和现象（曾士迈和杨演，1986；马占鸿，2019），它是在一定的环境条件下，病原物群体在寄主群体中大量生长（growth）、繁殖（reproduction）和蔓延（spread）的结果。

病害流行具有动态和状态两方面的含义。病害流行的动态是指病害流行是一个发生发展的过程，在时间上，病害数量由少到多，在空间上，病害分布由点到面，这个动态过程可以用一些指标来描述，如发展速度和扩展速度等；病害流行的状态是指病害流行所达到的程度，如严重度的高低和流行范围的大小等。

植物病害流行不但影响作物的产量和质量，而且影响人类的种群结构、社会变革等。世界粮食及农业组织（FAO）统计表明，全世界由于植物病害造成的损失占总产量的 10%～15%。

美国植物病理学会（APS）的数据也表明全球八大作物（水稻、小麦、大麦、马铃薯、玉米、大豆、棉花和咖啡）每年因植物病害直接损失 300 多亿美元。我国每年因为植物病害流行损失粮食高达 400 亿 kg。病害流行也严重降低水果、蔬菜、油料及其他经济作物的产量和品质。在我国农业生产中，病害所引起的损失占全部损失的 33%左右。

二、植物病害流行的类型

植物病害流行与病原物、寄主及寄主与病原物的互作等特征有关。这些特征包括病原物有无再侵染、繁殖的世代数、繁殖率和死亡率的高低、传播的效能及植物寄主的生长状况和抗病性等。

植物病害流行的特征与病原物再侵染（re-infection）模式密切相关，根据在一个流行季节中病害循环（disease cycle）有无再侵染，可将植物病害分为单循环病害（monocyclic disease）和多循环病害（polycyclic disease）及中间类型病害三大类。

（一）单循环病害

单循环病害是指在病害循环中只有初侵染而无再侵染，或者虽有再侵染但再侵染不重要。许多重要的作物病害，如小麦腥黑穗病、小麦散黑穗病、小麦线虫病、水稻恶苗病、棉花枯萎病、棉花黄萎病等都属于这类病害。这类病害如果初始菌量不大，即使环境条件非常适宜于病害的发生，在当年也很难造成大流行。

单循环病害多为种传（seed-borne）或土传（soil-borne）的全株性或系统性病害，病害的潜伏期（latent period）长。潜伏期是指从病原物侵入寄主开始到在寄主表面产生新一代的接种体（inoculum）如孢子（spore）的时间。潜伏期与潜育期（inoculation period）有一定的差异，潜育期的结束时间是寄主出现外部可见的病斑（lesion），而潜伏期的结束时间则是在病斑上产生新一代接种体。此类病害病原物的自然传播距离较近，传播效能较小，侵入寄主以后，受环境条件影响很小。病原物的传播体往往也是休眠体，寿命较长，抗逆性强，越冬（overwintering）存活率高。

单循环病害虽然在一个生长季中只有一个繁殖世代，但因病原物的越冬休眠体抗逆性强，菌量能逐年累积，往往几年后会造成较大危害。例如，小麦散黑穗病每年可增长 4～10 倍，假定当年病害发生率仅为 0.1%，如果不及时进行防控处理，则 4～5 年病穗率就可以达到 30%以上。单循环病害侵染成功后很难防控，非常容易造成重大的损失。这类病害年度间的发病情况具有很高的相关性，早一年病害流行较重时，往往第二年病害的发生也严重。

（二）多循环病害

多循环病害是指在一个生长季中病原物能够连续繁殖多代，病害循环中有再侵染发生的病害。在一个生长季内，只要条件合适，这类病害能很快完成菌量积累，造成大流行。许多重要的作物病害，如小麦条锈病、小麦白粉病、花生锈病、玉米大斑病、玉米小斑病、水稻白叶枯病、水稻稻瘟病、马铃薯晚疫病、瓜类疫病、十字花科蔬菜霜霉病等属于这类病害。

多循环病害多危害植物的地上部分，一般是局部侵染的，部分是系统侵染的。寄主的感病期长，病原物的潜育期短、增殖率高，在一个生长季中可以繁殖许多代，再侵染频繁，但寿命不长，对环境条件敏感，在不利条件下会迅速死亡，因而越冬存活率低，如果越冬期间环境条件恶劣，存活的菌量会下降到很低的水平。病原物多为气流传播（air-borne）和风雨流水传播（rain-splash），也有昆虫等介体（vector）传播。此类病害在有利的环境条件下可以在一个生长季内完成菌量积累，病情增长快速，具有明显的从少到多、从点到面的发展过程，能导致严重的危害，以马铃薯晚疫病为例，在最适气候条件下病害的潜育期仅 3～4d，在一个生长季内病原物可繁殖 10 代以上，病斑面积可以增长 10 亿倍。由于气候条件的变化，多循环病害不同年份间波动很大，相邻年份流行程度没有必然的相关性，第一年发病轻微，第二年可能会大流行，反之亦然。

（三）中间类型病害

前面描述的单循环病害和多循环病害是比较典型的以再侵染的有无为基础区分的，是病害发生流行特征有鲜明区别的两类病害。实际上，还有一些植物病害属于中间类型，如水稻纹枯病，其初侵染主要由土壤中的菌核（sclerotia）引起，在流行季节，纹枯病菌不像典型的多循环病害病原物那样完成多个世代，发生典型的再侵染。但是，纹枯病菌的菌丝（hypha）通过自然生长蔓延和流水传播蔓延可以引起新的侵染（再侵染）。

以上对病害流行的划分是与寄主植物-病原物相互作用的特征有关的，同一种病原物在不同的寄主上或者同一种寄主上的不同病原物，其引起的病害流行类型也可能有所不同。

第二节　植物病害流行的时空动态

一、植物病害流行的时间动态

植物病害流行的时间动态主要是指在一个生长季内植物病害数量随时间变化的过程。在一个生长季内，病害的发生流行随着时间而变化，数量由少到多，病害由轻到重，是一个动态过程。病害数量增加的特点会因不同病害而异，有的病害发展很快，有的病害则缓慢。根据病害数量积累的特征，可以把病害分为单利式病害（simple interest disease）和复利式病害（compound interest disease）两种类型。这两个概念是由 van der Plank（1963）提出的。与上节相对应，单利式病害相当于单循环病害，复利式病害相当于多循环病害。

在一个流行季中，病害发生发展随着时间变化而变化，以病害数量为纵坐标，时间为横坐标，绘成时间曲线，即病害流行曲线（disease progress curve）。不同病害或同一病害在不同条件下，会有不同类型的季节流行曲线，大抵可分为 S 形曲线、单峰曲线和多峰曲线。有些病害在作物生长初期发生，随着时间的推移，病害逐步增加，在生长季中期达到最大值，然后逐步下降，形成单峰曲线。有些病害则在一个生长季中，病害出现多次上升和下降，病害发展曲线呈多峰形状，为多峰曲线。呈多峰曲线发展类型的病害一年中可有不止一次的发病高峰，如稻瘟病在南方有三次高峰：苗期的苗瘟、分蘖盛期的叶瘟和抽穗期的穗颈瘟。绝大多数病害流行的特点是在生长季初期发生，然后缓慢增长，达到一定程度以后，病害迅速上升，发展很快，但到了后期，病害增长减慢，甚至不再增长，在整个生长季中，病害数量持续增长，这类病害的流行曲线为 S 形曲线（图 12-1）。病害流行曲线是寄主、病原物和环境三者相互作用的产物，所有病害的流行都可以构建病害流行曲线。病害流行曲线的主要参数包括病害初发时间（t_0）、初始发病量（y_0）、病害增长速度（r）、病情进展曲线下面积（area under disease progress curve，AUDPC）、曲线形状、最高病情（y_m）和流行时间（t_m-t_0）。

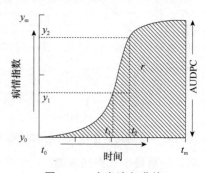

图 12-1　病害流行曲线

t_m 表示 m 时调查病害时的时间。植物病害流行曲线的形式由病原物的生物学特性、寄主的抗病性及气候条件等综合决定。

（一）单利式病害的时间动态模型

单利式病害在一个生长季中其病害数量全部都是由越冬菌源引起的，侵染和发病时间比较集中，很难有明显的季节流行曲线，如小麦腥黑穗病。但有些单利式病害，其越冬菌源陆续接触寄主，侵染时间拉得很长，发病有先有后，因此便有一个发病数量随时间而增长的过程，如棉花枯萎病、棉花黄萎病等土传病害。如果在同一地区或同一地块连续多年种植相同作物品种，初始菌量逐年积累，病害逐年增加，直到环境或土壤中出现抑制因素，发病量才慢慢减少，如小麦全蚀病。

越冬菌量常常是不易测的，如果把它看成一个常数 Q，则病害发展的时间动态（单位时间的增长量）可以表示为

$$\frac{dy}{dt} = kQ$$

式中，Q 为初始菌量；k 为每单位菌量，以单位时间引起的病害数量计；y 为病情；t 为时间。

由于 k 和 Q 均为常数，则将 $r=kQ$ 代入上式得

$$\frac{dy}{dt} = r$$

从这里可以看出，r 是病害在单位时间内的增长量，即病害的增长率。

由于发病量 y 增大时，可供病原物侵染的寄主健康组织量将减少，因而上述式子要加上一个制约因子：

$$\frac{dy}{dt} = r_s (1-y)$$

这便是单利式病害发展的动态方程，由于 $y \geqslant 0$，则在直角坐标系上，$\dfrac{dy}{dt}$ 对时间的数值是逐渐下降的。修饰因子（$1-y$）在这里可以看作植物群体剩余的健康组织的比例。

从上述速率方程出发，可以通过积分求得病害流行方程：

$$y = 1 - e^{(-rt)}$$

若 $t=0$ 时，则

$$y_0 = 1 - e^{(-r \times 0)} = 0$$

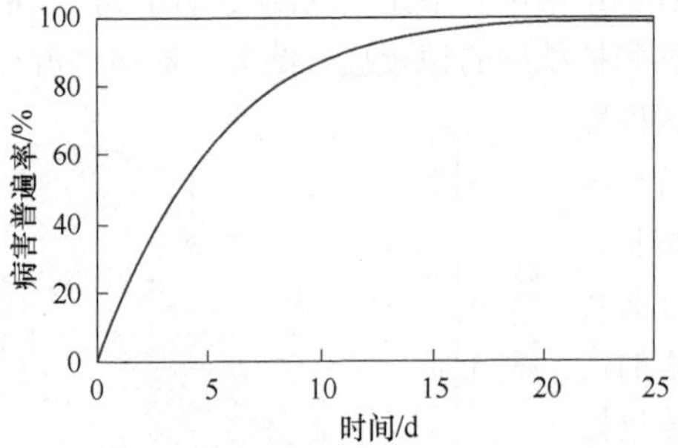

这便是单利式病害增长方程，其时间动态曲线如图 12-2 所示。

单利式病害时间动态方程可以通过变换方式化为线性方程：

$$\ln\left(\frac{1}{1-y}\right) = rt + a$$

对于单利式病害流行动态的两个参数 r 和 a，可以通过病害流行过程的系统调查数据（t_1, y_1; t_2, y_2; t_3, y_3; …; t_n, y_n），经过上述变换为线性方程后，根据最小二乘法求得。

图 12-2　单利式病害增长方程的时间动态曲线

单利式病害增长速率 r_s 可以通过两次调查的数据获得：

$$r_s = \frac{1}{t_2 - t_1}\left[\ln\left(\frac{1}{1-y_2}\right) - \ln\left(\frac{1}{1-y_1}\right)\right]$$

式中，y_1 和 y_2 分别为两次调查的病情数据[普遍率（disease incidence）或严重度（disease severity），用小数表示]；t_1 和 t_2 分别为两次调查的时间。

（二）复利式病害的时间动态模型

复利式病害或多循环病害有再侵染。这类病害在一个生长季中病害数量由初始菌量、再侵染率和病害增长速度决定，侵染和发病时间比较长，有明显的季节流行曲线。根据寄主的抗病性和生育期，病原物的生物学特性和再侵染次数及环境条件等，复利式病害的流行呈现不同的时间动态特征，这些时间动态特征可用不同的数学模型（方程）来表示。目前世界上常用的多循环病害流行模式数学方程包括指数模型（exponential model）、单分子模型（monomolecular model）、逻辑斯谛模型（logistic model）和冈珀茨模型（Gompertz model）。这里仅就最为广泛采用的逻辑斯谛模型做一介绍。

1. 逻辑斯谛模型　　复利式病害的一个重要特征是病害发生再侵染，即较早的发病组织会成为新病害的侵染源。因此，复利式病害发展速率与初始发病组织的多少有关，病害发展的时间动态为

$$\frac{dy}{dt} = ry$$

由于健康组织随 y 的增大而减少，这一作用产生了自我抑制作用：

$$\frac{dy}{dt} = ry(1-y)$$

这便是复利式病害的逻辑斯谛模型方程。它最早由范德普朗克用于描述多循环病害。

积分后进行简化，可以得到病害增长的逻辑斯谛方程：

$$y = \frac{1}{1+e^{-(rt+a)}}$$

这就是复利式植物病害增长时间动态方程，式中 a 为 $\ln\dfrac{y_0}{1-y_0}$。

这个方程描述的是一条如图 12-1 的 "S" 形曲线，其速率方程 $\dfrac{dy}{dt} = ry(1-y)$ 是一条钟状曲线，当 $y = 0.5$ 时，病害发展速率最快，在这个点的两边，速率值对称下降（图 12-3）。

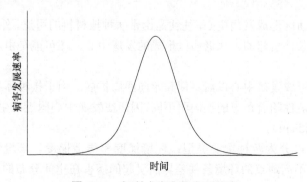

图 12-3　复利式病害的发展速率

逻辑斯谛方程比较复杂，通过一定的转换方式可以化为直线方程：

$$\ln\left(\frac{y}{1-y}\right)=rt+a$$

其中 $\ln\left(\frac{y}{1-y}\right)$ 可以简写为 logit (y)，称为逻辑斯谛值。

病害增长率可以通过二点法求得

$$r=\frac{\log it(y_2)-\log it(y_1)}{t_2-t_1}$$

式中，y_1 和 y_2 分别为两次调查的病情数据；t_1 和 t_2 分别为两次调查的时间。

2. 复利式病害流行的特点   在病害增长逻辑斯谛方程所描述的"S"形流行曲线上，依流行程度的不同，病害流行过程可划分为三个时期，各时期均有其流行特点。

（1）指数增长期   是病害的缓慢增长和积累阶段，为病害流行的前期。时间为从开始观测到微量病情到病情指数（群体水平上的病害发生程度，以 1~100 表示）达 5 的时间。病情指数 5 是范德普朗克提出的划分标准，主要依据为：当病情在 5 以下时，健康组织的小量减少对病情发展的抑制作用不大，病情增长基本上可用指数方程描述。在指数增长期间，病情很低，但增长倍数很大，是全流行过程中增长倍数最大的时期，也是病害控制的关键时间。

（2）逻辑斯谛增长期   是病害流行的盛发期。时间是从病情 5 开始到病情 95 止。在这个阶段内，病情上升很快，只要条件适宜，病情从 5 到 95 往往只需几个潜育期便可完成。

（3）衰退期   病情达 95 以后，由于剩余的健康组织很少，病害发展的自我抑制作用很强，病害进入流行末期，增长缓慢。

在上述病害流行的三个时期中，病害发展特点差别比较大，在病害防控方面的意义也不同。指数增长期病害数量增加缓慢，表面上看病情的变化似乎不大，但实际上这个时期病情的增长倍数最大，并且在这个时期内病害完成了自身菌量的积累，马上进入快速发展时期。所以，在病害防控上，抓紧这一时期，可以达到事半功倍的效果。进入逻辑斯谛增长期后，病害流行进入快速发展期，其增长势很强，防控的效果大为降低。

二、植物病害流行的空间动态

植物病害在空间范围的扩展动态，叫作病害流行的空间动态。

（一）病害扩展梯度

植物病害在一个新区形成发病中心，往往是由带病种植材料的引进、外源接种体的迁入（如孢子随气流传播）等条件引起的。在老病区形成的发病中心，还可能是由前茬遗留的病株等方面的原因所致。

病害在种植区内形成发病中心以后，便开始向四周扩展。由于接种体或其介体从发病中心向外传播和沉降的可能性随着距离的不同而不同，因而在发病中心附近产生的侵染量也有差异，从而形成了梯度（gradient）。

病害扩展梯度可以分为两种主要类型：环境梯度和传播梯度。环境梯度（environmental gradient）是由种植区不同地点的环境条件差异而引起的病害在空间分布的不均匀性，植株发病的程度只与其立地环境条件有关，而与植株离发病中心的距离无关。传播梯度（dispersal gradient）则是指由病原接种体或其介体在空中传播数量的不均匀而引起病害在空间分布的不均匀，植株的发病程度与其到发病中心的距离有关。

扩展梯度通称为侵染梯度（infection gradient）或病害梯度（disease gradient）。

病害扩展所形成的梯度主要与病害种类和发病时的条件等有关，同时也和病害的传播方式有关。病害有中心式和弥散式两种传播方式。中心式传播的病害有明显发病中心，初始菌量一般较少，病原物繁殖能力强，再侵染重要，如稻瘟病、马铃薯晚疫病、小麦锈病等。根据发病中心（disease focal）的形状和大小，可以将病害侵染源分为点源、线源和区源三种。

（1）点源　　一般指单病斑或单病株或单病叶之类的发病中心。在几何学上，点是只有位置而没有面积的，但在流行学中，我们往往把相对于传播距离来讲，其直径很小的较小区域的菌源，一般半径不超过传播距离1%或5%的菌源看作点源。

（2）线源　　在传播区一侧或多侧具有连线的病株或发病中心称为线源，在几何学上，线是没有宽度的，但在流行学中，宽度之半不超过传播距离1%或5%者可以看作线源。线源是许多连续点源的直线排列。线源产生的侵染梯度可以用点源的线积分求得。

（3）区源　　一块病田可以看作邻近田块的区源。区源是许多点源的集合，其计算方法是点源的面积分。

弥散式传播的病害无明显发病中心，它的流行主要取决于初始菌量，再侵染率在流行中的作用为次要，如小麦黑穗病、玉米黑粉病、小麦赤霉病等。

（二）梯度模型

侵染梯度是指由于病原侵染体在空间传播的不均一性，传播发病以后，由菌源中心向一定方向的一定距离内新发生的病害的分布梯度。

从菌源中心区病斑上形成的孢子向各个方向传播，随着扩展距离的增大，孢子扩散的概率将变小，从而在菌源中心附近产生一个病害逐渐减少的梯度。

在线性系统中，若以y轴表示病情，x轴表示距菌源中心的距离，可以发现在侵染源附近，病情下降很快，继后渐渐趋于平缓。离侵染源越远，病害数量越小。

常用描述这种传播梯度的公式可以表示为

$$y = ax^b$$

式中，y为病情；x为菌源中心的距离（$x \geqslant 1$）；b为梯度系数；a为与菌源中心病情和传播特性有关的参数。

上述方程可以通过对数变换成直线方程：

$$\ln y = \ln a + b\ln x$$

三、植物病害流行的影响因素

植物病害的发生和流行受生态系统中的诸多因素，如寄主植物群体、病原物群体、环境条件和人为活动等的影响、干扰和制约。

植物病害的流行，除了人为干预不当，产生一系列负面影响外，客观上有5个因素不可忽视。第一，寄主植物群体必须具有感病性，而且这种感病性越一致越有利于流行；第二，具感病性的寄主植物必须群集在一起；第三，要有毒性病原物存在，并且病原物有大量增长的势能；第四，天气和环境中的其他因子有利于病原物散布和病情发展；第五，环境条件有利的时限必须足以支持病害流行。

病害的流行涉及寄主植物、病原物和环境条件，而所有这些要素都受人活动的影响。我们可以从病害四面体（病四角）的各个方面，理解病害流行的影响因素。

（一）寄主植物

寄主植物群体的感病性是植物病害流行的必要条件之一，它同寄主植物的生理状况有关。寄主植物的生理状况影响着病原物的侵染率、繁殖功能、病斑的增长速率和病害的潜伏期等，如快速生长植物可降低由雨滴传播的病害向上扩展。寄主植物的感病性还表现为时间性和区域性。时间性是指寄主植物的感病性随其生理年龄而变，幼龄植物一般比成年植物更感病。区域性是指同一植株的不同组织、器官有不同的感病性。

寄主植物密度也影响着病害的发生和流行，提高寄主植物密度可减少病原物成功侵染所需的传播距离和时间，增加其在传播途中成功登陆寄主的机会，从而影响病害的流行程度和范围。寄主植物密度还可以通过改变田间的微环境影响病害的发生和流行。

病害的发生和流行还受寄主群体遗传多样性的影响，总的趋势是通过无性繁殖的作物如马铃薯和香蕉病害流行的速度最高，自花授粉的作物如水稻、小麦、大麦病害流行的速度次之，异花授粉作物如玉米病害流行的速度最低。在自然（野生）条件下，植物很少发生病害大流行，主要是因为植物遗传多样性高，感性植株密度低。

在农田生态系统中，植物群体的感病性很容易满足病害的流行，这主要源于人的农事活动和对农田生态系统的干扰作用，如单一大面积推广某种抗病品种而最终导致抗病品种的抗性丧失而成为感病品种，成为对病原物高度感病的群体，这种具有感病性的植物群聚在一起，十分有利于病原物的传播和病害发生流行。

（二）病原物

病原物的生物学特性如致病性、传播途径、病原物增殖速度及其越冬能力等都影响着病害的发生和流行。病原物具有致病性，这个条件是与寄主的感病性相对应的，是同时存在的对应条件。寄主植物具有感病性就意味着病原物具有致病性。在农田生态系统中，这种条件是易于满足的。同时，由于农田中往往大量种植具有感病性的同一品种，为病原物的增殖提供了足够的营养和栖息地，病原物容易大量增殖，这对于病害的快速发展而流行成灾是十分重要的条件。一般来说，土传病害流行速度慢、流行面积小；而气传病害流行速度快、流行面积大。病原物增殖的数量越多意味着病害流行越快；病原物越冬能力强初始量高，病害流行时间早。

（三）环境条件

环境条件（包括气候、土壤、耕作环境）同时影响着寄主和病原物的生长生殖。当环境条件有利于寄主、不利于病原物生长生殖时，植物病害不发生或只有少量发生；相反，当环境条件不利于寄主但有利于病原物生长生殖时，植物病害就可能大发生或流行的概率增加。我们种植作物的种类是适合于种植地区的环境条件的，与之相应的病原物，在长期的进化选择中，也适应于这种环境条件，这是农田植物病害能发生且能流行的重要条件。同时，在农田生态系统中，往往会由于种植作物的栽培管理等措施不当而造成适合病害发生发展的小气候条件，极易引发病害的流行。

（四）人为因素

人的活动对寄主、病原物和环境的干扰是很多农作物病害能够大面积发生流行的重要原因。在没有受到人类活动干扰或者受人类活动干扰很小的原始森林中，植物病害少有流行成灾的，即使有病害发生，也仅仅局限于小范围或者不严重。这是寄主植物和其病原物长期协同进化相互制约相互适应的结果。

但是，农田生态系统是在人的活动下形成的，人类选育出高产作物品种的同时，也通过人为的选择，把与病原物长期进化的很多有利因素筛选掉。并且，在同一区域内大面积不断种植同一基因型的植物也为病害大流行创造了十分有利的条件。人为活动对病害流行的影响还造成自然生态系统中病原物的竞争者减少，从而导致对作物具有毒性作用的病原物能在具有充分的食物和栖息地的情况下迅速增长，从而流行成灾。有人在总结了人类活动与病害流行的关系之后指出，一些病害严重流行的事例常常可以从人类活动中找到原因，使人们得到这样一个观念：植物病害流行大多数是由人类的干预不当引起的（谢联辉等，2009）。

第三节　植物病害流行的遗传基础

在自然植物病害系统中，植物与病原物经历了长期的协同进化（co-evolution），结果是植物与病原物相互依存。即使病害偶发流行，但总体危害水平不高，处于动态平衡状态。在协同进化过程中，植物与病原物在相互选择过程中，形成了复杂的遗传机制，即寄主植物的抗病性和病原物的致病性。研究表明，植物病害发生流行实际上就是寄主植物与病原物从微观到宏观层面相互作用的结果，这种相互作用的物质基础就是植物的抗病基因和病原物的致病基因。

一、植物抗病性的遗传基础

（一）植物的抗病基因

在植物的主动抗病性中有两套基因先后起作用，即抗病基因（resistance gene）和防卫基因（defense gene）。通常，抗病基因产物在接受病原物无毒基因产物激发的信号后，会诱发下游一系列防卫基因表达，产生一系列防卫反应。对已克隆到的抗病基因的结构进行分析发现，抗病基因在结构上有明显的共同特征，或富含亮氨酸重复序列（LRR），或含有各种激酶，或为二者的组合，说明抗病基因具有共同的起源。需要指出的是，这些保守的结构域往往又是易变区域，往往抗病基因的一个氨基酸发生变异就会使植物抗病性发生变化，反之亦然。

（二）植物的抗性

植物的抗性可分为垂直抗性（vertical resistance）和水平抗性（horizontal resistance），由范德普朗克首次提出（van der Plank，1963）。他发现有些马铃薯品种对晚疫病菌各个小种的抗病性程度大体居于同一水平线上，而另外一些品种的抗性则因小种而异，因而创用了水平和垂直抗性这一对术语，并定义："当一个品种抵抗一种病原物的某些小种而不抵抗其他小种，称垂直抗性；当其抗性是普遍一致地对病原物的所有小种的，称水平抗性。"后来，他又将垂直抗性补充为"对一种病原物的某些小种比对其他小种更抵抗"，并称水平抗性对病原物的所有小种是指"可侵染该品种的"所有小种。

范德普朗克的概念对植物病理学家和育种学家产生了重要影响。之后，人们对这两类抗性进行大量的研究，明确了垂直抗性一般受单个或几个主效基因（major gene）控制，是质量性状

（qualitative trait），抵抗对它无毒性的小种，不抵抗对它有毒性的小种。垂直抗性大多数呈显性（dominant），只有少数基因呈不完全显性（co-dominant）或隐性（recessive）。水平抗性则大多数由微效基因（minor gene）控制的，为多基因遗传（polygenic inheritance）。理论上，水平抗性不会因病原小种或菌系的不同而变化，是一种数量性状（quantitative trait）的抗病性，实际上，水平抗性对不同小种或菌系的抗性也有分化，但分化程度很弱。在少数病害，水平抗性也可能由主效基因决定。

垂直抗性和水平抗性往往共存于一体，即同一个品种甚至同一植株可以兼具两类抗性。在多品种-小种组成的体系中，如果品种全部属垂直抗性，病原的所有小种都是毒性不同的小种，则这一体系称为垂直体系；反之，如果品种全部属水平抗性，病原全部为侵袭力强弱不同的菌系，则称为水平体系。在生产实际中有很多病害体系是复合的，品种中垂直抗性、水平抗性都有，病菌方面毒性、侵袭力并存，即两种体系不同程度地叠合在一起。

（三）植物抗性的变异

寄主植物的抗性是相对的，在不同条件下会发生改变，特别是垂直抗性。垂直抗性一般抗病程度较强，多为高抗或免疫，因此人类喜欢利用它，但垂直抗性品种往往寿命不长，大面积推广后则7~8年，少则3~5年就可能出现"抗性丧失"现象，从高抗变为高感。这是由病原物群体中产生能够克服该抗性基因的优势毒性小种所致。影响植物抗性变异的因素有三个方面：寄主植物本身的变异、病原物毒性的改变和环境因素的变化。

1. 寄主植物本身的变异　寄主植物本身的变异可能是由于抗病基因的结构发生变化，如抗病基因的复制和重组，抗病基因的点突变等。寄主植物繁殖器官的异质性也会引起抗性的不同，如水稻、玉米、小麦的上、中、下各部位的种子，它们的抗病性和农艺性状也不相同。在有利条件下形成的种子，其活力、抗病性和农艺性状均较好；天然杂交可产生感病植株，尤其是异交和常异交的植物容易产生变异株，引起种群内抗病性分化；种子的机械混杂所引起的种性不纯是自花授粉植物抗病性变化的重要原因。

2. 病原物毒性的改变　病原物毒性的改变是引起抗病性丧失的最主要原因。一个抗病品种，尤其是垂直抗性的品种，常因病原物群体中出现新的生理小种或优势小种的变化而丧失抗病性。造成这种变化的主要原因是病原物中对该品种的毒性基因频率（病原物群体中原有的毒性基因或新的毒性基因突变体）的快速积累。

3. 环境因素的变化　环境因素，如气候条件、栽培管理等也会影响植物抗病性的表现。在气候条件方面，连续阴雨天气会降低植物的光合作用，使植物体内的有机物供应减少，从而降低植物的抗病性，而阴雨天气对很多病原物孢子的萌发和侵染则提供了良好的条件，因而很多病害在连续阴雨天气发生较严重。栽培管理方面，多施氮肥则使植物体内游离的氨基酸等氮素物质增加，有利于病原物的侵染。而增加钾肥则可以提高植物的抗病能力。总之，环境因素的变化，往往会影响植物的生理和生化状况，影响病原物的生长、繁殖和侵染过程，从而影响植物的抗病性表现。

二、病原物致病性的遗传基础

（一）病原物的致病性基因

病原物的致病性基因主要包括无毒基因和毒性基因。其中无毒基因决定病原物生理小种与含相应抗病基因的植物品种表现出的专化性不亲和的相互作用。

无毒基因是弗洛尔（Flor）1942 年在亚麻锈菌（*Melampsora lini*）中首次发现的。无毒基因（avirulent gene）决定病原小种的特异性（specificity）；同时，研究还发现病原致病变种的特异性也有类似的无毒基因在起作用，如将甘蓝黑腐黄单胞杆菌（*Xanthomonas campestris*）一个小种的无毒基因 *AvrRxv* 转化到不含它的 *Xanthomonas campestris* pv. *glycinea* 和 *Xanthomonas campestris* pv. *phaseoli* 等变种后，其对应的原来感病的寄主植物如大豆、菜豆便表现为抗病。

毒性基因（virulence gene）是影响植物与病原物之间亲和互作程度的基因。在概念上毒性（virulence）与致病性（pathogenicity）及无毒性（avirulence）与非致病性（non-pathogenicity）不能相混淆。毒性基因与无毒基因在基因座位上并非简单的等位关系，无毒基因使含有它的病原物不能侵染含有对应抗病基因的品种，不等于病原物对其他品种都没有毒性。

一般来说，病原物毒性为主效基因遗传。毒性基因均为隐性，多用小写 v 或 a 表示有毒性，大写 V 或 A 示无毒性。在有性生殖中，毒性基因在后代的分配符合孟德尔定律。无性生殖的后代，毒性基因可能会产生突变、基因重组而产生致病性状方面的改变。

（二）病原物无毒基因的变异

对病原物毒性特别是无毒基因结构、功能的分析，对无毒基因的分布和频率变化的分析，有助于了解植物病害流行的潜在规律。

植物病原物群体毒性变异的主要动力是突变、基因重组、基因的水平转移等。微生物基因组中往往含有较多活跃的转座子（transposon）、小染色体（mini-chromosome）等，可能是其易变的主要原因，这已在稻瘟菌 *Avr-Pita*、*PWL₂* 及 *BUF1* 等基因中得到证实。

三、寄主植物与病原物的遗传互作

弗洛尔在对亚麻-亚麻锈菌（*Melampsora lini*）病害体系进行研究的基础上，提出了基因对基因假说（gene-for-gene hypothesis）（Flor，1956）：对应于寄主方面的每一个决定抗病性的基因，病菌方面也存在一个与之相对应的毒性基因。在寄主植物-病原物体系中，任何一方的每个基因，都只有在另一方相对应的基因作用下才能被鉴定出来。后来的许多研究发现其他一些菌物、病毒、原核生物、线虫及寄生性种子植物所致的病害同样存在着基因对基因关系。人类通过分子生物学手段揭示了多个抗病基因与对应的无毒基因，如番茄抗病基因 *Pto* 与丁香假单胞细菌番茄变种（*Pseudomonas syringae* pv. *tomato*）中的 *Avr-Pto*、水稻抗瘟基因 *Pita* 与稻瘟菌无毒基因 *Avr-Pita* 等的关系。因此，基因对基因假说对认识寄主植物-病原物的互作遗传、病原物的进化、抗病育种和抗病品种的合理利用、寄主抗病性与病原物致病性的协同进化及对抗病性机制研究等具有较大的指导意义。

四、植物病害流行的群体遗传分析

病害的发生和流行是寄主植物、病原物和环境三者之间的互作产物，尤其是病原物本身又是由复杂的、动态结构的个体组成的，所以我们通常所说的病原物致病性或寄主的抗病性是指在特定时间、地理条件下某一特定的病原物群体同某一特定寄主之间的关系。随着病原物群体遗传结构的时空变化，这种特定的寄主植物-病原物关系也必将随之变化。引起病原物群体遗传结构改变的因素包括突变（mutation）、遗传漂变（genetic drift）、基因重组（recombination）、遗传迁移（migration）和自然选择（natural selection）（Hartl and Clark，1997）。

　　突变是指生物体中的遗传物质（通常指脱氧核糖核酸或核糖核酸）发生陡然改变。它包括单个碱基替换与移码突变所引起的点突变，或多个碱基序列插入、缺失、重复、转位和转座的畸变。造成突变的原因可以是细胞分裂时遗传物质在复制过程中发生错误，或受化学物质、辐射或病毒等的影响。

　　遗传漂变是由病原物群体的有效群体量决定的，小的病原群体比大的病原遗传漂变现象严重。遗传漂变可导致新的稀有毒性小种从群体中消失。由于寄主密度的季节性波动、化学药剂的大面积使用和栽培体制的不断变更，病原物群体经历着不断的灭绝和再定殖，遗传漂变将对病原物的群体结构产生重要影响。

　　基因重组在新的小种形成中可发挥重要的作用。植物病原物具有丰富的基因重组模式。在病原真菌中，基因重组可在有性生殖（减数分裂）和（或）准性生殖（有丝分裂）过程中产生；细菌的基因重组可通过转化、接合和转导完成，转化是细菌直接摄取和表达外源遗传物质，从而获得新的遗传性状；病毒可以通过重组和重排完成遗传交换。

　　基因迁移也称作基因流（gene flow），它是指不同地理间的病原物群体通过配子体（gamete）和（或）个体迁移带来的遗传信息的交换。基因迁移的产生需要病原物种存在两个以上的群体和不同的病原物群体种群间的个体有自由移动的机会。

　　自然选择在病原物进化中起着至关重要的作用，当某一特定的抗病品种或药剂引入生产中时，病原物群体发生变化，其中的某一个甚至多个个体从无毒菌株突变成为有毒菌株，或从药物敏感菌株突变成为抗药菌株，有毒菌株或抗药菌株在群体中的比例因自然选择而逐步提高，并通过遗传迁移从一个地区扩散到另一个地区，从而导致原有抗性品种或杀菌剂的失效。新的毒性基因可通过突变、基因重组等形成。病原物的突变是随机的，其频率不受寄主抗性的影响。然而毒性突变能否在病原物群体中积累、存活和繁衍后代，则取决于突变体自身的适合度（fitness）。寄主适合度是指病原物生存和繁殖下一代的相对能力。由于只有与品种抗病基因相应的毒性小种才能得天独厚地发展，这种毒性小种具有选择优势，很容易在群体间扩散。人类可以通过抗性基因时空布局来降低自然界对病原物群体的选择压力。

第四节　植物病害监测概述

　　植物病害监测（plant disease monitoring）是对病害流行实际状态和变化进行全面持续的定性和定量观察、表述和记录。其目的在于掌握植物病害的流行动态和影响病害流行主要因素的变化情况，从而在生产上为进行植物病害的预测和防治决策提供可靠依据，在科学研究上为植物病害发生发展规律和预测方法的研究服务。在植物病害综合防治体系中，防治决策是核心，预测是决策的基础，而实况监测是预测和决策必不可缺的依据。研究始于观察，决策不能脱离实际情况，监测则为其基础，没有大量合格和可靠的数据资料，预测方法的制订和防治决策的研究均无从下手（曾士迈，1994）。

一、病害监测

　　植物病害调查是植物病害研究工作的基础，植物病害流行规律与预测预报所需原始数据就来源于调查结果。通过调查可了解植物病害种类、分布和为害情况，掌握病害的发生发展规律，有效开展测报及防控；研究病原物对作物的致病性、品种的抗性等也必须通过调查来判断；采用某种具体方法防控植物病害的效果，也必须通过调查来检验；通过调查，还可以总结实践经验，上升为理论性的病害流行机制和防控策略，从而提升植物病害的测报和防控水平。

植物病害调查分为一般调查、重点调查和调查研究三种。根据不同目的采用不同的调查方法。为了解某一地区作物病害发生情况，可采用一般调查；针对某一病害为了解其分布、发病率、损失、环境影响和防控效果，可采用重点调查；针对病害的某一问题需要深入了解和有效解决，即须调查研究。调查通常采用发病率和病情指数表示病害的发病程度。

（一）病害的调查方法

调查方法是植物病害调查结果能否反映实际情况的关键，主要涉及取样地点、取样数量、取样时间和取样方式等因素。这些因素随病害种类、调查目的、内容、对象、精度要求等的不同而异。如欲了解某种病害发生的一般情况，则最好选择病害的盛发期在一定范围内进行普查；如要了解病害的发生规律，则要采取定点定期的系统调查，并且要在多个地方持续进行多年。

如果被查病害对象的空间分布型尚未知晓，则调查取样前首先要了解植物种植园的基本情况，根据面积、地形、品种分布及耕作栽培等因素、病害发生传播特点和调查目的决定取样方式和样本数。常用的取样方式有：①顺行式。果树病害调查中常用，尤其是病害种类调查和检疫性病害调查均采用此方式（根据需要和工作量，可以逐株调查，也可以隔行隔株调查）。②随机取样。病害均匀分布或随机分布时常用此方法，要注意样本分布点不能过分集中或有意识地选定，适当地分散在田间，一般应调查 5%左右样本数。③对角线式。在地势平坦、园地近似长方形时适用，气流传播病害常用此法，在两条对角线上各取 5～9 点调查（常用的"五点取样法"，即在对角线交点上取一点，其余四点也在对角线上）。④棋盘式。取样点有规则地均匀分布在近长方形的园地上，一般为 10～15 点。⑤"Z"形取样。地形狭长或地势复杂的园地，可按"Z"形排列或螺旋式排列的取样点进行调查。⑥平行跳跃式。田园面积较大适用此方法，一般一条线上查 5 株，共查 40 行、200 株，各条线均匀地分布在田间。

调查的样本数量视病害种类和研究目的而定。病害分布不均匀的，如苗木带病、土传病害，样本应多一些，而气传、虫传病害一般较均匀，调查数可少一些。

（二）病害程度的计量

植物病害研究一般是针对植物群体的病害情况。植物群体的发病程度可用多种指标计量，最常用的有发病率、严重度和病情指数。

1. 发病率　这是指植物群体发病的普遍程度，以发病植株或植物器官（叶、根、茎、穗、果实、籽粒等）数占调查植株总数或器官总数的百分率表示。

2. 严重度　其表示植株或器官的罹病面积（如病斑面积占总面积的比例），用分级法表示，即将发病的严重程度由轻到重划分出几个级别，分别用各级的代表值或发病面积百分率表示。近年来，为了适应计算机的分析，常采用 0～9 共十级的表示法，如国际上通用的标准分级体系（standard evaluation system，SES）。表 12-1 是斑点类病害严重度标准分级体系，适应典型坏死、腐烂病害的严重度分级，一些病毒病如 TMV、CMV 引起的病害也可参照。在实际应用中，有时可根据不同的病害性质及其对作物的影响对级数进行调整，如用 0、1、3、5、7、9这 6 个级别，甚至用 0、1、5、9 共 4 个级别，对分级标准也可做相应的调整。分级标准要具体、明确、易于区分，不因调查人员的主观意识而造成误差。

表 12-1　斑点类病害严重度标准分级体系

级值	分级标准	级值	分级标准
0	无可见症状	5	病斑占器官面积的 51%～75%
1	病斑占器官面积的 3%或以下	6	病斑占器官面积的 76%～85%
2	病斑占器官面积的 4%～10%	7	病斑占器官面积的 86%～90%
3	病斑占器官面积的 11%～25%	8	病斑占器官面积的 91%～95%
4	病斑占器官面积的 26%～50%	9	病斑占器官面积的 95%以上

3．病情指数　　其表示群体水平上的病害发生程度，是由发病率和严重度构成的综合指标。病情指数以 0～100 来表示。若以叶片为调查单位，当严重度以级值表示时，计算公式为

$$病情指数 = \frac{\sum（各级级值 \times 该级病叶数）}{调查总数 \times 最高级值} \times 100$$

二、病原菌监测

病原菌是植物病害三角或四面体中的要素之一，其繁殖体或传播体的量或密度是病害发生和流行的一个重要驱动因子，具有侵染能力的繁殖体或传播体的生存力、传播能力与病害的流行速度、流行期长短及分布范围有很重要的关系，因此在一些病害的预测和管理中，对其病原菌的繁殖体或传播体的监测是必需的。病原菌种群数量的估测，技术难度较大，在绝大多数情况下，由于个体微小或计数单元无法划分，很难测定，只有一些病原菌的繁殖体或传播体如菌核、孢子等可进行直接测定，且只能测定传播体相对数量的变化或相对特定条件下群体的数量。这些原因制约了对病原菌的监测研究，近年来随着一些现代监测仪器的发展和改进特别是分子生物学技术的飞速发展，为此方面的研究提供了先进的技术支持（Campbell et al., 1991; 曾士迈，1994）。

（一）病斑产孢量的测定

已有的病斑产孢是病害再侵染的主要来源。对产孢量的测定是病害流行分析和流行预测中不可缺少的组分。产孢量的测定通常采用套管法，即将产孢叶片插入开口朝上的大试管中或两头开口的 J 形管中。换管前将叶片上的孢子抖落在管中，或用 0.3%吐温 80 洗下孢子。冲洗液离心后，在显微镜下用血细胞计数器检查孢子的数量，也可用分光光度计比浊法标定悬浮液的孢子量。黄费元等（1992）采用透明胶粘贴的方法来测定稻瘟病田间叶片的孢子量，方法是将透明胶带对准叶片病斑粘贴，轻压后将胶带撕下，贴于盖玻片上镜检。对病斑正面和反面依次粘贴，直至最后粘贴的透明胶带检查不到孢子为止，将各次粘贴检查到的孢子数相加，即该病斑的产孢数。

（二）空气中病原菌的监测

对于气传病害（如小麦条锈病、白粉病）来说，流行初期及其繁殖体和传播体（孢子）数量是病害预测预报的重要依据。用于植物病原菌繁殖体或传播体（孢子）数量或密度监测的方法和仪器与针对非生物粒子或花粉的很相似。因为非生物粒子与病原菌孢子的大小比较接近，非生物粒子的直径为 1～40μm，真菌孢子为 10～40μm，气传细菌可能大一些，为几毫米，只

不过对生物粒子的采样要求尽可能不要损伤或破坏它们的生活力。尽管用于病原菌繁殖体和传播体的取样装置或方法较多，且每种装置或方法有各自优缺点并只适于一定的粒子大小范围，但其截获繁殖体或传播体的原理主要是基于重力沉降、惯性碰撞等。

1. 水平玻片法　采用水平放置涂有黏性物质（凡士林等）的玻片，依靠重力沉降来收集病原菌孢子，是最早使用的孢子采样方法，具有经济、简便易行的特点，并可提供一定程度的定量或半定量的信息，但它只适于较大孢子，且易受旋风、涡流的影响，而且捕捉效能不高。一般在中等风速下，用此方法获得的估计值就明显低于实际值，高风速下，由于边缘效应或涡流，更使玻片表面很难截获病菌孢子。尽管水平玻片法不适于准确度要求高的大田和室外定量监测工作，但它还是比较适合雨水飞溅传播的病原菌或室内（温室和保护地等）病原菌的监测或取样。玻片也可换成含有选择性培养基的培养皿，用来监测气传真菌孢子或细菌，提供繁殖体或传播体的生活力和种类信息。利用重力沉降方法取样的另一个变型是通过一个漏斗使病原菌随水流进一个收集器里如烧杯中，很显然此方法特别适于雨水传播的孢子。它可保持收集到孢子的湿度，不足之处就是在对收集的病原菌孢子计数前，需要对孢子进行有效的分离和浓缩。

2. 垂直或倾斜玻片法或垂直圆柱体法　垂直或倾斜玻片法或垂直圆柱体法尽管与上述方法相同或非常相似，但其主要是利用孢子在空气中的运动对收集器表面的碰撞而截获孢子的。由于需要借助外界风的力量，所以此法的收集效能随风速而异。从理论上讲，一般在静风中大孢子不容易截获，而小孢子在中等风速以上，则容易被吹掉而丢失，并且此装置不适合收集风雨传播的孢子。因为孢子很容易从玻片或圆柱体上被冲刷下来，所以此方法被进一步发展，产生了旋转垂直胶棒孢子捕捉器——Rotorod。此捕捉器是通过一对垂直的黏性棒高速旋转，与孢子发生碰撞来收集孢子。这种方法对直径大约为 $20\mu m$ 的孢子的捕捉效率最高，而且能检测到低浓度的孢子，机械装置简单轻便，可用电池驱动，相对来说费用也不太高。其捕捉效率较高且受风速（$6.2km/h$ 以下风速）影响不明显，由于捕捉器表面容易产生过饱和，因此实际的捕捉效率主要取决于空气中孢子的大小和密度及捕捉器的使用时间。Rotorod 捕捉器由一对"U"形丙烯棒组成，在电机的驱动下以一定的速度旋转，"U"形棒宽 1.59mm，对直径 $10\sim100\mu m$ 的粒子捕捉效果最佳。Rotorod 有时也采用"H"形棒，一般棒宽 0.48mm，它对捕捉粒子的最有效直径为 $1\sim10\mu m$，且棒越窄，对小粒子的捕捉效率越高。在相同的取样速率下，Rotorod 的"U"形棒捕捉效率可达到 70%以上，"H"形棒可达 100%。

3. 吸入型孢子碰撞捕捉器　此类捕捉器大多数是用真空泵或其他空气驱动装置把孢子吸入捕捉器内，通过碰撞落到一个运动的收集表面，它可测出单位时间的孢子数量，由此可计算出孢子在空气中的浓度即单位体积的孢子数目，由于它可给出空气体积的读数，也被称为定容孢子捕捉器。此装置相对不受风速和孢子大小的影响，其误差主要来自两个方面，一是吸入误差，即孢子未进入捕捉器的口；二是截获误差，即孢子没有着落到正确的位置，或被捕捉器的内壁所截获，或者孢子随空气穿过捕捉器。这类捕捉器采用了孢子从环境中分离出来的最理想方法，即等空气速度取样。其收集效率随粒子的大小和风速的增加而增加，与取样器口的大小成反比。

May 和 Sonkin 提出了一个串联式粒子碰撞捕捉器。它由多个串联起来的管组成，每个管有一个小的空气喷口，在每个喷口正面放置涂有黏性物质的玻片，当空气被吸入通过每个喷口时，气流中的粒子就会着落到玻片上。通过调节喷口的大小和玻片与喷口的距离，可使每个玻片截获不同大小的粒子。在此基础上 Hirst 对其进行了改进，产生了自动定容式孢子捕捉器，该装置工作过程是空气通过一个很窄的口被吸入，着落在移动（2mm/h）的玻片上，而且捕捉器带有风向标可保持取样口正对风向。Hirst 捕捉器的一个替代型号被称为 Burkhard 7 天定容孢子捕捉器，其主要改进在于孢子被吸入后，可落在一个表面覆有胶带的鼓上，而鼓与一个每 7 天旋转一圈的时钟连接，因此它可自动记录 7d 的孢子数据，而不需要在此期间更换截获孢子的鼓。Kramer 和 Pady 在 Hirst 和 Burkhard 捕捉器的基础上又设计出了 Kramer-Collins 孢子捕捉器，它结合了两者的特性。Blanco 等（2004）利用定容式孢子捕捉器研究了空气中分生孢子数与环境条件及草莓白粉病病情之间的关系，发现空气中的孢子数与病情之间有显著的正相关关系。

串联式孢子碰撞捕捉器还有另一类型——Andersen 捕捉器。这种捕捉器是让孢子落在培养基上，它不但适于空气中孢子量多时使用，而且可使获得的孢子保持活性，另外还可通过使用选择性培养基，选择性地收集感兴趣的病原菌孢子。吸入型孢子碰撞捕捉器的收集效率可高达100%，但花费也较高。

4. 移动式孢子捕捉器　　车载移动式孢子捕捉器或取样器（RAM air sampler for use with moving vehicle），其收集效率最高可达 99%。它的设计吸收了以上一些捕捉器或装置的特点，并充分利用了空气动力学的原理。捕捉器工作过程是通过车辆的快速运动使进入的空气在一个带有喷嘴的锥形管道中加速，而排出空气的反向流动设计，使空气流动在喷嘴下的收集区中处于静止状态，从而使进入捕捉器的孢子依靠重力沉降，并均匀地落在捕捉器的底部。此捕捉器的最大特点是不破坏捕捉的孢子生活力，因此主要适用于专性寄生菌如锈菌、白粉菌等病原菌孢子的取样，同时也可用于此类病原菌孢子的密度监测。由于移动式孢子捕捉器采样具有效率高、取样均匀、范围大、样本代表性好等特点，所以用来代替传统的人工调查方法，可以大大降低工作量，提高效率。

三、寄主监测

种植大量感病寄主是植物病害流行不可缺少的条件之一，而种植抗病寄主则是有效控制病害的措施之一，因此对寄主植物的抗病性进行监测在病害流行监测上具有重要的作用。

植物的抗病性是在一定的环境条件下寄主与特定的病原物相互作用的结果，受其所携带的抗性基因的控制。植物抗病性的差异表现为病害发生的轻重或蒙受损失的多少。因而抗病性鉴定是在适宜于发病的条件下用一定的病原物人工接种或在该病害的自然流行区，比较待测品种（品系）与已知抗病品种的发病程度来评价待测品种的抗性。在接种鉴定时，应对病原物和环境条件有严格的控制。所用的病原物应该是生产中有代表性的优势小种，进行分小种或混合小种接种。鉴定时要采用合适的分级标准调查记载。目前，抗性鉴定可以分为室内鉴定和田间鉴定。

（一）室内鉴定

室内鉴定是在温室或其他人工控制条件下进行的品种抗病性鉴定，可以不受生长季节的限制和自然条件的影响，适合对所有植物进行抗病性鉴定。一般在苗期进行，具有省时、省力等优点。可以在人工控制条件下使用多种病原物或多个小种进行鉴定，较短时间内可以进行大量植物材料的抗性初步比较。此外，对于那些能在器官、组织和细胞水平表达的抗病性，可以采用离体接种鉴定。例如，小麦赤霉病的抗性鉴定就常用扬花期的麦穗接种，其结果与田间鉴定一致。但是室内鉴定受到空间条件的限制，难以测出植株在不同发育阶段的抗性变化。因此，室内鉴定结果有时不能完全反映品种在生产中抗病性的实际表现。

（二）田间鉴定

在田间自然发病或人工接种诱导发病条件下鉴定品种的抗病性，可以揭示植株各发育阶段的抗性变化，能够比较全面、客观地反映待测品种的抗性水平。它往往在特定的鉴定圃中进行。当依靠自然发生的病原物侵染造成发病时，鉴定圃应设在该病害的常发区和老发区；而采用人工接种时，鉴定圃多设在不受或少受自然病原菌干扰的地区。由于田间鉴定需要在不同地区和不同栽培条件下对待测品种进行抗性评价，所需的周期较长，同时也受到生长季节的限制。但是，它是抗性鉴定中最基本的方法，是评价其他方法可靠性的重要依据。

四、环境监测

众所周知，任何生物都不能脱离其周围环境而独立存在，植物或病原物也是如此，都依存于围绕它们的环境条件。作为植物、病原物相互作用而发生的植物病害，更易受到环境条件发展变化的影响。一方面，直接影响病原物，促进或抑制其传播和生长发育，如能够传播病毒的介体昆虫就能促进病原的传播，而降雨则能够抑制气传病害的传播；另一方面，环境条件影响寄主的生活状态及其抗病性。因而环境对于病害的影响是通过植物及病原物双方、改变其实力对比而起作用。因此只有当环境条件有利于病原物而不利于寄主植物时，病害才能发生和发展。

病害流行是病原物群体和寄主植物群体在环境条件影响下相互作用的过程，环境条件常起主导作用。对植物病害影响较大的环境条件主要包括下列 3 类：①气象因素，能够影响病害在广大地区的流行，其中以温度、水分（包括湿度、雨日、雨量）、光照和风最为重要，气象条件既影响病原物的繁殖、传播和侵入，又影响寄主植物的生长和抗病性。②土壤因素，包括土壤结构、含水量、通气性、肥力及土壤微生物等，往往只影响病害在局部地区的流行。③农业措施，如耕作制度、种植密度、施肥、田间管理等（肖悦岩等，1998）。

（一）气象因素的监测

气象变化影响病害流行程度的事例十分普遍。例如，小麦扬花期降雨量和降雨天数往往是我国小麦赤霉病流行的主导因素，因为引致该病的病原物广泛存在于稻茬（南方）、玉米秸秆、小麦秸秆（北方）上，小麦抗病品种和抗病程度又有限，有利的气象条件和感病生育期的配合就成了流行的关键因素。在以前的植物病害预测实践中，监测最多的就是气象因素。大气候数据可以从国家和地区气象部门获得，对植病工作者来说，这里所说的气象因素的监测应该是农田小气候观测。关于农田小气候观测的方法和仪器有很多，其中温度计、最低最高温度计（数字资源 12-1）、自动记录温湿计、地温计、风速计（数字资源 12-2）和照度计（数字资源 12-3）是经常需要的观测仪器。

数字资源
12-1～12-3

对多数真菌性病害而言，植物茎叶表面结露时间的长短和露量的多少是影响侵染的主要因素。例如，瓜果腐霉（*Pythium aphanidermatum*）的孢子囊萌发、泡囊形成、释放游动孢子、静止孢子的再萌发和侵入都需要在水中完成；小麦白粉病的分生孢子对湿度的要求不严，相对湿度在 0～100% 均可萌发，而小麦条锈病夏孢子萌发则一定要有微露，并且需要持续一定的时间。常规的气象观察中只记录结露与否，显然不能满足病害研究和预测的需要。科技工作者研究利用气象观测数据推算露时露量的公式，如杨信东等（1992）尝试了利用气象台站常规观测资料推算叶面结露时间。国际上已研制出多种测露仪，如德维特记录仪（Dewit recorder）、泰勒记录仪（Taylor recorder）等，利用传感元件对在受外界湿度和露水影响时出现的形状、外观发生的相应变化而进行测量的，它们的缺点是不易将空气中高湿现象和叶面结露区分开来。电学测露仪是利用露水能导电这一物理现象，通过记录假叶（传感器）上电容、电导值的变化来反映露量的多少及结露时间的长短，由伊大成等（1993）研制成的智能测露仪就属于这种类型。

随着科技的发展，现在已经成功研制出农田小气候自动气象站（数字资源 12-4），能够自动记录田间的风速、风向、太阳辐射、空气温度、土壤温度、降雨量和相对湿度等气象参数，同时还可以自主设置数据记录的时间间隔，如每分钟、每小时还是每天记录一次数据，准确性高，将大大降低田间气象测量所需的人力和读数时带来的人为误差，但是花费比较大。

（二）其他因素的监测

主要包括土壤因素和农业措施。对一固定地区而言，其固有的地形、地势、土质、地下水、排灌等情况均可一次记载备查，但土壤有机质含量，含水量，土壤氮、磷、钾等元素的含量，有益和有害微生物种类及数量等是随时间有所变化的。农业措施如施肥、灌溉等也随着种植不同的作物类型发生变化，进而影响土壤要素。其中与病害发生和所致损失有密切关系的是土壤微生物群落，有效氮、磷、钾含量。农业措施包括播期、密度和施肥水平等，这些对植物病害的发生和发展都有一定的影响。

土壤微生物种类和数量的测定方法与土壤病原物的基本上一致。这里主要介绍土壤中氮、磷、钾含量的测定方法。常用的方法有两大类，即土壤养分速测法和实验室常规分析法。前者具有快速、简便、易于掌握、设备简单等优点，但速测结果并不能换算为植物可利用的养分数量及施肥量。实验室常规分析法虽复杂，但相对准确度较高，在田间施肥中有一定的指导意义。

1. 土壤养分速测法　　该方法采用一种通用浸提剂将土壤中硝态氮、氨态氮、速效磷和速效钾提取出来，然后用不同的比色法来确定它们在土壤中的含量。例如，硝酸试粉比色法可以用来测定土壤中硝态氮的含量。

2. 实验室常规分析法　　根据不同的对象，分别提取和测定。例如，硝态氮用硫酸钾作为提取剂，提取液用硝酸银电极法测定；氨态氮用扩散吸收法；速效磷用 $NaHCO_3$ 提取，钼蓝比色法测定；速效钾用 NH_4Ac 提取，火焰光度法测定。

此外，离子交换树脂法也用于土壤中有效磷、钾含量的测定，还有用于氮测定的生物培养法和化学提取法，磷测定的氧化铁试纸法和氢氧化铁透析管法，以及测定钾的四苯硼钠法。

第五节　植物病害预测预报概述

植物病害预测（prediction，prognosis）是根据病害的流行规律，利用经验或系统模拟等方法，分析病原物源、田间病情、作物感病性、栽培条件和气候条件等因子，对未来一定时限内病害流行状况做出预估。预报（forecasting）是指由权威机构发布预测病害发生、流行的情报。有时对预测和预报二者不做严格区分，通称为病害测报。病害测报是实现病害有效管理的先决条件，根据准确的病情预测，可以及早做好各项防控准备工作，以便更有效地采用合适的防控技术，提高防控效果和防控效益。一般需要进行预测的植物病害是具有经济和生态重要性的病害，且这类病害具有明显的流行规律和可控性。因此，测报工作在植物病害管理中占有重要的地位。

中国是世界上开展农作物病虫测报工作较早的国家之一，早在 20 世纪 30 年代，蔡邦华应用气候图法对三化螟和飞蝗的发生分布区域进行了预测；1952 年农业部制订了中国第一个测报方案《螟情预测办法》。1955 年农业部颁布《农作物病虫害预报方案》，并在全国范围内开始建立病虫预测预报站。20 世纪 60 年代以来，指标预测法、数理统计预测法和综合分析预测法在病虫预报中得到了广泛研究和应用（刘万才，1998）。近年来，随着电子计算机的发展，数学模型、地理信息系统、病虫数据库及专家系统在病虫测报中得到了很好的应用，遥感技术和雷达在我国农业病虫监测中的研究取得了新的发展。现已开始推广应用"农作物有害生物监控预警数字化网络平台软件及病虫害电视预报技术系统"。这些使植物病害的预测预报在农业生产的病害控制中发挥重要作用。

一、植物病害预测的种类

植物病害预测可根据预测时限长短和预测内容加以划分。

（一）依预测时限划分

依预测时限，病害预测可分为超长期预测、长期预测、中期预测和短期预测。

（1）超长期预测　　对两年以上病害发生情况的预测，往往比较困难。

（2）长期预测　　预测下一个植物生长季节和下一年度病害的发生情况，也称为病害发生趋势预测。主要是用于预测一个较大区域内，如全国或一个省范围内某种病害的发生趋势，为下一年或一个季节的病害管理规划提供依据。

（3）中期预测　　对病害在一个季节内或数十天后的发生发展情况做出估计，为病害的防控决策和预先做好防控工作的人力、物力准备提供依据。

（4）短期预测　　在一个有限范围内预测病害在未来几天的发生情况，为确定病害的防控适期、具体防控措施的实施提供依据。

与长期或超长期预测相比，中、短期预测的准确性较高。天气要素常常是中、短期预测的重要依据之一。中、短期预测的准确性与气象预报的准确性关系极为密切。

（二）依预测内容划分

依预测内容，病害预测可分为发生期预测、发生量预测、病害分布区预测和病害损失估计。

（1）发生期预测　　估计病害可能发生的时期，主要是估计病原物侵染高峰期，所以也称为侵染预测。是短期或中期预测的主要内容之一，预测结果可用于确定防控的时期。如果预测结果认为侵染量极少，不会造成损失，即可发出安全预报，称为"负预测"（negative prognosis）。

（2）发生量预测　　对流行程度的预测。一般用以预测发病率、严重度和病情指数，也可以较简单地定性表达流行级别、流行程度或发生面积。流行级别一般分为大发生、中偏重、中发生、中偏轻和轻发生 5 个级别。这是中、长期预测的主要内容之一。

（3）病害分布区预测　　预测在不同区域内病害的发生情况。在不同地域或地理环境条件下，如高山区域与平原地区，不同病害的发生有明显的差别。这是省、县一级预测预报的内容之一。

（4）病害损失估计（estimation of yield loss）　　根据病害流行程度预测病害可能造成的产量损失程度。预估病害是否达到经济受害水平和经济阈值，为是否采取防控措施提供依据。

二、植物病害预测的依据

病害预测的依据是病害的流行规律。由与病害流行密切相关的病原数量、气候条件、栽培条件和植物生长状况等因素中选择某个或某些因素作为预测因子。

（一）根据病原数量

单循环病害的侵染概率较为稳定，受环境条件的影响较小，可根据越冬病原数量预测病害发生量。例如，小麦腥黑穗病、谷子黑粉病等种传病害，可以检查种子表面带有的病原物孢子数量，用以预测次年田间发病率。麦类散黑穗病则可检查种胚内带菌情况，由种子带菌率预测翌年病穗率。在美国，科研人员利用 5 月棉田土壤中黄萎病菌微菌核数量预测 9 月棉花黄萎病的病株率。

（二）根据气候条件

再侵染频繁的病害流行受气候条件的影响较大，初始病原数量的多少在决定流行程度上往往是次要的。这类病害在其分布地区中每年初始病原数量或多或少总是存在的，而且种植的作物高感病性，就可以根据气候条件进行预测。英国和荷兰利用标蒙法预测马铃薯晚疫病侵染时期，该法指出若相对湿度连续 48h 高于 75%，气温不低 16℃，则 14d 后田间将出现中心病株。在没有再侵染的和虽有再侵染而作用不大的病害中，也有一些病害的流行程度主要取决于侵染时期的气候条件，如梨锈病、水稻秧苗棉腐病等。

（三）根据病原数量和气候条件

许多病害需要综合病原数量和气候条件作为预测的依据。有时将流行前期寄主植物的田间发病量作为病原数量因素，用以预测后期的流行程度。例如，我国北方冬麦区小麦条锈病的春季流行通常依据秋苗发病程度、病菌越冬率和春季降水情况预测。

（四）根据病原数量、气候条件、栽培条件和植物生长状况等

有些病害流行受到多个因素影响，除了考虑病原数量和气候条件外，还有栽培条件和植物生长状况。例如，预测稻瘟病的流行，需注意氮肥施用期、施用量及其与有利气候条件的配合情况。在短期预测中，水稻叶片徒长披垂，叶色墨绿，则预示着稻瘟病可能流行。在水稻的幼穗形成期检查叶鞘淀粉含量，若淀粉含量少，则预示穗颈瘟可能严重发生。油菜开花期是菌核病的易感阶段，预测菌核病流行的预测因子包括菌源数量、花期降雨量、油菜品种感病性、油菜生长势等。

对于昆虫等介体传播的病害，如虫传病毒的介体昆虫数量及其带毒率等也视为"病原数量"因素。

三、植物病害预报的发布

植物病害预报的内容主要包括发生期、发生程度、分布范围和发生面积，甚至还要根据当时的发生情况和防控水平，做出危害损失预报和防控效益预报。在编写病害预报文件时，应当尽可能包括上述几方面的内容。目前国际上利用专家系统（expert system）或病害预警系统（disease-warning system）进行病情预报。预报内容主要通过电信、传真、电子邮件、文件、电台、电视台等形式发布。预报的生命在于时效。所以，预报内容确定后，必须尽快传播。先进的传播手段可大大提高病害预报服务的时效，如通过计算机网络、传真、电话、短信息最为快捷，广播、电视、短信息服务台传播面大。在我国，市级（地区）、省级或国家级的植保推广信息网站直接与互联网相连，将病情预报的发布作为网站的主要窗口之一。在重大病害发生前或

发生期间，许多省级、市级或县级利用电视台的新闻节目板块发布病情预报。

四、植物病害预测的目标及发展

植物病害预测的目标有：①病害流行的风险评估；②预测不同生态系统下病害的流行程度、为害的动态和定量预测；③预报病原物小种群体毒力的变化和指导抗病品种的合理布局；④发出长期、中期和短期预报，指导防控计划的制订；⑤估计不同条件或不同防控措施下病害可能造成的损失、防控效益。

在预测预报的方法上，随着分子生物学、信息学、计算机（互联网、专家系统、病害预警系统、决策系统）等现代技术的发展及其在病害流行研究与测报中的应用，病害测报的手段朝着快捷、准确、系统的方向不断发展。植物病害测报的发展趋势是，根据农田植物病害系统的原理和方法，将分子生物学技术、信息技术、计算机技术、建模与仿真技术、自动控制技术等多种技术融于一体，对重大病害的安全状态（有可能导致病害的内部和外部因素所构成的可观测变量）实施自动连续监测，并建立其间相互联系的数学模型、计算机系统模拟模型，形成监测预测的信息系统，最后通过计算机网络信息系统和电视预报系统等进行信息发布。

在预测预报的内容上，对病原物小种群体毒力变化和品种抗病性变化趋势的预测、外来入侵植物病原生物的风险评估、病原物的抗药性预测、植物病害的病原物种群演替预测等也将发展成植物病害流行预测的重要内容。

第六节　植物病害预测方法

植物病害预测的方法很多，常见的有专家评估法、数理统计法、系统模拟模型法和类推法4种类型。

一、专家评估法

专家评估法是植病专家和有关专家、有经验的实际工作者根据已有知识、信息和经验，权衡多种因素的作用，凭经验和逻辑推理对病害的发生趋势做出判断。该法一般用于定性预测。长期预测的专家会议（会商会议）、专家个人（或团队）的经验分析预测、综合分析预测是常用的专家评估法。会商会议由基层一线的病害预测工作者和对具体病害有深入研究的专家，在归纳总结当年病害发生情况的基础上，结合天气形势预报，对翌年的病害发生趋势进行会商。经验分析预测是以病害发生规律和环境生物、微生物及人类活动的关系（其中包含大量实验观察、社会考察和人类历史经验感知）作为理论依据，归纳分析在各种相关条件下未来病害演变的规律，对病害发生的趋势进行定性预测。综合分析预测也属于经验预测，多用于中、长期预测。通过调查有关品种、病原数量、气候因素和栽培管理诸方面的资料与历史资料进行比较，经过综合分析后，依据主导预测因子的现状和变化趋势，估计病害的发生期和流行程度。例如，北方冬麦区小麦条锈病冬前预测（长期预测）可概括为：若感病品种种植面积大，秋苗发病多，冬季气温偏高，土壤墒情好，或虽冬季气温不高，但积雪时间长，雪层厚，而气象预报次年3～4月多雨，即可能大流行或中度流行。早春预测（中期预测）的经验推理为：如病菌越冬率高，早春菌源量大，气温回升早，春季关键时期的雨水多，将发生大流行或中度流行；如早春菌源量中等，春季关键时期雨水多，将发生中度流行甚至大流行；如早春菌源量很小，除非气候环境条件特别有利，一般不会造成流行，但如外来菌源量大，也可造成后期流行。

二、数理统计法

数理统计法采用各种统计学方法，如回归分析、逐步回归分析、判别分析、马尔可夫链、周期分析、模糊聚类方法等，对病害发生的历史资料进行统计分析，合理选取预测因子，建立预测公式，然后依据公式进行定量预测。

预测因子的选择是数理统计预测的重要问题。在病害预测模式的建立过程中，涉及的因子很多，不可能将全部因子用于统计分析的计算过程，通常采用直接选择法、符合度比较法、相关分析法、通径分析法、层次分析法等来选择因子。

1. 直接选择法 根据病害流行的规律及影响因素，从中直接选出影响病害流行的主要因素，作为预测因子。例如，在小麦赤霉病的预测中，考虑到赤霉病菌的入侵主要在小麦的扬花期，因此扬花期的雨量或雨日数应该是影响病菌侵染的主要因素，而灌浆期的气候条件是影响病害发生发展的主要因素，所以用扬花期、灌浆期的雨量或雨日数作为小麦赤霉病的预测因子一般可以收到较好的效果。

2. 符合度比较法 将初步选择的数个预测因子与预测对象进行列表比较，直接观察各预测因子与预测对象的波动关系。凡是与预测对象的波动状态符合程度（正相关）最高或者不符合程度（负相关）最高的因子就是最主要因子。然后再依次选择第二、第三重要的因子。例如，根据对汉中平原不同年份 7 月下旬至 8 月中旬的 10 组观测资料作初步分析，发现夏玉米小斑病发展日增长率的值可能与此间的降雨量、雨日数、露日数、温度等因素有关（表 12-2），用符合度比较法选择影响病害日增长率（r）的主要因素。

表 12-2 玉米小斑病日增长率及相关的气象因子[*]

相关气象因子	r 值									
	0.225	0.227	0.229	0.285	0.445	0.427	0.340	0.409	0.535	0.570
降雨量/mm	1.43	3.19	3.33	4.62	4.65	5.16	7.02	8.75	10.88	17.56
雨日数/d	0.17	0.48	0.42	0.35	0.46	0.50	0.45	0.63	0.40	0.70
露日数/d	0.61	0.84	0.42	0.15	0.45	0.90	0.40	0.69	0.80	0.60
温度/℃	28.10	28.2	28.3	27.0	27.8	28.1	27.2	27.3	25.7	27.8

[*]数据来源：汉中地区农业技术推广中心

第一步，求取各因子的平均数，依次为 0.3692、6.659、0.456、0.586 和 27.55，将大于平均数的值用"＋"标示，小于平均数的值用"－"标示，重新列表（表 12-3）。

表 12-3 玉米小斑病日增长率及相关的气候因素的符合表

相关气象因子	r 值										符合率/%
	－	－	－	－	＋	＋	－	＋	＋	＋	
降雨量/mm	－	－	－	－	－	＋	＋	＋	＋	＋	70
雨日数/d	－	＋	－	－	＋	＋	－	＋	－	＋	80
露日数/d	＋	＋	－	－	＋	＋	－	＋	＋	＋	70
温度/℃	＋	＋	＋	－	＋	＋	－	－	－	＋	50

第二步，比较各预测因素与预测对象 r 值波动的符合程度。从表 12-3 的比较结果可知，雨日数与 r 值波动程度符合程度最高为 80%，其次为降雨量和露日数，均为 70%，温度与 r 值波动程度的符合度最低，仅 50%。因此可以将雨日数作为第一预测因子，其次是降雨量和露日数。若有一个因素与预测对象的波动程度完全相反，说明它们之间呈负相关关系，也可以将其作为重要的预测因子使用。

将上述资料分别制成多条曲线，从各曲线的走势，也能比较各因子的符合度。用 Excel 表格能快速地生成各条曲线图。

3. 相关分析法 通过计算初步选出的各预测因子与预测对象之间的相关系数，将相关系数最大的因子作为预测的主要因子。如表 12-3 中几个预测因素（降雨量、雨日数、露日数、温度）与预测对象 r 值之间的单相关系数依次为 0.8453、0.6071、0.3390 和 0.4794。比对相关分析法与符合度比较法的结果，两种选择方法得到了不同结果，其原因可能是后者将各因素简单分为"＋"和"－"两个等级，掩盖了许多细节问题，难以更好地说明问题。因此在进行因素选择时要注意选用不同方法，再用不同选择结果进行预测，以求取最佳的预测效果。

数理统计法只是一种工具，只是对经验预测模式进行论证的手段，应当与生物学特性相结合，才能得到正确的结果。例如，小麦赤霉病在我国南方各地均严重流行，各地区的种植季节和气候条件差别很大，流行规律也不尽相同。各地推导出许多预测公式，主导因素基本上是一致的。例如，在对小麦赤霉病流行因素全面评价的基础上，普遍认为小麦赤霉病具有典型的气候条件主导型的病害流行规律，选中关键的气象因子即可得到满意的预测结果，采用数理统计法筛选当地的预报因子，建立的适合福建地区的病害流行预测式如下：

$$y = -28.279 + 3.545\,x_1 - 0.087\,x_2 + 1.406\,x_3$$

式中，x_1 为小麦盛花期旬雨日数（d）；x_2 为小麦盛花期旬雨量（mm）；x_3 为小麦盛花期前一旬日平均气温（℃）。上述预测式在实践中得到应用和验证。

数理统计法关键在于测报因子选择适当，能够反映病害流行规律，而不仅是数据方面的拟合度高。这样既能简化测报因子，便于应用，测报准确度也高。

三、系统模拟模型法

系统模拟模型（system simulation forecast）法利用系统分析方法，把病害的发生流行过程分解成若干系统功能最小单位（子过程），如病菌的侵染、潜育、病斑扩展、传播等，用每个子过程中各有关因素和病虫害的发育进展关系组建成子模型。然后，再按生物学逻辑把各个子模型组装成完整的计算机系统模拟模型。这类模型既有分析又有综合，能够说明病害发生的动态及其内在机理，所以又称为机理模型（mechanistic model）。由于它反映各因子的动态过程和相互作用，适用范围广，具有多种功能。系统模拟同电子计算机技术结合进行模拟，称为计算机模拟（computer simulation）。系统模拟模型法在病害研究和管理中的应用正日益广泛，今后将成为植物病害预测的重点发展方向。

系统分析（system analysis）就是把研究的事物看作一个系统，将整个系统分解为若干子系统和组分，通过实验进行定性、定量研究，不断进行分析与综合，建立各种计算机模拟模型。现代植病流行学将病害流行视为系统，为了认识这个系统，要对系统进行分析，研究其结构和功能，明确其输入和输出。例如，初始病原数量、品种抗病性、气候因子和化防制剂等为输入；病情、损失估计为输出。

模拟（simulation）是依研究目的而定的系统要素及其活动的重演，或者说建立模型并利用模型去研究原型的做法。由于模型能把试验调查和抽象逻辑思维结合在一起，因此能有效地突破空间和时间的限制，成为系统研究的一种主要方法。由于是利用系统分析理论观点和方法进行模拟，因此，又被称为系统模拟。

系统模拟模型建立的基本步骤如下。①明确建模目的、规定系统边界：明确建模对象及建立怎样的模型，如何进行模型与实体系统的符合性比较，怎样变换与实体系统的行为可再现模型的输入与参数，如何以时空观规定系统和环境等边界。②总体设计：根据建模目的划分子模型，确定状态变量、速度变量和驱动变量，进行总体框图设计并着手。③数据收集：收集已有的各种资料或开展田间试验并获取所需数据。④组建模型：选择相适应的数学关系式和推算关系式中的参数，编写计算机软件，将子程序组合成完整的模拟模型。⑤模型检验：输入模型（实际调查数据），检验模型的输出结果与输入模型的一致性程度，并进行适当的调试。⑥灵敏度分析：检验各参数变动对输出结果影响的大小，进一步改进模型的功能和确定模型使用的范围。⑦试用和优化：利用模型进行各种实际分析，进一步试验和优化。

随着对植物病害系统的认识，对流行规律和病害发生过程研究日趋全面、计算机硬件的发展和计算机语言功能的日趋强大，植物病害模拟模型在病害预测预报、病害风险分析和病害防控等方面将发挥越来越重要的作用。国内外已研制出多个病害流行系统模型，就我国来说，目前已有稻瘟病、稻纹枯病、小麦条锈病、小麦叶锈病、小麦白粉病、玉米大斑病、花生锈病、南方小白菜病毒病、黄瓜霜霉病、番茄晚疫病等的模拟模型。

四、类推法

类推法是利用与植物病害的发生情况有相关性的某种现象作为依据或指标，推测病害的始发期或发生程度。一般用于短期的定量动态预测，包括物候预测法、指标预测法、发育进度预测法、预测圃法等。

物候预测法利用气候季节变化或其他物候因子与病害发生的关联性预测一种病害的发生情况，或对环境条件变化相似或相反的两种病害之间的关联性预测后一种病害的发生情况。

指标预测法是利用气象、病原数量、寄主抗病性等指标进行病害预测。例如，在福建的闽西北叶稻瘟病（尤其是剑叶瘟）发生较重的田块，抽穗前5d、后10d的雨日（＞1mm）累计超过7d或结露达到10d，则穗茎瘟将严重发生。

发育进度预测法是利用作物易感病的生育阶段和病菌侵入期相结合进行的预测。

预测圃法是在易发病区种植感病品种，同时创造利于发病的条件诱发病害发生。根据预测圃的发病情况，预测大田病害发生始期或指导大田的病害防控。

五、信息技术的应用

传统的监测调查以田块为基础，把农田生态系统看作均一条件的同质性系统，田间调查仅满足于平均密度的大小，而忽视了农田景观中种群的空间异质性。实际上，即使在同一田块内土壤肥力、墒情、作物长势等特性也是有差别的，致使病害的发生具有空间特异性；传统的调查方法不足以获得这种异质性，所组建的预警和管理模型，虽然历史拟合率很高，但预测性差，空间精度低，防控时难以做到有的放矢。因此，人们逐渐认识到传统有害生物监测预警的局限性，一些发达国家积极提倡并利用信息化高新技术，开展区域性遥感监测，建立可视化的空间精确性预警和管理模型，增强灾变的预警和控制能力，为有效地控制生物灾害提供科学依据。

植物保护科学与信息技术相结合后发展起来的植保信息技术（plant protection information

technology)，是近年来植物保护领域中最具活力的新兴边缘学科之一。信息技术为有害生物预测预报和可持续控制提供了重要的决策依据和技术支持。其中，地理信息系统（geographical information system，GIS）、遥感（remote sensing，RS）和全球定位系统（global positioning system，GPS）的"3S 技术"用于病害监测研究发挥了较大的作用。地理信息系统的最大特点就是能进行空间操作，即对空间数据进行存储、管理、分析和更新。遥感能实时快速地提供植物病害信息，反映病害发生过程的各种变化。全球定位系统能对多种数据信息进行快速的分析处理，并制订决策咨询的方案。"3S 技术"还与统计学结合用于分析病害的空间分布及动态、异地预报、病害发生动态的实时监测等，结合网络、数据库、模型库、专家系统等组建基于网络的病害综合管理预警地理信息系统。

网络技术的发展更促进了灾害信息、管理决策和区域性预警的实时实地传递，提高了有害生物管理的信息化水平，为有害生物的可持续控制提供了重要保障。另外，随着高光谱分辨率遥感的发展及热红外遥感技术的应用，超（高）光谱遥感技术及热红外多光谱遥感技术的发展，拓宽了植被指数的研究领域，更有利于实现对植物病害的监测和预警。

第七节　植物病害损失估计

一种病害发生时，是否要防控及如何防控不仅取决于病害发生的严重程度，还要考虑病害所造成的经济损失、防控成本及最终的病害管理五效益。病害损失主要是指由病害的发生和流行所造成的植物产量的减少、品质的降低或商品价值的下降。病害的损失估计（estimate of crop loss）是通过调查或试验，归纳出病害发生程度与造成的损失之间的相关性，以病害的发生情况预测出病害可能造成的损失程度。目前进行的病害损失估计较多是产量损失（yield loss）估计。病害损失估计关系到对一种病害是否需要采取管理措施的决策和病害管理的效益（经济、生态、社会、规模、持续效益）。

一、与病害损失相关的因素

病害损失与病情、作物产量、产品品质、品种、栽培、环境条件等各种因素有关，并且存在着与植株个体之间、群体之间的相互关系。

1. 病情　植物病害流行造成的植物损失，在一定范围内和病情大致呈正相关，但不一定是直线关系。植物病害发生得越严重，对植物造成的损失也相应越大。对于在后期危害的病害，如小麦赤霉病、稻曲病等，危害的部位是收获的产品，病情与损失大致呈直线关系。而比较常见的是病情和损失大体呈"S"形曲线。在较轻的病情下，损失并不会发生，只有当病情达到一定的值后，损失才开始。至于很轻的病害不会造成植物的产量损失，往往是因为植株个体和群体的补偿作用。还有一种情况是，较轻的病害并不会造成产量损失，反而会起到增产的作用。为害花和幼果的果树病害，轻微的病害能起到自然疏花疏果的作用。

2. 病害对产量形成因素的影响　病害发生后，对植物产量造成的影响，是与病害的发生量、病害对植物生理过程的影响有关的。在病理生理研究的基础上，明确病害对产量形成因素的影响，是损失估计的理论基础。病害发生后，会破坏植物的光合作用、剥夺植物的营养、加快其水分的丧失、降低寄主叶片叶绿素的含量、干扰养分的输送等，从而造成植物产量的损失。

3. 植物补偿能力　植物本身具有普遍的补偿能力。水稻的下部叶片受害，剑叶具有明显的补偿作用，甚至叶鞘和颖片也具有光合作用的补偿能力。收获生殖器官的植物如水稻等，在生殖生长时期，如果营养生长过多，就会减少植物的产量。如果发生了叶部病害而且并不是很严重，不会对植物的产量造成损失。在群体水平上的补偿作用是更普遍存在的现象，病株生长不良，使相邻的植株获得了更大的空间，获得更多的光照、养分和水等，群体的产量得到补偿。

4. 寄主、生育状况和环境条件　　植物病害发生后对植物产量的影响，与寄主的品种、生育状况和环境条件有直接的关系。同一种病害，对于不同的植物品种，因为品种的抗感性不同，病害发生曲线不同；耐病性的差别引起产量的损失也不同。在同一品种同一病情的条件下，由于不同的栽培措施和气候条件，引起产量的损失也不完全一样。例如，在中国北方地区若遇到干旱气候条件，小麦锈病发生后水分散失加剧，导致严重减产；而在南方地区适逢多雨天气，水分供应充分，产量损失较小。

二、病害损失估计的方法

病害损失估计一般采用数学回归模型，建模前要先采集数据。产量损失估计时数据采集方法有多种类型，大体分为单株试验、小区试验和大面积试验三种方法。例如，生长期间对选中植株的病害进行系统调查，了解病害的严重度，在收获期对单株进行测产，比较健株和各级病株产量的差异，从而计算出产量的损失。田间调查或试验过程，对病情计量、产量（产值）计算、损失计量和环境条件监测的方法和度量力求规范。

病害损失估计一般采用回归模型预测式，通常以病情、品种、环境因子等为预测因子，以损失数量为预测量，组建一元或多元回归预测式。例如，多峰病情与产量损失估计的回归方程：

$$Y = b_0 + b_1 X_1 + b_2 X_2 + \cdots + b_n X_n$$

式中，Y 为损失；X_1，X_2，$\cdots$，X_n 为不同时期的病情（或其数学转换值）；b_0 为常数，b_1，b_2，$\cdots$，b_n 为系数。

病害损失估计也可采用系统模拟模型，由于涉及的因子比病害预测的更多，建立模型的难度比病害预测的系统模拟模型更大。必须先建立植物生长发育（产量形成）模型，然后加入病害因子的作用，最后建立损失估计的模型。

对植物病害造成损失的估计，一般以关注产量损失为主。实际上，病害造成植物产品内在品质的劣变，有时造成的损失比产量损失更大。有时，病害引致植物产品的商品外观品质下降，可造成一定的经济损失。例如，柑橘果实感染砂皮病，有时仅在果皮上产生少数几个针头大小的砂粒状病斑，对产量和内在品质而言，并不造成任何损害。但出售时，因果面存在斑点造成商品等级下降，售价也下降。因此，对植物病害造成损失的估计，有时必须关注植物产品内在品质和商品外观品质造成的经济损失。

◈　小　结

植物病害流行是指植物病原物大量繁殖和传播，在一定的环境条件下侵染并导致植物群体发病，造成损失的过程和现象。植物病害流行具有强度和广度两个方面的概念，即病害发生的严重程度和病害发生流行的空间范围两个方面的数量大小。相应地，植物病害的计量方法也具有普遍率和严重度两个方面的计量指标。

根据再侵染的有无及其在病害流行中的作用，可将植物病害分为单循环病害和多循环病害，前者没有再侵染，后者的发生发展则主要由再侵染所致。两者在病害流行的多个方面如病原物的生活世代、潜伏期的长短、传播方式、病原物对环境的敏感性及病原物的越冬等都有很大的差异，其防控重点也不相同。

植物病害时间动态的概念主要是指在一个生长季内的植物病害数量随时间变化的过程。根据病害数量积累的特征，可以把病害分为单利式病害和复利式病害两种类型。

在病害增长"S"形流行曲线上，可以按照病害流行程度的不同将病害流行过程划分为三个时期，即指（对）数增长期、逻辑斯谛增长期和衰退期、病害防控的关键时期是指（对）数增长期。

植物病害在空间范围的扩展动态，叫作流行的空间动态。由于病原物从发病中心向四周扩展的可能性随着距离的不同而不同，因而在发病中心附近产生了梯度。病害扩展的梯度可以分为两种主要类型：环境梯度和传播梯度。环境梯度是由于植区环境条件的差异而引起的病害在空间分布的不均一性。传播梯度则是指由病原接种体或其介体在空中传播数量的不均匀而引起的病害在空间分布的不均一性。

病害扩展的梯度类型与发病中心的形状有关，根据发病中心的形状和大小，可以将其分为点源、线源和区源3种。

寄主植物群体、病原物群体、环境条件和人为活动等许多方面，都影响、干扰和制约着植物病害的流行；而人的活动对农业生态系统的影响，特别是人为干预不当，是许多病害流行的根本原因。

在植物的主动抗病性中有两套基因先后起作用，即抗病基因和防卫基因。

植物的抗病性分为垂直抗性和水平抗性。垂直抗性是指一个品种抵抗一种病原物的某些小种而不抵抗其他小种，一般受单个或几个主效基因控制。水平抗性则是普遍一致地抵抗病原物的所有小种，大多是微效基因遗传或称多基因遗传。寄主植物的抗病性一般是相对稳定的，但在一定条件下也会发生变异，特别是垂直抗性。

植物病原物的致病性基因泛指病原物中与植物致病性有关的基因，主要包括无毒基因和毒性基因。无毒基因决定病原小种的特异性。毒性基因是影响植物与病原物之间亲和互作程度的基因。病原物的致病性是指病原物所具有的破坏寄主和引起病变的能力。

基因对基因假说是由弗洛尔提出来的，指对应于寄主方面的每一个决定抗病性的基因，病菌方面也存在一个决定致病性的基因。

品种抗病性"丧失"是现代农业生态系统中最为普遍的现象，是由于病原物群体中出现与抗病基因相对应的毒性基因快速积累的结果。

植物病害监测是对病害流行实际状态和变化进行全面持续的定性和定量观察、表述和记录，是植物病害预测的基础。是主要针对病害本身调查及病原物、寄主植物和环境条件的监测。植物病害调查是植物病害预测所需原始数据的来源。植物病害调查主要调查植物群体发病的程度（发病率、严重度和病情指数）。

根据病害的流行规律，以病害监测的各种数据为基础，利用经验或系统模拟的方法估计病害流行状况，称为病害的预测；由权威机构发布预测的结果称为预报。按照预测内容不同可分为流行程度预测、病害发生期预测和植物损失预测（估计）等，按照预测时限不同可分为长期预测、中期预测和短期预测。预测因子由寄主、病原物、栽培管理和环境条件等各因素中选取。病原数量、气候条件、栽培条件、寄主植物抗性与生育状况等都是重要的预测依据。常见的病害预测方法有专家评估法、数理统计法、系统模拟模型法和类推法4种。在预测方法方面，随着分子生物学技术、信息技术（尤其是"3S技术"）、计算机技术等现代高新技术的发展及其在病害流行研究与测报中的应用，病害测报的手段朝着快捷、准确、系统的方向不断发展。在测报内容方面，对病原物小种群体毒力变化和品种抗性变化趋势的预测、外来入侵植物病原生物的风险评估、病原物的抗药性预测、植物病害的病原物种群演替预测等也将发展成植物病害流行预测的重要内容。

　　病害造成的损失与病情、作物产量、产品品质、品种、栽培、环境条件等各种因素有关，并且存在着与植株个体之间、群体之间的相互关系。病害损失估计一般采用数学回归模型。对植物病害造成损失的估计，有时必须关注植物产品内在品质和商品外观品质造成的经济损失。植物病害预测的最终目的是掌握植物病害的流行规律，为协调采用各种防控措施，将病害的发生程度控制在经济效益、生态效益、社会效益、规模效益和持续效益允许水平之下提供依据。

❀ 复习思考题

1. 何谓植物病害流行？
2. 根据病害循环中再侵染的有无，植物病害可分为哪些类型？其流行特点如何？
3. 植物病害流行的逻辑斯谛方程的形式如何？各参数应该如何计算？
4. 植物病害流行的空间扩展梯度有什么特征？
5. 为什么说病害流行大多数是人类的不当干预引起的？你对此有什么感想？
6. 什么叫抗病基因？什么叫防卫基因？什么是基因对基因假说？
7. 从群体遗传学角度，讨论抗病品种丧失的机理和过程。
8. 如何才能使植物的抗病性持久化？
9. 为什么要进行病害监测？监测的内容有哪些？
10. 简述植物病害预测的依据和预测方法。
11. 列举三种以上不同类型病害的预测方法，阐明其预测依据和优缺点。
12. 略述信息技术在植物病害预测的应用前景。
13. 你认为目前病害预测预报的研究前沿有哪些？

第十三章　植物病害防控原理

　　民以食为天，当今世界人地矛盾日趋尖锐，人类所面临的不仅是粮食安全问题，还包括如蔬菜、水果等在内的食物安全问题，如何经济、高效、健康、安全地防控植物病害，是植病工作者面临的挑战。植物病害的发生、流行，传统认为是寄主植物、病原物和环境条件三者（"病三角"）相互作用的结果。这在野生状态的自然植物病害等系统无疑是正确的，但在人工栽培的农田植物病害系统，特别是设施植物病害系统，则有很大问题。半个多世纪以来，为何植物病害（特别是病毒病害）防治越勤，种类越多，为害越猛（谢联辉等，2016）？大量实践证明，"病三角"的确有其合理性，但未能回答三者相互作用的主因。那么，这里的主因和主体是什么？从农田生态系统来看，根本在人类行为，是人类行为在不断改变着植物病害的发生和流行相（参见第二章）。因此，未来的植物病理学家必须充分认识到这点，同时，还要很好地把握病害的性质和潜在的危害及社会经济因素在植物病害发生、流行中的影响，以期在任何复杂的情况下，都能够做出准确的防控判断。

第一节　植物病害防控的目标、依据和机理

一、目标

（一）总体目标

　　植物病害防控切莫"头痛医头，足痛医足"，务必坚持宏生态、大植保、抓根本。在农业生产中，从耕作、栽培、管理到收获的整个过程，针对"一优三高五效益"的总体目标，紧密结合病害发生规律，采取有效措施。一优，即生产的农业产品符合绿色优质；三高，即通过绿色生产操控技术，实现高效（高光效、高肥效、高节水、高工效）、高抗（抗病、抗虫、抗逆）、高产（即产量达到预定的要求）；五效益，即生态效益、经济效益、社会效益、规模效益和持续效益。

（二）原则要求

　　1. 转变两理念　　变以追求"防病保产"为追求绿色高值，变以针对病原物为靶标的"综合防治"为以植物群体健康为根本的"生态调控"。生态调控的实质是微生态与宏生态紧密结合、植物医学（植物保护）与绿色生产紧密结合，其核心理念是以植物为本，理清人类行为-寄主植物-病原物-传播媒介-生态环境的互作机制，积极提升人的主动性，建立有利寄主植物健康生长，不利病原物及其传播媒介发生、流行的农业生态系统，确保植物群体健康（谢联辉，2003，2022a）。

　　2. 确保三协调　　确保人与自然的协调、生物种间的协调和生态空间的协调。

3. 坚持三原则　　低投入、高产出、可持续。
4. 做到四个无　　无公害、无残留、无成灾、无后患。

二、依据

植物病害防控，要达到既定的目标，前提是要充分了解防控对象的基本特性和潜在危害，并据此对病害做出精准的诊断（参见第十一章）和预警（参见第十二章）。

植物病害为什么会发生？概括来说，是植物在生物因素或/和非生物因素作用下，人为干预失当造成植物代谢功能失调所致的植物生命系统的失衡。植物病害为什么会流行？简而言之，这是植物生命系统在生物因素或/和非生物因素作用下，人为干预不当或偶发突发事件所致的农业生态系统的失衡（参见第二章第二节）。

因此，植物病害防控的基本依据就在于通过人为合理干预，采取相关措施促进或调控各种生物因素与非生物因素的平衡，将病原物种群数量及其危害程度控制在五大效益允许的范围之内，确保植物生态系统群体健康。

三、机理

在农业历史上，人类已开发一系列方法来防控植物病害，并促成了全球粮食产量的大幅提升。这些防控方法涉及遗传学、农艺学、生态学、物理学、化学乃至经济学，大致可归纳为抗、避、除、治四大原则（谢联辉，1993）。根据作用机理，植物病害防控可分为三类，即抑制病原物、增强植物抗性和调控生态系统。

（一）抑制病原物

对植物病原物侵染过程中的直接或间接抑制，与避、除、治相关联。植物避病即从时空上尽可能地避开病原物繁殖或为害的关键期，减缓病害流行程度和速度，这对于有些植物病原物是十分有效的，如调节播期和种植区域、耕作改制、生产方式调整等。除病主要是铲除植物病原物和传播媒介的过渡基地和寄主，在时空上清除、减少侵染源或切断侵染环节。除病的难点在于侵染源和关键侵染环节的确定，把握不当非但无效，还造成资源浪费，其中的一个成功案例是中国小麦秆锈病的根本控制（谢联辉，2003），另一个成功案例是中国江苏省水稻条纹叶枯病的防控，通过改变耕作制度，调整水稻播栽期，压缩冬麦面积，尤其避免"稻套麦、麦套稻"，2012年以后该病基本得以控制（谢联辉等，2016；Ma et al.，2022）。治病直接针对病原物，将它控制在最合适的生态和经济阈值之内。

（二）增强植物抗性

寄主植物的抗性可充分利用现有的抗病品种，也可通过栽培管理方法，提升作物的抗病能力。一个成功案例是栽培免疫理论被大面积应用于生产实践（谢联辉，2003）。还有一些有益的微生物与植物相互作用时，在不直接接触病原物的情况下诱发或激发寄主植物的抗性和免疫反应，包括由不同来源产生的植物提取物、微生物代谢物、合成化学品和基因产品，有的诱导剂化合物不仅能提高植物的活力，还能直接抑制病原物。

（三）调控生态系统

植物病害通常是由无序的生态系统造成的，植物病害防控的成功与否依赖于由侵袭者、竞争者和其他物种所组成的生物命运共同体，其中微生物群落的平衡对于建立利于植物生长不利病原物发展的生态环境尤为重要。植物病害防控的一个尝试是通过增加农田中有益微生物的数量和物种多样性来改善农田环境质量，以控制病原物的发生和发展，如作物多样性。轮作、间作、不同品种套作等都可在时空上提高作物多样性。作物多样性对病害的控制有多种机制，包括接种体稀释、限制病原物传播的物理屏障、病原物致病性的改善、杀菌剂抗性和病原物进化延迟。另外，作物多样性还可提高土壤肥力和微生物多样性，从而提高养分利用率，促进作物的健康生长和微生物群落的平衡，提高作物与生境抵御病原生物的能力。

第二节　植物病害防控的生态观

植物病原物应对环境压力和病害防控时不断进化，这对植物病害可持续防控是一大挑战。一些静态的防控措施容易被病原物克服，相比之下，动态性措施有利于病原物种群多样化的选择，持续性较强，以生态进化科学作为理论基础开展动态防控符合未来趋势。因此，综合植物病理学、群体遗传学、进化生态学、作物栽培学、资源环境学、植病经济学等科学，从生态系统的时空维度把握人类行为、寄主植物、病原物、传播媒介、生态环境的相互作用，围绕调控病原物发展和进化、改善寄主抗性和健康、优化农田生境健康等方面采取合理的生产措施，便能更好地实现经济高效、健康安全的植物病害防控目标。

一、植物病害防控生态系统

生态系统（ecosystem）是指在某一特定景观的地域内，所有生物与非生物的因素，通过物质循环、能量转换和信息传递而形成的一个生态学功能单位。生态系统有大有小，大至整个生物圈，小至一个植物器官中的发病部位（如叶斑）中的病原物、非病原物、绿叶组织与环境要素的有机结合。自然生态系统是指未受或基本未受人为干预的原生生态系统，如原始森林；农业生态系统是指一定农业区域内，生物与非生物因素相互作用，并受到人类强烈干预的人工生态系统。据此，自然植被中的病害系统称为自然植物病害系统（见第二章第二节）。农业生产中的病害系统可分为农田植物病害系统和设施农业植物病害系统（见第二章第二节）。

把自然生态系统与农业生态系统的结构特点和其中的病害流行情况进行比较，有利于人们思考植物病害系统的诸多防控问题。在自然生态系统中，由于长期协同进化，已经形成稳定的生物群落或顶极群落（climax community），因此病害流行基本处在低水平的稳定状态；而农业生态系统中的病害系统则不同，其进化历史较短，且在很大程度上是按人的主观意愿去干预"进化"的。人的主观意愿未必符合生物和生态规律，因此病害常随系统结构的变化而变化，其发生强度时大时小，甚至大起大落。在农业生态系统日趋单一、自身调节功能日趋减弱的状况下，加上人为干预不当，植物病害就可能突发或处于严重流行状态。

植物病害系统不可能孤立存在，它一定附属于某一更大的生态系统，如小麦白粉病系统是麦田生态系统的一个子系统，水稻稻瘟病系统是稻田生态系统的一个子系统。相应地，植物病害防控系统也是植物生产系统的一个子系统。

现代农业的重要措施之一是大面积采用遗传相似的作物。例如，人类历史上赖以生存的食用植物曾达 3000 种以上，而当今粮食作物主要有 15 种，即水稻、小麦、玉米、高粱、大麦、马铃薯、甘薯、木薯、菜豆、大豆、花生、甘蔗、糖用甜菜、香蕉和椰子。它们的种植面积占耕地面积的 80%（曾士迈，1985）。同时栽培植物群体的遗传背景也日趋单一化；连续、大面积种植遗传背景最相似的植物，使适于侵染该种植物的病原生物毒性基因得到有效选择，并在时间和空间上为它们提供了连续的营养。一种原本对生长在复杂生态系统中的某种（类）植物不具有很大危害性的病原物，可能就会在密集单一种植的植物上造成毁灭性危害。

农田生态系统是一种依靠人类调控予以维持的不稳定系统，作物生产的任一环节都会影响农田植物病害系统的平衡。例如，使用化学除草剂可能改变土壤微生物种群；蚯蚓的增加可以减少一定数量的病残体，地膜覆盖可以提高地温和保持土壤水分，从而影响土壤微生物群落和多种微生物的活动，进而影响到土传病害的发生。又如在福建，缩短水稻生育期可使稻瘟菌侵染敏感期（破口抽穗期）与适合病害发生的环境条件保持期（台风、暴雨）错开，以达到避病（穗颈瘟）的目的；再生稻头季的高桩收割，有利于再生季水稻纹枯病严重发生。

二、植物病害防控的生态效应

在农田生态系统中，原本就有许多生物或非生物因素可对一种或几种病原物起作用。在采用某项防控措施时，除了考虑对靶标病原物的作用外，还应考虑它对农田生态系统其他组分的影响及反馈到靶标病害的间接作用。例如，单一地选用抵抗某一病原物的品种可能会丧失对其他病害的抗性，从而使次要病害上升；施用广谱性杀菌剂虽然对靶标病原物有效，但由于同时杀灭了有益生物或削弱其他自然抑制因素而使病害加重。

显然，植物病害防控的生态效应可能是积极的，也可能是消极的；有长期的，也有短期的（表 13-1）。例如，化学农药在土壤中的残留既是消极的，也是长期的，它使生态环境恶化（如土壤质量下降、水污染和生物多样性降低），不仅对作物产量和质量产生负面影响，也消耗了有限的植物自然资源（如抗性基因），并促进了病原物的进化。但是也有一些植物病害防控是积极的，如轮作、间作、混作等作物多样化，有利于抑制病害的发生、发展及病原物的进化，而且一个田块植物病害的防控实践也有助于减少附近农田的病害流行压力。对于那些会产生毒素的病原物防控既降低对其他微生物的威胁，也减少人畜中毒风险，进而利于社会发展和食物安全（He et al.，2016）。

表 13-1　植物病害防控相关的生态效应类型和例子

类型	例子
生物的	生物多样性，病原物进化，抗性的持续性，遗传资源
非生物的	土壤、水、空气、气候特性的改变
短期的	人畜、野生生物中毒，农产品污染
长期的	病原物平衡，环境、野生生物、人畜健康，生态资源，下游产业
正面的	保持自然景观，减少病原物种群规模，减少次生病害流行，降低农产品毒素
负面的	污染，毒素，人畜中毒，致癌，生物和非生物的生态退化，资源消耗

三、植物病害的生态调控

在农田生态系统中，人为操作或干预不当——外部能源的再投入、农业的集约化栽培，如连作、套种、高度密植及设施农业的栽培方式，往往给病原物提供大量增殖和扩散的空间和时间，特别是针对有害生物连续多次使用化学农药，导致有益生物的大量消亡与有害生物的再猖獗及其抗药性上升，造成生态系统的多样性和稳定性下降及其自身的调控功能减弱，使得原来就十分脆弱的农田生态环境更趋恶化，十分有利于植物病害的流行或大流行。

从近一个世纪以来积累的植物病害流行资料来看，不少植物病害流行都可以找到人为因素的影响，甚至起着主导作用。例如，1970 年美国的玉米小斑病大流行，主要就是因为大面积种植了得克萨斯雄性不育系（Tms）玉米品种，这类依靠细胞质遗传的品种均不能抵抗玉米小斑病菌的 T 小种，大规模种植该品种导致 T 小种的上升，最终造成病害大流行（曾士迈，1985）；追求高产而增施氮肥和加大种植密度往往是多种禾谷类纹枯病上升的主因。商贸旅游等国际交往活动和种植材料的远距离输入输出，导致外来入侵植物病原物酿成病害严重发生的事例也不胜枚举。人类可以通过大面积种植经过人工驯化的农作物而改变农业生态系统的结构，但不能改变生物学和生态学规律。当我们尚未弄清一些自然规律就盲目地对农业生态系统进行大规模改造时，往往导致意想不到的灾难（包括引起植物病害的大流行）。因此，如果将病害防控与整个农业生态系统相结合，那么病害防控就不难成功。

从生态学的观点出发，植物病害防控是在农业生态系统多样性、稳定性和经济性都处于最佳的前提下，调控整个农田生态系统中的生物因素和非生物因素，恢复农田生态系统的良性循环，提高自然调控能力，尤其是利用农田植物病害系统中各种生物种群之间的相互作用，达到系统中各种生物种群相互适应、协调平衡的生态关系。在采取措施时，应充分发挥自然因素或自然因素产物的作用。当然，强调自然调控，并非"回归自然"，而是把如何建立一个新的、稳定的农业生态体系作为最终目标。除利用自然调控外，还需要协调多种防控措施把有害生物的种群密度控制在经济受害允许水平之下，这些措施包括通过农业防控、生物防控、物理防控和遗传防控等来达到生态调控的目的。在调控农田生态系统时，一方面，各个作物生产环节必须考虑到病害防控并加以结合；另一方面，在众多可以间接用于防控植物病害的措施中，选用任何一种措施都须权衡其利弊得失，做到合理、适度，以免顾此失彼（图 13-1）。

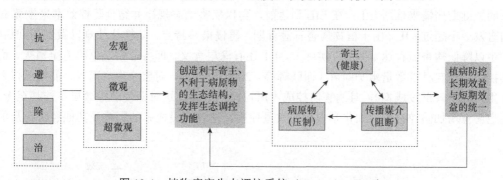

图 13-1　植物病害生态调控系统（He et al.，2016）

植物病害生态调控是通过理性运用"抗、避、除、治"原则，在宏观、微观、超微观层面，创建利于寄主植物群体健康、不利于病原物/介体发展进化的环境来调控寄主与病原物互作，实现植物病害的五大（经济、生态、社会、持续、规模）效益

第三节　植物病害防控的经济观

植物病害防控可以提高农业生产的效率和收益，但如措施不当，会产生诸多负面影响。市场经济体制下农业生产以获取最大经济利益为目标，植物病害防控是人类生产活动之一，难免受经济规律影响。因此，植物病害防控需要吸纳经济学理论，把握好其自然和经济属性，并在技术研发、防控实践中遵循三性原则，即生态许可性、社会接纳性和经济有效性。

一、植物病害防控自然属性与经济属性的相互关系

在技术层面上，植物病害防控具有自然、经济属性，如病原物抑制、产量和质量挽回、成本、收益、效率、外部性等，这些技术属性是防控三性水平的体现指标。同时，植物病害防控自然、经济属性之间相互影响。自然属性通过技术的有效性、持久性等影响经济属性。例如，通过麦田防治灰飞虱抑制水稻条纹叶枯病有不错的控病效果，产生较好的经济收益。反过来，经济属性，特别是经济收益、技术或产品的便利性，通过调整农民的防控意愿、风险偏好和收益预期，影响农民对植物病害防控及其他农业实践的选择，进而影响自然属性。理想的情况是，经济激励下农户开展具有三性的防控。例如，在政府扶持下农民采用提高土壤肥力和生物多样性的方法，不仅可以获得农业生产的经济效益，而且改善了生态环境。尽管这种自然和经济之间的平衡难以把握，却是植物病害防控未来不得不关注的问题。

二、经济因素对植物病害防控的影响

除了与植物病害防控直接相关的挽回经济损失、成本、补贴、便利性等经济因素外，不同等级农产品的供需关系、市场价格及农民的预期、偏好、习惯等也影响农民植物病害防控的意愿和行为。例如，与需要设备储存的生物防治制剂相比，可室温储存并能以简单机器施用的制剂通常会更受到农民青睐。信息不对称性也会导致农民对防控技术的了解和把握不到位，进而影响植物病害防控的采用与效果。这种情况下，可通过培训和实地示范，加强技术开发者和最终用户之间的信息交流。这些信息包括不同类别、不同种类作物的经济受害水平（economic injury level，EIL）、经济阈值（economic threshold，ET）（图13-2）等。EIL和ET是经济学中边际分析方法的具体运用，ET是由EIL衍生出来的，即在病害发生后，根据发病高峰或影响产量的关键期病情来推断EIL；在EIL到达前，再以病害动态规律并结合防控效率来推算ET，使病害发展不超过EIL。由于植物病害有潜育期、再侵染等特点，防控往往难以做到药到病除，生产中以降低病害流行速率为要。实际上，ET还有深层含义，即并非将病原物完全消灭，而是将其控制到一定种群数量水平即可（谢联辉等，2005）。此外，对整个生产而言，前期已投入大部分生产成本（沉没成本），且病害防控成本所占比例不高，这时即使防控效果不佳甚至无效，农民也愿意增加防控强度，如化学农药的大量使用，这种沉没成本的影响及其他经济信息的缺

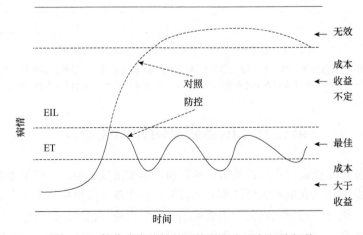

图 13-2　植物病害防控的经济受害水平与经济阈值

乏也是影响植物病害防控的经济因素。

三、植物病害防控的经济影响

植物病害防控对农业生产力和盈利能力产生直接影响，并对环境和社会产生间接影响，这种间接影响将改变长期的经济收益。例如，以景观、生物、植物多样性为核心的植物病害防控，短期内对农业生产和经济收益可能有影响，但从长远看，可提高生产效能和经济效益，因为更健康的植物生产环境有利提供病害发展和病原物进化的次优条件，并摊薄经济成本（摊余成本），提高农产品"清洁、绿色"的附加价值（He et al.，2021）。同时，这些防控也会给周边农户带来好处，只不过防控者近期没有因此得到经济好处，即产生正外部性。另外，生产中一旦过度关注产出，忽视投入产出比，就会因所投入的成本过高而降低短期收益，如果再因资源的过分利用或带来环境生态问题，就会无形提高社会总成本而降低长期效益，如果这些后果没有由相关责任人来承担，就产生了负外部性。根据经济学原理，人们会对激励做出反应，通过外部性的内在化，如对有正外部性的防控进行补贴，对有负外部性的防控进行管制和约束，就能影响农户的防控行为，从而有效增加总的社会经济福利。

❀ 小　结

植物病害防控的总体目标是"一优三高五效益"。植物病害防控的基本原理，是通过人为合理干预，采取相关措施促进或调控各种生物因素和非生物因素的生态平衡，确保植物生态系统群体健康。

植物病害防控有三类主要机理：抑制病原物、增强植物抗性和调控生态系统。这些机理蕴藏着超微观、微观、宏观三个层面的生态观。植物病害防控是经济行为之一，既会产生经济效应，也受经济因子驱动。而且，经济因子还可以通过生态因子对植病病害流行及防控起作用。

因此，植物病害防控应以充分了解防控对象的特性和危害为前提，在对病害做出准确诊断，把握病害发生、流行机理的基础上，充分发挥人和生态学、经济学的能动作用，提高植物病害防控的经济有效性、生态许可性、社会接纳性，确保植物群体健康。

❀ 复习思考题

1. 如何把握植病防控的目标？植病工作者的责任是什么？
2. 植物病害防控的经济因子有哪些？有何影响？
3. 植物病害防控的生态因子有哪些？有何影响？
4. 植物病害防控的生态因子与经济因子有何关系？

第十四章　植物病害防控策略及对策

做好植物病害的诊断鉴定，揭示病害的流行机制，做准病害的监测预警，除了有重要的生物学意义外，在生产上更有重要的实践意义——针对病害性质和流行特点，做出准确、有效、经济、安全的防控对策。

第一节　植物病害防控简史

就农业生产而言，病害是造成作物减产的重要灾害之一。然而在人类对植物病害知之甚少的时代，只能祈求上天，如古罗马就有锈病神（Robigus）。当然，人们在生产实践中，积累了丰富的经验。回顾人类与植物病害周旋的历史，特别是近半个多世纪以来，通过实施植物检疫、选用抗病品种、开发高效杀菌剂和改进耕作栽培等方法，取得了可喜的成绩。

追溯历史，1882 年波尔多液（Bordeaux mixture）的发明，1934 年二甲基二硫代氨基甲酸盐类（dithiocarbamate）等有机化合杀菌剂的相继合成，1942 年代森类（bic-dithiocarbamate）杀菌剂开始在大田的使用，1966 年、1967 年内吸杀菌剂萎锈灵（carboxin）与苯来特（benomyl）的出现，促使杀菌剂的大量工业化生产与应用，并在防控植物病害中发挥了重要作用（林孔勋，1995）。但农药的大量使用、滥用，也导致农药残留（residue）、天敌伤害使有害生物再猖獗（resurgence）和靶标病虫抗药性增强（resistance）的"3R"问题。农药对农产品质量安全的影响和环境污染问题日益突出。

利用植物抗病性一直是病害防控的首选方法，可是抗病性"丧失"和次要病害上升是一大缺陷。中国在 20 世纪 50 年代初大面积推广'碧玛一号'小麦，引致小麦条锈病菌 1 号小种迅速上升，酿成 1960 年小麦条锈病大流行；美国在 20 世纪 40 年代以前，燕麦上的主要病害是冠锈病，1942 年美国引进并大面积推广抗冠锈病的燕麦品种——'维多利亚'后，冠锈病虽然得到了控制，但因抗病育种时没有针对次要病害燕麦叶枯病，导致 1946 年燕麦叶枯病的大流行。

人类在与有害生物不断周旋的实践中，一方面不断研发防控新技术，另一方面也在不断完善自己对有害生物的认识，合理规定防控工作的目标和研究防控策略。

1965 年，在联合国粮食及农业组织（FAO）召开的综合防治学术讨论会上明确提出"综合防治是以互不矛盾的方式使用一切适当的技术，使有害生物种群减少到经济受害水平以下，并维持这个低水平的有害生物种群治理系统（pest population management system）"。1966 年，有害生物综合防治（integrated pest control，IPC）的用语得到了广泛的认可，FAO 的一个专家组给出的定义是：IPC 的概念重要之点在于明确指出有害生物防治不应以消灭为目标，而应作为生态学问题考虑，控制有害生物个体数量到较低的水平。而且强调不是依靠特定方法，而是针对有害生物种群及作物种群为中心的复杂生态系统进行综合治理。其后，应用系统处理方法和系统分析方法研究有害生物协调治理问题不断取得进展。直到美国人赫法克（Huffaker）主持实施的有害生物治理计划（1972～1978）问世，有害生物综合治理（IPM）一词才在美国和世界上广泛使用。

1987 年，世界环境与发展委员会（WCED）在一篇题为"我们共同的未来"的报告中，多次使用了"持续"和"持续发展"（sustainable development）的概念。1988 年，世界银行国际农业研究磋商组织发表了一篇论持续农业的报告，并引起了广泛的注意。1991 年，FAO 在荷兰的登博斯（Den Bosch）召开了围绕农业与环境的国际会议，会上发表了题为"持续农业和农村发展（sustainable agriculture and rural development，SARD）"的《登博斯宣言》。宣言确定了以持续发展的理念来解决生存与发展所面临的资源与环境问题。在持续发展的理念指导下，1995 年在荷兰海牙召开的第十三届国际植物保护学大会就以"可持续的植物保护造福于全人类"为主题，围绕着如何有利于农业生态系统的长期稳定的主题展开讨论，有人提出农田有害生物持续治理（sustainable pest management，SPM）和持续植保（sustainable crop protection，SCP）。由 IPM 到 SPM，主要体现了有害生物治理目标的改进和提高，当然也必然导致研究的指导思想和技术路线的改进及最终防控策略的改变。

中国是农业文明古国，在长期的农业实践中，积累了丰富而宝贵的防病控灾经验。例如，轮作栽培可以防控病害，早在公元前 30 年就在《尹都尉》中有所记载；之后，在《齐民要术》一书中还有更多关于轮作的记述；轮作防病至今都是一个很好的生态防控方法。其他如种子消毒，抗病品种的选育、利用，栽培管理和硫黄制剂的利用等，都是很有价值的防病控灾经验。

中国自 20 世纪 70 年代中期以来，逐步形成了"预防为主，综合防治"的植保工作方针。综合防治是从农业生产的全局和农业生态系的总体观点出发，预防为主，充分利用自然界抑制病虫的因素和创造不利于病虫发生危害的条件，有机地使用各种必要的防治措施，经济、安全、有效地控制病虫害，以达到高产稳产的目的（邱式邦，1976）。目前，"预防为主，综合防治"仍是我国的植保方针，但其内涵和理念已有很大的拓展和突破；人们在此基础上，构建与发展绿色植保、公共植保、智慧植保等植保服务体系。

第二节　植物病害防控策略

一、有害生物综合治理

有害生物综合治理（integrated pest management，IPM）是一种农田有害生物种群治理策略和治理系统。它从生态学和系统论的观点出发，针对整个农田生态系统，研究生物种群动态和与之相联系的环境，采用尽可能相互协调的有效防控措施并充分发挥自然抑制因素的作用，将有害生物种群控制在经济受害水平以下，并使防控措施对农田生态系统内外的不良影响减少到最低限度，以获得最佳的经济、生态和社会效益。

IPM 不同于 IPC，是把"control"（防治）改为"management"（治理），含有容忍一定数量的有害生物存在的生态学含义和强调要根据生态系统分析进行有害生物系统治理的宗旨（Perkins and Björkman，1982），它不再以消灭有害生物为目标，而是将它们控制在一个经济上可以接受和生态允许的水平。在自然因素能够控制的情况下，对有害生物可以不采取防控措施，即使对种群密度超过了经济允许水平的有害生物，也不需要把它们完全消灭。治理（management）也包含着以总体上保持生态系统稳定和较高的生产效能为目标的治理方案优化概念。

IPM 概念中的有害生物不仅是指单一或几种病虫，还包含所有危害植物生产的病虫草鼠等的有害生物，并在治理中进行通盘考虑。从更深层次认识，IPM 则是把研究对象由有害生物改成整个农业生态系统，研究的方法和所用的理论知识也更为广泛，通过将多学科的方法和多种战略战术的协调配合，融汇成一个体系。IPM 强调要充分利用天然调控因素，如天敌有益菌、生物种间竞争或抑制关系，以及耕作、栽培、品种抗性等作用，同时不要造成环境污染。

中国自 20 世纪 80 年代相继组织以主要农作物生态系为对象的 IPM 攻关项目研究，在防控策略上重视系统的自我调节和动态平衡原理，充分发挥自然因素对有害生物的调节控制作用，辅以必要的适时适量使用农药。近年来，应用生物多样性与生态平衡的原理，进行农作物遗传多样性、物种多样性的优化布局和种植，增加农田的物种多样性和农田生态系统的稳定性，以持续控制作物病虫害，成为国际农业研究的热点和农作物病虫害防治的发展趋势（朱有勇，2012）。

二、有害生物生态治理

有害生物生态治理（ecological pest management，EPM）是在 IPM 的基础上，运用经济学和生态学的理论与方法，研究有害生物对经济、生态、社会的影响和有害生物治理对经济、生态和社会安全的作用，分析有害生物流行、成灾风险及其安全阈值，指导有害生物的科学治理，以最大限度地减少有害生物的经济损失，确保生态安全、社会安定，实现有害生物治理的最优化——低投入、高效益（经济、生态、社会、规模、持续五大效益）。

谢联辉（2003）从植病经济学观点和病害发生流行的规律性出发，提出植物病害管理的核心理念是防不是治，是以针对保护对象——植物群体的健康为主体，而不是针对防控对象——有害生物的消灭为目的。因此，要想摆脱人类面临的困境，遏制生态环境的不断恶化，做到经济合理、治理优化，在植物病害/有害生物治理模式上务必要有一个新跨越，即以现行的 IPM 向以植物生态系统群体健康为主导的 EPM 的新模式跨越。

植物病害的发生是植物在生物因素与非生物因素作用下，其代谢功能失调所致的生命系统失衡所致；植物病害的暴发/流行，是其生命系统在生物因素与非生物因素作用下，人为干预不当所致的农业生态失衡所致。就总体说来，病害的流行 40%与植物遗传因子有关，30%与耕作、栽培技术有关，30%与环境、社会因素有关。植物病害的生态治理就在于通过相应的措施（包括必要的绿色化学措施），促进和调控各种生物因素与非生物因素的生态平衡，极大程度地提升植物自身的调控免疫能力，将病害的危害控制在五大效益允许的阈值之内，确保植物生态系统群体健康（谢联辉等，2005）。

植物病害的生态治理可从宏观和微观两个层次来营造健康的植物生态系统，从而达到保护植物群体健康的目的。从宏观层次看，要处理好植物、病原生物、非致病微生物、时空环境、人为因素五个方面的关系；从微观层次看，要处理好"植物、病原物、非致病微生物、细胞环境（细胞生态）、分子环境（分子生态）、人为因素"六个方面的关系（谢联辉等，2005）。

三、植保系统工程

曾士迈（1985）提出植保系统工程（plant protection system engineering，PPSE）时指出：农田有害生物生态系统的整体研究相应地出现了该系统的系统分析，而有害生物综合治理就是该系统的系统治理的初级阶段。一个完整的 PPSE 概念应该是把植保工作视为系统，运用系统工程的理论和方法，对植保科学中的事物进行分析研究、规划设计、运筹决策和治理评估的科学方法和工作程序。简而言之，就是应用系统工程的理论和方法解决植物保护问题。明确指出植物保护学科发展必然要走系统工程之路，这将使农业有害生物治理的理论研究和战略研究上升到一个新的高度，对当前的战术研究也有重要指导意义。

第三节　植物病害防控对策

早先提出的植物病害防控对策，主要围绕病原物和病害过程，通过采用植物检疫、品种抗性利用、农业防治、生物防治、物理防治、化学防治等措施，起杜绝（exclusion）、铲除［或歼灭（eradication）］、保护（protection）、免疫［或抵抗（resistance）］、回避（avoidance）和治疗（therapy）的作用。这些措施，如针对单一病害还是可行的，但对几种病害或多种病害或兼有数种病虫害严重发生（在生产中很是常见），就难以对付。实际上，一个好的植物病害防控对策，既要考虑田间病虫发生趋势及其潜在危害，更要考虑这些有害生物与寄主植物及其有关因素的相互关系/相互制约。

福建农林大学植物病毒研究所根据多年的研究实践提出，水稻病毒病的一个完整的防控对策应遵循抗、避、除、治的"四字"原则。实际应用时，需要灵活掌握，突出重点：有时狠抓一个"抗"字，抓好抗性品种的合理布局，即能奏效；有时突出"避"字，配合掌握避虫免病的播、插适期，效果亦佳；有时在关键时刻抓好除虫防病，即能取得良好效果；有时需要"数管"齐下，相互协调，方能取胜（谢联辉等，1994）。十几年来，遵循这些原则，在大面积水稻病毒病及其传毒昆虫防控上取得了成功，进一步说明其合理性。实际上，这些原则在其他植物病害的防控上，只要坚持"灵活掌握，突出重点，适度协调"，也是十分适用的，现就结合一些实例，简要阐明这一"四字"原则。

一、抗

"抗"（resistance）是指利用寄主植物对病原物所具有的可遗传抗性，或通过栽培措施提高植物群体的抗病性（栽培免疫），或通过外源的生物、化学、物理因素诱导寄主植物产生抗性（诱导抗性），达到控制植物病害的要求。

（一）抗性利用

利用抗病品种防治作物病害是最经济、最简便、最有效的措施。利用品种抗性或通过人工选育抗病品种已被广泛用来防控植物病害。许多主要植物病害，如水稻病毒病、麦类赤霉病、麦类白粉病、玉米小斑病、棉花枯萎病、大豆根结线虫病等，都曾利用抗病品种得到有效的控制。20世纪50年代，美国14个州发生大豆孢囊线虫（*Heterodera glycines*）病，大豆生产面临毁灭性的打击，最后依靠中国北京黑豆中的抗病基因，育成一批抗病品种，从而挽救了美国的大豆生产（董玉琛和曹永生，2003）。20世纪70年代，亚洲水稻普遍发生水稻草矮病毒（rice grassy stunt virus）病，国际水稻研究所（IRRI）用一种野生稻（*Oryza nivara*）育成三个抗病水稻品种并推广，最终控制了亚洲水稻草矮病毒病的流行（Kush，1977）。20世纪七八十年代，中国福建南部稻区水稻东格鲁病（rice tungro）暴发，采用压缩感病品种、扩种抗病品种为主的办法，获得了有效的控制（谢联辉等，1983）。品种抗性并不是一成不变的，会因为本身遗传性的变异或受到病原物与环境因素的影响而改变。在世界范围内，品种抗病性失效问题普遍而严重。因此在生产中要合理应用抗病品种，除了注重品种提纯复壮，要注意通过抗病品种的合理布局和使用混合品种，在病害不同流行区采用具有不同抗病基因的品种，有计划轮换使用具有不同抗病基因的抗病品种；科学增加农田各个层次的生物多样性，以延长品种抗病性持久度。

利用嫁接技术，选用抗病力强的种类或品种做砧木培育出抗土传病害（如瓜类抗枯萎病、番茄抗青枯病等）的苗，已被广泛应用在瓜类、茄科蔬菜生产实践中。例如，西瓜砧木新品种'超丰 F1'是中国农业科学院培育的葫芦杂交一代砧木品种，与西瓜嫁接亲和性好，高抗西瓜枯萎病；利用'托鲁巴姆'茄子砧木嫁接后的茄子高抗黄萎病、枯萎病、青枯病、根结线虫等多种土传病虫害。

（二）栽培免疫

生产中栽培管理不恰当，包括化肥、农药、除草剂、激素的不规范使用，会使作物本身的抗性下降。栽培免疫就是从提高植物群体健康的角度考虑，在作物生产过程中的发挥，针对植物-病原物的关系，结合生境因素，通过栽培调控，特别是合理的水肥管理，创造有利于植物生长发育和抗性潜能的发挥，不利于病原物侵染、繁殖的农业生态环境。例如，防控稻瘟病菌的栽培免疫，就是在总结农民丰产栽培经验的基础上，提出以肥水调控为中心的栽培免疫理论（谢联辉，1961）。应用栽培免疫理论，成功地在较大面积（100hm^2，福建宁化甘木塘，1970 和 1971年）控制稻瘟病的流行（谢联辉等，2009）。

（三）诱导抗性

植物在进化过程中，已形成类似高等动物的免疫防御系统，对植物防御病虫为害、抗逆境等具有重要的调控作用。诱导抗性是利用生物、化学等因素诱导或活化植物体本身产生的防卫反应系统，从而提高植物对病原物的抵抗力。植物免疫的诱导因子包括生物诱导因子，许多真菌、细菌、病毒等活性微生物被发现均可作为生物诱导因子，如接种弱毒力微生物诱发植株产生局部抗性或系统抗性，利用植物促生根际菌（plant growth promoting rhizobacteria）和内生菌（endophyte bacterium）诱导植物系统抗性。但活性微生物诱导因子在应用上存在保存困难、作用不稳定及潜在风险等，研究者从微生物中分离鉴定出多种具有诱导性的成分，包括寡糖类诱导因子、蛋白质类诱导因子、糖蛋白类诱导因子。非生物诱导因子，包括水杨酸及其类似物、β-氨基丁酸、噻菌灵及其相关化合物、植物激素和维生素类、无机盐类（邱德文和曾洪梅，2021），如二氯异烟酸（dichloroisonicotinic acid，INA）和苯并噻二唑（benzothiadiazole，BTH），如前者喷施可明显降低葱核盘菌（Sclerotinia cepivorum）引起的白绢病，后者可以激活多种作物对多种病原菌的抗性（Dann et al.，1998）。胡翠凤等（1993）采用激抗剂 ER 系列处理烟苗，对烟草花叶病毒（TMV）有很好的抑制效果。其他如黄瓜花叶病毒（CMV）卫星 RNA 生防制剂用于青椒、番茄的 CMV 防控；NS-83 增抗剂用于番茄、辣椒、烟草等植物的烟草花叶病毒（TMV）、芜菁花叶病毒（TuMV）的防控，都有很好的控病增产效果（邱德文，2008）。近年来，植物免疫诱抗药物研究在我国发展迅速，作为一类新型的多功能生物制品，据不完全统计，蛋白激发子、寡糖、脱落酸、枯草芽孢杆菌及木霉等 21 种植物免疫诱抗药物已在国内管理部门登记注册。

二、避

"避"（avoidance）是指通过检疫、农业、物理、化学和生物等的相关途径，使寄主植物或寄主植物的感病器官（部位）不与病原物接触（空间避病）或缩短接触时间（时间避病），以避免病害的发生和流行。

（一）依法检疫

植物病原物和其他有害生物除自然传播途径外，极易通过人类的生产和贸易活动而进行远距离传播。在植物病害管理中，依法进行植物检疫，严禁检疫性病原物进境或在国内区域间扩散，是避免恶性病害入侵的基本途径，特别在经济全球化的当今世界，更是如此（谢联辉等，2011）。

植物检疫（plant quarantine）是指旨在防止检疫性有害生物传入和/或扩散或确保其官方防治一切活动（FAO，1995）。植物检疫是由政府主管部门或其授权的检疫机构依法强制执行的政府行为。通过植物检疫，杜绝病原物及其传播媒介随种苗或植物繁殖材料、农产品、包装材料和运输工具等在国际、国内区域间扩散是实现空间避病的有效途径。

检疫性有害生物（quarantine pest）是指对受其威胁的地区具有潜在经济重要性，但尚未在该地区发生，或虽发生但分布未广并进行官方防治的有害生物。检疫性有害生物具备在国内尚未发生或仅局部地区发生，传入概率较高，适生性较强，对农业生产和环境有严重威胁，一旦传入可能造成重大危害的特点。检疫性有害生物名录的确定是由有害生物风险分析（pest risk analysis）来科学确定。

我国目前的检疫体系分设为出入境植物检疫和国内植物检疫两个部分。目前我国出入境检验检疫管理职责与队伍由海关总署统一部署，承担拟订出入境动植物及其产品检验检疫的工作制度，出入境动植物及其产品的检验检疫、监督管理工作，按分工组织实施风险分析和紧急预防措施，承担出入境转基因生物及其产品、生物物种资源的检验检疫工作。其主要法律依据为《中华人民共和国进出境动植物检疫法》，根据此法律，我国于 2007 年 5 月 28 日发布第 862 号公告《中华人民共和国进境植物检疫性有害生物名录》，随后进行了多次增补。目前名录（2021年 4 月 9 日，农业农村部、海关总署第 413 号联合公告）涵盖有害生物总数为 446 种，其中病原物 247 种。

国内植物检疫的目的是防止国内局部发生的或新传入的危险性有害生物在地区间传播蔓延，保护农业、林业生产安全，保护农业生态平衡和人民健康，促进贸易交流和生产发展。国务院农林业主管部门主管全国农林业植物检疫工作，各省（自治区、直辖市）农林业主管部门主管本地区的农林业植物检疫工作。国内植物检疫现行主要法规是《植物检疫条例》。根据中华人民共和国农业农村部发布第 351 号公告（2020 年 11 月 4 日）颁布的《全国农业植物检疫性有害生物名单》，其列出内检植物检疫性有害生物 31 种，其中病原物 19 种。2013 年国家林业局公告（2013 年第 4 号）颁布了"全国林业检疫性有害生物名单"，涵盖 14 种有害生物，其中病原物 2 种；"全国林业危险性有害生物名单"涵盖有害生物 190 种，其中病原物 48 种。各省（自治区、直辖市）可根据本地区需求，制订补充名单。

（二）农业途径

1. 使用无病种苗　　针对种子或其他繁殖材料为传播途径的病害，在无病区设置隔离区，种植（繁育）种子、苗木等繁殖材料是控制此类病害的有效手段。种植前使用铲除性杀菌剂清园，种植过程中及时清除病组织（器官）或病株，再配合必要的监测手段，建立无病种苗基地，提供健康的无病种苗。

苗木无病毒（菌）化是防治病毒病害（如马铃薯病毒病和果树病毒病等）和土壤传播病害

（如香蕉枯萎病和甘薯瘟）的重要途径。例如，马铃薯、甘薯、香蕉等的脱毒（菌）苗，就是利用茎尖生长点部位不带病毒（菌）的特性，在无菌条件下切取茎尖作外植体进行组织培养，得到无病毒（菌）试管苗，再扦插扩繁或假植培养出的无病苗。

2. 实施合理种植

（1）轮作　　连作（重茬）使得土壤习居菌或其他在土壤中越冬或生存的病原物数量逐季（年）积累，拮抗菌不断减少，导致连作田的土传病害或叶部病害逐年加重。生产上非寄主植物的轮作，特别是水旱轮作，是防治植物枯萎病、青枯病等土传病害的有效防控措施。例如，烟草根结线虫病是云南旱地烤烟的主要病害，但在福建地区，由于烟草与水稻轮作，烟草根结线虫病很少发生。轮作不仅可以协调不同作物之间养分吸收的局限性，增加土壤中养分的有效性，还可以通过根系分泌物的变化，减少自毒作用，改善根围微生物群落结构，增加根际有益微生物的种类与数量，从而抑制病原微生物的生长和繁殖（Janvier et al.，2007）。

（2）耕作改制　　耕作改制有时可从空间上切断病原物的侵染循环，能有效解决病害流行的问题。例如，谢联辉等通过三年调查研究，发现了小麦秆锈菌（*Puccinia graminis* f. sp. *tritici*）的南方越冬基地和过渡寄主是福建莆田的八月麦，之后通过耕作改制，不种秋季播的八月麦而改种秋马铃薯和蚕豆，铲除了过渡寄主，切断了小麦秆锈病的侵染环节，从而使该病得以根本控制。1966 年，在江苏、上海地区流行的水稻黑条矮缩病，通过小麦改种大麦及小麦-水稻两熟制改为大麦-水稻-水稻三熟制，其流行得到有效的控制（Xie，1986）。

（3）品种多样性种植　　主要应用方式包括品种多样性间作、品种多样性混合种植。品种多样性间作是在时间与空间上同时利用遗传多样的种植模式，即在同一块田地上，将不同品种按照一定行比间作，可有效地减轻植物病虫害的发生。例如，朱有勇团队在中国云南省，通过抗病与感病水种品种的大面积混栽控制稻瘟病取得了很大的成功（Zhu et al.，2000）。混合品种（或品种混合）是指将抗病性不同的品种种子混合而形成的群体，品种多样性混合种植是一种提高作物遗传多样性的简单办法，可有效降低病害的发生。物种多样性种植在农业生产上的主要体现形式是间作或混作，如马铃薯和玉米、甘蔗和玉米、玉米与大豆多样性种植，对田间玉米的大斑病、锈病都取得了良好防治效果（Li et al.，2009）；利用不同模式辣椒玉米多样性间作对辣椒疫病的控制最高可达 70%（孙雁等，2006）；生产上以葱属作物（蒜、葱、韭菜等）与其他作物间作对镰刀菌、丝核菌等土传病原菌引起的根腐病具有较好的防治效果（Zewde et al.，2007）。

作物多样性间种植可以有效降低病害的危害，在生产上成功应用的实例很多。其减轻病害的原因主要有稀释作用、微生态效应、屏障作用、产生诱导抗病性、协同作用等。稀释作用是抗病植株的存在使感病植株间距离增加，病原菌产生的孢子被稀释，大量着落在抗病植株的孢子不能成功侵染和产生下一代孢子，使有效接种体水平迅速下降稀释病菌；抗病植株或其他非寄主作物形成阻止孢子传播的物理屏障；病原菌无毒小种孢子降落在抗病品种植株上，引发诱导抗病性，从而降低了毒性小种侵染和群体发病水平。微生态效应主要指代表作物局部的相对湿度或光线等，缩短了露珠在作物植株或叶片上的停留时间，减少了适宜发病的条件。

（4）调整播期　　在不影响作物生长的前提下，将播种期提前或延后一段时间，使作物的易感期与病原物的大量繁殖侵入期错开，人为地给作物创造一个避病条件，可以减轻病害的发生流行。马铃薯晚疫病的发生流行与雨水密切相关，5～10 月是我国西南地区马铃薯的常规种植季节，通过适当提前或推后马铃薯播种，使马铃薯的主要生长时期避开 7～9 月降雨高峰期（降雨量占全年降雨量 60%以上），有效地减轻晚疫病的危害（朱有勇，2020）；晚播的秋大白菜避开高温期蚜虫传毒高峰期，可有效控制病毒病的流行。瓜果腐霉（*Pythium aphanidermatum*）引起的蔬菜猝倒病和根腐病，病菌一般在幼苗出土前侵入，调节播种期或播种深度，加快出苗速度，就可以缩短感病期，大大减少蔬菜苗期病害的发病率。

（5）避雨栽培　　避雨栽培是在作物生长季节，搭架覆盖塑料薄膜，如有雨水，则直接落在水顺膜流下再排出园外，有效防止雨水飞溅进行病原传播；但更重要的是，减少叶片或果实表面结露或形成水滴，对于防控病原孢子需要在自由水中一段时间才能萌发侵入的这类病害具有明显效果，如避雨栽培使葡萄霜霉病、葡萄黑痘病等发生率明显降低。

3. 机械隔绝　　果实套袋使病原物与感病器官之间产生物理隔离，是防治苹果、葡萄、枇杷等多种果实免受病菌侵染的有效措施。使用防虫网，不但避免了害虫的危害，由于植株与传播介体之间被机械隔离，也同时避免了虫传病毒病的发生。在防治葡萄白腐病时，果园土表用薄膜覆盖（矮株栽培），或将结果部位（架棚栽培）提高到离地面40cm以上，就将土表中的白腐盾壳霉菌（*Coniothyrium diplodiella*）分生孢子与葡萄果实隔离开来，起到回避作用（许文耀，2010）。

4. 切断水源传播　　土传病害或水传病害，如卵菌、根肿菌、疫霉菌、青枯菌、镰刀菌、枯萎病菌的孢子极易通过雨水进行中远距离传播。作物栽培过程中选用干净的水源，避免选用被病菌污染的水源进行浇灌十分必要。排水良好的畦块是控制这一类病害的重要防线，避免漫灌方式进行蔬菜或作物浇水，可大幅度减少土传病害或水传病害的发生。减水雨水飞溅是植物病害传播的一个主要途径，可以通过降低水滴的数量、大小及水滴的速度来控制病害，如增加植株间的距离，使用合适的覆盖物。草莓植株上覆盖稻草，恶疫霉（*Phytophthora cactorum*）的侵染只有15%，而覆盖塑料的达到85%（Madden and Ellis，1990）。

5. 薄膜驱避　　一些植物病毒，是由昆虫介体传播，如黄瓜花叶病毒，是由蚜虫传播到辣椒等作物上。通过用含铝的反射性薄膜、黑色、灰白色或其他大田植株或行距之间，蚜虫、蓟马和其他媒介昆虫会驱避离开，从而病毒病发生较轻（Agrios，2005）。

三、除

"除"（eradication）是指采用农业、化学、物理等措施，实施对种子苗木或土壤的处理、铲除寄主、清除侵染源，以控制植物病害。

（一）种苗处理

种苗处理去除病原物的方法有机械汰除、热力处理和药物处理。

1. 机械汰除　　机械汰除混杂于种子中的病种子、菌核、菌瘿、虫瘿（线虫）和寄生植物种子（菟丝子）等，可明显减少初始菌量。

2. 热力处理　　利用热力处理可钝化或杀死种子苗木中的病原物。例如，黄瓜种子经70℃干热处理2～3d，可使绿斑花叶病毒（CGMMV）失活。番茄种子经75℃处理6d或80℃处理5d可杀死种传黄萎病菌（*Verticillium tricorpus*）。棉籽经硫酸脱绒后，用55～60℃的热水浸种0.5min，可杀死棉花枯萎病菌（*Fusarium oxysporum* f. sp. *vasinfectum*）。林孔湘先生研究发现，一般柑橘类种子经54～57℃热水处理50min，可以消除黄龙病菌且不影响种子发芽率和储藏期。

3. 药物处理　　直接使用种子（苗）消毒剂或杀菌剂对病原物起铲除作用，如水稻种子用85%三氯异氰尿酸（trichloroisocyanuric acid）粉剂300～500倍液浸种12～24h可杀灭水稻种子携带的白叶枯病菌（*Xanthomonas oryzae* pv. *oryzae*）和细菌性条斑病菌（*X. oryzae* pv.

oryzicola）。用 50%多菌灵（carbendazim）可湿性粉 500 倍液或 70%甲基硫菌灵（thiophanate-methyl）可湿性粉剂 800 倍液浸泡 30min，可杀灭柑橘苗木或接穗携带的柑橘疮痂病菌（*Sphaceloma fawcettii*）（许文耀，2010）。

（二）土壤处理

1. 日光晒土　在温暖且阳光充足的地区，用透明的塑料膜覆盖潮湿的土壤，通过阳光照射，土温上升，土表 5cm 处的温度可过 52℃，可直接杀死土壤中的病原物，或者削弱病原物的侵染力。研究发现，采用透明的聚乙烯膜覆盖土壤，25cm 深处的灰葡萄孢菌菌丝仅需处理 2d 就可失活，但是在 5cm 以下菌核失活需更长时间（Lopezherrera et al.，1994）。为防治茄科蔬菜苗期的立枯病和猝倒病，在育苗前将苗床土翻松并覆盖塑料薄膜，吸收太阳光能，使土壤升温，能杀死土壤中多种病原菌；晒土的另一项应用技术可与其他技术相结合，如利用"麦秆＋石灰氮"或"麦秆＋鸡粪＋碳酸氢铵"方法进行生物熏蒸，结合夏季高温闷棚进行阳光消毒，可有效杀死根结线虫（黄文坤等，2010）。长时间的土壤灌水或干燥会使土壤中的某些病原物（如镰刀菌、核盘菌、根结线虫）因饥饿、缺氧或干旱影响而减少种群数量。

2. 其他高温处理法　在有条件的温室，可用蒸汽进行土壤消毒，用 80～90℃蒸汽处理温室和苗床的土壤 30～60min，可杀死绝大部分病原菌等。火焰高温消毒法是在旋耕过程中利用火焰高温消毒机燃烧的液化气，将 30cm 以内的土壤瞬间高温灭菌杀虫。少量的土壤可用高压消毒锅高温消毒，或通过高温干热灭菌法进行处理。

3. 土壤化学处理　使用杀菌剂或杀线虫剂用于处理土壤，防治猝倒病、苗枯、根腐、根结线虫等植物病害。例如，使用噁霉灵（hymexazol）或噁霉灵与溴菌腈（bromothalonil）混剂 300mg/L 处理土壤 16h，可杀灭土壤中存活的香蕉枯萎病菌（*Fusarium oxysporum* f. sp. *cubense*）（许文耀，2004）。利用熏蒸剂等化学药剂进行土壤处理是防治线虫、其他土传病原物及地下害虫有效的方法。这些药剂包括棉隆、石灰氮等，是在播种前作为熏蒸剂使用，通过塑料膜覆盖处理，具有广谱性、灭生性特点。土壤处理后应间隔几天至两周后播种或移栽作物，以免对植物产生残留药害。

（三）铲除寄主

铲除野生寄主、转主寄主是铲除病原物的常用措施。水稻黑条矮缩病可危害水稻、小麦、大麦、玉米、高粱、谷子、黑麦、燕麦等禾本科作物，还可侵染稗、看麦娘、马唐、早熟禾、狗尾草、黑麦草、梯牧草和苏丹草等禾本科杂草。该病毒依靠传毒介体灰飞虱在禾本科寄主上�내转取食进行间歇传毒或终身越冬传毒，及时除草、翻耕灭茬是控制水稻黑条矮缩病的重要措施（谢联辉，2008）。许多休闲田块的田间自生植物，如水稻自生苗、遗留在地里的病薯块茎等，可在作物种植间隔期生长，成为许多病原物的贮备库，及时清除可大大降低这些病原物的初侵染源。有些病原物需要在两种寄主上完成生活史，如康振生团队发现野生小檗作为小麦条锈病的转主寄主，小麦条锈菌可在小檗上完成有性繁殖过程，是我国条锈菌致病性变异的主要途径，创新性地提出了包括小檗处理在内的条锈病防控技术体系，实施取得良好防控效果。

（四）清除侵染源

及时清除越冬越夏的病残体，或者清除田间早期发生的少量病株，在防控上是减少侵染源的重要手段。例如，在蔬菜基地，及时清除病残体及无害化处理，包括深埋病残体加速腐烂、堆肥或沼气发酵的方式处理病残体；冬季果树清园时，剪除病枝、刮除病灶、摘除病僵果、清扫落叶，并销毁病残体，以减少越冬菌源，是防控多年生果树炭疽病、黑星病、腐烂病等多种病害的有效措施。而早期彻底拔除病株是防治玉米和高粱丝黑穗病、谷子白发病等病害的有效措施。多年生果树的一些病毒病、寄生于韧皮部或木质部的细菌性病害，如香蕉束顶病、柑橘黄龙病、枣疯病等，砍除果园中或苗圃中零星发生的病株是控制此类病害再侵染的主要办法。

使用铲除性杀菌剂处理越冬越夏场所，可清除侵染源。如果树冬季清园后，使用石硫合剂（lime sulfur）对树体全面喷洒，可以杀灭炭疽菌（*Colletotrichum* spp.）等在病枝、病叶或僵果上越冬的多种病原物。

四、治

"治"（therapy）是指使用化学药剂和生防制剂对植物病害进行治疗或治虫防病。

（一）病害治疗

植物病害治疗可包括生物防治和化学防治。

1. 生物防治　　生物防治是利用有益生物及其产物控制有害生物种群数量的一种防治技术。生防微生物弱化和杀灭病原物的机制主要包括直接寄生病原物；产生抑制病原物的毒素；对空间和营养的竞争及在其他微生物存在条件下存活的能力；产生攻击病原物细胞组分的酶；诱导定殖的植物防御反应等。放射形土壤杆菌（*Agrobacterium radiobacter*）K84 菌株能分泌一种称为土壤杆菌素 84（agrocin-84）的细菌素（bacteriocin），可抑制根癌土壤杆菌（*A. tumefaciens*）所致的果树根癌病，是成功控制果树根癌病是经典的生物防控例证之一（Agrios，2005）。井冈霉素是由我国科学家于 20 世纪 70 年代从分离到的一株放线菌中提取的抗生素，并成功开发的具有我国完全自主知识产权的一种农用抗生素，40 多年来，一直作为防治水稻纹枯病的特效药剂使用。目前已有许多微生物菌株或其代谢产物已被注册和商品化应用。

2. 化学防治　　化学防治与其他防治方法相比，具有速效、不影响耕种和能兼治其他植物病虫害的优势。科学安全使用化学农药，是目前农业生产中防控病虫害的重要、常用手段。根据农药影响病原物的种类，可以将它们分为杀真菌剂、杀细菌剂、杀线虫剂、杀病毒剂。杀菌剂分为两类，一类是保护性杀菌剂，另一类是治疗性杀菌剂。保护性杀菌剂是指在病菌侵染作物之前，先在作物表面上施药，防止病菌入侵，起到保护作用的杀菌剂。这类杀菌剂使用后，能在作物表面形成一层透气、透水、透光的致密性保护药膜，这层保护膜能抑制病菌孢子的萌发和入侵，从而达到杀菌防病的效果。这类杀菌剂杀菌谱广、兼治性强，不易使病菌产生抗药性，包括铜制剂、代森锰锌等。治疗性杀菌剂能进入植物体组织内部，抑制或杀死已经侵入植物体内的病原菌，抑制病菌致病毒素等有毒代谢产物的形成，终止病害发展过程，使植物病情减轻或恢复健康（许文耀，2010）。许多农药兼具保护作用与治疗作用。

（二）治虫防病

应用绿色化学农药或生防制剂杀死传播病原物的昆虫介体，可减少病原物的传播而降低病害的流行速度。植物病毒病主要是通过介体昆虫、螨类、土壤线虫和土壤菌类进行传染，作物若是在前期为害则病重，因此早期消灭介体，在生产中具有重要地位，消灭介体的化学药剂有种衣剂、拌种剂、颗粒杀虫剂、乳剂、可湿性粉剂、熏蒸剂等。例如，喷洒速效性杀虫剂防治刺吸式口器的蚜虫、飞虱、叶蝉蓟马等；用化学制剂进行土壤消毒，杀伤土壤中的传毒线虫和传毒菌物（谢联辉和林奇英，2011）。有些植物病害，害虫所造伤口是病菌侵入途径之一，如番石榴、芒果等果实炭疽病和柑橘溃疡病等，有效防治害虫，可以一定程度地降低病害的发生。许多根部病害的病原物，是通过地下害虫造成的伤口侵入寄主体内的，防治这些作物的地下害虫，也就控制了病害的发生。

❀ 小　　结

　　植物病害防控，经历了祈求上天到如今的科学进步，是人类与植物病害不断周旋、不断探索、不断实践、不断总结的成果。相信随着现代农业的发展，植物病害防控的理论和技术，将会有新的发展、新的跨越。

　　作为植物病害防控策略，半个多世纪以来，学者先后提出了有害生物综合防治（IPC）、有害生物综合治理（IPM）、有害生物生态治理（EPM）、有害生物持续治理（SPM）和植保系统工程（PPSE）。IPC、IPM、SPM 和 EPM 的最大区别就在于植病防控的核心理念不同、防控模式不同。EPM 针对的主体是保护对象（植物群体的健康）而非防控对象（病原物）。人类控制植物病害的目的正在逐步明确和合理，符合经济、生态、社会、规模、持续五益要求和可持续发展是其基本出发点。PPSE 是运用系统工程的理论和方法，对植保科学中的事物进行分析研究、规划设计、运筹决策和管理评估的科学方法和工作程序，对提升植保科学的研究水平有重要指导意义。

　　抗、避、除、治是防控植物病害的"四字"原则。抗：利用寄主植物对病原物所具有的抗性，或通过栽培措施，或通过外源的生物、化学、物理因素诱导寄主植物提高抗性。避：采用检疫、农业、物理、化学和生物等相关途径，使寄主植物或寄主植物的感病器官（或部位）不与病原物接触（空间避病）或缩短接触时间（时间避病）。除：采用农业、化学、物理等措施，实施对种子苗木或土壤处理、铲除寄主、清除侵染源。治：采用绿色化学和生物制剂对植物病害进行治疗或治虫防病。

❀ 复习思考题

1. 从植物病害防控的演进历史，自己得到了什么启示？
2. 简述我国"预防为主，综合防治"植保方针的历史背景、正面作用和存在问题。
3. 如何科学运用抗、避、除、治"四字"原则对植物病害进行合理有效的防控？

参 考 文 献

毕志树，李进．1965．植物线虫学．北京：农业出版社

曹若彬．1997．果树病理学．3 版．北京：中国农业出版社

陈功友，徐正银，杨阳阳，等．2019．我国水稻白叶枯病菌致病型划分和水稻抗病育种中应注意的问题．上海交通大学学报：
　　农业科学版，37（1）：67-73

陈捷．1994．植物病理生理学．沈阳：辽宁科学技术出版社

城所隆，桐谷圭治．1982．被害允许水准防控战略．植物防疫，36（1）：5-10

戴芳澜．1979．中国真菌总汇．北京：科学出版社

董汉松．1995．植物诱导抗病性，原理和研究．北京：科学出版社

董玉琛，曹永生．2003．粮食作物种质资源的品质特性及其利用．中国农业科学，26（3）：1-7

方中达．1959．普通植物病理学．南京：江苏人民出版社

方中达．1978．普通植物病理学．北京：农业出版社

方中达．1996．中国农业百科全书：植物病理学卷．北京：中国农业出版社

方中达．1998．植病研究方法．3 版．北京：中国农业出版社

方中达，许志刚，过崇俭，等．1990．中国水稻白叶枯病菌致病型的研究．植物病理学报，20（2）：81-88

冯志新．2001．植物线虫学．北京：中国农业出版社

高必达．2005．园艺植物病理学．北京：中国农业出版社

高丙利．2021．植物线虫综合治理概论．北京：中国农业科学技术出版社

管致和．1995．植物保护概论．北京：北京农业大学出版社

韩金生．1990．中国药用植物病害．长春：吉林科学技术出版社

韩金声．1993．关于植物病理学一些基本概念的研讨（二）——对植物病害诊断概念的认识．植物病理学报，23（1）：1-3

何月秋，孔宝华．2011．植物病理学习题及解答．北京：科学出版社

贺新生．2009．《菌物字典》第 10 版菌物分类新系统简介．中国食用菌，28（6）：59-61

洪健，李德葆，周雪平．2001．植物病毒分类图谱．北京：科学出版社

洪健，谢礼，张仲凯，等．2021．ICTV 最新十五级分类阶元病毒分类系统中的植物病毒．植物病理学报，51（2）：143-162

洪霓，高必达．2005．植物病害检疫学．北京：科学出版社

侯鼎新．1993．农药发展史．中国农业百科全书·农药卷．北京：农业出版社

胡翠凤，谢联辉，林奇英．1993．激抗剂协调处理对烟草花叶病的防治效应．福建农学院学报，22（2）：183-187.

黄文坤，张桂娟，张超，等．2010．生物熏蒸结合阳光消毒治理温室根结线虫技术．植物保护，36（1）：139-142

康振生．1995．植物病原真菌的超微结构．北京：中国科学技术出版社

康振生，黄丽丽，李金玉．1997．植物病原真菌超微形态．北京：中国农业出版社

李怀方，刘凤权，郭小密．2001．园艺植物病理学．北京：中国农业大学出版社

林传光．1959．普通植物病理学．北京：高等教育出版社

林传光，曾士迈，褚菊徵，等．1961．植物免疫学．北京：农业出版社

林孔勋．1995．杀菌剂毒理学．北京：中国农业出版社

刘万才．1998．农作物病虫害预测预报的发展探讨．植保技术与推广，18（5）：39-40

刘维志．2000．植物病原线虫学．北京：中国农业出版社

刘武定．1995．微量元素营养与微肥施用．北京：中国农业出版社

刘芷宇．1982．主要植物营养失调症图谱．北京：农业出版社

刘志恒．2003．现代微生物学．北京：科学出版社

陆家云．1997．植物病害诊断．2 版．北京：中国农业出版社

陆家云．2001．植物病原真菌学．北京：中国农业出版社

陆家云．2004．植物病害诊断．2 版．北京：中国农业出版社

马筠．2003．植物病毒鉴定检测方法的研究进展．世界农业，（8）：50-51

马奇祥，孔建．1999．经济作物病虫实用原色图谱．郑州：河南科学技术出版社

马占鸿．2010．植物流行学．北京：科学出版社

农业部农作物病虫测报总站．1981．农作物主要病虫测报办法．北京：农业出版社

农业部植物检疫实验所．1990．中国植物检疫对象手册．合肥：安徽科学技术出版社

邱德文．2008．植物免疫与植物疫苗——研究与实践．北京：科学出版社

邱德文，曾洪梅．2021．植物免疫诱导技术．北京：科学出版社

裘维蕃．1984．植物病毒学（修订版）．北京：农业出版社

裘维蕃．1991．农园植病谈丛（1950~1990）．北京：中国科学技术出版社

裘维蕃．2001．裘维蕃植物病毒学讲演集．福州：福建科学技术出版社

任欣正．1994．植物病原细菌的分类和鉴定．北京：中国农业出版社

邵力平，沈瑞祥，张素轩．1984．真菌分类学．北京：中国林业出版社

沈关心，周汝麟．2002．现代免疫学实验技术．武汉：湖北科学技术出版社

沈康．1990．植物生理生化．中国农业百科全书（生物卷）．北京：农业出版社

司丽丽，曹克强，刘佳鹏．2006.基于地理信息系统的全国主要粮食病虫害实施监测预警系统的研制.植物保护学报，33（3）：282-285

谭济才．2002．茶树病虫防治学．北京：中国农业出版社

唐乐尘，张海佳．2002．亚热带果树病虫害动态咨询网站的构建及其功能．植物保护学报，29（1）：67-72

王金生．1999．分子植物病理学．北京：中国农业出版社

王金生．2000．植物病原细菌学．北京：中国农业出版社

魏景超．1979．真菌鉴定手册．上海：上海科学技术出版社

肖悦岩，季伯衡，杨之为，等．1998．植物病害流行与预测．北京：中国农业大学出版社

肖悦岩，季伯衡，杨之为，等．2005．植物病害流行与预测．2版．北京：中国农业大学出版社

谢联辉．1961．稻瘟的免疫//林传光．植物免疫学．北京：农业出版社

谢联辉．1993．面向生产实际，开展病害研究．中国科学院院刊，8（1）：61-62

谢联辉．1997．水稻病害．北京：中国农业出版社

谢联辉．2003.21世纪我国植物保护问题的若干思考.中国农业科技导报，27（5）：5-7

谢联辉．2008．植物病原病毒学．北京：中国农业出版社

谢联辉．2022a. 农业绿色生产与病害生态调控.植物医学，1（1）：1-4

谢联辉．2022b. 植物病原病毒学．2版．北京：中国农业出版社

谢联辉，林奇英．1988．中国水稻病毒防治进展．杭州：浙江出版社

谢联辉，林奇英．2004．植物病毒学．2版．北京：中国农业出版社

谢联辉，林奇英．2011．植物病毒学．3版．北京：中国农业出版社

谢联辉，林奇英，魏太云，等．2016．水稻病毒．北京：科学出版社

谢联辉，林奇英，吴祖建．1994.中国水稻病毒病的诊断、监测和防治对策.福建农业大学学报，23（3）：280-285

谢联辉，林奇英，徐学荣．2005.植病经济与病害生态治理.中国农业大学学报，10（4）：39-42

谢联辉，林奇英，徐学荣．2009.植物病害：经济学、病理学与分子生物学.北京：科学出版社

谢联辉，林奇英，朱其亮，等．1983.福建水稻东格鲁病发生和防治研究.福建农学院学报，12（4）：275-284

谢联辉，尤民生，侯有明．2011.生物入侵：问题与对策.北京：科学出版社

邢来君，李明春．1999．普通真菌学．北京：高等教育出版社

许文耀．2004.噁霉灵与溴菌腈混配对香蕉枯萎病的抑制效果.植物保护学报，31（1）：91-95

许文耀．2010.植物病害流行与防治//马占鸿.植病流行学.北京：科学出版社

许志刚．2003．普通植物病理学．3版．北京：中国农业出版社

许志刚．2009．普通植物病理学．4版．北京：高等教育出版社

余永年．1998．中国真菌志第六卷：霜霉目．北京：科学出版社

曾士迈．1985.对植物保护未来的几点设想.植物保护，11（2）：8-9

曾士迈．1994．植保系统工程导论．北京：北京农业大学出版社

曾士迈．1995.持续农业和植物病理学.植物病理学报，25（3）：193-196

曾士迈．2005．宏观植物病理学．北京：中国农业出版社

曾士迈，杨演．1986．植物病害流行学．北京：农业出版社

张绍升．1999．植物线虫病害诊断与治理．福州：福建科学技术出版社

张晓兵，府伟灵．2010.细菌群体感应系统研究进展.中华医院感染学杂志，20（11）：1639-1642

张中义，冷怀琼，张志铭，等．1988．植物病原真菌学．成都：四川科学技术出版社

赵岩，李明，胡福泉．2011.细菌的Ⅳ型分泌系统.生命的化学，31（1）：128-133

周长林．2004．微生物学．北京：中国医药科技出版社

周德庆．2002．微生物学教程．2版．北京：高等教育出版社

周雪平，崔晓峰．2003.双联体双生病毒——一类值得重视的植物病毒.植物病理学报，33（6）：487-492

朱有勇. 2012. 农业生物多样性控制作物病虫害的效应原理与方法. 北京: 中国农业出版社

宗兆锋, 康振生. 2002. 植物病理学原理. 北京: 中国农业出版社

宗兆锋, 康振生. 2010. 植物病理学原理. 2 版. 北京: 中国农业出版社

Agrios G N. 1995. 植物病理学. 3 版. 陈永萱, 译. 北京: 中国农业出版社

Alexopoulos J C, Blackwell M, Mims C W. 2002. 菌物学概论. 4 版. 姚一建, 李玉, 译. 北京: 中国农业出版社

Alexopoulos J C, Mims C W. 1983. 真菌学概论. 3 版. 余永年, 译. 北京: 农业出版社

Sasser J N, Jenkins W R. 1985. 线虫学基础与进展植物寄生性和土壤型线虫. 毕志树, 陈品三, 译. 北京: 农业出版社

Taylor A L. 1981. 植物线虫学研究入门. 陈品三, 郝近大, 译. 北京: 农业出版社

Webster J M. 1988. 经济线虫学. 胡起宇, 译. 北京: 农业出版社

Abd-Elgawad M, Askary T H. 2015. Impact of phytonematodes on agriculture economy// Askary T H, Martinelli P R P. Biocontrol Agents of Phytonematodes. London: CAB International

Agrawal A A, Tuzun S, Bent E. 2000. Induced Plant Defenses against Pathogens and Herbivores. 2nd ed. St Paul: The American Phytopathological Society

Agrios G N. 1997. Plant Pathology. 4th ed. San Diego: Academic Press

Agrios G N. 2005. Plant Pathology. 5th ed. Amsterdam: Elsevier Academic Press

Alberts B, Johnson A, Lewis J, et al. 2007. Molecular Biology of the Cell. Oxford: Garland Science Taylor & Francis Group

Barnett H L, Hunter B B. 1972. Illustrated Genera of imperfect fungi. London: Burgess Publishing Company

Bawden F C, Pirie N W. 1937. The isolation and some properties of liquid crystalline substances from solanaceous plants infected with three strains of tobacco mosaic virus. Proc R Soc Ser B, 123: 274-320

Bawden F C, Pirie N W, Bernal J D, et al. 1936. Liquid crystalline substances from virus-infected plants. Nature, 138: 1051-1052

Beadle G W, Tatum E L. 1945. *Neurospora* 11. Methods of producing and detecting mutations concerned with nutritional requirements. Am J Bot, 32: 678-686

Beijerinck M W. 1898. Uber ein contagium vivum fluidum als ursache der fleckheiten krankheit der tabaksblatter. Verhand K Akad Wet, 65 (2): 3-21

Black L M, Markham R. 1963. Basepairing in ribonucleic acid of wound-tumor virus. Netherlands Journal of Plant Pathology, 69: 215

Boller T, He S Y. 2009. Innate immunity in plants: an arms race between pattern recognition receptors in plants and effectors in microbial pathogens. Science, 324 (5928): 742-744

Brigneti G, Voinnet O, Li W X, et al. 1998. Viral pathogenicity determinants are suppressors of transgene silencing in *Nicotiana benthamiana*. EMBO J, 17: 6739-6746

Campbell R N. 1996. Fungal transmission of plant viruses. Annu Rev Phytopathology, 34: 87-108

Cavalier-Smith T. 1998. A revised six-kingdom system of life. Biol Rev, 73: 203-266

Cavalier-Smith T. 2002a. The neomuran origin of archaebacteria, the negibacterial root of the universal tree and bacterial megaclassification. International Journal of Systematic and Evolutionary Microbiology, 52: 7-76

Cavalier-Smith T. 2002b. The phagotrophic origin of eukaryotes and phylogenetic classification of Protozoa. International Journal of Systematic and Evolutionary Microbiology, 52: 297-354

Cui X F, Li G X, Wang D W, et al. 2005. A begomoviral DNA β-encoded protein binds DNA, functions as a suppressor of RNA silencing and targets to the cell nucleus. Journal of Virology, 79: 10764-10775

Cui X F, Tao X R, Xie Y, et al. 2004. A DNAβ associated with tomato yellow leaf curl China virus is required for symptom induction in hosts. Journal of Virology, 78: 13966-13974

Datta S K, Muthukrishnan S. 1999. Pathogenesis-Related Proteins in Plants. Boca Raton: CRC Press

David R B, Richard W C. 2001. Bergey's Manual of Systematic Bacteriology, Vol. 1. 2nd ed. Berlin: Springer

Davisal E L, Hussey R S, Mitchum M G, et al. 2008. Parasitism proteins in nematode plant interactions. Current Opinion in Plant Biology, 11: 360-366

Diener T O. 1971. Potato spindle tuber 'virus'. Ⅳ. A replicating, low molecular weight RNA. Virology, 45: 411-428

Diers D E, Byrum B, Hammerschmidt J. 1998. Effect of treating soybean with 2, 6-dichloroisonicotinic acid (INA) and benzothiadiazole (BTH) on seed yields and the level of disease caused by *Sclerotinia sclerotiorum* in field and greenhouse studies. European Journal of Plant Pathology, 104 (3): 271-278

Ding S W. 2000. RNA silencing. Current Opinion in Biotechnology, 11: 152-156

Doi Y, Teranaka M, Yora K, et al. 1967. Mycoplasma- or PLT group-like micro-organisms found in the phloem elements of plants infected with mulberry dwarf, potato witches'broom, aster yellows, or paulownia witches'broom. Ann phytoph Soc Japan, 33: 259-266

Engvall E, Perlman P. 1971. Enzyme-linked immunosorbent assay (ELISA) quantitative assay of immunoglobulin G. Immunochemistry, 8: 871-874

Evans K, Trudgill D L, Webster J M. 1993. Plant Parasitic Nematodes in Temperate Agriculture. London: CAB International

Fauquet C M, Bisaro D M, Briddon R W, et al, 2003. Revision of taxonomic criteria for species demarcation in the family Geminiviridae, and an updated list of begomovirus species. Archives of Virology, 148: 405-421

Fleming A J. 2005. Intercellular Communication in Plants. London: CRC Press

Flor H H. 1942. Inheritance of pathogenicity in *Melampsora lini*. Phytopathology, 32: 653-696

Flor H H. 1956. The complementary genetic systems in flax and flax rust. Adv Genet, 8: 29-54

Fraenkel-Conrat H. 1956. The role of the nucleic acid in the reconstitution of active tobacco mosaic viurus. J Am Chem Soc, 78: 882-883

Fujiwara T, Giesman-Cookmeyer D, Ding B, et al. 1993. Cell-to-cell trafficking of macromolecules through plasmodesmata potentiated by the *Red clover necrotic mosaic virus* movement protein. Plant Cell, 5: 1783-1794

Goodman P N, Kiraly Z, Wood K R. 1986. The Biochemistry and Physiology of Plant Disease. Columbia: Columbia University of Missouri Press

Hanlin R T. 1998. Illustrated Genera of Ascomycetes (Volume Ⅰ and Volume Ⅱ). Valencia: APS Press

Harris K F. 1990. Aphid transmission of plant viruses// Mandahar C L. Plant Viruses, Vol. Ⅱ. Pathology. Boca Raton: CRC Press

Hartl D L, Clark A G. 1997. Principles of Population Genetics. 3rd ed. Sunderland: Sinauer Associates, Inc

Hauben L, Moore E R B, Vauterin L, et al. 1998. Phylogenetic position of phytopathogens within the *Enterobacteriaceae*. Systematic and Applied Microbiology, 21: 384-397

Hawksworth D L, Kirk P M, Sutton B C, et al. 1995. Ainsworth and Bisby's Dictionary of the Fungi. 8th ed. Wallingford: CAB International

Hawksworth D L, Sutton B C, Ainsworth G C. 1983. Ainsworth and Bisby's dictionary of the fungi. 7th ed. Kew: Commonwealth Mycological Institute

He D C, Burdon J J, Xie L H, et al. 2021. Triple bottom-line consideration of sustainable plant disease management: from economic, sociological and ecological perspectives. Journal of Integrative Agriculture, 20 (10): 2581-2591

He D C, Zhan J, Xie L H. 2016. Problems, challenges and future of plant disease management: from an ecological point of view. Journal of Integrative Agriculture, 15 (4): 705-715

Hedden P, Thomas S G. 2006. Plant Hormone Signaling. Oxford: Blackwell Publishing

Hema M, Kirthi N, Sreenivasulu P, et al. 2003. Development of recombinant coat protein antibody based IC-RT-PCR for detection and discrimination of sugarcane streak mosaic virus isolates from Southern India. Arch Virol, 148: 1185-1193

Hewitt W B, Raski D J, Goheen A C. 1958. Nematode vector of soilborne fan-leaf virus of grapevines. Phytopathology, 48: 586-595

Huang Y W, Geng Y F, Ying X B, et al. 2005. Identification of a movement protein of rice yellow stunt rhabdovirus. J Virol, 79: 2108-2114

Hull R. 2002. Matthews' Plant Virology. 4th ed. San Diego: Academic Press

Hunt D J. 1993. Aphelenchida, Longidoridae and Trichodoridae: Their Systematics and Bionomics. London: CAB International

Johnson J L. 1973. The use of nucleic acid homologies in the taxonomy of anaerobic bacteria. International Journal of Systematic Bacteriology, 23: 308-315

Jones J D, Dangl J L. 2006. The plant immune system. Nature, 444 (7117): 323-329

Kausche G A, Pfankuch E, Ruska H. 1939. Die sichtbarmachung von pflanzlichem virus im ubermikroskop. Naturwissenschaften, 27: 292-299

King A M Q, Adams M J, Carstens E B, et al. 2012. Virus Taxonomy: Ninth Report of the International Committee on Taxonomy of Viruses. San Diego: Academic Press

Kirk P M, Cannon P F, David J C, et al. 2001. Dictionary of the Fungi. 9th ed. London: CAB International

Kirk P M, Cannon P F, David J C, et al. 2008. Dictionary of the Fungi. 10th ed. London: CAB International

Kosuge T, Nester E W. 1984. Plant-Microbe Interactions, Molecular and Genetic Perspectives. London: Academic Press

Kreuzer H M. 2008. Molecular Biology and Biotechnology. New York: ASM Press

Kush G S. 1977. Disease and insect resistance in rice. Adv Agron, 29: 265-361

Large E C. 1940. The Advance of the Fungi. New York: Dover Publications

Lazarowitz S G, Beachy R N. 1999. Viral movement proteins as probes for intracellular and intercellular trafficking in plants. Plant Cell, 11: 535-548

Lee G P, Min B E, Kim C S, et al. 2003. Plant virus cDNA chip hybridization for detection and differentiation of four cucurbit-infecting *Tobamoviruses*. Journal of Virological Methods, 110: 19-24

Lesnaw J A, Ghabrial S A. 2000. Tulip breaking: Past, present, and future. Plant Disease, 84: 1052-1060

Lewin B. 2004. Gene Ⅷ. London: Pearson Prentice Hall Pearson Education, Inc

Lewin B. 2008. Gene Ⅸ. London: Jones & Bartlett Publishers

Lopezherrera C J, Verduvaliente B, Melerovara J M. 1994. Eradication of primary inoculum of *Botrytis cinerea* by soil solarization. Plant Disease, 78 (6): 594-597

Luc M, Sikora R A, Bridge J. 1990. Plant Parasitic Nematodes in Subtropical and Tropical Agriculture. London: CAB International

Lucas W J. 2006. Plant viral movement proteins: agents for cell-to-cell trafficking of viral genomes. Virology, 344: 169-184

Ma Y L, Lin W W, Guo S S, et al. 2022. Human activity played a key role in rice stripe disease epidemics: from an empirical evaluation of over a 10-year period. Agriculture, 12 (9): 1484

Madden L V, Ellis M A. 1990. Effect of ground cover on splash dispersal of *Phytophthora cactorum* from strawberry fruits. Journal of Phytopathology, 129 (2): 170-174

Mankiw N G. 2006. Principles of Economics. 4th ed. Chula Vista: South-Western College Pub

Mitchell J, Roberts P, Moss S. 1995. Sequence or structure？ A short review of the application of nucleic acid sequence information to fungal taxonomy. The Mycologist, 9: 67-75

Moissiard G, Voinnet O. 2004. Viral suppression of RNA silencing in plants. Molecular Plant Pathology, 5: 71-82

Pasquini G, Simeone A M, Conte L, et al. 1998. Detection of plum pox virus in apricot seeds. Acta Virologca, 42: 260-263

Paul D. 2011. Functional domains and motifs of bacterial type Ⅲ effector proteins and their roles in infection. Fems Microbiology Reviews, (6): 1100-1125

Perkins D D, Björkman M. 1982. Neurosporacrassa genetic maps, January. Genetic Maps, 2: 196-2051

Perry R N, Moens M. 2013. Plant Nematology. 2nd ed. Wallingford: CABI Publishing

Pushpalatha R. 2014. Entomopathogenic nematodes, famers best friend. International Journal of Development Research, 4 (5): 1088-1091

Randles J W, Davies C, Hatta H. 1981. Studies on encapsidated viroid-like RNA. Virology, 108: 111-122

Ratti C, Budge G , Ward L, et al. 2004. Detection and relative quantitation of soil-borne cereal mosaic virus (SBCMV) and *Polymyxa graminis* in winter wheat using real-time PCR (TaqManR). Journal of Virological Methods, 122: 95-103

Rose J K C. 2003. The Plant Cell Wall. Boca Raton: CRC Press

Rosso M N, Jones J T, Abad P. 2009. RNAi and functional genomics in plant parasitic nematodes. Annu Rev Phytopathol, 47: 207-232

Saunders K, Bedford I D, Briddon R W, et al. 2000. A unique virus complex causes Ageratum yellow vein disease. Proceedings of the National Academy of Sciences of the United States of America, 97: 6890-6895

Schuhegger R, Ihring A, Gantner S, et al. 2006. Induction of systemic resistance in tomato by *N*-acyl-L-homoserine lactone-producing rhizosphere bacteria. Plant Cell and Environment, 29 (5): 909-918

Sechler A, Sechler A S, Chuenzel E L, et al. 2009. Cultivation of 'Candidatus Liberibacter asiaticus'. 'Ca. L. africanus', and 'Ca. L. americannus' associated with huanglongbing. Phytopathology, 99 (5): 480-486

Shaw J G. 1999. *Tobacco mosaic virus* and the study of early events in virus infections. Philos T Roy Soc B, 354: 603-611

Shepherd R J, Wakeman R J, Romanko R R. 1968. DNA in cauliflower mosaic virus. Virology, 36: 150-152

Siddiqi M R. 1985. TYLENCHIDA Parasites of Plants and Insects. St Albans: CAB Commonwealth Institute of Parasitology

Sivanesan A. 1984. The Bitunicate Ascomycetes Their Anamorphs. New Delhi: IBS Press

Slykhuis J T. Mite transmission of plant virus// Maramorosch K. Biological Transmission of Disease Agents. New York: Academic Press

Smirnoff N. 2005. Antioxidants and Reactive Oxygen Species in Plants. London: Blackwell Publishing Ltd

Snyder L, Champness W. 2006. Molecular Genetics of Bacteria. New York: ASM Press

Stanley W M. 1935. Isolation of a crystalline protein possessing the properties of tobacco-mosaic virus. Science, 81: 644-645

Teakle D S. 1960. Association of *Olpidium brassicae* and *Tobacco necrosis virus*. Nature, 188: 431-432

Twyman R M. 1998. Advanced Molecular Biology, A Concise Reference. New York: Bios Scientific Publishers

van der Plank J E. 1963. Plant Disease: Epidemics and Control. New York: Academic Press

van der Plank J E. 1968. Disease Resistance in Plants. New York: Academic Press

Voinnet O. 2001. RNA silencing as a plant immune system against viruses. Trends in Genetics, 17: 449-459

Waever R F. 2008. Molecular Biology. New York: The McGraw-Hill Companies

Whitehead A G. 1998. Plant Nematode Control. London: CAB International

Xie L H. 1986. Research on rice virus diseases in China. Tropical Agriculture Research Series, 19: 45-50

Zadoks J C. 1979. Simulation of epidemic: problems and applications. Bulletin EPPO, 9: 227-234

Zewde T F, Chemeda S, Parshotum K, et al. 2007. Association of white rot (*Sclerotium cepivorum*) of garlic with environmental factors and cultural practices in the North Shewa highlands of Ethiopia. Crop Protection, 26 (10): 1566-1573

Zhang Y J, Zhao W J, Li M F, et al. 2011. Real-time TaqMan RT-PCR for detection of maize chlorotic mottle virus in maize seeds. Journal of Virological Methods, 171: 292-294

Zhou X, Xie Y, Tao X, et al. 2003. Characterization of DNAbeta associated with begomoviruses in China and evidence for co-evolution with their cognate viral DNA-A. J Gen Virol, 84: 237-247.

Zhu Y Y, Fan H R, Wang J H, et al. 2000. Genetic diversity and disease control in rice. Nature, 406 (6797): 718-722

名 词 术 语

本书的名词术语按汉语拼音顺序。

半寄生（hemiparasite）：寄生性植物从寄主植物内吸收水分和无机盐的寄生方式。

半知菌（anamorphic fungus 或 imperfect fungus 或 mitosporic fungus 或 deuteromycete）：尚不知道能够产生有性孢子的真菌。

孢囊孢子（sporangiospore）：是接合菌的无性孢子，以原生质割裂方式形成于孢子囊内，有细胞壁而无鞭毛，不能游动，所以又称为**静止孢子**。

孢囊梗（sporangiophore）：特化的菌丝，其上产生一个或多个孢子囊。

孢子囊（sporangium）：产生无性孢子的器官，有些情况下它起到单个孢子的功能。

避病（avoidance）：植物在感病阶段因时间或空间隔离没有与病原物接触或极少接触而不发病或发病轻的现象。

变种（variety，缩写为 var.）：同种病原物的不同群体在形态上略有差别，表现在对不同科、属的寄主植物寄生性不同。

并发症（complex disease）：当植物发生一种病害的同时，有另一种或另几种病害同时在同一植株上发生，可以出现多种不同类型症状的现象，其中伴随发生的病害称为**并发性病害**。

病程（pathogenesis）：从病原物与寄主植物的侵染部位接触，侵入寄主植物后在其体内定殖和扩展，发生致病作用，到寄主表现出症状，又称**侵染过程**（infection process）。

病程相关蛋白（pathogenesis-related protein，PR 蛋白）：是植物受病原物侵染或不同因子的刺激后产生的一类水溶性蛋白质。

病毒（virus）：是指一组包含一条或一条以上的核酸模板分子，它们通常包裹在由蛋白质或脂蛋白组成的保护性衣壳内，能在合适的寄主细胞中进行自我复制。

病害三角（disease triangle）：植物病害系统即包含有寄主植物、病原物和环境三个因素的相互作用，称为"病害三角关系"，简称"病害三角"。

病害四面体（disease tetrahedron）：农田植物病害系统中，除寄主植物、病原物和环境三个因素相互作用外，还受到人类的作用。人类的活动、寄主植物、病原物和环境四个因素及其相互作用构成病害四面体。

病害循环（disease cycle）：一种病害从寄主的前一个生长季节开始发病，到下一个生长季节再度发病的过程，又称**侵染循环**（infection cycle）。

病情指数（disease index）：表示一种作物群体水平上的病害发生程度，由发病率和严重度构成的综合指标。病情指数以 0～100 来表示。若以叶片为调查单位，当严重度以级值表示时，计算公式为

$$病情指数 = \frac{\sum(各级级值 \times 该级病叶数)}{调查总数 \times 最高级值} \times 100$$

病因：导致植物发生病害的原因称为病因。病因有生物因子和非生物因子两类。

病原物（pathogen）：引起植物发生病害的生物因子称为植物病原物。

病征（sign）：病原物在寄主发病部位形成肉眼可见的营养体、繁殖体和休眠结构等。

病状：植物染病后所表现出的可见病态。

藏卵器（oogonium）：卵菌纲的雌性配子囊，其中含有一个或多个配子。

产囊体（ascogonium）：子囊菌的雌配子囊或性器官。

初侵染（primary infection）：病原物在植物生长季节中首次引起寄主发病的过程。

初生菌丝体（primary mycelium）：由担孢子萌发产生，菌丝初期无隔多核，以后很快形成隔膜，每个细胞内有一个单倍体的细胞核。

垂直抗性（vertical resistance）：当一个品种抵抗一种病原物的某些小种而不抵抗其他小种，称为垂直抗性。相对应的是"**水平抗性**"（horizontal resistance），即当其抗性是普遍一致地对病原物的可侵染该品种的所有小种，这种抗性称为水平抗性。

次生菌丝体（secondary mycelium）：是一种双核菌丝体。初生菌丝体经过受精作用或体细胞融合而双核化，形成次生菌丝体。

担孢子（basidiospore）：经有性过程在担子上产生的孢子，通常4个。

担子（basidium，复数 basidia）：产生担孢子的棒状结构。

担子果（basidiocarp）：高等担子菌的担子着生在高度组织化的各种类型的子实体内，这种子实体成为担子果。

单循环病害（monocyclic disease）：在病害循环中只有初侵染而没有再侵染，或者虽有再侵染但再侵染作用很小的病害。

单主寄生（autoecism）：指寄生性菌物能在同一寄主上完成其整个生活史。

垫刃型食道（tylenchid oesophagus）：植物寄生线虫的一种食道类型。其食道分为食道前体部、中食道球、峡部和后食道。

定向选择（directional selection）：因寄主的选择作用促进病原物群体毒力朝一个特定毒力基因方向发展的现象。

毒力（virulence）：病原物（小种）对寄主植物的一定种或品种的相对致病能力，有时称为毒性。

毒素（toxin）：是在病原物代谢过程中产生的、在很低的浓度范围内就能干扰植物正常生理活动从而造成毒害的非酶类、非激素类化合物。

多型现象（polymorphism）：有些真菌在整个生活史的不同阶段可以产生多种类型孢子的现象。

多循环病害（polycyclic disease）：在一个生长季节中病原物可有多次再侵染的病害。

发病率（incidence）：发病植株或发病器官占调查植株总数或器官总数的百分率，表示病害发生的普遍程度。

非侵染性病害（noninfectious disease）：植物在生长发育过程中遭遇到不适宜的化学、物理等因素直接或间接引起的一类病害，或自身的遗传缺陷所致，又称为**非传染性病害或生理性病害**。

非专性寄生物（nonobligate parasite）：既可以寄生于活的寄主植物，也可以在死的有机体及各种营养基质上生存的病原物。

分生孢子（conidium，复数 conidia）：是半知菌、子囊菌和担子菌的无性孢子，是菌物中最常见的孢子，其形态、大小、结构及着生方式多种多样，大多由芽殖、裂殖方式产生。由菌丝特化其上着生分生孢子的丝状结构称为**分生孢子梗**（conidiophore）。

分生孢子盘（acervulus）：垫状或浅盘状的产孢结构，上面有成排的短分生孢子梗，顶端产生分生孢子。分生孢子盘的四周或中央有时还有深褐色的刚毛。

分生孢子器（pycnidium，复数 pycnidia）：无性的球状、拟球状、瓶状或形状不规则的子实体，一般有固定的孔口和拟薄壁组织的器壁，其内排列着分生孢子梗并产生分生孢子。

分生孢子座（sporodochium）：真菌的产孢结构，由很多聚集成垫状的、很短的分生孢子梗组成，顶端产生分生孢子。

腐生物（saprophyte）：以无生命的有机物质作为营养来源的生物，又称为**死体营养生物**（necrotroph）。

附着胞（appressorium）：植物病原真菌孢子萌发形成的菌丝或芽管顶端的膨大部分，利于附着或侵入寄主。

附着枝（hyphopodium）：有些菌物在菌丝上生出一个或两个细胞的耳状结构的短小分枝，作攀附或吸收养分用。

复制增殖（multiplication）：植物病毒作为一种分子寄生物，没有其他病原物（如真菌）的繁殖器官，也不进行裂殖生长（如细菌），而是在寄主细胞内分别合成核酸和蛋白质组分，再组装成子代病毒粒体，这种特殊的繁殖方式称为复制增殖。病毒的增殖包括病毒基因组的复制、病毒基因组遗传信息的表达及病毒基因组核酸与衣壳蛋白装配成完整的子代病毒粒体。

感病（susceptible）：寄主植物受病原物侵染后发病较重的现象。

过敏性坏死反应（hypersensitive response，HR）：是植物对不亲和病原物侵染表现高度敏感的现象，即受侵染细胞及其邻近细胞迅速坏死，病原物受到遏制、死亡，或被封锁在坏死组织中，也叫**过敏性细胞死亡**（hypersensitive cell death，HCD）。

厚垣孢子（chlamydospore）：由菌丝细胞膨大、原生质浓缩、细胞壁加厚形成的一种休眠孢子。

获毒取食时间（acquisition feeding period）：无毒介体昆虫在毒源植物上开始取食至获得传毒能力所需的时间。

基因对基因假说（gene-for-gene hypothesis）：对应于寄主方面的每一个决定抗病性的基因，病菌方面也存在一个与之相对应的致病性基因。

寄生物（parasite）：直接在其他活的生物体上获取营养物质的生物。

寄生性（parasitism）：寄生物克服寄主植物的组织屏障和生理抵抗，从其体内夺取养分和水分等生活物质，以维持其生存和繁殖的能力。

寄生性植物（parasitic plant）：一类由于根系或叶片退化，或缺乏足够的叶绿素，不能自养，必须依赖另一种植物提供生活物质而营寄生生活的植物。

寄生专化性（parasitical specialization）：指病原物不同类群对寄主植物的一定科、属、种或品种的寄生选择性。有时将这一现象称为**致病性分化**（pathogenic specialization）。

假根（rhizoid）：有些菌物菌体的某一点上长出短的细小分枝，外表似根的根状菌丝。

假菌核（pseudosclerotium）：由菌丝和寄主组织聚集而成的不同程度坚硬的颗粒状组织。

假菌丝（pseudomycelium）：有些酵母芽殖产生的芽孢子相互连接成链状，与菌丝相似，称为假菌丝。

假囊壳（pseudothecium）：腔菌纲的子囊果，其中子囊直接着生于腔内的菌丝体基座上，假囊壳也叫子囊座。

接合孢子（zygospore）：是接合菌的有性孢子。由两个形态相似的配子囊融合产生的有性孢子或休眠孢子。

接合子（zygote）：两个配子接合后形成的二倍体细胞。

节孢子（arthrospore）：菌丝细胞以断裂的方式形成的孢子。

经济受害水平（economic injury level，EIL）：是造成经济损失的最低病害发生程度。

经济阈值（economic threshold，ET）：当人们预测到某一场病害的发生程度将要超过 EIL 时，应该根据病害发生动态规律推算出在防治适期内的某一病害程度，在此程度必须采取某种防治措施，以防止病害发生程度增加而达到经济受害水平。此时病害防治所挽回的经济损失不低于防治费用，也称为**防治阈值**（control threshold，CT）。

局部侵染（local infection）：病原物仅在侵染点周围的小范围内扩展的侵染现象。

菌根（mycorrhiza）：真菌与植物共生形成的结构。

菌核（sclerotium）：由菌丝聚集而成的不同程度坚硬的颗粒状组织，其形状、大小、颜色、质地和结构因不同菌物差异很大。

菌落（colony）：菌物或细菌的一个或几个菌体在固体基质表面或内部生长，形成肉眼可见的有一定形态结构等特征的群落。

菌丝（hypha，复数 hyphae）：菌丝体的单个分枝，单根丝状体。相互交织成的菌丝集合体称为**菌丝体**（mycelium，复数 mycelia）。

菌丝融合群（anastomosis group，AG）：有些植物病原菌物根据营养体亲和性，在种下或专化型下面划分出的类群，也叫**营养体亲和群**（vegetative compatibility group，VCG）。

菌索（rhizomorph）：是由营养菌丝聚集而成的根状菌组织，外形与高等植物的根相似，又称根状菌索。

菌网（network loop）：捕食性菌物由菌丝分枝组成的网状组织，可用来捕捉线虫类原生动物，然后从网上生出菌丝侵入线虫体内吸取营养。

菌物（fungi）：是一类具有细胞核、无叶绿素，不能进行光合作用，以吸收为营养方式的有机体；其营养体通常是丝状分支的菌丝体，细胞壁的主要成分是几丁质或纤维素，无根、茎叶的分化，通过产生各种类型的孢子进行有性生殖或无性生殖。

菌物的生活史（life cycle）：菌物的孢子经过萌发、生长发育，最后又产生同一种孢子的过程。

抗病性（resistance）：植物避免、中止或阻滞病原物侵染与扩展，减轻发病和损伤程度的一类特性。

科赫法则（Koch's rule）：又称证病律，是确定侵染性病害病原物的操作程序，其具体步骤为：①在染病植物上常伴随有一种病原生物的存在；②该生物可在离体的或人工培养基上分离纯化而得到纯培养；③所得到的纯培养物接种到相同种植物的健株上，能在接种植株上表出相同的病害症状；④从接种发病的植物上再分离到这种病原生物的纯培养，且其性状与原来分离的相同。

口针（stylet）：植物寄生线虫的取食器官，用来穿刺植物细胞和组织，向植物组织内分泌消化酶和吸食细胞内的营养物质。

类病毒（viroid）：侵染植物并能进行自我复制的没有蛋白质衣壳的低分子量环状单链 RNA 分子生物。

卵孢子（oospore）：是卵菌门的有性孢子，由两个形态不同的配子囊（藏卵器和雄器）结合产生的二倍体孢子，大多球形，具厚壁，通常经过一定的休眠期才能萌发。

矛线型食道（dorylaimid oesophagus）：植物寄生线虫的一种食道类型。其食道为两部分圆筒体，包括一个细长、非肌质的前部和一个膨大的肌腺质的后部。

耐病性（tolerance）：当寄主植物染病后，虽然表现出较为严重的症状，但植物的经济产量受损不大的现象。又称为抗损失。

拟薄壁组织（pseudoparenchyma）：由紧密排列的等角形或卵圆形的菌丝细胞组成，与高等植物的薄壁组织相似。

农业防治（cultural control）：是在农业生态系统中，合理运用耕作栽培技术及管理措施，调节病原物、寄主和环境条件之间的关系，创造有利于作物生长，不利于病害发生的环境条件，控制病害发生和发展的方法，又称栽培防治或生态防治。

配子（gamete）：配子囊中雄性或雌性的繁殖细胞或细胞核。

配子囊（gametangium）：含有配子的细胞或含有配子功能细胞核的细胞。

配子囊接触交配（gametangial contact）：雄配子囊（雄器）与雌配子囊（藏卵器或产囊体）接触时，雄配子的核通过配子囊壁接触点溶解成的小孔进入雌配子囊中，或通过两个配子囊之间形成的授精管进入雌配子囊中。

配子囊配合（gametangial copulation）：以两个相接触的配子囊的全部内容物的融合为特征。

喷菌现象（bacteria exudation）：由一般细菌导致的植物病害，无论是维管束系统受害，还是薄壁组织受害，均可在显微镜下看到从病健部流出的大量细菌，这种现象称为喷菌现象。

匍匐丝（stolon）：根霉菌体联结假根之间的菌丝，在基质表面有一部分呈弧形。

潜伏侵染（latent infecion）：病原物侵入并与寄主建立寄生关系后，由于寄主或病原物或环境因素的影响，使病原物处于休眠的潜伏状态，寄主不表现或暂不表现症状。

潜育期（incubation period）：病原物侵入寄主后，从与寄主建立寄生关系到开始表现明显症状的时期。

侵染剂量（infection dosage）：病原物完成侵染所需的最低接种体数量，又称为侵染数限。

侵染性病害（infection disease）：由病原物侵染造成的植物病害。侵染性病害可一再寄主植株或器官之间传染，又称为传染性病害。

侵入期（penetration period）：病原物从侵入寄主到建立寄生关系的时期。

侵入前期（prepenetration period）：病原物接种体在侵入寄主之前与寄主植物的可侵染部位的初次直接接触，或达到能够受到寄主外渗物质影响的根围或叶围后，开始向侵入的部位生长或运动，并形成各种侵入结构的一段时间。

侵袭力（aggressiveness）：病原物克服寄主的防御作用，并在其体内定殖、扩展的综合能力，相同环境条件下表现在病害病斑的大小、病原物繁殖和病害扩展的速度的大小等方面。

全寄生（holoparasite）：寄生性植物从寄主植物上获取自身所需的所有生活物质的寄生方式。

缺素症（deficiency）：当植物缺乏某种必需营养元素或必需元素之间的比例失调时，就会因生理代谢失调，导致外观上表现出的特有症状。

生理小种（physiological race）：同种病原物的不同群体在形态上没有差别，在生理生化特性、培养性状、致病性等方面存在差异。一般情况下，不同小种对同种作物不同品种（或不同种、属）之间的致病性不同。有时细菌的生理小种称菌系（strain），病毒称毒系或株系（strain）。

生物防治（biological control）：利用有益生物拮抗、破坏病原物或/和利用有益生物促进作物生长、提高作物的抗病性能，从而控制病害的措施。

疏丝组织（prosenchyma）：疏松的交织组织，菌丝体是长形的、互相平行排列的细胞，这些长形的菌丝细胞具有相对的独立性而容易被识别，一般可以用机械的方法使它们分开。

死体营养生物（necrotroph）：在自然条件下只能从活的寄主细胞和组织中获得养分的生物。

体细胞结合（somatogamy）：指直接通过营养体细胞相互融合完成质配，如大多数担子菌和有些酵母的生殖方式。

同宗配合（homothallism）：单个菌株就可以完成有性生殖。

土壤寄居菌（soil invaders）：在土壤中的病残体上存活，病残体一旦腐烂分解，病原菌不能单独在土壤中长期存活。

土壤习居菌（soil inhabitants）：对土壤的适应性较强，在土壤中可以长期存活，并且能够在土壤有机质中繁殖。

无隔菌丝（aseptate hypha）：菌丝无隔膜，整个菌丝体为一无隔多核的细胞。

无性孢子（asexual spore）：菌物无性繁殖产生的各种孢子统称为无性孢子。

无性态（anamorph）：菌物生活史中的**无性阶段**（asexual stage）或无性世代。

物理防治（physical control）：是指利用物理方法清除、抑制、钝化和杀死病原物，以控制植物病害的方法。

吸器（haustorium）：寄生菌物，特别是专性寄生的菌物，其进入寄主细胞的菌丝形成的简单的或有分枝的突出结构，具有吸收器官的功能。

系统侵染（systemic infection）：病原物可以从侵入点通过输导组织向寄主各个部位扩展，或随寄主植物的生长点的生长而扩展的侵染现象。

雄器（antheridium）：菌物的雄性器官。

休眠孢子（resting spore）：菌物的有性孢子或其他厚壁孢子，能抵抗极端的温湿条件，形成后常需经过一段时间的休眠才能萌发。

休眠孢子囊（resting sporangium）：由两个游动配子配合所形成的合子发育而成，具厚壁，萌发时发生减数分裂，释放出单倍体的游动孢子。

循回病毒（circulative virus）：病毒能随植物汁液被介体昆虫吸入肠，渗透肠壁进入血淋巴，再进入涎腺，最后由涎液将病毒送出口针的一类病毒。

循回期（circulation period）：介体昆虫获毒至能传染病毒所需的时间。

芽殖（budding）：单细胞营养体、孢子或丝状菌物的产孢细胞以芽生的方式产生无性孢子。

异核体（heterokaryon）：同一个营养体中出现两种或两种以上遗传物质不同的细胞核。该现象称为**异核现象**（heterokaryosis）。

异宗配合（heterothallism）：必须有两个具有亲和性的菌株交配才能完成有性生殖。

隐症现象（masking of symptom）：病害出现症状后，由于环境条件的变化或其他原因，原有症状消退的现象。

游动孢子（zoospore）：指带有鞭毛的孢子，能够在水中游动。产生游动孢子的孢子囊称为**游动孢子囊**（zoosporangium）。

有害生物（pest）：任何对植物或植物产品有害的植物、动物或病原物的种、株（品）系或生物型。当源于国外或外地区的，由于人为因素等被引入，对生态体系、生境，或其他物种有破坏作用的生物，称为**外来有害生物**（alien invasive species）。

有隔菌丝（septate hypha）：菌丝有隔膜，菌丝为多细胞，横隔膜上有微孔，所以菌丝中的原生质仍是相通的。

有丝分裂孢子（mitospore）：无性繁殖产生的各种孢子统称为无性孢子，所有无性孢子均为有丝分裂孢子。

有性孢子（sexual spore）：菌物有性繁殖产生的各种孢子统称为有性孢子。

有性态（teleomorph）：菌物生活史的有性阶段或世代。

诱导抗病性（induction resistance）：植物经生物、物理或化学因子处理后所产生的抗病性。

预测（prediction, prognosis）：根据病害的流行规律，利用经验或系统模拟等方法，分析菌源、田间病情、作物感病性、栽培条件和气候条件等预测因子，对未来一定时限的病害流行状况做出预估。由权威机构发布预测情报称为**预报**（forecasting）。有时对预测和预报二者不作严格区分，通称为病害测报。

原核生物（prokaryotes）：一类细胞核 DNA 无核膜包裹的单细胞微生物，不像真核生物具有核仁和核蛋白，也没有由单位膜隔开的细胞器，核糖体为 70S 型，与真核生物的 80S 型不同。

越冬（overwintering）、**越夏**（oversummering）：病原物在寄主植物收获或休眠后的存活方式和存活场所。病原物度过寄主休眠期而后引起下一季的初次侵染。

载孢体（conidiomata）：由菌丝特化而用于承载分生孢子的结构。

再侵染（reinfection）：受到初侵染而发病的植株上产生的病原物，在同一生长季节中经传播引起寄主再次发病的过程叫再侵染。

症状（symptom）：植物感染病原物或受非生物因子的作用后，经过生理病变和组织病变后，外部所显现出的异常状态特征。

植物保卫素（phytoalexin）：植物受到病原物侵染或非生物因子刺激后产生和积累的，具有抗菌作用的非酶类小分子化合物。

植物病害（plant disease）：生物因子或非生物因子干扰或破坏了植物正常的新陈代谢过程，导致植株生长发育偏离正常轨迹，在外观上出现异常状态。

有解释为：植物或植物产品在生长发育、储存或销售期间因受到生物因子或非生物因子的不良影响，使正常的新陈代谢过程受到干扰或破坏，造成植株生长发育受阻或死亡，或经济器官败坏，导致产量降低和品质下降，使其经济价值或观赏价值下降或丧失。

植物病害流行（epidemic）：在一定的时间和空间范围内病害在植物群体内大量发生，并造成不同程度损失的过程和现象。

植物病害系统（plant pathosystem）：病原物群体和寄主植物群体在特定环境下相互作用构成的系统。

植物病害诊断（diagnosis of plant disease）：根据发病植物的症状表现、所处环境条件，经过必要的调查、检验与综合分析，对植物病害的发生原因做出准确判断的过程。

植物检疫（plant quarantine）：又称法规防治，是"一个国家或地区政府为防止检疫性有害生物的进入和/或传播而由官方采取的所有措施"。

植原体（phytoplasma）：与动物病原支原体相似的细菌，该类细菌的菌体不具有细胞壁，也不会合成细胞壁肽聚糖、胞壁酸和二氨基庚二酸。

致病变种（pathovar，缩写为 pv.）：细菌"种"以下的分类单元名称，主要以寄主范围和致病性差异为划分依据。

致病性（pathogenicity）：病原物所具有的破坏寄主和引起病变的能力。

专化型（forma specialis，缩写为 f. sp.）：同种病原物的不同群体在形态上没有差别，仅表现在对不同科、属寄主植物的寄生性不同。

专性寄生物（obligate parasite）：在自然条件下只能从活的寄主细胞和组织中获得养分的生物，又称为**活体营养生物**（biotroph）。

转主寄生（heteroecism）：是锈菌特有的一种现象，即有些锈菌需要在两种不同的寄主上生活才能完成其生活史。

准性生殖（parasexuality）：异核体菌丝细胞中两个遗传物质不同的细胞核可以结合成杂合二倍体的细胞核。

子囊（ascus，复数 asci）：菌丝形成的囊状细胞，其中发生减数分裂，形成子囊孢子（通常8个）。

子囊孢子（ascospore）：经有性过程在子囊中产生的孢子。

子囊果（ascocarp）：子囊菌产生有性孢子的，具有一定形状的子实体。子囊果主要有以下4种类型：①**闭囊壳**（cleistothecium），子囊果包被是完全封闭的，无固定的孔口。②**子囊壳**（perithecium），子囊果的包被有固定的孔口，容器状，子囊为单层壁。③**子囊盘**（apothecium），子囊果呈开口的盘状、杯状，顶部平行排列子囊和侧丝形成子实层，有柄或无。④**子囊座**（ascostroma），在子座内溶出有孔口的空腔，即子囊腔，腔内发育成具有双层壁的子囊，含有子囊的子座称为子囊座。有的菌物子囊座内只有一个子囊腔，子囊腔周围菌组织被压缩得很像壳壁，表面看起来与子囊壳差不多，有人称为**假囊壳**（pseudoperithecium）。

子囊腔（locule）：产囊丝伸入发育的子座组织中，随着子囊的形成，子囊周围的子座组织消解成的空腔，子囊就着生在子囊腔内。

子实层（hymenium）：子囊菌的子囊整齐地排列成一层，称为子实层。

子实体（fruitbody 或 fruiting body）：菌物在繁殖过程中形成的产孢结构，无论是无性繁殖或有性生殖、结构简单或复杂，通称为**子实体**。

子座（stroma）：一种致密的菌丝体结构，通常在其上或其内产生产孢器官。

综合征（syndrome）：在一种植物上可以同时或先后表现两种或两种以上不同类型症状的现象。